Projektierung und Auslegung von Schüttgutanlagen

Peter Hilgraf

Projektierung und Auslegung von Schüttgutanlagen

Darstellung anhand von Praxisbeispielen

Springer Vieweg

Peter Hilgraf
Hamburg, Deutschland

ISBN 978-3-662-65383-8 ISBN 978-3-662-65384-5 (eBook)
https://doi.org/10.1007/978-3-662-65384-5

Die Deutsche Nationalbibliothek verzeichnet diese Publikation in der Deutschen Nationalbibliografie; detaillierte bibliografische Daten sind im Internet über http://dnb.d-nb.de abrufbar.

Springer Vieweg

Lektorat/Planung: Michael Kottusch
Springer Vieweg ist ein Imprint der eingetragenen Gesellschaft Springer-Verlag GmbH, DE und ist ein Teil von Springer Nature.
Die Anschrift der Gesellschaft ist: Heidelberger Platz 3, 14197 Berlin, Germany

Vorwort

Der hier vorliegende Text befasst sich mit der verfahrenstechnischen Projektierung und Auslegung von Schüttgut handhabenden Anlagen.

Vergleichende Untersuchungen zeigen, dass Neuanlagen oder Anlagenerweiterungen in denen Schüttgüter verarbeitet werden, häufig signifikant längere und somit höhere Kosten verursachende Inbetriebnahme- und Einstellzeiten erfordern als vom Hersteller geplant bzw. bei vergleichbaren Anlagen aus dem Chemie-, Gas- oder Flüssigkeitsbereich üblich. Vielfach sind auch umfangreiche Nachbesserungen notwendig. Ursache dieser Schwierigkeiten ist i. Allg. die ungenügende Analyse der Schüttguteigenschaften und des aus diesen resultierenden Schüttgutverhaltens entlang des geplanten Bearbeitungs-/Handhabungsprozesses. Es ist klar, dass zur Vermeidung dieser Probleme der sofortige Einsatz des kompletten versuchstechnischen Werkzeugkastens ebenfalls zu kostenintensiv ist. Erforderlich sind deshalb auf einfache Weise zu ermittelnde Kenngrößen des Schüttguts, die dessen Einordnung in verschiedene mögliche Klassen von Verhaltensweisen sicher voraussagen. Nach einer generellen Einführung in die angedeutete Problematik in Kap. 1 werden im Kap. 2 Methoden und diverse Klassifizierungsschemata zur handhabungstechnischen Beurteilung von Schüttgütern beschrieben und begründet. Danach wird deren Anwendung auf unterschiedliche Handhabungssituationen, u. a. Fördern, Lagern, Mischen, Fluidisieren, detailliert dargestellt. Mögliche Problematiken werden diskutiert.

Die Herangehensweise an eine Problem- bzw. Aufgabenstellung, wie sie z. B. die Anfrage eines Kunden darstellt, wird im Kap. 3 behandelt. Basierend auf den grundlegenden Konzepten der Systemtechnik und den diversen aus diesen resultierenden VDI-Richtlinien, werden die an den Kunden zu stellenden und das Problem abklärenden bzw. eingrenzenden Detailfragen formuliert. Die strukturierende Vorgehensweise der Systemtechnik wird einführend dargestellt und dann auf die Erfordernisse der Auslegung einer Schüttgutanlage hin präzisiert. Neben der genauen Kenntnis der Schüttguteigenschaften sind hier u. a. folgende weitere Fragen zu klären: Woher kommt das Schüttgut, d. h. welche Einflüsse hat der vorgeschaltete Teilprozess auf meinen Anlagenbereich, ist eine Entkoppelung beider Bereiche erforderlich bzw. wie ist diese zu gestalten usw. Die gleichen Fragen sind hinsichtlich möglicher Rückwirkungen auch an den nachgeschalteten Teilprozess zu stellen. Des Weiteren sind Veränderungen von Schüttgutkenngrößen, z. B. der Partikelgrößenverteilung, entlang der zu erstellenden Teilanlage zu analysieren und die ggf. daraus resultierenden Auswirkungen zu berücksichtigen. Generelles Ziel ist es, durch eine strukturierte und damit nachvollziehbare Abarbeitung der Aufgabenstellung mögliche Fehler zu vermeiden und gleichzeitig die Bearbeitungsdauer zu minimieren. Im Kap. 3 werden die hierzu notwendigen Werkzeuge dargestellt.

Kap. 4 stellt die Dimensionierung/Auslegung von Schüttgut handhabenden Anlagen, Teilprozessen und Apparaten anhand einer Reihe detailliert durchgerechneter Beispiele aus der Praxis des Autors dar. Folgende Aufgabenstellungen werden behandelt:

- Analyse der Anfrage eines Kunden für eine kombinierte Lager-, Förder- und Dosieranlage
- Druckverlustberechnung einer gasdurchströmten Schüttung in einem zylindrischen Behälter/Reaktor mit Austragskonus
- Verfahrenstechnische Dimensionierung eines neu zu erstellenden und Überprüfung eines vorhandenen Silos hinter einem Mahlprozess
- Untersuchung des Versagens eines Kohlebunker/Trogkettenförderer-Systems
- Projektierung einer Wirbelbett-Mischanlage
- Auslegung und energetische Optimierung einer pneumatischen Förderanlage

Nach einer kurzen Einführung in die jeweilige Aufgabenstellung werden zunächst die für die Bearbeitung des anstehenden Problems erforderlichen theoretischen Grundlagen umfassend dargestellt und erläutert. Weitere Einzelheiten zu diesen ergeben sich dann im Rahmen der späteren Berechnungen. An die notwendige Theorie schließt sich die detaillierte Analyse der vom Kunden vorgegebenen/spezifizierten Problemstellung an. Aus dieser folgt dann die Festlegung der für eine Auslegung erforderlichen Kenndaten des Schüttguts, d. h. es wird definiert, welche Schüttgutuntersuchungen im Labormaßstab, z. B. Korngrößenverteilung, Fluidisierversuche, und ggf. im großtechnischen Maßstab im Technikum, z. B. pneumatische Förder- oder Mischversuche, für eine seriöse Anlagenauslegung erforderlich sind. Die Ergebnisse dieser Untersuchungen werden umfassend dargestellt und ihre Auswirkungen sowie das erforderliche *scale-up* auf die Betriebsanlage diskutiert. Die daran anschließende Anlagenauslegung stellt den Lösungsweg nachvollziehbar in allen Einzelheiten dar. Empfehlungen bzw. eine Zusammenfassung schließen das jeweilige Beispiel ab.

Die angezogenen Berechnungsbeispiele verdeutlichen, dass die Erstellung einer Schüttgutanlage unbedingt die enge und offene Zusammenarbeit des Kunden und des Anbieters erfordert. Häufig wird der Kunde erst durch einen ersten Realisierungsvorschlag der anbietenden Fachfirma in die Lage versetzt, zu erkennen, wo im Hinblick auf seine Zielsetzung und auch sein verfügbares Budget Umsetzungsprobleme bestehen. Diese sind dann nur gemeinsam lösbar.

Der Verfasser hat sich bemüht, seine langjährigen Erfahrungen mit der Handhabung von Schüttgütern sowie deren vielfältigen und komplexen Einflüsse auf die Gestaltung und Detailplanung von Schüttgut verarbeitenden Anlagen nachvollziehbar und übersichtlich darzustellen. Aus seiner Sicht stellt der Text für Ingenieure, Techniker, Planer oder Studenten, die auf diesem Gebiet tätig sind bzw. sich in die Materie einarbeiten müssen, eine hilfreiche und orientierende Unterstützung dar. Hinweise auf Unzulänglichkeiten, Verbesserungen oder Ergänzungen sind erwünscht. Unklare und verbesserungswürdige Ausführungen liegen allein in der Verantwortung des Autors.

Danksagung: Ich möchte mich bei meinem langjährigen Arbeitgeber, der Fa. Claudius Peters Projects GmbH, Buxtehude/Deutschland, für die zur Verfügungstellung diverser Prüf- und Versuchsprotokolle, bei meinem Freund und Kollegen Prof. Dr.-Ing. Theodor Hesse für das Korrekturlesen und die stete Diskussionsbereitschaft und insbesondere bei meiner Frau Jelica Hilgraf für den immerwährenden Antrieb bedanken. Den beteiligten Mitarbeitern des Springer-Verlags danke ich für die angenehme und unkomplizierte Zusammenarbeit.

Hamburg, Deutschland
Februar 2022

Peter Hilgraf

Symbolverzeichnis

a, b	[-]	Hilfswerte, Konstanten
a_{Blaine}	$[cm^2/g$	spezifische Oberfläche nach Blaine
A, A_R	$[m^2]$	Fläche, Rohrquerschnittsfläche
A_X	$[m^2]$	lokale Querschnittsfläche
A_V	$[m^2]$	Querschnittsfläche des Verteilerbodens
Ar	[1]	Archimedes-Zahl
b^*, b^{**}	[m]	kritische Brücken- bzw. Schachtbreite im Schlitzsilo
B_K	[m]	Breite einer schlitzförmigen Siloaustragsöffnung
c_W	[1]	Widerstandsbeiwert einer gasumströmten Einzelpartikel
C_h, C_v	[1]	Feststoff/Gas-Geschwindigkeitsverhältnisse im horizontalen/ vertikalen Förderrohr → Schlupf
$C_{U, in}$	[-]	Schlupf am Eintritt in eine Umlenkung
d_S	[m]	Partikeldurchmesser
$d_{S,50}$	[m]	Partikeldurchmesser beim Siebrückstand $R = 0,50$
d_S'	[m]	Partikeldurchmesser beim Siebrückstand $R = 0,368$
$d_{S,max}$	[m]	Partikeldurchmesser beim Siebrückstand $R = 0,01$
$d_{Blaine}, d_{S,SD}$	[m]	Partikeldurchmesser aus Blaine-Oberfläche, volumen- und oberflächengleicher Kugeldurchmesser nach Sauter
d^*, d^{**}	[m]	kritischer Brücken- bzw. Schachtdurchmesser im runden Silo
$d_{S,SD}^*$	[m]	kennzeichnender Partikeldurchmesser
D	[1]	Durchmesser
$D(d_S)$	[1]	Siebdurchgang beim Partikeldurchmesser d_S
DG	[1]	Dosiergenauigkeit
f_1, f_2	[-]	Hilfswerte in der Ergun-Gl. (4.3)
f_C	$[N/m^2]$	einaxiale Schüttgutdruckfestigkeit
ff_B, ff_S	[1]	Fließfaktoren Brückenbildung, Schachtbildung
f_Q	[1]	Zuschlagsfaktor Druckgefäßförderung
$f(x)$	[-]	Funktion von x
F	[1]	Freiheitsgrad
F	[N]	Kraft
F_G	[N]	Gewichtskraft
F_H	[N]	Haftkraft Partikel/Partikel oder Partikel/Wand

$F_{H,\sigma}$	[N]	durch Normalspannung σ verstärkte Haftkraft
$F_{H/S/B/\cdots}$	[N]	Kräfte an einer Siloaustragsvorrichtung, vgl. Abb. 4.46
F_W	[N]	Widerstandskraft
$F_{\Delta p}$	[N]	Druckdifferenzkraft
F_σ	[N]	Kraft durch Normalspannung
F_τ	[N]	Kraft durch Schubspannung
FF_C	[1]	Fließfunktion nach Jenike
FQ	[1]	Fluidisationsqualität
Fr	[1]	Froudezahl, allgemein
Fr_R	[1]	Rohr-Froudezahl
g	[m/s²]	Gravitationsbeschleunigung
g_i	[1]	Gewichtsanteil der Komponente i in der Mischung
$g(45\ \mu m)$	[1]	Gewichtsanteil der Fraktion $d_S < 45\ \mu m$
G_S	[kg]	Feststoffgewicht
$G(\varphi_{lin})$	[1]	Korrekturfaktor Schachtbildung
h^*, h^{**}	[m]	kritische Brücken- bzw. Schachthöhe im Silo
H, ΔH	[m]	Höhe, Höhenabschnitt allgemein
H_{ges}	[m]	Gesamthöhe des Wirbelschichtmischers
H_L	[m]	Betthöhe am Lockerungspunkt
H_P, H_W	[N/m²]	Vickershärte Feststoffpartikel, Vickershärte Wand
H_R	[m]	vertikale Förderhöhe
H_S	[m]	Füllhöhe
H_{Sch}	[m]	Steigung der Siloaustragsschnecke
H_{Silo}	[m]	Höhe Siloschuss
H_T	[m]	idealisierte Silotrichterhöhe
H_{WS}	[m]	Höhe der expandierten Wirbelschicht
H_0, H_1	[m]	Betthöhe der Schüttung, Betthöhe bei Fluidisation
$H(\Theta)$	[1]	Korrekturfaktor Silogeometrie
ΔH_V	[m]	Höhe der Gaseingabe
ΔH_K	[m]	Konushöhe
i	[-]	Laufziffer
k	[1]	Koordinations-/Kontaktzahl, Exponent, Konstante
K	[1]	Spannungsübertragungskoeffizient
K_0	[1]	Ruhedruckbeiwert
K_R	[-]	geschwindigkeits- und feststoffabhängige Widerstands funktion, vgl. Gl. (4.122)
K_v	[-]	feststoffspezifische Konstante, vgl. Gl (4.105)
K_U	[-]	Beiwert für Feststoffabbremsung in 90°-Umlenkungen
K_τ	[-]	„*vibrated de-aeration constant*“
K^*	[1]	Verhältnis Wandnormalspannung zu mittlerer Vertikal spannung im aktuellen Silotrichterquerschnitt
ℓ	[1]	Exponent
L, ΔL	[m]	Länge, Längenabschnitt
L_b	[m]	Silofüllhöhe
L_K, L_B	[m]	Länge einer schlitzförmigen Siloaustragsöffnung

L_P	[m]	Pfropfenlänge
L_R	[m]	Förderentfernung
m	[-]	Kennzahl für Silogeometrie → keilförmiger/konischer Trichter: $m = 0/1$
m_i	[kg]	Masse der Feststoffkomponente i
m_{MM}	[kg]	Masse Mastermix
m_W	[kg]	Masse Wasser/Feuchtigkeit im Schüttgut
Δm_S, Δm_{Probe}	[kg]	Massenelement Schüttgut bzw. Probenmasse
$\dot{m}$	[kg/s]	Massenstrom
$\dot{m}_F, \dot{m}_S$	[kg/s]	Massenstrom Gas (Fluid), Massenstrom Feststoff
$\dot{m}_{F,B}$	[kg/s]	Gasmassenstrom zum Druckgefäß
$\dot{m}_{F,R}$	[kg/s]	Fördergasstrom durch die pneumatische Förderstrecke
$\dot{m}_{F,V}$	[kg/s]	Gasmassenstrom des Druckerzeugers
$\dot{m}_{S,för}$	[kg/s]	Feststoffmassenstrom während der Förderphase eines Druckgefäßes
M	[-]	axialer Mischkoeffizient
M	[kg/kmol]	Molekulargewicht
n	[1/s]	Drehzahl Schnecke, Mischtrommel etc.
n	[1]	Steigung der RRSB-Geraden = Streuungsparameter
n	[-]	Exponent, Hilfsgröße
N_U	[1]	Anzahl der 90°-Umlenkungen einer Förderstrecke
N_{CSt}	[1]	Anzahl der an eine PE-Partikel angelagerten CSt- Teilchen
$\dot{N}_{Ch}$	[1/h]	stündliche Chargenzahl eines Druckgefäßes
p, q	[-]	Bestandteile einer 2-Komponentenmischung
p, Δp	[N/m^2	Absolutdruck, Druckdifferenz
p_B	[N/m^2]	Druck im Druckgefäß
p_{Hydro}	[N/m^2]	hydrostatischer Druck
p_{in}, p_{out}	[N/m^2]	Druck am Eintritt bzw. Austritt eines Anlagenbereichs
p_X	[N/m^2]	Systemdruck, lokaler Druck
p_V	[N/m^2]	Druck am Verdichter-/Druckerzeugeraustritt
p_0	[N/m^2]	Referenzdruck, i. Allg. Umgebungsdruck
$p_D^*(T_F)$	[N/m^2]	Sättigungsdruck Dampf bei der Gastemperatur T_F
Δp_{dyn}	[N/m^2]	dynamischer Druck
Δp_F	[N/m^2]	Druckverlust durch Fördergas verursacht
Δp_i	[N/m^2]	Druckverlustanteile i einer pneumatischen Förderung, vgl. Gl. (4.108)
Δp_R	[N/m^2]	Gesamtdruckverlust einer Förderleitung
Δp_S	[N/m^2]	Druckverlust durch Feststoff verursacht
Δp_{Sp}	[N/m^2]	Druckverlust Spülgasstrom
Δp_{tot}	[N/m^2]	Gesamtdruckverlust
Δp_V	[N/m^2]	Druckverlust Gasverteilerboden
Δp_{WS}	[N/m^2]	Gasdruckverlust Wirbelschicht

Δp_{zu}	[N/m²]	Zuführ- und Verteilungsverluste zum/am Druckgefäß
P	[1]	statistische Sicherheit
P_{Est}	[W]	Leistungsbedarf des Entstaubungssystems
P_{Sch}	[W]	Leistungsbedarf des Einschleussystems
P_{spez}	[kWh/(t· 100 m)]	spezifischer Leistungsbedarf der Anlage
$P_{th,spez}$	[kWh/(t · 100 m)]	theoretischer spezifischer Leistungsbedarf der Anlage, Druckerzeugerwirkungsgrad $\eta_V = 1$
P_V	[W]	Kupplungsleistung eines Druckerzeugers
$P_{V,för}$	[W]	Kupplungsleistung des Druckerzeugers während der Förderphase eines Druckgefäßes
$P_{V,i}$	[W]	Leistungsbedarf im Arbeitsschritt i eines Druckgefäßes
$\overline{P}_V$	[W]	Kupplungsleistung des Druckerzeugers gemittelt über einen Druckgefäßzyklus
$\overline{P}_{TKZ}$	[W]	Antriebsleistung Trogkettenförderer
P_0	[W]	Leerlaufleistung
q	[m³/(m² · s]	spezifischer Schüttgutausfluss durch eine Öffnung
$\dot{q}_F$	[m³/(m² · s]	spezifischer Belüftungsgasstrom
r	[m]	Abstand zur gedachten Silospitze
r_f	[1]	Volumenanteil Feingut
$R(d_S)$	[1]	Siebrückstand beim Partikeldurchmesser d_S
R_U	[m]	Radius einer Rohrumlenkung
R_F	[J/(kg · K)]	spezifische Gaskonstante
R_C	[1]	Kompressibilität nach Carr, Carr-Index
R_H	[1]	Kompressibilität nach Hausner, Hausner-Index
R^2	[-]	Bestimmungsmaß einer Ausgleichsfunktion
Re_{tr}	[1]	Reynolds-Zahl der Transportgeschwindigkeit
Re_T	[1]	Reynolds-Zahl der Einzelpartikel-Sinkgeschwindigkeit
s	[m]	Scherweg
s, s^2	[-]	empirische Standardabweichung, empirische Varianz
s_{SD}	[m]	empirische Standardabweichung des Sauterdurchmessers $d^*_{S,SD}$
t	[s]	Zeit
Δt_{Ch}	[s]	Chargendauer eines Einzeldruckgefäßes
$\Delta t_{för}$	[s]	Förderzeit während einer Einzeldruckgefäßcharge
Δt_{tot}	[s]	Totzeit während einer Einzeldruckgefäßcharge
Δt_i	[s]	Zeitdauern der Arbeitsschritte i eines Einzeldruckgefäßes
Δt_{max}	[s]	maximale Lagerzeit des Schüttguts
Δt_M	[s]	Mischzeit/-dauer
$\Delta \tau_X$	[s]	Lagerzeit
T	[K]	Temperatur
T_F	[K]	Gastemperatur
T_M	[K]	Mischtemperatur Gas/Feststoff
T_S	[K]	Feststofftemperatur
T_X	[K]	Systemtemperatur, lokale Temperatur

T_0	[K]	Referenztemperatur, i. Allg. Umgebungstemperatur
u	[m/s]	wahre Geschwindigkeit allgemein
u_F	[m/s]	wahre Gasgeschwindigkeit
$u_{F,frei}$	[m/s]	Gasgeschwindigkeit im Freiraum = v_F
u_S	[m/s]	wahre Feststoffgeschwindigkeit
Δu_S	[m/s]	Feststoffabbremsung in einer Umlenkung
U	[m]	Umfang
v	[m/s]	Leerrohrgeschwindigkeit allgemein
v_{Diff}	[m/s]	Differenzgeschwindigkeit Gas/Feststoff
v_F	[m/s]	Gas-Leerrohrgeschwindigkeit
$v_{F,B}$	[m/s]	Blasenbildungsgeschwindigkeit
$v_{F,L}$	[m/s]	Lockerungsgeschwindigkeit Wirbelschicht
$v_{F,min}$	[m/s]	minimale Fördergasgeschwindigkeit = physikalische Fördergrenze
$v_{F,K}$	[m/s]	Gasgeschwindigkeit am Siloaustritt aufgrund einer Begasung des Silotrichters
$v_{F,stopf}$	[m/s]	Stopfgrenzgeschwindigkeit
$v_{F,tr}$	[m/s]	Transportgeschwindigkeit, vgl. Gl. (4.83)
$\overline{v}_{TKZ}$	[m/s]	Geschwindigkeit Trogkettenförderer
v_{WS}	[m/s]	aktuelle Betriebsgeschwindigkeit Wirbelbett
$\Delta v_{F,min}$	[m/s]	Abstand der Betriebsgeschwindigkeit zur Fördergrenze
V	[1]	Variationskoeffizient
$V_{B,Netto}$	[m³]	Nettovolumen Einzeldruckgefäß = Füllvolumen
V_F	[m³]	Gasvolumen
V_i	[m^3]	Volumen des Silos/Behälters i
V_S	[m³]	Nettofüllvolumen Silo
V_{SD}	[1]	Variationskoeffizient des Sauterdurchmessers $d^*_{S,SD}$
V_{SS}	[m³]	Schüttgutvolumen
$\dot{V}_b$	[m³/s]	Schüttgutvolumenstrom, beliebiger Zustand
$\dot{V}_F$	[m³/s]	Gasvolumenstrom
$\dot{V}_{SS}$	[m³/s]	Schüttgutvolumenstrom, locker geschüttet
$\dot{V}_{F,V}$	[m³/s]	Volumenstrom Druckerzeuger
w	[kg/kg]	Feuchtigkeits-/Wassergehalt
w_{max}	[kg/kg]	maximaler Feuchtigkeits-/Wassergehalt
w_T	[m/s]	Sinkgeschwindigkeit Einzelpartikel
W_M	[Nm]	Mischarbeit
X, Y, Z	[m]	Ortskoordinaten
X, Y	[-]	Hilfsgrößen, Exponenten
X	[kg_W/kg_{TS}]	Beladung der Trockensubstanz (TS) mit Feuchtigkeit (W)
X_W	[kg_W/kg_{TS}]	aktuelle Feuchtigkeitsbeladung
$X_{W,krit}$	[kg_W/kg_{TS}]	kritische Feuchtigkeitsbeladung
$X_{W,equi}$	[kg_W/kg_{TS}]	Feuchtigkeitsbeladung im Gleichgewichtszustand
z	[1]	Anzahl der Proben einer statistischen Untersuchung

α_K	[°]	Trichterneigungswinkel eines Silos gegen die Horizontale
α_{Rinne}	[°]	Neigungswinkel einer Fließ-/Wirbelschichtrinne
α_{RRSB}	[°]	Neigungswinkel der RRSB-Geraden
α_{SS}	[°]	Schütt-/Böschungswinkel
β	[1]	Hilfsgröße
β_R	[1]	Widerstands-/Gleitreibungsbeiwert
ε_F	[1]	relatives Lückenvolumen Gas
$\varepsilon_{F,L}$	[1]	relatives Lückenvolumen am Lockerungspunkt
$\varepsilon_{F,WS}$	[1]	relatives Lückenvolumen in einer Wirbelschicht
η_F	$[Pa \cdot s]$	dynamische Viskosität Gas
η_{ges}	[1]	energetischer Gesamtwirkungsgrad
η_V	[1]	Wirkungsgrad Verdichter/Druckerzeuger
η_S	[1]	volumetrischer Förderwirkungsgrad Schneckenschleuse
Θ_{axial}, Θ_{eben}	[°]	Trichterneigungswinkel gegen die Vertikale bei axialsym metrischem bzw. ebenem Fließprofil
Θ_{Grenz}	[°]	Grenzwinkel zwischen Gleitbruch und Materialbruch
Θ_{leer}	[°]	Trichterneigungswinkel gegen die Vertikale zur voll ständigen periodischen Entleerung eines Kernflusssilos
κ	[1]	Verstärkungsfaktor
λ	[-]	Hilfswert
λ_F	[1]	Reibungs-/Widerstandsbeiwert Gasströmung
λ_F, $\lambda_{i,F}$	[1]	Hilfsgrößen, Beispiel 4.4
$\lambda_{Stoß}$	[1]	Stoßverlust Schüttgut
$\lambda_{S,h}, \lambda_{S,v}, \lambda_S^*$	[1]	Widerstandsbeiwerte Feststoffströmung
λ_{tot}	[1]	Gesamtwiderstandsbeiwert der 2-Phasenströmung Gas/Feststoff
μ	$[(kg_S/s)/(kg_F/s)]$	Beladung = Feststoffmassenstrom bezogen auf den Gasmassenstrom
μ_i	[-]	Soll-/Erwartungswert der Komponente *i* in der Mischung
$\mu_{för}$	[1]	Beladung während der Förderphase eines Druckgefäßes
μ_F	[1]	Hilfsgröße, Beispiel 4.4
μ_W	[1]	Wandreibungsbeiwert
ϱ	$[kg/m^3]$	Dichte
ϱ_b	$[kg/m^3]$	Schüttgutdichte
$\varrho_{b,Str}$	$[kg/m^3]$	Dichte Schüttgutsträhne
$\varrho_{b,WS}$	$[kg/m^3]$	Dichte Wirbelschicht
ϱ_F	$[kg/m^3]$	Gasdichte
$\varrho_{F,B}$	$[kg/m^3]$	Gasdichte beim Druckgefäß-/Senderdruck p_B
ϱ_P	$[kg/m^3]$	Partikeldichte
ϱ_S	$[kg/m^3]$	Feststoffdichte
ϱ_{SS}	$[kg/m^3]$	locker geschüttete Schüttgutdichte = Schüttdichte
ϱ_{SR}	$[kg/m^3]$	eingerüttelte Schüttgutdichte = Rütteldichte
σ_i	[-]	Standardabweichung der Komponente *i* in der Grundgesamtheit der Mischung

$\sigma_{m,i}$	[-]	Standardabweichung der Einzelkornmassen $m_{P,i}$ der Komponente i in der Mischung
σ^2	[-]	Varianz der Grundgesamtheit einer Mischung
σ_A^2	[-]	Varianz des Analysen-/Probenahmefehlers
σ_E^2	[-]	Varianz der Endmischgüte
σ_M^2	[-]	Varianz durch den eigentlichen Mischer
σ_Z^2	[-]	Varianz der Zufallsmischung
σ	[N/m²]	Normalspannung
σ_{auf}	[N/m²]	Normalspannung durch eine Siloauflast
σ_V	[N/m²]	Vertikalspannung
σ_X, σ_Z	[N/m²]	Normalspannung in x- bzw. z-Richtung
σ_W	[N/m²]	Wandnormalspannung
σ_1, σ_2, σ_3	[N/m²]	Hauptspannungen
σ_1	[N/m²]	größte Hauptspannung, Verdichtungsspannung
σ_3	[N/m²]	kleinste Hauptspannung
σ_1', σ_1''	[N/m²]	Hauptspannung im Brückenauflager, in der Schachtwand
τ	[N/m²]	Schubspannung
τ_C	[N/m²]	Kohäsion
τ_W	[N/m²]	Wandschubspannung
$\Delta\tau_E$	[s]	Entlüftungszeit einer Wirbelschicht
$\Delta\tau_i$	[s]	Referenzzeit, Betriebsdauer
φ	[1]	relative Gasfeuchtigkeit
φ_e	[°]	effektiver Schüttgut-Reibungswinkel nach Jenike
φ_i, φ_{lin}	[°]	innerer bzw. linearisierter innerer Schüttgut- Reibungswinkel bei beginnendem Fließen
φ_{SF}	[°]	innerer Reibungswinkel bei stationärem Fließen
φ_W	[°]	Reibungswinkel Schüttgut ↔ umgebende Wand
χ^2	[-]	Chi-Quadrat-Verteilung
ψ, $\psi_{S,50}$	[1]	Formfaktoren

Indizes

ab, an	abscheren, anscheren
ab, zu	abgeführt, zugeführt
axial	axial
A	Förderleitungsanfang
A, iA	aktiv, inaktiv
b	aktueller Schüttgutwert (*bulk*)
B	Blase, Betriebszustand, Betriebsanlage
Ber	reibungsfreie Bernoulli-Gleichung, vgl. Gl. (4.18) und (4.19)
CSt	Calciumstearat
dos	dosiert
dyn	dynamisch
F	Gas
fein	feinkörnig

grob	große Rauigkeit, grobkörnig
g, ug	gerührt, ungerührt
h	horizontal
i, j	Zähler, Laufziffer
in, out	in den Berechnungsabschnitt/Apparat etc. hinein bzw. aus dem Berechnungsabschnitt/Apparat etc. heraus
ist	Istwert
krit	kritischer Wert
K	Konus, Trichter
L	Lockerungszustand Wirbelschicht
max, min	Maximalwert, Minimalwert
o, u	oben, unten
p, q	Komponenten einer Mischung
pn	pneumatische Förderung
P	Partikel, Pfropfen
R	Rohrleitung
soll	Sollwert
S	Feststoff
SS	locker geschüttetes Schüttgut
SR	eingerütteltes Schüttgut
SD	Sauterdurchmesser
th	theoretischer Wert
tot	total, gesamt
tr	Transport, Transition
U	Umlenkung
v	vertikal
V	Volumen, Druckerzeuger, Versuchsanlage
W	Wand
WS	Wirbelschicht
X	Zustand an Position X
Z	Zylinder, Silooberteil
0	Referenzwert, z. B. Umgebungs- oder Normzustand
$*, **$	(hochgestellt) spezieller Zustand, z. B. Teillast, kritischer Grenzwert
–	(überstrichen) Mittelwert
Selbsterklärende Indizes und Symbole sind nicht aufgeführt.	

Abkürzungen

CSt	Calciumstearat
EZ, FZ	Entleerungs- bzw. Füllzustand eines Silos
MUR, RYD	unterschiedliche Rohkohlesorten
PE	PE-Pulver
PU	Polyurethan
MM	Mastermix

Inhaltsverzeichnis

1 Einführung

Der überwiegende Anteil der in der verfahrenstechnischen Industrie verarbeiteten Produkte (→ Rohmaterialien, Zwischen- und Endprodukte) sind Schüttgüter, die üblicherweise mit Korngrößen im Bereich von einigen Mikrometern bis zu einigen Zentimetern vorliegen. Es ist derzeit eine tendenzielle Verschiebung zu noch feinkörnigeren Produkten erkennbar. Die Produkteigenschaften, das sind sowohl die vom jeweiligen Verbraucher verlangten Anwendungseigenschaften als auch die verarbeitungs-, d. h. handhabungstechnischen, Eigenschaften bei der Herstellung, werden wesentlich durch den Dispersitätszustand des vorliegenden Schüttguts bestimmt. Je nach Partikelgröße, Kornform, Porosität, Festigkeit des Korns, den Grenzflächeneigenschaften sowie der Breite der Partikelgrößenverteilung des Haufwerks, in die das Einzelkorn eingebunden ist, dessen relativem Lückenvolumen und der daraus resultierenden Schüttgutdichte, dem Verdichtungszustand usw., ergeben sich auch bei gleichem Schüttgut in unterschiedlichen Handhabungssituationen völlig unterschiedliche Verhaltensweisen. Hierbei werden häufig die vom aktuellen Zwischenraummedium auf den Schüttgutverband ausgeübten Einflüsse/Wechselwirkungen ignoriert bzw. unterschätzt. Für eine seriöse verfahrenstechnische Beurteilung sind auch die relevanten Kenndaten des Mediums im und um das Schüttgut herum zu berücksichtigen. Da in diesem Text vorwiegend Gas/Feststoff-Mischungen betrachtet werden, sind dies u. a. die Art des Gases, seine Inhaltsstoffe, sein Adhäsionsverhalten an Partikeloberflächen sowie Gasdichte und -viskosität. Beispiel: Das Fließverhalten feinkörniger Produkte wird signifikant durch die Zähigkeit des eingetragenen Gases beeinflusst, vgl. z. B. [1, 2].

Die Basis für die Auslegung Schüttgut produzierender oder verarbeitender Anlagen besteht i. Allg. in der Vorgabe der Produktqualität, eines Feststoffdurchsatzes und nur weniger charakteristischer Schüttgutdaten, z. B. des mittleren Korndurchmessers und der Schüttdichte der Eingangs- und ggf. Endprodukte. Mittels geeigneter Bilanzierungen,

P. Hilgraf, *Projektierung und Auslegung von Schüttgutanlagen*,
https://doi.org/10.1007/978-3-662-65384-5_1

unterstützt u. a. durch entsprechende Wärme- oder Stoffaustauschrechnungen, werden dann die einzelnen Verfahrensschritte und die zugehörigen Apparate dimensioniert. Produktionstechnische Gesichtspunkte und Randbedingungen entscheiden anschließend über Versorgungskonzepte sowie die Entkoppelung der verschiedenen Prozessbereiche, z. B. durch Zwischenlager.

Trotz sorgfältigster Auslegung kommt es jedoch gerade bei Schüttgut handhabenden Anlagen immer wieder zu überraschenden Schwierigkeiten. Dies sowohl bei der Inbetriebnahme von Neuanlagen, dem Wiederanfahren einer Produktionsanlage nach Stillständen, hier teilweise bereits nach Wochenendstillständen, oder bei, nach Meinung der Betreiber, nur marginalen Veränderungen von Eigenschaften der zu verarbeitenden Schüttgüter: „Wir haben nur die Einstellung des Sichters unserer Mühle verändert, danach lief in den nachgeschalteten Anlagen nichts mehr!". Ursache dieser Schwierigkeiten ist immer eine nicht ausreichende Analyse des Lager- und Fließverhaltens des vorliegenden Schüttguts sowie der Auswirkungen möglicher Veränderungen einzelner Schüttgutkenngrößen auf dieses Verhalten.

Paradebeispiele für solche Unzulänglichkeiten sind die in größerer Zahl in jeder Anlage vorhandenen Schüttgutbehälter, die zur Roh- und Fertigproduktlagerung sowie zur Anlagenentkoppelung, als Vorlage vor einzelnen Apparaten und Maschinen usw. eingesetzt werden. Zu ihnen müssen auch die Unterteile von Abscheidern und Filtern sowie alle anderen Apparateteile in denen sich Schüttgut anstauen kann, gezählt werden. Ihr einfacher Aufbau und die scheinbar unkomplizierte Funktion führen dazu, sie als unbedeutende Elemente eines Prozesses anzusehen und ihnen nicht die erforderliche Auslegungssorgfalt zu widmen. Jeder Praktiker kennt die Folgen: Betriebsstörungen und -stillstände durch Brücken- oder Schachtbildung, unkontrollierter bzw. nicht regelbarer erratischer Schüttgutausfluss, wechselnde Produktqualität auf Grund von Entmischung usw.

Ebenso wie für die fließ- und handhabungstechnisch richtige Behälterdimensionierung stehen auch für die Berechnung weiterer Verfahrensschritte innerhalb einer Schüttgutanlage bewährte und sichere Auslegungsverfahren zur Verfügung. Allerdings erfordern diese Verfahren i. Allg. erheblich umfangreichere und spezifischere Schüttgutuntersuchungen, z. B. von Scherversuchen, zur Bereitstellung der jeweils benötigten Schüttgutkennwerte als es üblicherweise für notwendig erachtet wird. Hierbei spielt natürlich auch die Frage der anfallenden Kosten und, zumindest bei Neuanlagen, die nicht immer gesicherte Verfügbarkeit repräsentativer Schüttgutproben eine Rolle. Man ist somit häufig gezwungen, das zu erwartende Verhalten eines Schüttguts in den unterschiedlichsten Handhabungssituationen auf der Basis einer begrenzten Anzahl einfach zu ermittelnder „Standard"-Kenngrößen zu beurteilen.

Ursache für das oben angedeutete komplexe Verhalten sind die dem Schüttgut in den verschiedenen Verarbeitungsschritten aufgezwungenen, sehr unterschiedlichen äußeren Kräfte/Beanspruchungen, die in Relation zu den zwischenpartikularen (Haft-)Kräften beurteilt werden müssen. Der Zusammenhang zwischen den physikalischen Eigenschaften und den Dispersitäts- bzw. Kenngrößen eines Schüttguts sowie den daraus resultierenden Handhabungseigenschaften ist somit von der aktuellen Handhabungssituation abhängig.

Dies erfordert, dass die verschiedenen auf den jeweiligen Handhabungsprozess Einfluss nehmenden Schüttgutkenngrößen für jeden Verarbeitungsschritt speziell ermittelt werden müssen.

Aufgrund der Vielzahl möglicher Einflussgrößen ist es somit für die praktische Bearbeitung von Schüttgutproblemen, d. h. für die Bewertung des zu erwartenden Produktverhaltens im geplanten Prozessschritt/-apparat, sinnvoll, die verschiedenen Einflussgrößen zu übergeordneten Kenngrößen gleichen Handhabungsverhaltens zusammen zu fassen und darauf aufbauend das Materialverhalten zu klassifizieren. Hierfür geeignete Systeme und ihre Anwendungen werden im Kap. 2 vorgestellt [3].

Ein für die Auslegung von Schüttgutanlagen neben der Einflussgröße „Schüttgut“ weiterer wesentlicher Begriff ist derjenige der „Vorgehensweise“, der das methodische Herangehen an die vorgegebene Problemstellung und deren strukturierte Abarbeitung unter Berücksichtigung technisch-wirtschaftlicher sowie gesetzlicher Rahmenbedingungen hervorhebt. Die hier zu beantwortende Frage lautet demnach: Wie gehe ich bei der Projektierung/Auslegung einer Schüttgut verarbeitenden Anlage vor, um mit einem Minimum an Aufwand diejenige Lösung zu ermitteln, die die vorliegende Aufgabenstellung bestmöglichst, d. h. betriebssicher und kostengünstig, erfüllt? Das Kap. 3 gibt zunächst einen Überblick über allgemeine Strategien bei der Erarbeitung von Problemlösungen und konzentriert sich dann auf die sich bei der Auslegung von Schüttgutanlagen ergebenden speziellen Fragestellungen und Anforderungen.

Die aus den Ausführungen der Kap. 2 und 3 resultierenden Zusammenhänge und Notwendigkeiten werden im Kap. 4 auf eine Vielzahl von detailliert dargestellten Anwendungsbeispielen aus unterschiedlichen Bereichen der Schüttgutpraxis angewendet. Jeder Aufgabenstellung werden dabei die zum vertieften Verständnis jeweils erforderlichen Verfahrensgrundlagen vorangestellt.

Der nachfolgende Text befasst sich *nicht* mit dem eigentlichen Bau solcher Anlagen, d. h. nicht mit Projektabwicklung, Beschaffung, Montage, Inbetriebnahme sowie dem erforderlichen Projektmanagement, und ebenfalls *nicht* mit den Anforderungen ggf. notwendiger Genehmigungsverfahren, mit möglichen Vertragsformen zwischen Anlagenbetreibern, Anlagenbauern und Unterlieferanten, der Standortauswahl usw. Über derartige Themen wird u. a. in [4–7] grundlegend informiert. Es ist jedoch anzumerken, dass eine intensive Beschäftigung mit den Begriffen „Schüttgut“ und „Vorgehensweise“ im Rahmen der Anlagenprojektierung, auch die Umsetzung der zuletzt aufgeführten Arbeitsschritte unterstützt, z. B. benötigt ein Inbetriebnehmer eine fundierte Einweisung in das zu erwartende aktuelle Schüttgutverhalten, bevor er auf die Baustelle geschickt werden kann.

Literatur

1. Rietema, K.: The dynamics of fine powders. Elsevier, London (1991)
2. Valverde Millán, J. M.: Fluidization of fine powders. Springer, Dordrecht (2013)

3. Hilgraf, P.: Schüttgüter: Eigenschaften und Handhabung, Teil 1 und 2. ZKG Int. **59**(9), 58–69 (2006) und **59**(10), 73–82 (2006)
4. Ebert, B.: Technische Projekte: Abläufe und Vorgehensweisen. Wiley-VCH, Weinheim (2002)
5. Helmus, F.P.: Anlagenplanung: Von der Anfrage bis zur Abnahme. Wiley-VCH, Weinheim (2003)
6. Peters, M.S., Timmerhaus, K.D., West, R.E.: Plant design and economics for chemical engineers. McGraw-Hill, New York (2004)
7. Weber, K.H.: Inbetriebnahme verfahrenstechnischer Anlagen. VDI Verlag, Düsseldorf (1996)

2 Schüttgutverhalten

Das Verhalten von Schüttgütern liegt, je nach Handhabungssituation, zwischen demjenigen von Flüssigkeiten und Festkörpern und resultiert aus dem Wechselspiel einer Vielzahl von in Zusammensetzung und Wichtung variierender Einflussgrößen. Sichere Gesetzmäßigkeiten zur Berechnung dieses Zusammenspiels fehlen. Eine Bewertung des zu erwartenden Schüttgutverhaltens in unterschiedlichen Prozessschritten und Apparaten ist aber bereits in einem frühen Stadium jeder Anlagenplanung erforderlich. Hierfür geeignete Methoden der Schüttgutbeurteilung und -klassifizierung werden vorgestellt und in ihrer Anwendung diskutiert. Die Einflüsse von Feuchtigkeit und Temperatur sowie Verschleiß werden angesprochen.

2.1 Schüttguteigenschaften

In der Abb. 2.1-d ist die Grundversion eines sogenannten Staub-Prüfprotokolls, wie es in ähnlicher Weise von verschiedenen Fachfirmen verwendet wird, dargestellt. Es werden im Wesentlichen die Granulometrie des Schüttguts (→ Blatt 1), dessen verschiedene Dichten, z. B. locker geschüttete, eingerüttelte, belüftete/fluidisierte Schüttgutdichte (→ Blatt 1–3), das Verhalten im fluidisierten Zustand bei den beiden Beanspruchungszuständen „ungerührt" (→ Blatt 2), und „gerührt" (→ Blatt 3) inklusive des Gashaltevermögens bei Unterbrechung der Gaszufuhr und das Fließverhalten auf einer Luftförderrinne (→ Blatt 4), untersucht. Da Siebanalysen nur oberhalb einer Partikelgröße von $d_S \gtrsim 30$ µm sinnvoll realisierbar sind, wird bei feinkörnigeren Schüttgütern deren Korngrößenverteilung mittels Laser-Beugungs-Spektrometer ermittelt und dem Protokoll als Blatt 1a beigefügt (→ hier aus Platzgründen weggelassen). Einzelheiten zu den Messverfahren sind den angezogenen Normen und dem einschlägigen Schrifttum, z. B. [1–4], zu entnehmen. Ein

P. Hilgraf, *Projektierung und Auslegung von Schüttgutanlagen*,
https://doi.org/10.1007/978-3-662-65384-5_2

Verteiler
Hilgraf
Pannier
Mehl

CLAUDIUS PETERS
TECHNOLOGIES

Staub - Prüfprotokoll I

Materialname	Zement		
Zusatzbezeichnung	Fluvio 3r	**Prüf-Nr.:**	**12229**
Chem. Bezeichnung		Sachbearb.:	Pannier / Mehl
Firma, Werk, Anlage		Datum:	29.08.2002
Auftraggeber, -Nr.		Prüfer:	Gehle
Kennwort		Kom.-Nr.:	01-1/131.819/558

Gesamtwasser	106°C / 63h	**0,39**	%	*DIN 51718*	Siebgerät:	Alpine		
Grobe Feuchte	21°C / 55% / 63h	**0,03**	%	*DIN 51718*				
Schüttdichte		**1,17**	kg/ dm³	*DIN EN 459-2*	Rückstand R (mm) nach *DIN 66165-1, -2*			
Rütteldichte		**1,70***	kg/ dm³		d[mm]	R[%]	d[mm]	R[%]
Rohdichte (spez. Dichte)		**3,12**	kg/ dm³	*DIN ISO 8130-2*	16		0,315	
Schüttwinkel		**51.5**	°	*DIN ISO 4324*	10		0,2	**0,06**
Max. Korn		**220**	µm	*DIN 66145*	6,3		0,16	**0,18**
Mittl. Korn ∅ d_{50} Medianwert		**13**	µm	*DIN 66145*	3,15		0,125	**0,56**
Mittl. Korn ∅ d´		**22**	µm	*DIN 66145*	2,0		0,09	**2,02**
RRSB Gerade α		**42,0**	°	*DIN 66145*	1,0		0,063	**5,93**
Kornform		**1,2,4,5****		*FEM 2582*	0,6		0,045	**15,56**
Blainezahl	ε = 0,5	**3989**	cm²/g	*DIN 66126-2*	0,5		0,032	**25,57**

Bemerkungen: *brikettiert sehr stark ; **stark agglomeriert, sandartig, viele kristalliene Partikel in der Probe, viele Partikel der Kornform 1, Kugelbildung.
25°C / 68%

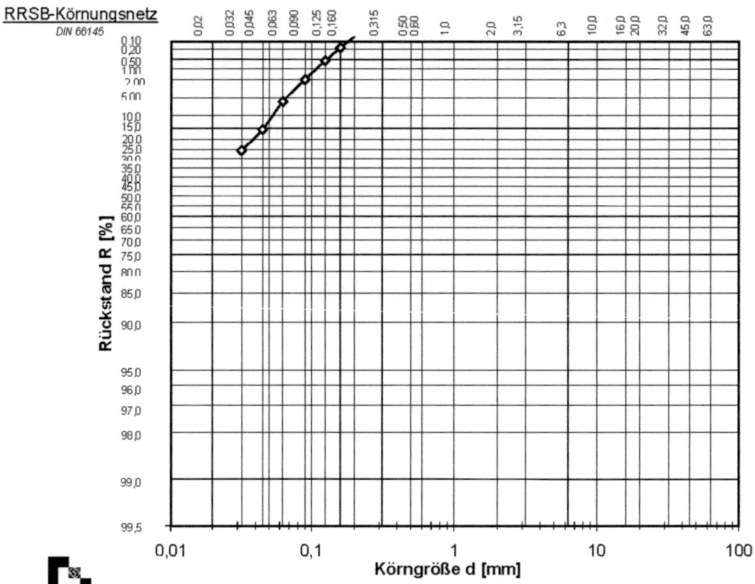

LANGLEY
A Langley Holdings Company

Blatt 1 von 4 Blatt

Abb. 2.1 (**a**) Staubprüfprotokoll, Blatt 1. (**b**) Staubprüfprotokoll, Blatt 2. (**c**) Staubprüfprotokoll, Blatt 3. (**d**) Staubprüfprotokoll, Blatt 4

Verteiler
Hilgraf
Pannier
Mehl

CLAUDIUS PETERS
TECHNOLOGIES

Staub - Prüfprotokoll II - ungerührt

Materialname	Zement
Zusatzbezeichnung	Fluvio 3r
Chem. Bezeichnung	
Firma, Werk, Anlage	
Auftraggeber, -Nr.	
Kennwort	

Prüf-Nr.:	**12229**
Sachbearb.:	Pannier / Mehl
Datum:	29.08.2002
Prüfer:	Gehle
Kom.-Nr.:	01-1/131.819/558

Materialdruck	**2,0**	kg/ dm²	H_1	ungerührt	**253**	mm
spezifischer Luftvolumenstrom	**4,0**	m³/m²min	H_0		**191**	mm
max. Bodendruck	**17,5**	mbar				
Dichte im belüfteten Zustand ρ_1	**0,79**	kg/ dm³	Bodendruck/ Materialdruck		**0,88**	-
Dichte im entlüfteten Zustand ρ_0	**1,05**	kg/ dm³	H_1 / H_0		**1,32**	-
Entlüftungszeit	**56**	s				

Bemerkungen: Beim Start Pfropfenbildung, danach am Belüftungsboden Kanal-, Rattenloch- und Kugelbildung, keine Materialbettbewegung. In der oberen Hälfte gute Materialbettbewegung mit Blasen- und Haarrißbildung.

Entlüftungsverhalten

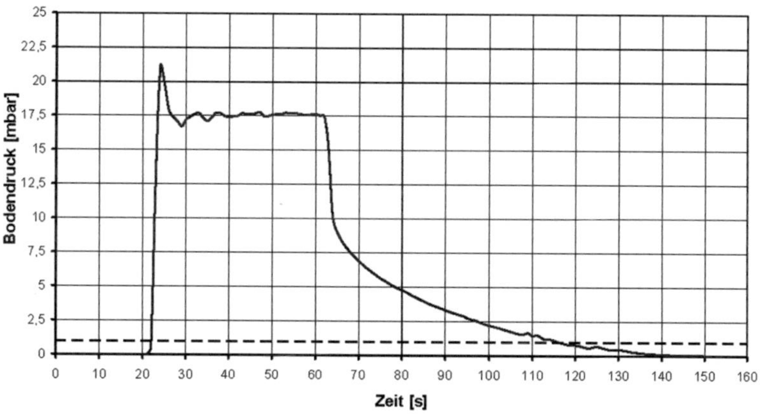

Datum/ Zeit der Messung: 29.08.2002 8:25:10

LANGLEY
A Langley Holdings Company

Blatt 2 von 4 Blatt

Abb. 2.1 (Fortsetzung)

Verteiler
Hilgraf
Pannier
Mehl

Staub - Prüfprotokoll II - gerührt

CLAUDIUS PETERS
TECHNOLOGIES

Materialname	Zement
Zusatzbezeichnung	Fluvio 3r
Chem. Bezeichnung	
Firma, Werk, Anlage	
Auftraggeber, -Nr.	
Kennwort	

Prüf-Nr.:	**12229**
Sachbearb.:	Pannier / Mehl
Datum:	29.08.2002
Prüfer:	Gehle
Kom.-Nr.:	01-1/131.819/558

Materialdruck	**2,0**	kg/ dm²	H_1 gerührt	**277**	mm
spezifischer Luftvolumenstrom	**4,0**	m³/m²min	H_0	**197**	mm
max. Bodendruck	**18,1**	mbar			
Dichte im belüfteten Zustand ρ_1	**0,72**	kg/ dm³	Bodendruck/ Materialdruck	**0,91**	-
Dichte im entlüfteten Zustand ρ_0	**1,02**	kg/ dm³	H_1 / H_0	**1,41**	-
Entlüftungszeit	**76**	s			

Bemerkungen: Gute Materialbettbewegung mit Blasen- und Haarrißbildung.

Entlüftungsverhalten

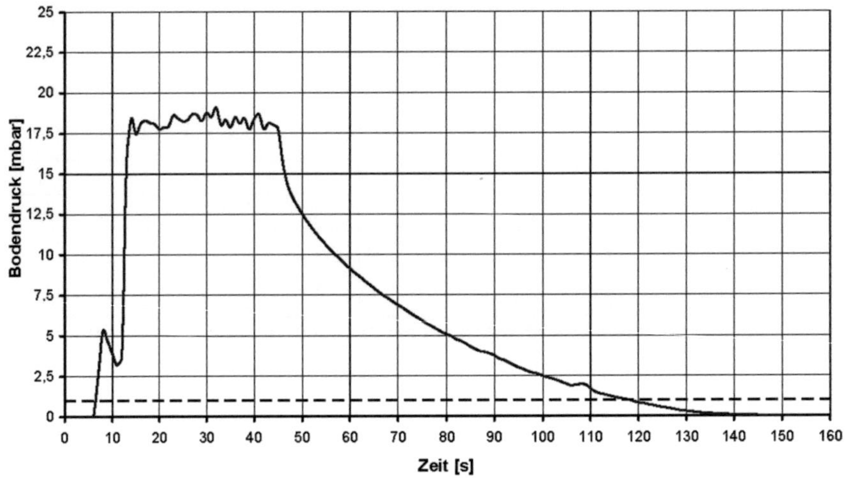

Datum/ Zeit der Messung: 29.08.2002 8:30:20

LANGLEY
A Langley Holdings Company

Blatt 3 von 4 Blatt

Abb. 2.1 (Fortsetzung)

Verteiler
Hilgraf
Pannier
Mehl

Staub - Prüfprotokoll III

CLAUDIUS PETERS
TECHNOLOGIES

Materialname	Zement
Zusatzbezeichnung	Fluvio 3r
Chem. Bezeichnung	
Firma, Werk, Anlage	
Auftraggeber, -Nr.	
Kennwort	

Prüf-Nr.:	**12229**
Sachbearb.:	Pannier / Mehl
Datum:	29.08.2002
Prüfer:	Gehle
Kom.-Nr.:	01-1/131.819/558

Auslaufversuch

Spez. Luftmenge durch Gewebe	[m³/m²min]	1,0	1,5	2,0	2,5	3,0	4,0	5,0
Statischer Druck unter Gewebe	[mbar]	23,5	35,3	47,8	59,0			
Auslaufwinkel bei langs. Öffnen der Klappe	[°]	2,0	1,6	1,5	1,4			

Praxisempfehlung □
Spez. Luftmenge **1,5** m³/m²min Rinnenneigung **5,0** °

Bemerkungen: Ab 2,0 m³/m²/min verstärkte Rattenlochbildung.

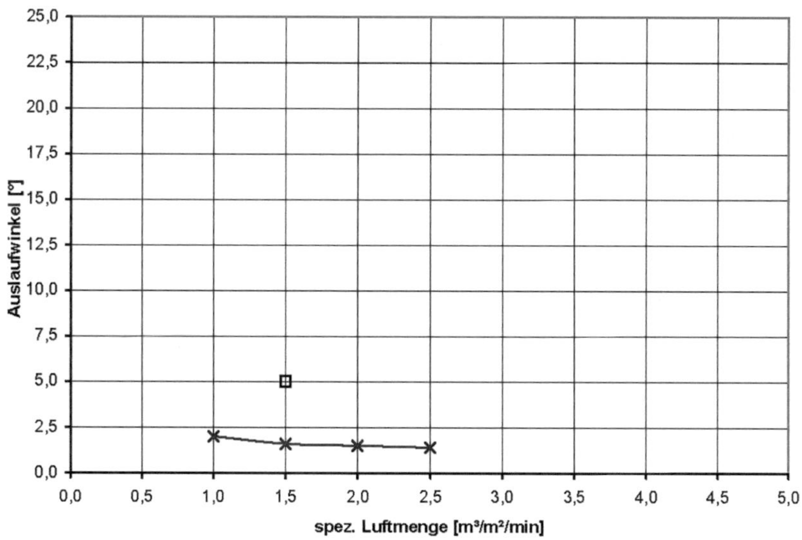

LANGLEY
A Langley Holdings Company

Blatt 4 von 4 Blatt

Abb. 2.1 (Fortsetzung)

erfahrener Laborant benötigt zur Ermittlung der obigen Daten ca. 6 Stunden. Weitere je nach Aufgabenstellung erforderliche Untersuchungen, z. B. zum Scher-, Sorptions-, Verschleiß- oder auch Mahlverhalten, werden bei Bedarf zusätzlich erstellt.

Das Problem bei der Nutzung eines solchen Kenngrößensatzes besteht nun darin, dass sich das gleiche Schüttgut mit den gleichen Kennwerten in verschiedenen Prozessschritten oder Apparaten je nach äußerer Beanspruchung sehr unterschiedlich verhalten kann. Es besteht keine direkte Zuordnung bestimmter Verhaltensweisen zu einzelnen Kenngrößen, sondern mehrere von diesen müssen in jeweils unterschiedlicher Wichtung zur Beurteilung der aktuell vorliegenden Handhabungssituation herangezogen werden. Dies kann beispielhaft an dem Begriffspaar „Kohäsion/Adhäsion" verdeutlicht werden: Die Schüttgutpartikel in Abb. 2.2a verhält sich adhäsiv, d. h. haftet an der Wand, wenn die Haftkraft F_H zwischen ihr und der Wand größer ist als ihre eigene Gewichtskraft F_G. Bläst parallel zur Wand ein Gasstrom, vgl. Abb. 2.2b, dann wird die Partikel zusätzlich von der bei ihrer Umströmung vom Gas ausgeübten Strömungskraft F_W beansprucht. Solange $F_H >$ Wirkung von $(F_G + F_W)$ bleibt, haftet die Partikel weiter an der Wand. Es ist jedoch offensichtlich, dass sie im Fall „b" eher von der Wand abgelöst werden wird als im Fall „a". Wiederum andere Verhältnisse stellen sich ein, wenn z. B. die Partikel zu Beginn des Vorgangs kurzzeitig mit einer Kraft F_σ an die Wand gepresst wird. Dies verstärkt die dann wirksame Haftkraft auf $F_{H,\sigma} = \kappa \cdot F_H$, $\kappa > 1$, mit den entsprechenden Folgen. Abb. 2.3 zeigt das Verhalten einer Schüttgutprobe, die einem Wandscherversuch unter Normallast unterzogen wurde, nach dem Entfernen der (Jenike-)Scherzelle.

Der Abb. 2.4 sind die Auswirkungen unterschiedlicher äußerer Kräfte auf das Verhalten von Wirbelschichten aus feinkörnigem Titanerz, mittlerer Partikeldurchmesser $d_{S,50} = 18$ µm, zu entnehmen. Die beiden rechten Kurvenäste beschreiben die Entlüftung der Wirbelbetten nach schlagartiger Unterbrechung der Gaszufuhr. Beim Versuch „ungerührt" wird das locker eingefüllte Schüttgut direkt fluidisiert, im Falle „gerührt" jedoch mittels eines Rührstabs während des gesamten Fluidisationsvorgangs, nicht jedoch während der Entlüftung, gleichmäßig gerührt. Die bei ungerührtem Betrieb beobachteten Totzonen und „Rattenlöcher", die auf ein kohäsives Verhalten hinweisen, werden durch den Energieeintrag beim Rühren permanent aufgelöst. Das Schüttgut verhält sich in diesem Zustand deutlich fließfreudiger, was u. a. an der etwa fünfmal so langen Entlüftungszeit $\Delta\tau_E$ zu

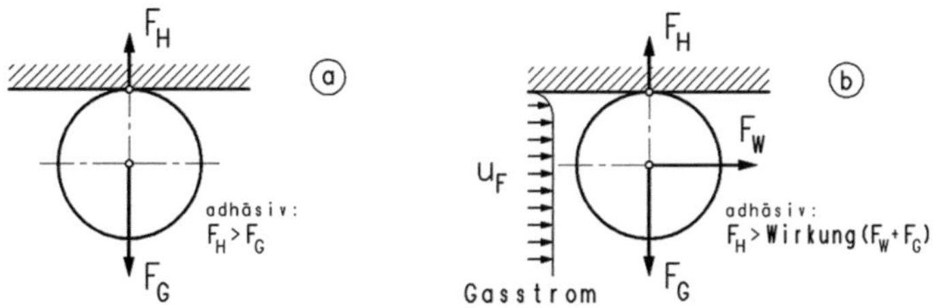

Abb. 2.2 Kräfte an einer Schüttgutpartikel

Abb. 2.3 Verdichtete Schüttgutprobe nach einem Wandscherversuch

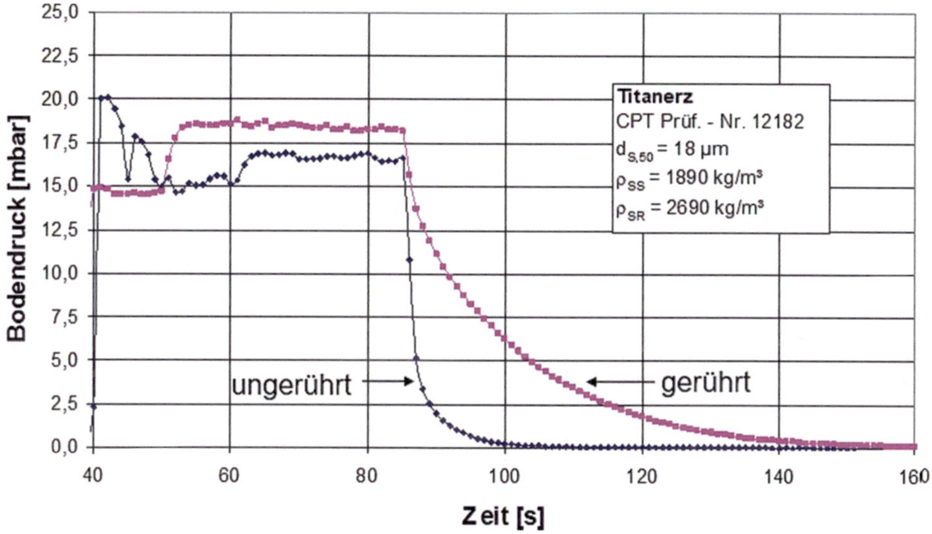

Abb. 2.4 Fluidisations- und Entlüftungsverhalten von Titanerz, ungerührt und gerührt, vgl. auch Abb. 2.7

erkennen ist. Bei einem freifließenden/rieselfähigen Produkt würden die gleichen Versuche zu identischen Entlüftungskurven = Entlüftungszeiten führen.

Ein Schüttgut als kohäsiv oder adhäsiv einzustufen, ist somit nur mit Bezug auf die jeweilige Handhabungssituation und deren Randbedingungen sinnvoll. Beide Eigenschaften sind das Ergebnis des Zusammenspiels der Haftkräfte zwischen den Partikeln des Schüttgutverbandes bzw. zwischen diesen Partikeln und den sie umgebenden Wänden und den von außen auf das System/die Bindungen einwirkenden Kräfte. Diese können sowohl haftkraftverstärkend, z. B. als Schüttgutauflast in einem Behälter, als auch trennend, z. B. durch den Widerstand bei einer Gasdurchströmung, wirksam werden und variieren von Einsatzfall zu Einsatzfall. Analoge Betrachtungen gelten für andere Beurteilungskriterien.

Aus den bisherigen Ausführungen folgt, dass das Verhalten eines Schüttguts nur als das komplexe Zusammenspiel einer Vielzahl von in Zusammensetzung und Wichtung wechselnder Einflussgrößen beschrieben werden kann. Das wiederum heißt, dass das in Abb. 2.1 dargestellte Prüfprotokoll immer anwendungsspezifisch interpretiert werden muss. Nicht jeder Anwender ist in der Lage, diese Analyse durchzuführen. Eine solche Interpretation wird jedoch stark vereinfacht, wenn es gelingt, die Vielzahl der auf das Schüttgutverhalten Einfluss nehmenden Produktkenngrößen in Kennwerten zu komprimieren, die jeweils einen Teil dieser Einzeleigenschaften summarisch erfassen und die es erlauben, Schüttgüter zu Materialklassen mit vergleichbarem Verhalten unter bestimmten Handhabungsbedingungen zusammenzufassen. Das Prüfprotokoll in Abb. 2.1 enthält bereits einige derartiger Kenngrößen. Beispiel: Die spezifische Oberfläche a_{Blaine} nach Blaine [5]. Diese aus der Gasdurchströmung einer entsprechend präparierten Schüttgutprobe gewonnene massenbezogene Oberfläche erfasst Einflüsse der Einzelkennwerte Korngröße, Korngrößenverteilung, Kornform, Packungsstruktur, Oberflächenstruktur der Partikeln usw. Sie wird u. a. erfolgreich zur Beschreibung des Schüttguteinflusses auf den fördertechnischen Wirkungsgrad η_S von Schneckenschleusen verwendet, mit denen körnige Feststoffe in pneumatische Förderleitungen eingetragen werden und die als hochtourig drehende Pressschnecken ausgebildet sind. Mit anwachsender Blaine-Oberfläche a_{Blaine} bzw. kleiner werdendem Blaine-Partikeldurchmesser $d_{Blaine} = 6/(a_{Blaine} \cdot \varrho_S)$, ϱ_S = Feststoffdichte, nimmt η_S monoton ab [6]. Grund: Zunehmender Übergang des Schüttguts in einen fluidisierten Zustand mit flüssigkeitsähnlichem Verhalten. Die Abhängigkeit $\eta_S = \eta_S(a_{Blaine})$ korreliert den Einfluss des Schüttguts auf das Schleusenverhalten in einfacher und durchschaubarer Weise. Dies ist auch für andere Beschreibungsmethoden zu fordern. Abstrakte, vom aktuellen Problem losgelöste Kennwerte und -systeme sind zu vermeiden [7].

2.2 Systeme zur Schüttgutbeurteilung

Nachfolgend werden beispielhaft einige ausgewählte Schüttgut-Beurteilungssysteme vorgestellt und daran anschließend ihre Anwendung diskutiert. Die Betrachtungen beschränken sich zunächst auf trockene Schüttgüter, d. h. Schüttgüter, deren Feuchtigkeitsgehalt bei Umgebungstemperatur unterhalb eines kritischen Werts bleibt. Auf die Ermittlung des kritischen Feuchtigkeitsgehalts, einiger Aspekte der Schüttgutauffeuchtung, der Auswirkungen erhöhter Feststofftemperaturen sowie auf die Beurteilung des durch Schüttgut an den eingesetzten Aggregaten verursachten Verschleißes wird abschließend eingegangen.

Schon jetzt muss angemerkt werden, dass die hier beispielhaft vorgestellten Beurteilungssysteme qualitativer Natur (→ Heuristiken) sind und somit nur mehr oder weniger unscharfe Aussagen liefern. Dafür sind sie mit einer geringen Anzahl einfach zu ermittelnder Messdaten darstellbar und erlauben eine erste Einschätzung, ob das vorliegende Schüttgut mit dem vorhandenen Maschinenpark des Produzenten bzw. der verfügbaren Produktpalette eines Anbieters handhabbar ist. Des Weiteren geben sie konkrete Hinweise, welche Schwierigkeiten auftreten können, wo ggf. Modifikationen erforderlich sind und wie ein problemspezifisches Versuchsprogramm gestaltet werden sollte. Die Aussagesicherheit wird durch Mehrfachbeurteilungen erhöht, d. h. eine Aufgabenstellung sollte aus unterschiedlichen Blickwinkeln mit verschiedenen Kennwertsystemen analysiert werden. Eine rechnergestützte Auswertung/Beurteilung ist im Prinzip mit den Methoden und Werkzeugen der Fuzzy-Logik möglich.

2.2.1 Klassifizierung nach Geldart

Geldart [8] hat auf Basis eigener und fremder Messungen ein Klassifikationssystem entwickelt, das Schüttgüter hinsichtlich ihres Fluidisierungsverhaltens in Gas/Feststoff-Wirbelschichten in vier Gruppen – A, B, C, D – einteilt. Abb. 2.5 zeigt dieses Ordnungsschema. Auf der Ordinate ist die Differenz zwischen der Partikeldichte $\varrho_p \cong \varrho_S$ und der Gasdichte ϱ_F, auf der Abszisse ein kennzeichnender Partikeldurchmesser d_S aufgetragen. In der Originalarbeit ist d_S der Durchmesser $d_{S,SD}$ einer volumen- und oberflächengleichen Kugel. Im Folgenden wird vereinfacht und mit ausreichender Genauigkeit der mittlere Partikeldurchmesser $d_{S,50}$ beim Siebrückstand $R = 50\ M.\ \%$ verwendet. Als Referenzschüttgüter für Vergleichszwecke werden hier Quarzpartikeln in unterschiedlicher Ausmahlung mit $\varrho_p = \varrho_S = 2600\ \text{kg/m}^3$ eingeführt. Zur Erinnerung: beim Durchströmen einer

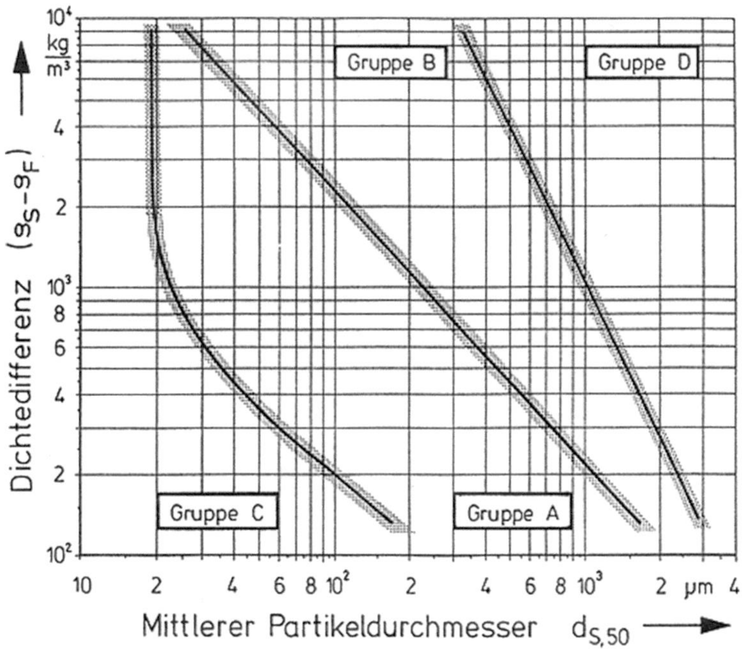

Abb. 2.5 Feststoffklassifizierung nach Geldart

Wirbelschicht teilt sich das Fluidisiergas je nach Schüttgut in unterschiedlicher Weise in eine Blasen- und eine Suspensionsphase auf. Geldart beschreibt das Verhalten der vier Schüttgutklassen wie folgt [8, 9]:

Gruppe A Das sind Schüttgüter aus feinkörnigen Partikeln und/oder geringer Partikeldichte. Die mittleren Korngrößen der Quarz-Referenzmaterialien liegen im Bereich: $d_{S,50} \cong (20 - 90)$ µm. Wirbelschichten aus Gruppe A-Materialien expandieren mit zunehmender Gasgeschwindigkeit homogen bis in einen Bereich deutlich oberhalb der Minimalfluidisation (→ Gasgeschwindigkeit $v_{F,L}$ am Lockerungspunkt) bevor Blasenbildung einsetzt. Die Blasengröße bleibt relativ klein. Es existiert eine maximale Blasengröße bei deren Überschreitung die Blasen in kleinere Einheiten zerfallen. Wenn die Gaszufuhr schlagartig abgeschaltet wird, kollabiert das Bett sehr langsam mit einer Geschwindigkeit, die etwa der Gas-Leerrohrgeschwindigkeit in der Suspensionsphase entspricht. Alle Gasblasen steigen schneller als das Zwischenraumgas in der Suspensionsphase. Die mittlere Blasengröße lässt sich auf zwei Wegen verringern: Durch eine breite Korngrößenverteilung und/oder eine kleine mittlere Korngröße.

Gruppe B Diese Gruppe enthält die meisten Materialien im Bereich mittlerer Korngrößen und Partikeldichten. Die Quarz-Referenzmaterialien liegen im Kornbereich: $d_{S,50} \cong (90 - 650)$ µm. Im Gegensatz zur Gruppe A setzt bei Gruppe B-Schüttgütern die Blasenbildung direkt oberhalb der Minimalfluidisation ein. Die Bettausdehnung ist gering und bei schlagartigem Abschalten der Gaszufuhr kollabiert das Bett sehr schnell. Die Blasen steigen deutlich schneller als das Zwischenraumgas. Eine Obergrenze für das Blasenwachstum existiert nicht, es wird i. Allg. durch die Apparateabmessungen begrenzt (→ dann stoßende Wirbelschicht).

Gruppe C Zu dieser Gruppe gehören Schüttgüter, die in irgendeiner Weise kohäsiv sind. Partikelgrößenbereich der Quarz-Referenzschüttgüter: $d_{S,50} \lesssim 20$ µm. „Normale" Fluidisation dieser Materialien ist extrem schwierig. In kleinen, glatten Röhren wird die Schüttung als Ganzes/als Pfropfen angehoben, vgl. Abb. 2.6, oder das Gas bläst lediglich einzelne vom Anströmboden bis zur Bettoberfläche reichende Kanäle frei (→ „Rattenlöcher"). Ursache hierfür ist, dass die zwischen den Partikeln wirkenden Haftkräfte merklich größer als die vom Gas auf die Partikeln ausgeübten Kräfte sind. Nur durch den Einsatz mechanischer Rührer lässt sich eine mehr oder weniger gute Fluidisation erzwingen.

Gruppe D Dies sind Schüttgüter aus großen und/oder sehr schweren Partikeln. Der Größenbereich der Quarz-Referenzschüttgüter liegt oberhalb $d_{S,50} \gtrsim 650$ µm. Die Gasgeschwindigkeit in der Suspensionsphase ist vergleichsweise groß. Die meisten Gasblasen steigen mit geringerer Geschwindigkeit als das Zwischenraumgas. Das hat zur Folge, dass das Suspensionsgas die Gasblasen von unten nach oben durchströmt. Hieraus resultiert ein Gasaustauschmechanismus zwischen Suspensions- und Blasenphase der von dem der

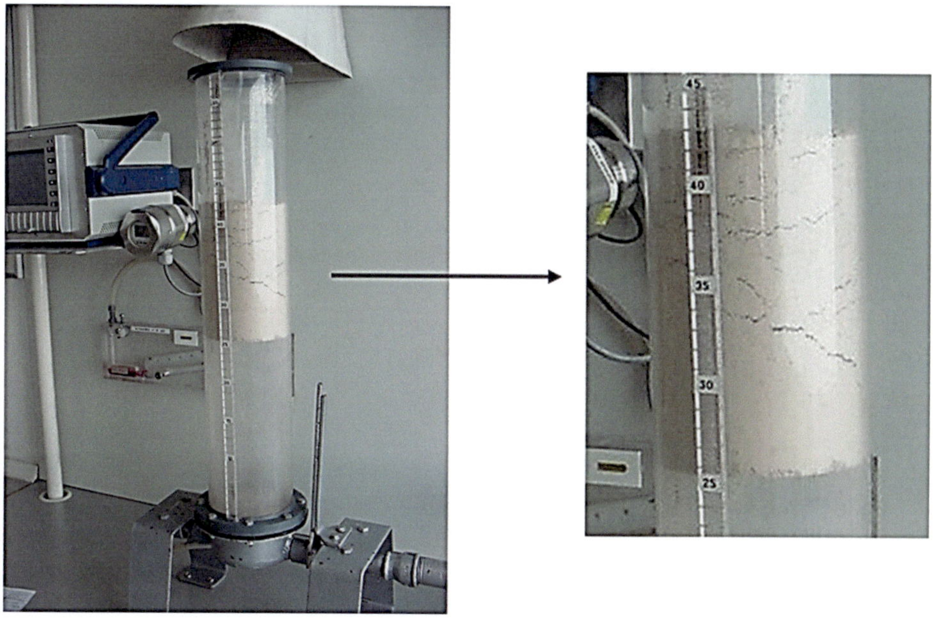

Abb. 2.6 Pfropfenbildung bei einem Gruppe C-Schüttgut

Schüttgüter der Gruppen A und B abweicht. Gruppe D-Materialien können sogenannte „spouted beds“ ausbilden.

Anmerkung In [10] wird u. a. dargestellt, wie sich feinkörnige Gruppe C-Materialien durch verschiedene Maßnahmen weitestgehend homogen fluidisieren lassen, Dies kann z. B. durch Konditionierung/Mischung mit sich an den Partikeloberflächen anlagernden geringen Mengen nanoskaliger, pflanzlicher oder mineralischer Pulver, z. B. Aerosilen, zur Reduzierung der zwischenpartikularen Haftkräfte (→ Abstandsvergrößerung) erfolgen oder durch Betrieb bei hohen Fluidisiergasgeschwindigkeiten zur dynamischen Erzeugung grobkörnigerer Agglomerate desweiteren durch diverse mechanische Methoden.

Die Übergänge zwischen den einzelnen Gruppen sind fließend. Das Geldart-Diagramm beschreibt implizit den Einfluss von zwei summarischen Schüttgutkenngrößen: Gashaltevermögen und Gasdurchlässigkeit eines Partikelverbandes. Das Gashaltevermögen kann durch die in einer standardisierten Apparatur unter standardisierten Bedingungen gemessenen Entlüftungszeit $\Delta\tau_E$ einer schlagartig von der Gaszufuhr abgetrennten Wirbelschicht charakterisiert werden. Abb. 2.7 zeigt schematisch den Messaufbau, Abb. 2.6 das für die entsprechenden Untersuchungen im oben dargestellten Prüfprotokoll, vgl. Abb. 2.1, verwendete Gerät (→ Querschnittsfläche: A_R = 1,0 dm^2, Einfüllmasse: Δm_S = 2,0 kg, Leerrohr-Gasgeschwindigkeit: v_F = 4,0 m/min, Messung der zeitlichen Abnahme des Gasdrucks p_B direkt oberhalb des Verteilerbodens), während Abb. 2.8 beispielhaft das Ent-

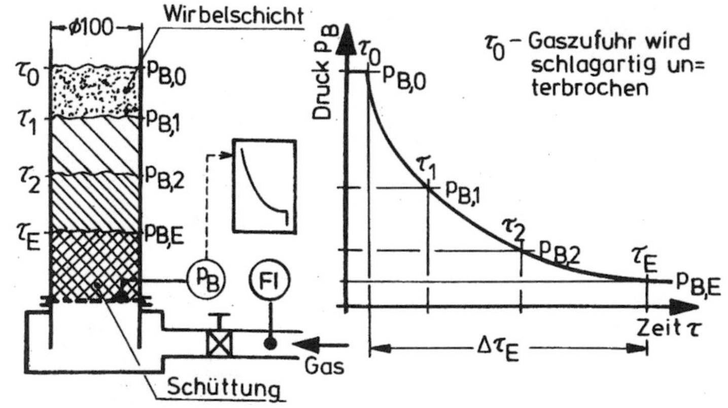

Abb. 2.7 Messung der Entlüftungszeit einer Wirbelschicht

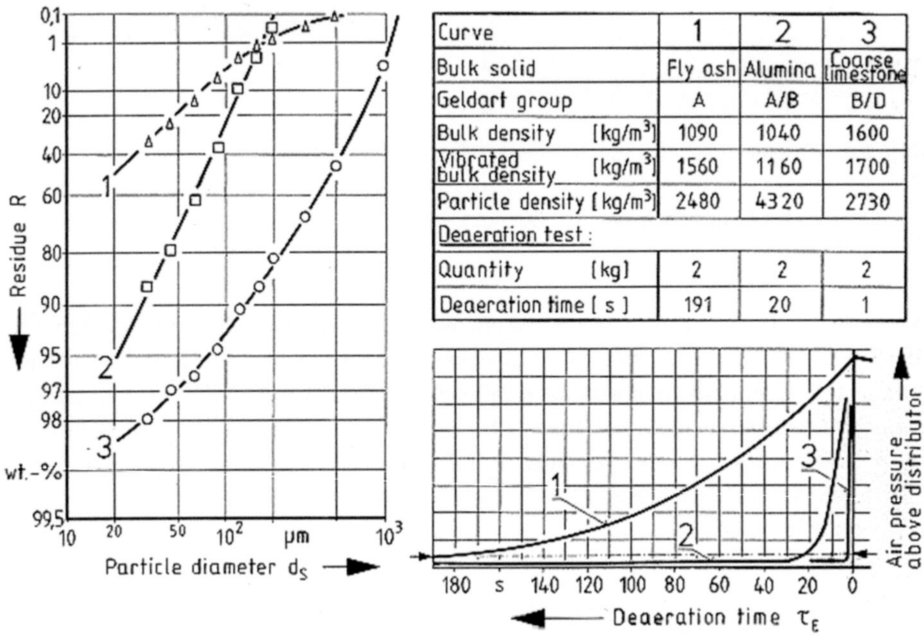

Curve	1	2	3
Bulk solid	Fly ash	Alumina	Coarse limestone
Geldart group	A	A/B	B/D
Bulk density [kg/m³]	1090	1040	1600
Vibrated bulk density [kg/m³]	1560	1160	1700
Particle density [kg/m³]	2480	4320	2730
Deaeration test:			
Quantity [kg]	2	2	2
Deaeration time [s]	191	20	1

Abb. 2.8 Vergleich des Entlüftungsverhaltens von drei unterschiedlichen Schüttgütern

lüftungsverhalten von drei Schüttgütern vergleicht. Die Gasdurchlässigkeit ist eine Maßzahl für den spezifischen Durchströmungswiderstand einer Schüttung. Sie ist definiert als der die Schüttung je Flächeneinheit A_R aufgrund eines anliegenden Einheitsdruckgradienten $(-\Delta p_F/\Delta L_R)$ durchströmende Gasvolumenstrom $\dot{V}_F$. Je größer $\dot{V}_F$ ist, umso größer ist die Gasdurchlässigkeit. Gashaltevermögen und Gasdurchlässigkeit sind miteinander gekoppelt: Steigende Gasdurchlässigkeit resultiert in abnehmendem Gashaltevermögen und umgekehrt. Die Gasdurchlässigkeit wächst mit größer werdendem Partikeldurchmesser $d_{S,50}$, d. h. von links nach rechts im Geldart-Diagramm, während das Gashaltevermögen in gleicher Richtung abnimmt. Von links nach rechts im Diagramm steigt die für die Erzeugung einer Wirbelschicht mindestens erforderliche Gas-Lockerungsgeschwindigkeit $v_{F,L}$ von einigen mm/s bis in den Bereich von m/s.

Der Einfluss der Breite der Korngrößenverteilung eines Schüttguts auf dessen Fluidisationsverhalten wird durch das Geldart-Diagramm nur unzureichend erfasst. Bei breiten Partikelgrößenverteilungen (→ z. B. Streuungsparameter der RRSB-Geraden $n = \tan \alpha_{RRSB} \lesssim 1{,}5$, d. h. Neigungswinkel flacher als $\alpha_{RRSB} \cong 60°$) sollte eine Schüttguteinordnung nicht allein über die Größen (ϱ_P, $d_{S,50}$), sondern über zusätzliche Entlüftungsversuche vorgenommen werden. Sind diese nicht möglich, kann wie folgt vorgegangen werden, vgl. Abb. 2.9: Anhand der vorliegenden Korngrößenverteilung wird überprüft, ob ein Durchgang von mehr als $D_{S,G} \cong 40\ V.\ \%$ des Schüttguts einer Geldart-Gruppe links derjenigen des Mittelkorns $d_{S,50}$ zuzuordnen ist. Ist dies der Fall, so wird dieser Anteil der Korngrößenverteilung zu $100\ M. - \%$ gesetzt und neu klassifiziert, d. h. der „Grobanteil" wird als ohne Einfluss verworfen. Eine Begründung für diese Vorgehensweise ist den Abb. 2.10a und b zu entnehmen [11]. Dort sind die Ergebnisse diverser Scherversuche dargestellt, die an Mischungen aus jeweils einem grob- und einem feinkörnigen Schüttgut bei der einheitlichen Verdichtungsspannung $\sigma_1 = 10$ kPa ermittelt wurden [12–15]. Aufgetragen sind die gemessenen einaxialen Druckfestigkeiten f_C gegen den systematisch variierten Volumenanteil r_f des Feinguts. Es ist ersichtlich, dass bei Mischungen aus gleichartigem Grob- und Feingut größer als $r_f \cong 0{,}4$ sich f_C auf Werte einstellt, die mit denjenigen der (kritischen) feinkörnigen Mischungskomponenten allein, $r_f = 1{,}0$, identisch sind (→ oberes f_C-Plateau). Ursache: Das Grobgut ist oberhalb von $r_f \cong 0{,}4$ voneinander isoliert in eine Feingutmatrix eingebunden;

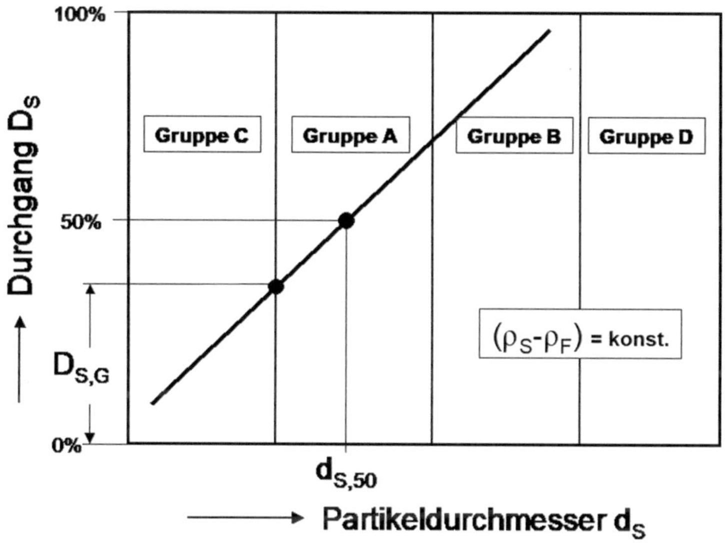

Abb. 2.9 Vorgehensweise bei breiten Korngrößenverteilungen

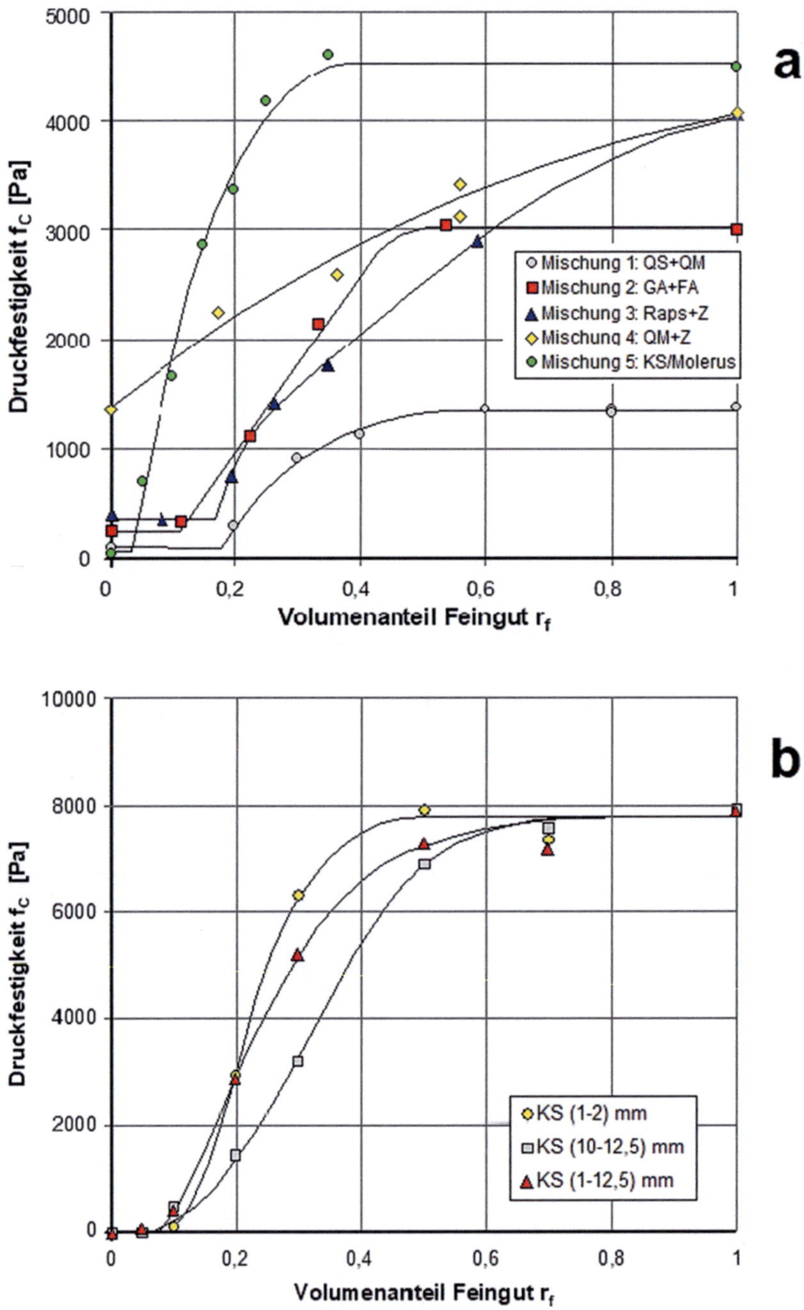

Abb. 2.10 Gemessene Verläufe $f_C(r_f)$ von 2-Komponenten-Mischungen aus jeweils einem fein- und einem grobkörnigen Schüttgut

diese vermittelt die Haftkräfte. Bei den beiden aus unterschiedlichen Feststoffen bestehenden Mischungen 3 (→ Raps PLUS_SPI Zement) und 4 (→ Quarzmehl PLUS_SPI Zement) wächst f_C mit r_f stetig an. Ursachen: Bei Mischung 3 kam es zur Anlagerung verfestigten Zements auf den Rapskornoberflächen, bei Mischung 4 lag eine teilweise Überlagerung der Einzelkornverteilungen vor. Details sind [11] zu entnehmen. Die oben angeführte $r_f \gtrsim 0{,}4$-Regel ist offensichtlich als Arbeitshypothese geeignet. Wie Messungen zeigen [7], kann sie analog auch auf belüftete/fluidisierte Schüttgüter angewendet werden.

Generell wächst mit breiter werdender Korngrößenverteilung, d. h. zunehmendem Feinanteil, eines Schüttguts dessen Gashaltevermögen, während die Gasdurchlässigkeit abnimmt. Größer werdender Feinanteil füllt zuerst den Gas-Freiraum zwischen den gröberen Partikeln auf, d. h. das relative Lückenvolumen ε_F des Schüttgutverbandes verringert sich. Wenn das Zwischenraumvolumen des gröberen Schüttungsanteils aufgefüllt ist, führt das mit weiter ansteigendem Feinanteil zur Aufweitung des Korngerüsts und damit einem Wiederanstieg des ε_F-Werts.

Die Klassifikation nach Geldart erlaubt insbesondere dann eine sichere Einschätzung des Schüttgutverhaltens, wenn dieses in einem aufgelockerten Zustand vorliegt. Das ist u. a. der Fall in Wirbelschichten, bei der pneumatischen Förderung, hier insbesondere im Dichtstrom, in schnell fließenden Schüttungen, z. B. auf Schurren, Fließrinnen, hinter Bandaufgaben, dem Befüllen von Behältern oder beim Zusammenbrechen von Brücken, Schächten und Wächten in Silos, usw.

2.2.2 Fließfunktion nach Jenike

Zur qualitativen Beschreibung der Fließfähigkeit und des Lagerverhaltens von Schüttgütern hat Jenike [16] die Fließfunktion FF_C eingeführt. Diese ist als das Verhältnis der am Schüttgut wirkenden Verdichtungsspannung σ_1 zu der von dieser erzeugten einaxialen Druckfestigkeit f_C definiert., d. h. als

$$FF_C = \frac{\sigma_1}{f_C} \tag{2.1}$$

Der idealisierte Versuch in Abb. 2.11 illustriert die Bedeutung der Kenngröße FF_C anschaulich. Große FF_C-Werte beschreiben eine gute, kleine Werte eine schlechte

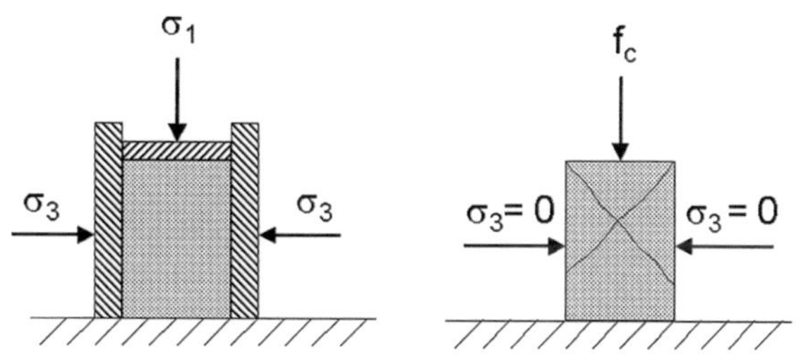

Abb. 2.11 Idealisierter einaxialer Druckversuch → reibungsfreie Behälterwände angenommen

Fließfähigkeit bzw. ein entsprechendes Handhabungsverhalten. Es wird folgende Klassifikation verwendet:

$$\begin{aligned} 10 \le FF_C &< \infty && \text{frei fließend} \\ 4 \le FF_C &< 10 && \text{leicht fließend} \\ 2 \le FF_C &< 4 && \text{kohäsiv} \\ 1 \le FF_C &< 2 && \text{sehr kohäsiv} \\ FF_C &< 1 && \text{nicht fließend, aushärtend} \end{aligned} \tag{2.2}$$

Der FF_C-Wert ist i. Allg. keine Konstante, sondern eine Funktion der Verdichtungsspannung σ_1. Als Referenz-Verfestigungsspannung wird in diesem Text der Wert $\sigma_1 = 10\ kPa$ verwendet. Er entspricht dem Spannungsniveau im Schüttgut in der Nähe von Siloausläufen.

Die wesentliche Problematik des FF_C-Werts und der darauf aufbauenden Klassifikation besteht darin, dass zur Bestimmung von σ_1 und f_C umfangreiche Scherversuche durchgeführt werden müssen. Liegen die Ergebnisse dieser Versuche vor, so können sie auch direkt auf die jeweilige Problemstellung angewendet werden. Eine Klassifizierung des Schüttguts zur Beurteilung seines zu erwartenden Verhaltens ist damit nicht mehr erforderlich. Sinnvoller wäre es, das mögliche Verhalten eines Schüttguts in einem geplanten Prozess bereits vor der Anlagenauslegung abschätzen zu können. Hierzu muss der FF_C-Wert aus anderen, einfacher zugänglichen Schüttgutkenngrößen ermittelt werden. In [17–19] wird FF_C mit den Parametern einer RRSB-Korngrößenverteilung [5] korreliert. Es gilt:

$$FF_C = FF_C\left(n \cdot \sqrt{d'_S}\right) \tag{2.3}$$

mit:

$n = \tan \alpha_{RRSB}$ Steigung der RRSB-Geraden,

d'_S Partikeldurchmesser in $[\mu m]$ beim Rückstand $R = 36{,}8\ M.-\%$.

Der Ansatz berücksichtigt sowohl eine „mittlere" Korngröße $\left(\rightarrow d'_S\right)$ als auch die Breite der Korngrößenverteilung ($\rightarrow n$). Beide Parameter beeinflussen das Schüttgutverhalten maßgeblich. Folgende Zuordnung wurde entwickelt [19]:

$$\begin{aligned} 10 \le FF_C < \infty &\rightarrow & 20 \le \left(n \cdot \sqrt{d'_S}\right) &< \infty && \text{frei fließend} \\ 4 \le FF_C < 10 &\rightarrow & 10 \le \left(n \cdot \sqrt{d'_S}\right) &< 20 && \text{leicht fließend} \\ 2 \le FF_C < 4 &\rightarrow & 5 \le \left(n \cdot \sqrt{d'_S}\right) &< 10 && \text{kohäsiv} \\ 1 \le FF_C < 2 &\rightarrow & 2{,}5 \le \left(n \cdot \sqrt{d'_S}\right) &< 5 && \text{sehr kohäsiv} \\ FF_C < 1 &\rightarrow & \left(n \cdot \sqrt{d'_S}\right) &< 2{,}5 && \text{nicht fließend, aushärtend} \end{aligned} \tag{2.4}$$

Der Partikeldurchmesser d'_S in Gl. (2.4) muss in der Einheit Mikrometer $[\mu m]$ eingesetzt werden. Die Messergebnisse in Abb. 2.12 verdeutlichen, dass eine Schüttgutbeurteilung nach dieser Methode eine konservative Einschätzung liefert, d. h. dass das jeweilige Produkt in seinem Fließverhalten eher zu ungünstig beurteilt wird. Die große Schwankungsbreite der FF_C-Werte im Bereich größer als 10 sind für die Praxis nicht relevant, da die jeweiligen Schüttgüter freifließend sind. Die Korngrößenverteilungskenngrößen n und d'_S, vgl. Abb. 2.1, sind unproblematisch zu ermitteln. Weitergehende Untersuchungen, u. a. [20, 21], zeigen, dass die Einbindung weiterer Schüttgutkenngrößen, z. B. der aktuellen Schüttgutdichte oder der Anzahl der Kontaktstellen $k \cong 3{,}14/\varepsilon_{SS}$ einer Partikel mit den umgebenden Körnern, zu keiner wesentlichen Verbesserung der Genauigkeit der Gl. (2.3) führt.

Die Fließfunktion FF_C erlaubt insbesondere dann eine Einschätzung des Schüttgutverhaltens, wenn dieses als kompakter Schüttgutverband vorliegt, d. h. die den Verband aufbauenden Einzelpartikel sind in permanentem Kontakt mit ihren Nachbarteilchen. Solche Zustände liegen in Silos, Wanderbettreaktoren, mechanischen Transportanlagen sowie an allen Lagerstellen vor.

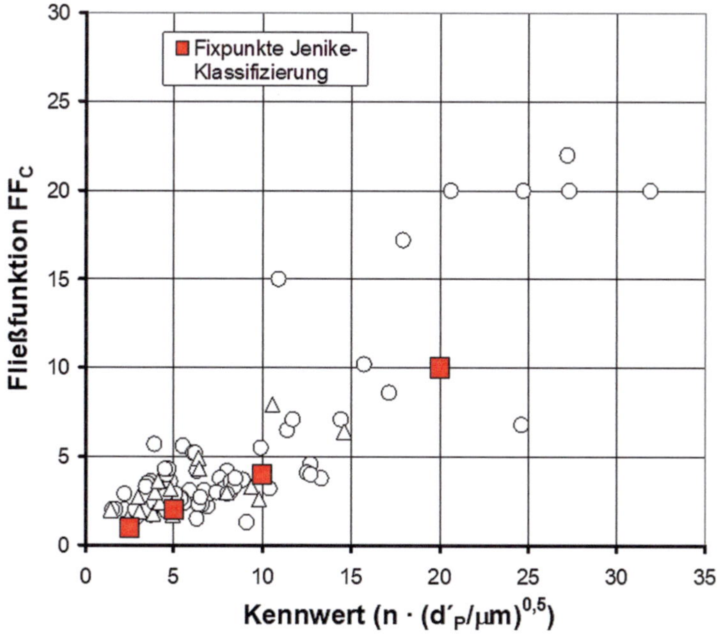

Abb. 2.12 Gemessener Zusammenhang $FF_C = FF_C\left(n \cdot \sqrt{d'_S}\right)$

2.2.3 Kompressibilität nach Carr

Zur Beschreibung der Kompressibilität eines Schüttguts wird die Definition nach Carr [22]

$$R_C = \frac{\varrho_{SR} - \varrho_{SS}}{\varrho_{SR}} \tag{2.5}$$

mit:

ϱ_{SR} Rütteldichte,
ϱ_{SS} lockere Schüttdichte,
$\rightarrow$ vgl. Kennwerte in Abb. 2.1,

verwendet. Die folgende Klassifikation wird benutzt:

$$\begin{array}{ll} R_C < 0{,}2 & \text{Schüttgut zeigt gute Fließfähigkeit, ist freifließend} \\ & \rightarrow \text{Geldart – Gruppe B-, D-, A/B – Verhalten} \\ 0{,}2 \leq R_C < 0{,}3 & \text{Schüttgut zeigt schlechte Fließfähigkeit, ist kohäsiv} \\ & \rightarrow \text{Geldart – Gruppe A-, C/A – Verhalten} \\ R_C \geq 0{,}3 & \text{Schüttgut zeigt extrem schlechte Fließfähigkeit, ist sehr} \\ & \text{kohäsiv, Austrags-/Fließhilfen sind in Betracht zu ziehen} \\ & \rightarrow \text{Geldart – Gruppe C-, C/A – Verhalten} \end{array} \tag{2.6}$$

Schüttgüter werden mit zunehmendem R_C-Wert kohäsiver und damit schlechter fließend. Insbesondere neigen Produkte mit hohem R_C aufgrund ihrer lockeren Struktur und damit leichten Verdichtbarkeit, z. B. durch aufliegende Lasten, Eigengewicht usw., zu erheblicher Zeitverfestigung und erfordern beim Wiederanfahren einen höheren Energieeinsatz, woraus dann Anfahrprobleme resultieren können. Abb. 2.13 stellt gemessene R_C- und FF_C-Werte einander gegenüber.

Die Klassifikation (2.6) kann weiter aufgeschlüsselt werden. Tab. 2.1 zeigt eine oft verwendete Einteilung [3, 23].

Die Einteilung nach Carr stimmt mit derjenigen des entsprechend umgerechneten Ordnungsschemas nach Hausner [23–25]

$$R_H = \frac{\varrho_{SR}}{\varrho_{SS}} \tag{2.7}$$

weitestgehend überein: $R_C = 1 - 1/R_H$. Es gilt

$$\begin{array}{ll} R_H < 1{,}25 & \text{Schüttgut zeigt Gruppe A – Verhalten nach Geldart} \\ 1{,}25 \geq R_H \leq 1{,}40 & \text{Schüttgut zeigt Übergangsverhalten von Gruppe A nach} \\ & \text{C, ggf. A – oder C – Verhalten} \\ R_H > 1{,}40 & \text{Schüttgut zeigt Gruppe C – Verhalten} \end{array} \tag{2.8}$$

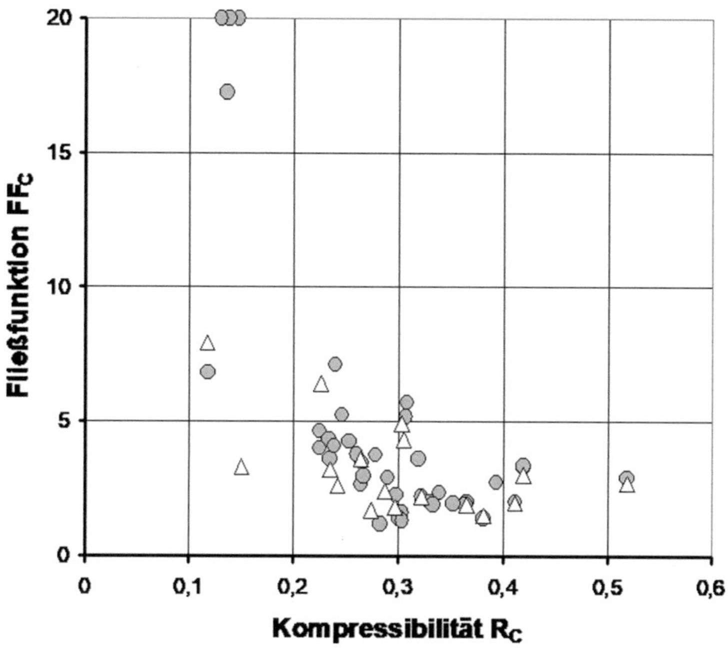

Abb. 2.13 Gemessener Zusammenhang $FF_C = FF_C(R_C)$

Tab. 2.1 Erweiterte Carr-Klassifikation

Compressibility R_C	Flow behavior
$0.05 < R_C < 0.15$	good flow
$0.15 \leq R_C < 0.18$	fair flow
$0.18 \leq R_C < 0.22$	passable flow
$0.22 \leq R_C < 0.35$	poor flow, cohesive powders
$0.35 \leq R_C < 0.40$	very poor flow, very cohesive powders

Im Schrifttum werden ebenfalls feinere R_H-Unterteilungen verwendet, z. B. [25]. Extrem schlechtes Fließ-/Handhabungsverhalten ist bei $R_H \gtrsim 1{,}50$ zu erwarten.

Das Verdichtungsverhältnis R_C nach Carr erlaubt u. a. Aussagen zum Lager- und Kompaktierverhalten eines Schüttguts, zum Wiederanfahren einer Anlage, z. B. eines Silos, nach längeren Stillständen, zur Beurteilung der zu erwartenden Zeitverfestigung.

2.2.4 Ergänzende Beurteilungsgrößen

Nachfolgend einige weitere einfach zu ermittelnde Kenngrößen, mit denen die Aussagen der obigen Klassifikationen ggf. abgesichert bzw. unterstützt werden können.

- **Schüttwinkel/Böschungswinkel α_{SS}:** Dessen Größe ist u. a. vom Messverfahren, der Breite der Korngrößenverteilung (→ bei breiten Verteilungen kann es aufgrund von Entmischungen zur Ausbildung unterschiedlicher Winkel entlang der Schütthöhe kommen) und der Probenvorbereitung abhängig. Im vorliegenden Text wird der sich gegen die Horizontale einstellende Kegelneigungswinkel α_{SS} eines mit Schüttgut gefüllten und langsam von einer Platte angehobenen unten offenen Trichters verwendet. Die in Tab. 2.2 dargestellte Zuordnung des Winkels α_{SS} zum Fließverhalten von Schüttgütern wird häufig benutzt:
- Bei sehr kohäsiven Schüttgütern werden Böschungswinkel $\alpha_{SS} \geq 90°$ beobachtet. Bereits Winkel $\alpha_{SS} \gtrsim 60°$ führen zu Schüttkegeln mit extrem unregelmäßiger/zerklüfteter Geometrie. Reproduzierbare quantitative Aussagen sind somit für feinkörnige kohäsive Schüttgüter nicht möglich. Bei grobkörnigen, kohäsionslosen Produkten ist der Böschungswinkel α_{SS} mit dem aus Scherversuchen bestimmbaren inneren Reibungswinkel φ_{lin} identisch: $\alpha_{SS} \cong \varphi_{lin}$. Für feinkörnige kohäsive Schüttgüter gilt: $\alpha_{SS} > \varphi_{lin}$ [26]. Der Schüttwinkel α_{SS} wird in der Praxis, vor allem aufgrund der einfachen Messmethode, oft zur groben Beurteilung des Verhaltens von Schüttgütern verwendet. In [25] ist eine Korrelation zwischen Hausner-Klassifikation R_H und α_{SS} dargestellt, deren sehr feine Unterteilung eine unrealistische Genauigkeit vortäuscht. Die Einstellung einer auf die jeweilige Aufgabenstellung abgestimmten Beanspruchungsvorgeschichte ist bei der Ermittlung von α_{SS} nicht möglich.
- **Druckverlust Wirbelschicht:** Für das Verhältnis FQ des real gemessenen Druckverlusts Δp_B einer Wirbelschicht zu deren theoretisch erforderlichem Druckverlust $\Delta p_{B,\,th} = \Delta m_S \cdot g/A_R$, ermittelt als Druckdifferenz zwischen dem Gasdruck direkt oberhalb des Verteilerbodens und dem Druck oberhalb der Wirbelschicht, gilt:

$$FQ = \frac{\Delta p_B}{\Delta m_S \cdot g / A_R} \tag{2.9}$$

mit:

Δm_S Masse des Schüttguts im Wirbelbett,
A_R Querschnittsfläche des Wirbelbettreaktors,
g Gravitationsbeschleunigung (= $9{,}81 m/s^2$).

Tab. 2.2 Fließverhalten eines Schüttguts in Abhängigkeit vom Schüttwinkel α_{SS}

Fließverhalten	Schüttwinkel $\boldsymbol{\alpha_{SS}}$ [*Grad*]
im Lückengas schwebend, wie Flüssigkeit fließend	$\alpha_{SS} \to 0$
leicht fließend	$\alpha_{SS} \leq 30$
normal fließend	$30 < \alpha_{SS} \leq 45$
schwer fließend	$45 < \alpha_{SS} \leq 60$
zusammenhaftend, sehr kohäsiv, nicht fließend, brückenbildend	$\alpha_{SS} > 60$

Die „Fluidisationsqualität“ FQ nimmt bei vollständiger, d. h. bestmöglicher, Fluidisation den Wert $FQ = 1$ an: Es wird die gesamte Schüttgutmasse Δm_S vom Fluidisiergas getragen. Wenn $FQ < 1$ ist, stützt sich ein dem Wert $(1 - FQ)$ proportionaler Anteil des Schüttguts auf dem Verteilerboden ab. Abnehmendes FQ weist somit auf eine sich verschlechternde, durch Rattenloch- und Kanalbildung usw. gekennzeichnete Fluidisation hin. Ursache: Zunahme der kohäsiven Haftkräfte zwischen den Partikeln des Schüttguts.

Den Abb. 2.1b und c ist zu entnehmen, dass der dort untersuchte Zement FQ-Werte für die ungerührte Wirbelschicht von $FQ_{ug} = 0{,}88$ und $FQ_g = 0{,}91$ für das gerührte Wirbelbett aufweist (→ siehe Verhältnis Materialdruck/Bodendruck). Wie zu erwarten, sind die FQ-Werte von der Vorbehandlung bzw. der Handhabungssituation des Schüttguts abhängig. Ein weiteres Beispiel: Mit dem in Abb. 2.4 in seinem Entlüftungsverhalten dargestellten, aufgemahlenen Titanerz (→ $d_{S,\,50} = 18$ µm, $\varrho_S = 4680$ kg/m^3, $\alpha_{SS} = 49{,}0°$) wurde ein $FQ_{ug} = 0{,}83$ und ein $FQ_g = 0{,}92$ gemessen. Diese Unterschiede verdeutlichen den erheblichen Einfluss, den der aktuelle Energieeintrag und/oder die Vorgeschichte des Schüttguts auf dessen resultierendes Verhalten nehmen kann.

- **Entgasungsverhalten:** Die im vorstehenden Abschnitt dargestellten Auswirkungen von Energieeintrag und Vorgeschichte werden auch durch die Größe der Entgasungszeit $\Delta\tau_{E,ug}$ einer ungerührten Wirbelschicht in Relation zu derjenigen $\Delta\tau_{E,g}$ des zuvor gerührten Betts beschrieben. Für die in den Abb. 2.1a, b und 2.4 untersuchten Schüttgüter gilt beispielhaft:

$$\textbf{Zement.}: \Delta\tau_{E,g}/\Delta\tau_{E,ug} = 76\,s/56\,s \cong 1{,}36,$$

$$\textbf{Titanerz}: \Delta\tau_{E,g}/\Delta\tau_{E,ug} = 45\,s/9\,s \cong 5{,}00.$$

Bei gröberen, rieselfähigen, nicht oder nur wenig kohäsiven Produkten läuft das Verhältnis $(\Delta\tau_{E,g}/\Delta\tau_{E,ug}) \rightarrow 1$. Die Messwerte von $(\Delta\tau_{E,g}/\Delta\tau_{E,ug})$ und (FQ_g/FQ_{ug}) erlauben es u. a., die Auswirkungen eines zusätzlichen Energieeintrags auf das Fließverhalten eines vorliegenden Schüttguts abzuschätzen und daraus Anforderungen und/oder Grenzen hinsichtlich der Verwendung bestimmter Aggregate zu definieren.

Anmerkung In der Praxis werden weitere mehr oder minder aussagefähige Kennwerte zur Beurteilung des Handhabungsverhaltens eines Schüttguts und/oder zur Festlegung der Einsatzgrenzen verschiedenster Aggregate/Maschinen/Bauelemente verwendet. Beispiele sind die bereits in Abschn. 2.1 erwähnte spezifische Blaine-Oberfläche a_{Blaine} bzw. der daraus rückgerechnete kennzeichnende volumen- und oberflächengleiche (→ kugelförmige) Teilchendurchmesser d_{Blaine} des Partikelkollektivs und der relative Volumenanteil des Gases $\varepsilon_{F,SS} = V_F/(V_F + V_S) = (\varrho_p - \varrho_{SS})/(\varrho_P - \varrho_F) \cong 1 - \varrho_{SS}/\varrho_P \cong 1 - \varrho_{SS}/\varrho_S$ in einer locker in den Messbehälter gefüllten Schüttung. Blainewerte $a_{Blaine} \gtrsim 12.500$ cm^2/g weisen u. a. darauf hin, dass der Einsatz einer Schneckenschleuse für den Eintrag des vorliegenden Schüttguts in eine pneumatische Förderstrecke problematisch ist und absichernde Schleusversuche erfordert, während ein $\varepsilon_{F,SS} \gtrsim 0{,}65$ pauschal als sehr kohäsiv, stark kompressibel und somit schwierig zu handhaben eingestuft wird.

Voraussetzung für den Erfolg der beschriebenen Beurteilungsmöglichkeiten sind reproduzierbare Kenngrößen, die an einer für die jeweilige Aufgabenstellung „repräsentativen" Schüttgutprobe in Messvorrichtungen mit standardisierter Probenvorbereitung und standardisierter Messprozedur, d. h. in immer gleicher Weise, ermittelt werden. Vgl. hierzu auch die Betrachtungen in Abschn. 2.7.

2.3 Anwendungen

Nachfolgend beispielhaft einige praktische Konsequenzen, die aus der Anwendung der oben vorgestellten Klassifizierungsmethoden resultieren. Wo immer sinnvoll, sollten diese im Hinblick auf eine größere Aussagesicherheit parallel angewendet werden.

2.3.1 Schüttgutlagerung, -silierung

Hierzu zählen nicht nur Silos sondern auch Vorlagebehälter, Austrags- und Sammeltrichter von Filtern, Abscheidern usw., Wanderbettreaktoren und Schachttrockner, d. h. alle Aggregate in denen Schüttgut angestaut wird.

Anmerkung Entsprechend dem sich einstellenden Fließprofil des Schüttguts werden grundsätzlich Massenfluss- und Kernflusssilos/-behälter unterschieden, vgl. Abb. 2.14. Massenfluss ist dadurch gekennzeichnet, dass beim Produktabzug der gesamte Siloinhalt in Bewegung ist. Es findet Fließen des Schüttguts an der Behälterwand statt. Tote Zonen bilden sich somit nicht aus. Erforderlich sind steile und glatte Konuswände ohne scharfe Kanten und/oder abrupte Übergänge. Vorteile: Zuerst eingefülltes Schüttgut wird auch zuerst ausgetragen; enges Produkt-Verweilzeitspektrum; gleichmäßiger Auslaufmassenstrom; kein schwallartiges „Schießen" des Schüttguts; keine/geringe Produktentmischung; einfache Überwachung. Nachteile: Aufwendige Silogestaltung, schlechte Bauvolumenausnutzung; erhöhter Wandverschleiß; großer Einfluss auf die in der Silostatik zu berücksichtigenden Lasten; sorgfältige Abstimmung der Austragsvorrichtung auf das Silo erforderlich. Die Auslegung erfolgt mit dem Verfahren nach Jenike [16]. Für Kernflusssilos treffen die für den Massenfluss genannten positiven Aspekte, wie auch der Abb. 2.14b zu entnehmen ist, nicht zu: Ausbildung toter/unbewegter Schüttgutzonen, ggf. auch stabiler Schächte, die eine vollständige Siloentleerung verhindern; unregelmäßiger, kaum regelbarer Produktausfluss; Schießen; Produktentmischung usw. Einzelheiten hierzu enthalten u. a. [27, 28].

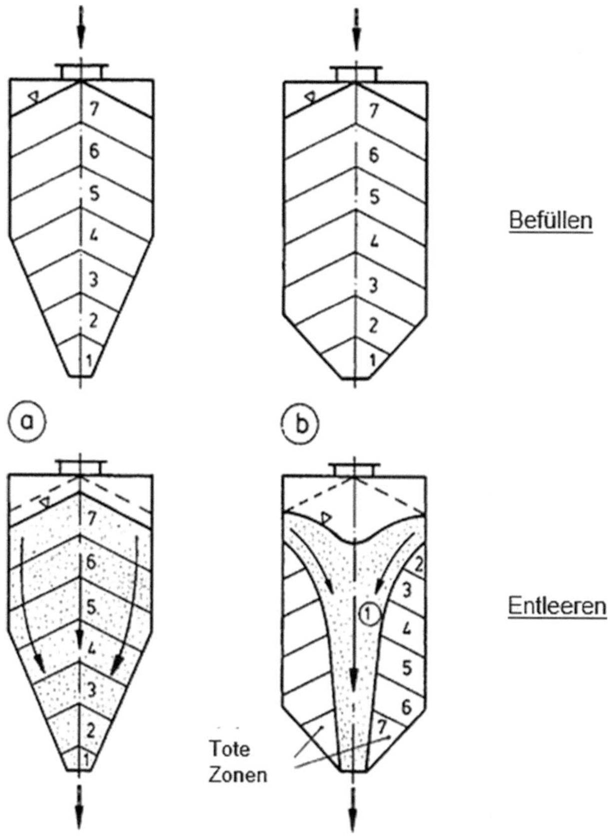

Abb. 2.14 Schüttgut-Fließprofile in Behältern, (**a**) Massenfluss, (**b**) Kernfluss

- Schüttgüter mit einem Fließfunktionswert $FF_C \geq 10$, einer Kompressibilität $R_C < 0{,}2$ und einer ausreichend engen Kornverteilung mit einem kennzeichnenden Partikeldurchmesser rechts der Grenzkurve A/B im Geldart-Diagramm, d. h. Produkte mit Gruppe B- und D-Verhalten, sind als freifließend einzuordnen. Sie sind somit rieselfähig. Um einen gleichmäßigen und vollständigen Produktausfluss aus einem Behälter zu gewährleisten, ist es ausreichend, den Neigungswinkel α_K des Austragstrichters gegen die Horizontale ca. 3° steiler als der hier reproduzierbar messbare Böschungs-/Schüttwinkel α_{SS} auszuführen: $\alpha_K \gtrsim (\alpha_{SS} + 3°)$. Die Ausbildung stabiler, den Produktausfluss unterbrechender Schüttgutbrücken oberhalb des Siloaustrags ist bei den in der Praxis üblichen Abzugsdurchmessern von $D \gtrsim 100$ mm nicht möglich.
- Schüttgüter der Gruppe C und angrenzende Gruppe A-Materialien nach Geldart sowie Produkte mit $1 \leq FF_C < 2$ und R_C 0,3 sind sehr kohäsiv. Sie sind in der Lage, in Behältern stabile Brücken mit großer Spannweite und/oder stabile Schächte zu bilden, die den Schüttgutausfluss stoppen bzw. ein vollständiges Entleeren des Behälters verhindern. Zusätzlich neigen diese Schüttgüter zu starker Zeitverfestigung, d. h. die angedeutete Problematik verschärft sich mit zunehmender Lagerzeit (→ Zeit-

dauer ohne Schüttgutabzug/ -bewegung). Sie reagieren empfindlich auf Veränderungen der jeweiligen Umgebungs-/Betriebsbedingungen, z. B. auf eine Erhöhung des relativen Feuchtigkeitsanteils der umgebenden Gasphase. Ein typisches Problem: Anfahrschwierigkeiten nach Betriebsstillständen. Diese sind auf das deutlich unterschiedliche Verhalten von „frischem" und „altem", d. h. abgelagertem, Produkt zurückzuführen. Eine Siloauslegung mit dem Jenike-Verfahren ist bei dieser Materialklasse unbedingt erforderlich [16, 29]. Mechanische Austragshilfen sind oft notwendig.

- Produkte mit $FF_C < 1$ sind nicht fließend bzw. aushärtend, d. h. die erzeugte Druckfestigkeit f_C ist größer als die erzeugende Verdichtungsspannung σ_1. Sie erfordern immer eine mechanische Siloaustragsvorrichtung, z. B. mittels Schnecken. Praktische Erfahrungen zeigen, dass die sehr kohäsiven Schüttgüter im Bereich $1 \leq FF_C < 2$ durch sachgemäße Belüftung/Teilfluidisation mittels eines Gases sicher gehandhabt werden können. Voraussetzung ist die richtige Menge und Verteilung des Gases sowie die korrekte Positionierung und Ausführung der Eingabestellen bzw. -flächen. Beispiele hierfür sind pneumatische Silos, wie sie u. a. in der Zementindustrie verwendet werden. Für Schüttgüter mit $FF_C < 1$ sind derartige Systeme nicht anwendbar. Auch sogenannte Luftkanonen müssen diesbezüglich auf ihre Wirksamkeit getestet werden.
- Den Schüttgütern mit Gruppe A-Verhalten können Werte zwischen $FF_C \cong 2$, wenn an Gruppe C angrenzend, und $FF_C \cong 10$, wenn an Gruppe B angrenzend, zugeordnet werden. Ihre Problematik wächst also mit zunehmender Annäherung an Gruppe C.
- Gruppe A und angrenzende Gruppe C-Materialien weisen aufgrund der für ihre Fluidisation erforderlichen geringen Gasgeschwindigkeiten und ihres großen Gashaltevermögens eine starke Neigung zum Schießen auf, während Gruppe B- und D-Materialien nicht schießen. Unter Schießen versteht man den unkontrollierten Ausfluss eines i. Allg. ungewollt fluidisierten und damit in einen flüssigkeitsähnlichen Zustand versetzten Schüttguts. Auslöser hierzu kann z. B. der Einsturz einer Schüttgutbrücke oder eines Schachts im Silo sein oder nachrutschendes Schüttgut stürzt in einen vorhandenen Fließkanal (→ Kernfluss). In allen Fällen wird das Schüttgut durch Mitreißen von Gas und intensiver Mischung mit diesem fluidisiert. Dieser Zustand bleibt umso länger aufrechterhalten, je größer das Gashaltevermögen/je länger die Entgasungszeit des Produkts ist. Folge: Das fast ohne innere Reibung fließende Schüttgut überflutet Austrags- und Dosierorgane sowie nachgeschaltete Anlagenbereiche. Der Vorgang ist i. Allg. mit großer Staubentwicklung verbunden und damit eine Risikoquelle bei toxischen und/ oder explosionsfähigen Stäuben. Es müssen absolut dichte Absperrorgane, Austragsvorrichtungen usw. eingesetzt werden. Für derartige Produkte sind Massenflusssilos zu bevorzugen.
- Siloinhalte aus Gruppe A- oder angrenzenden Gruppe C-Materialien werden durch eine Silobefüllung mit hohem Massenstrom ebenfalls in einen fluidisierten, flüssigkeitsähnlichen Zustand überführt, da das mitgerissene Gas nicht schnell genug durch die nachfolgenden schnell aufgelegten Produktschichten zum Silokopf entweichen kann. Die-

ser Zustand bleibt, je nach Silogröße und dem spezifischen Verhalten des Schüttguts, ggf. über Tage hinweg erhalten. Während dieser Zeit bildet sich im fluidisierten Siloinhalt ein hydrostatischer Spannungszustand aus (→ linear mit der Silotiefe ansteigende Druckspannung, Horizontallastverhältnis $K \to 1$), der mit zunehmender Lager- = Entgasungszeit in den einer Exponentialfunktion folgenden „normalen" Verlauf einer entgasten Schüttung übergeht (→ diese läuft gegen einen von der Silotiefe unabhängigen Grenzwert, Janssen-Kurve [30]). Das kann zu einer erhöhten Beanspruchung des Silobaukörpers führen und muss somit bei dessen statischer Auslegung gesondert berücksichtigt werden. Es stellt sich im Silo eine weitestgehend horizontale Bettoberfläche ein. Ein Schießen ist leicht möglich.

2.3.2 Pneumatische Schüttgutförderung

Pneumatische Förderungen verteilen Roh-, Zwischen- und Endprodukte auf die einzelnen Prozessschritte bzw. die zugehörigen Vorlagebehälter, injizieren Vorprodukte dosiert direkt in Reaktoren, z. B. Kohlenstäube in Brenner [31], und dienen selbst als Reaktoren, z. B. als Stromtrockner (→ *flash dryer*) zur Schüttguttrocknung [32] oder als *flash calciner* zur Kalzinierung u. a. von Gips. Die Förderung durch ein variabel verlegbares, geschlossenes Rohr verhindert sowohl eine Kontaminierung des Produkts als auch der Umwelt.

Anmerkung Abb. 2.15 zeigt schematisch das üblicherweise verwendete Förder-/Zustandsdiagramm möglicher Transporte eines vorgegebenen Schüttguts durch eine vorgegebene Förderstrecke. Aufgetragen ist die Druckdifferenz $(-\Delta p_R) = p_{out} - p_{in}$ an der Förderleitung gegen eine kennzeichnende Leerrohr-Gasgeschwindigkeit v_F (→ wahre

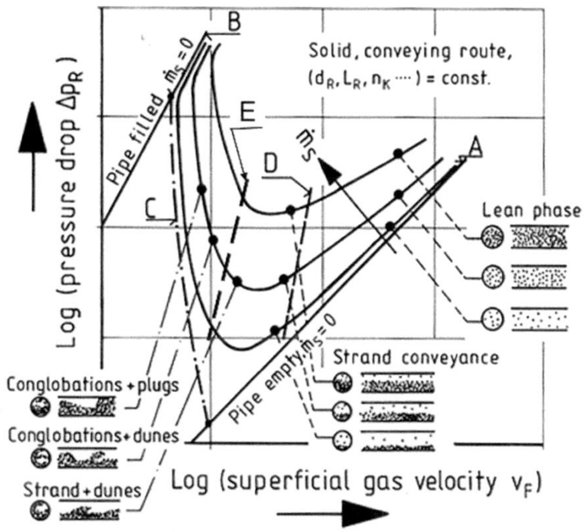

Abb. 2.15 Förderdiagramm mit möglichen Strömungsformen

Gasgeschwindigkeit: $u_F = v_F/\varepsilon_F$) mit dem Feststoffmassenstrom $\dot{m}_S$ als Parameter. Jeder Punkt im Diagramm entspricht einer Förderung mit den speziellen Betriebsdaten $(\dot{m}_S, \Delta p_R, v_F)$.

Rechts der Kurve A und links des Kurvenzugs C-B sind keine Förderungen möglich: Entlang A wird die jeweils verfügbare Druckdifferenz Δp_R allein zum Gastransport aufgebraucht und entlang C-B die für einen Feststofftransport, d. h. Feststoffantrieb, minimal erforderliche Gasgeschwindigkeit unterschritten. Abb. 2.15 zeigt, dass sich entlang einer Kurve konstanten Feststoffdurchsatzes $\dot{m}_S$ je nach gewählter Fördergasgeschwindigkeit v_F unterschiedliche Strömungs-/Förderzustände einstellen. Diese sind u. a. auch von den Partikeleigenschaften, insbesondere Korngröße und -dichte, abhängig. Man unterscheidet grob Dünn- und Dichtstromförderungen. Die Grenze zwischen beiden wird i. Allg. durch Kurve D in Abb. 2.15 definiert. Rechts von dieser ist das Fördergas in der Lage das gesamte Schüttgut im Fluge zu tragen, während es links davon mit abnehmender Gasgeschwindigkeit zu einer immer stärker ausgeprägten Gas-Feststoffentmischung kommt. Mit Dichtstromförderungen können Schüttgüter schonender, verschleißärmer und mit geringerem Energieeinsatz pneumatisch gefördert werden als mit Dünnstrom-/Flugförderungen, letzteres insbesondere bei sehr feinkörnigen Produkten. Einige Dichtstrom-Förderverfahren werden durch zusätzliche Maßnahmen, z. B. Gasinjektion entlang des Transportwegs aus einer inner- oder außerhalb der eigentlichen Förderleitung verlegten Hilfsleitung, unterstützt. Einzelheiten zum Thema enthält [33].

- Für die Beurteilung von Schüttgütern hinsichtlich ihres Einsatzes in pneumatischen Förderungen hat sich das um zwei schraffiert hinterlegte Bereiche erweiterte Geldart-Diagramm in Abb. 2.16 praktisch bewährt [33, 34]. Mit den Schüttgütern aus diesen beiden Diagrammbereichen können problemlos Dichtstromförderungen durch normale Rohre, d. h. ohne externe Hilfsmaßnahmen, realisiert werden.
- Die staubfeinen Schüttgüter im linken schraffierten Bereich der Abb. 2.16 sind bestens geeignet für Dichtstromförderungen mit geringen Fördergasgeschwindigkeiten und hohen Beladungen $\mu = \dot{m}_S/\dot{m}_F$ des Fördergases mit Feststoff. Gasgeschwindigkeiten am Leitungsanfang bis hinab zu $v_{F,A} \cong (3 - 5)$m/s in Leitungen mit $D_R \lesssim 150$ mm sind ohne zusätzliche Hilfsmittel, z. B. durch Bypass-Gaszugabe, realisierbar. Bereits geringe Gaseinmischung (→ beim Feststoffeintrag in den Fördergasstrom am Leitungsanfang) führt zur Fluidisation. Aufgrund des sehr hohen Gashaltevermögens der vorliegenden Produkte bleibt dieser Zustand auch nach Unterbrechung oder Reduzierung der Gaszufuhr lange erhalten. Das Verhalten ist flüssigkeitsähnlich, der innere Reibungswinkel des Schüttguts stark verringert und deutlich kleiner als der zugehörige Wandreibungswinkel. Das Fördergut wird in Form einer mehr oder weniger stark aufgelockerten Strähne am Boden der (horizontalen) Förderleitung transportiert. Sich aufbauende Dünen, Ballen oder Pfropfen zerfließen bzw. lösen sich unter diesen Bedingungen sofort wieder auf. Sollte sich trotzdem ein den Rohrquerschnitt ausfüllender Schüttgutpfropfen bilden, so führen

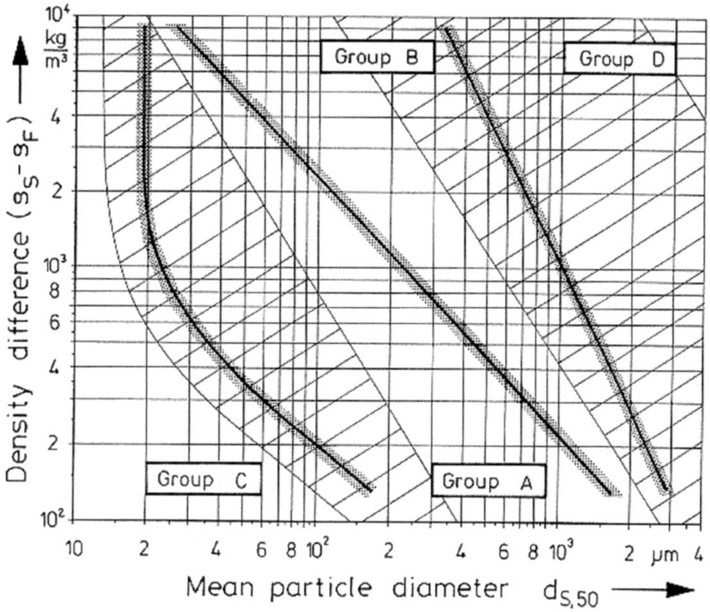

Abb. 2.16 Erweitertes Geldart-Diagramm

bereits kurze Pfropfenlängen, $L_P \lesssim 1{,}0$ m, aufgrund deren geringer Gasdurchlässigkeit und des dann erforderlichen hohen Verschiebedrucks zu schlagartigen Leitungsverstopfungen [33, 34]. Ursache für die Dichtstromeignung der betrachteten Schüttgutklasse ist somit ihr sehr hohes Gashaltevermögen, d. h. die korrespondierend lange Entgasungszeit.

- Mit den grobkörnigen Schüttgütern im rechten schraffierten Bereich der Abb. 2.16 können ohne zusätzliche Hilfsmittel ebenfalls Fördergas-Anfangsgeschwindigkeiten von $v_{F,A} \cong (2-5)$m/s in Leitungen $D_R \lesssim 150$ mm realisiert werden, wenn gleichzeitig eine relativ enge Korngrößenverteilung ($\rightarrow \alpha_{RRSB} \gtrsim 60°$) vorliegt. Das Schüttgut fällt in horizontalen Rohren unter diesen Dichtstrom-Betriebsbedingungen aus dem Fördergasstrom aus, sammelt sich am Rohrboden an und wird zu Ballen und Pfropfen zusammengeschoben, die den gesamten Rohrquerschnitt ausfüllen. Diese Pfropfen durchlaufen die Förderstrecke als mehr oder weniger kompakte Einheiten und werden dabei vom Fördergas durchströmt. Aufgrund der hohen Gasdurchlässigkeit der vorliegenden Schüttgüter sind sehr lange und damit auch stabile Pfropfen ($\rightarrow L_P/D_R \gtrsim 10$) sicher förderbar. Dadurch, dass bei grobkörnigen Produkten der innere Reibungswinkel i. Allg. größer als der zugehörige Wandreibungswinkel ist, wird die Pfropfenstabilität weiter erhöht. Der Pfropfen gleitet als kompakte Einheit an der Rohrwand. Die Pfropfenbildung kann durch einfache apparative Maßnahmen gesteuert werden. Ursache für die Dichtstromeignung dieser Schüttgutklasse ist somit ihre sehr hohe Gasdurchlässigkeit.

- Zwischen den beiden schraffierten Feldern in Abb. 2.16 liegt ein Bereich schwierig zu fördernder Schüttgüter. Dem bereits zu geringen Gashaltevermögen steht noch keine ausreichend hohe Gasdurchlässigkeit gegenüber und umgekehrt. Beide Eigenschaften fehlen und müssen durch hohe Fördergasgeschwindigkeiten, erforderlich sind $v_{F,A} >$ 10 m/s, kompensiert werden. Bei dieser Schüttgutklasse ist eine Absenkung der Gasgeschwindigkeiten in den Dichtstrom-/Langsamförderbereich ausschließlich durch den Einsatz spezieller Bypass-Förderverfahren möglich. In den Förderleitungen stellt sich dabei eine kombinierte Ballen-/Pfropfenförderung ein.

Abb. 2.17 zeigt Messwerte der für einen stabilen Förderbetrieb mindestens erforderlichen Fördergasgeschwindigkeiten $v_{F,min,B}$ bei konventioneller Förderung unterschiedlichster Schüttgüter [35], d. h. bei Transporten ohne externe Hilfsmittel, die die oben dargestellten Verhaltensweisen bestätigen. Die hinterlegten Bereiche in Abb. 2.17 sind mit den schraffierten Bereichen in Abb. 2.16 identisch. Die auf der Abszisse der Abb. 2.17 aufgetragene „vibrated de-aeration constant K_τ“ ist dem Wert der Entgasungszeit $\Delta\tau_E$ umgekehrt proportional, d. h. $\Delta\tau_E$ nimmt mit größer werdendem K_τ ab. Es wird darauf hingewiesen, dass die physikalisch minimale Fördergasgeschwindigkeit $v_{F,A,min}$ nicht nur von den Kenngrößen des jeweiligen Schüttguts sondern auch vom Förderleitungsdurchmesser D_R, dem Druck p_A am Förderleitungsanfang und ggf. der Leitungsführung abhängt.

- Schüttgüter, die in Abb. 2.16 links des linken schraffierten Bereichs liegen, also ausgeprägte Gruppe C-Materialien, sind extrem kohäsiv. Sie verklumpen, schließen sich zu mehr oder weniger festen Agglomeraten zusammen und bauen in Förderleitungen in ihrer Dicke anwachsende Wandbeläge auf. Ein pneumatischer Transport ist deshalb nur mit geringen Beladungen μ und zur Überwindung der zwischenpartikularen und der Partikel-Rohrwand-Haftkräfte mit hohen Fördergasgeschwindigkeiten, $v_{F,A} >$ 10 m/s, möglich, d. h. im Dünnstrom. Aus den angedeuteten Gründen stellt der Feststoffeintrag in die Förderleitung, d. h. die Feststoffschleuse, bei der vorliegenden

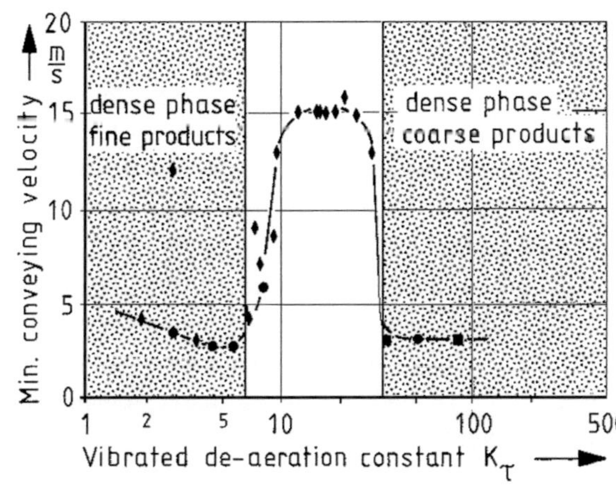

Abb. 2.17 Minimale Fördergas-Betriebsgeschwindigkeiten unterschiedlicher Schüttgüter

Materialklasse generell einen weiteren Problempunkt dar. Das in Abb. 2.4 dargestellte unterschiedliche Entlüftungs-/Entgasungsverhalten ungerührter und gerührter Wirbelschichten liefert fundierte Hinweise auf diesbezüglich mögliche Schwierigkeiten. Werte $\Delta\tau_{E,\,ug} \ll \Delta\tau_{E,\,g}$ weisen darauf hin, dass der eigentliche Transport durch die Förderleitung sich als relativ problemlos darstellt ($\rightarrow \Delta\tau_{E,\,g}$, d. h. das Gashaltevermögen, ist aufgrund der intensiven Gas-Feststoffvermischung am Förderleitungsanfang groß), während ein geringes $\Delta\tau_{E,\,ug}$ auf ein extrem kohäsives Produktverhalten hinweist, dass bei der Schüttgutentnahme aus der vorgeschalteten Einrichtung und in der eingesetzten Feststoffschleuse zu massiven Problemen führen kann. Beispiel: In Zellenradschleusen kann der aktuell zu fördernde Feststoffvolumenstrom aufgrund der im unteren Bereich der einzelnen Kammern durch Brückenbildung und/oder an den Stegwänden anhaftenden und mit umlaufenden Ablagerungen unter den verlangten Auslegungswert reduziert werden: Das Zellenrad wächst zu. Sowohl die Schleusenauslegung als auch die vorgeschalteten/zuführenden Anlagenbereiche, z. B. Vorbehälter, müssen sorgfältigst auf das Produktverhalten abgestimmt, ausgewählt und dimensioniert werden.

- Bei grobkörnigen Schüttgütern mit sehr breiter Korngrößenverteilung füllt der Feinanteil das freie Lückenvolumen zwischen den gröberen Partikeln auf. Folge ist eine verringerte Gasdurchlässigkeit und eine erhöhte Neigung des mit Schüttgut gefüllten Förderrohrs zu mechanischem Verkeilen. Aufgrund der somit nur relativ kurzen beherrschbaren Pfropfenlängen sind bei einer konventionellen pneumatischen Förderung hohe Fördergasgeschwindigkeiten, $v_{F,A}$ >10m/s, erforderlich, um die hier kritische Pfropfenbildung sicher zu vermeiden. Spezielle Bypass-Förderverfahren erlauben auch bei dieser Schüttgutklasse Fördergeschwindigkeiten im Dichtstrom-/Langsamförderbereich. Es stellt sich hierbei eine kombinierte Ballen-/Pfropfenförderung ein.
- Schüttgüter, die in Abb. 2.16 rechts des rechten schraffierten Bereichs liegen, müssen aufgrund der großen Einzelpartikelmassen und der damit für den Antrieb erforderlichen großen Umströmungskräfte mit hohen Gasgeschwindigkeiten, d. h. im Dünnstrom, gefördert werden. Eine Dichtstromförderung ist i. Allg. nicht möglich. Beispiel: Förderung von Eisenschwamm-Pellets, Feststoffdichte: ϱ_S = 7790 kg/m^3, Schüttdichte: ϱ_{SS} = 1690 kg/m^3, mittlerer Partikeldurchmesser: $d_{S,50}$ = 12,0 mm, maximaler Durchmesser: $d_{S,max} \cong$ 20,0 mm, Neigung der RRSB-Geraden: α_{RRSB} = 76,0°. Der Versuch, den Eisenschwamm in Form diskreter Pfropfen zu fördern, misslang. Es kam zu Leitungsverstopfungen. Flugförderungen mit Gasanfangsgeschwindigkeiten $v_{F,A} \gtrsim$ 17m/s konnten problemlos realisiert werden. Es wurde dabei durch verschiedene lange Leitungen mit D_R = 82,5 mm und über Entfernungen bis L_R = 472 m gefördert. Der sich insbesondere in den Umlenkungen zum Leitungsende hin einstellende Rohrverschleiß sowie die Lärmbelästigung durch Strömungsgeräusche waren enorm.

2.3.3 Mechanische Schüttgutförderung

Mechanische Schüttgutförderer sind i. Allg. Volumenförderer, müssen aber üblicherweise für einen vorgegebenen Schüttgutmassenstrom $\dot{m}_S = \dot{V}_b \cdot \varrho_b$ ausgelegt werden. Der Index *b* des Volumenstroms und der Dichte steht hier für den jeweils aktuellen Betriebszustand des Schüttguts, der für den Zustand des Förderguts bei der Aufgabe in den Förderer bekannt sein bzw. ermittelt werden muss.

- Gruppe A und angrenzende C-Schüttgüter nach Geldart bilden auf (gemuldeten) Bandförderern weitestgehend horizontale Bettoberflächen aus. Dies führt zu einem verringerten Feststoffdurchsatz $\dot{m}_S$ gegenüber dem in [36] vorgeschlagenen Berechnungsansatz: Der dort berücksichtigte dynamische Böschungswinkel läuft gegen den Wert $\alpha_{SS,dyn} \rightarrow 0°$. Auslegungen haben das zu berücksichtigen. Ungemuldete Transportbänder sind ungeeignet. Bandförderungen über schräg aufwärts geneigte Bänder ohne ausreichende horizontale Beruhigungs- = Entlüftungstrecken zwischen der Schüttgutaufgabe und dem Beginn der Schrägstrecke können bei dieser Materialklasse auch bei relativ geringen Neigungswinkeln zu ausgeprägtem *backflow* führen, vgl. die Abb. 2.18. Ursache: Die durch die Walkbewegung der das Band tragenden Laufrollen im Aufgabebereich unterstützte Entlüftung/Entgasung des Schüttguts fluidisiert den oberen Bereich der Produktschicht, wodurch dieser unter dem Antrieb der Hangabtriebskraft entgegen der Förderrichtung abgleitet. Diesbezüglich kritisch sind die Bereiche hinter Aufgabe- und Übergabestellen. Vergleichbare Effekte sind auch in anderen mechanischen Transportsystemen möglich.
- Werden Schüttgüter der Gruppe A und angrenzende C-Materialien nach Geldart dem Einlauf eines mechanischen Volumenförderers durch Gaseinmischung stark aufgelockert zugeführt, z. B. infolge einer vorgeschalteten Wirbelschichtrinne oder einer größeren Fallhöhe, dann ist die aktuelle Schüttgutdichte ϱ_b am Einlauf des Förderers kleiner als die üblicherweise zur Apparateauslegung verwendete lockere Schüttdichte ϱ_{SS}. Das kann in einem vollständig mit Produkt gefüllten ersten Gang eines Schneckenförderers, vgl. Abb. 2.19, oder einem vollständig gefüllten aufnehmenden Becher eines

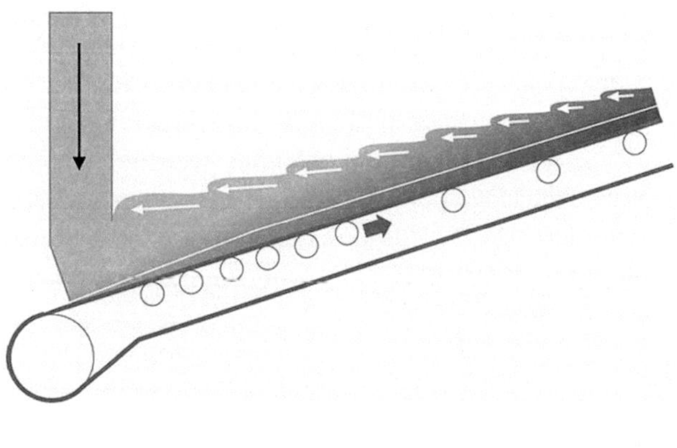

Abb. 2.18 Backflow feinkörnigen fluidisierten Schüttguts auf einem geneigten Förderband

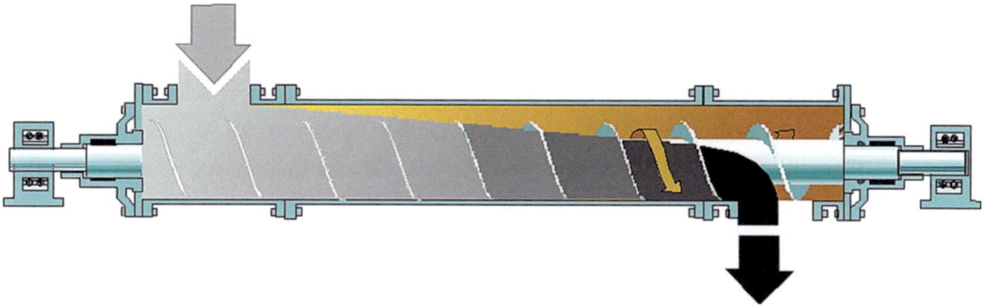

Abb. 2.19 Schneckenförderer mit Zufuhr eines stark aufgelockerten Schüttguts

Abb. 2.20 Becherwerk mit Zufuhr eines stark aufgelockerten Schüttguts

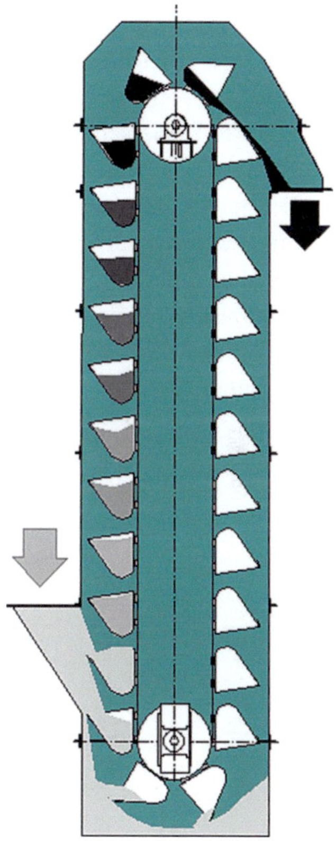

Becherwerks, vgl. Abb. 2.20, resultieren (→ maximale Volumendurchsätze) und damit zu einem gegenüber der Auslegung verringerten Feststoffmassenstrom führen: $\dot{m}_{S,ist} = \dot{V}_{SS} \cdot \varrho_b < \dot{m}_{S,soll} = \dot{V}_{SS} \cdot \varrho_{SS}$. Da das Schüttgut entlang des Förderwegs entgast, sind Schneckengang und Bechervolumen am Austritt der Förderung nur noch teilgefüllt. Der Zustand des Schüttguts vor dem jeweiligen Förderer muss also für die Auslegung ermittelt werden bzw. bekannt sein. Dies gilt auch für andere mechanische Förderorgane, z. B. für Zellenradschleusen, die Schüttgut aus einem Anlagenbereich in einen anderen übergeben.

2.3.4 Schüttgutdosierung

Hier wird zwischen Volumen- und Massen-/Gewichtsdosierung unterschieden. Die Dosierung eines Schüttgutvolumens durch dessen apparative mechanische Abgrenzung ist einfacher zu realisieren als die eines Massenelements, dessen Größe von seiner aktuellen Schüttgutdichte ϱ_b abhängt.

- Bei der Gestaltung der Vorlagebehälter, Silos usw., aus der die Dosiervorrichtung das Schüttgut entnimmt bzw. die dieser das Schüttgut zuführen, müssen zur Sicherstellung einer einwandfreien Dosierfunktion die im Abschn. 2.3.1 dargestellten Verhaltensweisen unbedingt berücksichtigt werden. Massenflusssilos sind unabdingbar.
- Schüttgüter der Gruppe C und angrenzende Gruppe A-Materialien nach Geldart sowie Produkte mit $FF_C \lesssim 2$ und $R_C \gtrsim 0.3$, vgl. die Abb. 2.5, erfordern vor dem Dosierorgan eine mechanische Vorauflockerung, z. B. durch eine im Einlaufbereich um die eingesetzte Dosierschnecke angeordnete Auflockerungs-/Zuführschnecke. Nur hierdurch ist ein gleichmäßiger Materialzulauf zu gewährleisten.
- Die bei der Volumendosierung maßgebende Schüttgutdichte verändert sich bei Produkten hoher Kompressibilität, z. B. $R_C \gtrsim 0{,}3$, mit wechselnder Füllhöhe im Vorlagebehälter und/oder sonstigen veränderlichen Auflasten signifikant. Eine mittels einer Volumendosierung zu realisierende definierte Massenstromzuführung ist aufgrund sich ändernden Schüttgutdichten kaum möglich. Abb. 2.21 zeigt beispielhaft den Vertikalspannungsverlauf σ_Z in einem zylindrischen Massenflusssilo mit axialem konischen

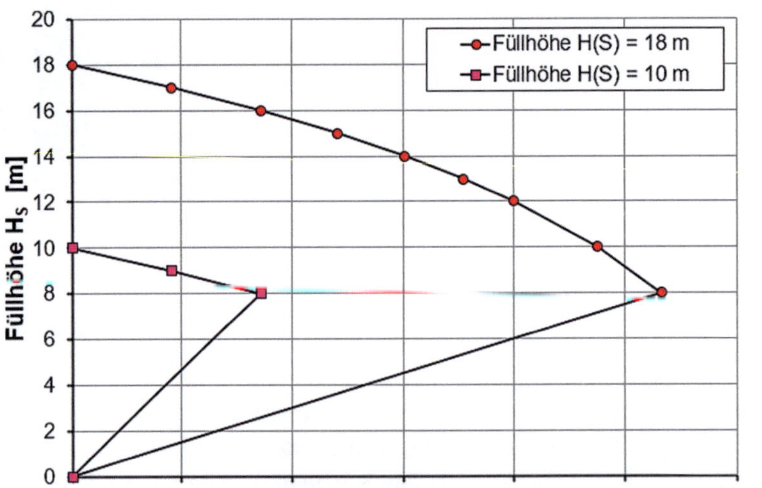

Abb. 2.21 Verlauf der berechneten Vertikalspannungen in einem Silo bei unterschiedlichen Füllhöhen

Auslauftrichter, Silodurchmesser D_S = 6,0 m, Öffnungswinkel α_K = 20°, bei verschiedenen Füllhöhen H_S (→ der Switch wurde vernachlässigt). Schüttgut ist ein feinkörniges Kalksteinmehl am Übergang der Gruppen A/C nach Geldart. Wird z. B. aufgrund vorliegender Betriebsbedingungen ein Siloaustragsdurchmesser gewählt, der ca. 2,0 m oberhalb der theoretischen Trichterspitze liegt (→ $H_S = 0$), so unterscheiden sich die bei den dargestellten Füllhöhen im Austragsquerschnitt wirkenden Spannungen etwa um den Faktor 3. Dementsprechend wird auch das Schüttgut mehr oder weniger stark verdichtet. Abb. 2.22 zeigt zur Veranschaulichung die Veränderungen der in einem Schergerät gemessenen Schüttgutdichten ϱ_b eines Gruppe A/C-Produktes in Abhängigkeit von der Verdichtungsspannung σ_1. Der gelbe Pfeil gibt den Wert der zugehörigen Rütteldichte ϱ_{SR} an. Diese entspricht i. Allg. dem maximal möglichen Wert der Schüttgutdichte [18].

- Kohäsive Produkte, d. h. aus den Gruppen A und C nach Geldart sowie $FF_C \lesssim 4$, $R_C \gtrsim 0{,}22$, bilden auf den Oberflächen von Dosiervorrichtungen feste und i. Allg. mit zunehmender Betriebsdauer in ihrer Dicke anwachsende Beläge, z. B. auf den Gurten von Dosierbandwaagen. Diese führen, wenn sie nicht durch geeignete Maßnahmen permanent entfernt werden, zu häufigen Nachkalibrierungen und/oder verringerter Dosiergenauigkeit, ggf. auch zu mechanischen Störungen.
- Die Art der Dosiereinrichtung (→ Schnecke, Bandwaage, Prallplatte, Coriolisgerät usw.) muss auf das unterschiedliche Schüttgutverhalten abgestimmt sein. Beispiele: Dosierbandwaagen für schießende Schüttgüter erfordern besondere Zuführmaßnahmen; Prallplattensysteme sind für kohäsive belagbildende Produkte ungeeignet.

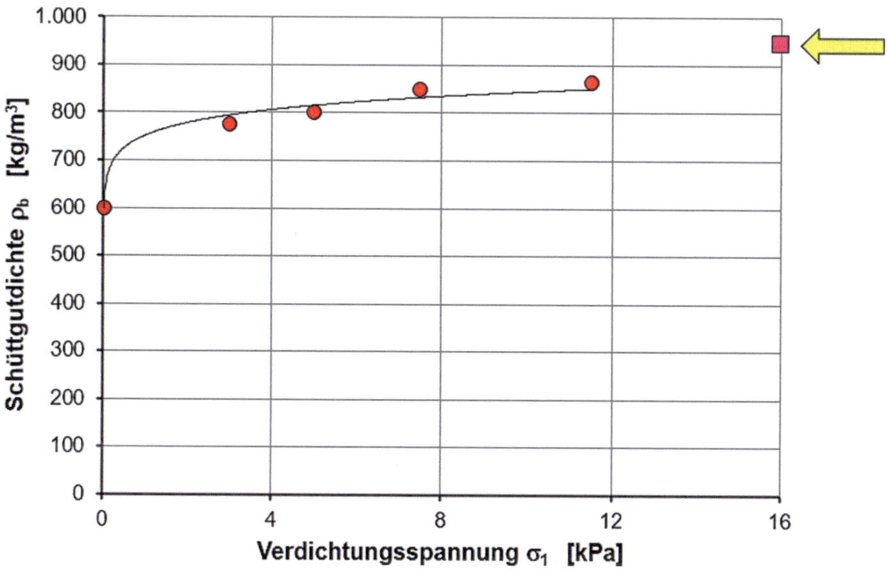

Abb. 2.22 Abhängigkeit der gemessenen Schüttgutdichte ϱ_b eines feinkörnigen Schüttguts von der Verdichtungsspannung σ_1

2.3.5 Prozesse in Wirbelschichten

In den hier ausschließlich betrachteten Gas-Feststoff-Wirbelschichten ist die unterschiedliche Aufteilung des Fluidisiergasstroms in eine Blasen- und eine Suspensionsphase entsprechend den Geldart-Klassen für das Betriebsergebnis von grundlegendem Einfluss.

- Für ein direktes *Scale-up* der Messergebnisse aus Versuchswirbelschichten auf Betriebsanlagen sollte der Durchmesser der Versuchswirbelschicht $D_R \gtrsim 0{,}50$ m ausgeführt werden. Bei kleinerem D_R muss eine ausgeprägte zusätzliche Durchmesserabhängigkeit der Ergebnisse berücksichtigt werden, vgl. [37].
- Die sehr kohäsiven Schüttgüter der Gruppe C bzw. Produkte mit $FF_C \lesssim 2$ und $R_C \gtrsim 0{,}3$ sind häufig. für eine Handhabung/Behandlung in Wirbelschichten ungeeignet. Eine vorherige Prüfung des Fluidisationsverhaltens in einer geeigneten Versuchswirbelschicht ist unbedingt erforderlich. Die Aufrechterhaltung einer zufriedenstellenden Fluidisation erfordert i. Allg. eine mechanische Unterstützung, z. B. durch Rührer, mit deren Hilfe sich ausbildende Gaskanäle, „Rattenlöcher“ usw. zerstört werden. Diese bewegten Einbauten unterliegen hohem Verschleiß und großer mechanischer Beanspruchung.
- Chargenweises Mischen/Homogenisieren in Wirbelschichten: Wirbelbettmischer für Gruppe A oder A/C-Schüttgüter sollten mit Gasgeschwindigkeiten v_F deutlich oberhalb der erst verzögert einsetzenden Blasenbildung, d. h. mit dem ca. (6 – 8)-fachen der Lockerungsgeschwindigkeit $v_{F,\,L}$, betrieben werden. Die Feststoffverdrängung durch die aufsteigenden Gasblasen unterstützt den lokalen Mischeffekt. Da sich bei der betrachteten Schüttgutklasse nur relativ kleine Blasen bilden (→ Vermischung durch kleine Blasen = Mikrovermischung), muss der Mischvorgang durch einen von außen aufgezwungenen großräumigen Feststoffumlauf beschleunigt werden (→ Makrovermischung). Dies kann z. B. durch die Unterteilung des Wirbelbettbodens in unterschiedlich stark fluidisierte Teilflächen erfolgen. Wird der Gasverteilerboden z. B. in vier Quadranten aufgeteilt, so wird einer davon für eine definierte Zeitdauer aktiv, d. h. mit hoher Gasgeschwindigkeit, beaufschlagt, während die drei verbleibenden inaktiven Zonen mit einer geringeren Gasgeschwindigkeit oberhalb des Lockerungspunkts versorgt werden. Aufgrund der relativ zu den inaktiven Zonen starkeren Expansion der aktiven Zone bildet sich eine großräumige Feststoffzirkulation mit zusätzlich Schüttgut austauschenden Scherflächen zwischen den aktiven und inaktiven Bereichen aus. Systematische (automatisierte) zeitliche Wechsel der Aktiv- und Inaktivzonen unterstützen die Vermischung.
- Mischer für Gruppe B-Schüttgüter benötigen aufgrund des hier anderen Blasenbildungs- und Wachstumsmechanismus keine extern aufgeprägte Makrovermischung. Die sich mit Erreichen der Lockerungsgeschwindigkeit ausbildenden und entlang der Betthöhe durch Koaleszenz anwachsenden relativ großen Blasen sorgen aufgrund der

Schüttgutverdrängung und des Feststofftransports in den Blasenschleppen (→ *„wakes"*) für eine i. Allg. zufriedenstellende Vermischung: Eine über den Reaktorquerschnitt gleichmäßige Fluidisation ist ausreichend. Es sind Gasgeschwindigkeiten erforderlich, die ca. das (2 – 4)-fache der jeweiligen Lockerungsgeschwindigkeit $v_{F,L}$ betragen. Zur Verringerung der Mischdauer werden trotzdem häufig Wirbelbettmischer mit Aktiv-/Inaktiv-Fluidisation eingesetzt.

- Aufgrund der zur Fluidisation notwendigen hohen Gasgeschwindigkeiten, $v_{F,L} > 1{,}0$ m/s, ist die Vermischung von Gruppe D-Produkten in konventionellen Wirbelbetten i. Allg. unwirtschaftlich. Geeigneter sind hier sogenannte *„spouted beds"*. Dieses sind nach oben sich konisch erweiternde Wirbelschichten, in die der Fluidisiergasstrom in Form eines zentralen Strahls von unten eingegeben wird. Im Strahlbereich wird ein aufgelockerter Schüttgutstrom nach oben transportiert, während im Wandbereich eine äquivalente Menge Schüttgut in einem dichteren Zustand nach unten strömt, um dann im Bereich des Strahleintritts wieder vom Gasstrom erfasst und nach oben gefördert zu werden. Es stellt sich ein Schüttgutumlauf mit zusätzlichem Feststoffaustausch über die sich ausbildenden Scherflächen ein [38].
- Für die Vermischung bzw. Homogenisierung sehr großer Gruppe D-Schüttgutvolumina, z. B. von Kunststoffgranulaten, werden alternativ auch Silomischer eingesetzt. Diese entnehmen aus verschiedenen Silobereichen und -höhen über Fallrohre mit Einlaufdüsen gleichzeitig, d. h. parallel, mehrere definierte kleinere Schüttgutströme, die unterhalb des Siloauslaufs zu einem Gesamtstrom zusammengeführt werden. Mittels einer inner- oder außerhalb des Behälters verlaufenden pneumatischen Förderleitung wird dieser Schüttgutstrom wieder zum Silokopf transportiert und durchläuft erneut die Mischstrecke [39]. Die Anzahl der Umläufe kann flexibel an die geforderte Mischgüte angepasst werden. Es existieren unterschiedliche Ausführungsvarianten.
- Werden in einem Wirbelbett Wärme- und/oder Stoffaustauschprozesse durchgeführt, so ist bei deren Auslegung zu berücksichtigen, dass die Gasphase sich je nach Schüttgutklasse und Betriebsbedingungen zu unterschiedlichen Anteilen in eine Blasen- und eine Suspensionsphase aufteilt. Die Verweilzeiten der beiden Gasphasen im Bett sind deutlich verschieden. Bei Schüttgütern mit Gruppe (A, B, C)-Verhalten nach Geldart strömt die Blasenphase schneller als die Suspensionsphase und wirkt wie ein Bypass, der den Wirkungsgrad von z. B. Gas/Feststoff-Austauschprozessen im Wirbelbett signifikant verschlechtert.
- Wirbelschichtreaktoren für feinkörnige Schüttgüter führen bei gegebenem Gasdurchsatz aufgrund der geringen erforderlichen Fluidisationsgeschwindigkeiten auf sehr große Reaktordurchmesser. Hier ist zu überlegen, ob es nicht energetisch bzw. wirtschaftlich günstiger ist, das Korngrößenband des zu verarbeitenden Schüttguts in einen grobkörnigeren Bereich zu verlegen und erst nach der Behandlung in der Wirbelschicht auf die gewünschte Korngröße aufzumahlen oder ob nicht der Einsatz eines alternativen Verfahrens, z. B. einer zirkulierenden Wirbelschicht, die mit deutlich höheren Gasgeschwindigkeiten sowie einer Abscheidung und Rückführung des ausgetragenen Feststoffs zum Reaktorfuß betrieben wird [40], sinnvoller ist.

In gleicher Weise wie oben beispielhaft dargestellt, können die speziellen Auswirkungen des Schüttgutverhaltens auch für andere Prozesse abgeschätzt werden [19, 41, 42]. Die Zuordnung des jeweiligen Produkts zu einer bekannten Materialklasse vereinfacht die Beurteilung.

2.3.6 Anwendungsbeispiel

Mit den aus dem Prüfprotokoll der Abb. 2.1a-c entnommenen Messwerten $\varrho_P = \varrho_S = 3120$ kg/m³, $\varrho_{SS} = 1170$ kg/m³, $\varrho_{SR} = 1700$ kg/m³, $d_{S,\,50} = 13$ µm, $d_S' = 22\,\mu m$ und $n =$ tan (42°) = 0,90 kann das dort untersuchte Schüttgut wie folgt eingeordnet werden:

- Geldart-Diagramm: (ϱ_S, $d_{S,50}$) = (3120 kg/m³, 13 µm) → Schüttgut ist ein Gruppe C-Material und somit sehr kohäsiv. Es liegt im erweiterten Geldart-Diagramm noch im rechten schraffiert hinterlegten Bereich, d. h. pneumatische Dichtstromförderungen sind realisierbar.
- Jenike-Fließfunktion: $\left(n \cdot \sqrt{d_S'}\right) = \left(0{,}90 \cdot \sqrt{22\,\mu m}\right) = 4{,}22$ → $FF_C \cong 1{,}7$ → Schüttgut ist sehr kohäsiv. Es besteht die Gefahr von Brücken- und Schachtbildung in durchströmten Behältern, Reaktoren oder sonstigen anstauenden Aggregaten.
- Beurteilung nach Carr: $R_C = (\varrho_{SR} - \varrho_{SS})/\varrho_{SR} = (1700 - 1170)$kg/m³/1700 kg/m³ = 0,312 → $R_C > 0{,}3$ → Schüttgut weist extrem schlechte Fließfähigkeit und hohe Verdichtbarkeit auf, mit Anfahrproblemen nach Betriebsstillständen ist zu rechnen.
- Zusammenfassung: Das Schüttgut ist sehr kohäsiv, schlecht fließend und neigt zu starker Zeitverfestigung. Dies wird auch durch den gemessenen Böschungswinkel, $\alpha_{SS} = 51{,}5°$, bestätigt, vgl. hierzu Tab. 2.2. Problematisch ist das zu erwartende Lagerverhalten in Silos, Behältern usw., die entsprechend gestaltet werden müssen. Scherversuche und eine Dimensionierung dieser Anlagenbereiche mittels des Jenike-Verfahrens sind erforderlich. Wie die Entlüftungskurven in den Abb. 2.1b und c verdeutlichen, ist das Produkt nur schwer aus dem Ruhezustand wieder in Bewegung zu bringen, fließt aber nach intensiver Gaseinmischung relativ problemlos. Dies und die Lage im erweiterten Geldart-Diagramm erlaubt pneumatische Dichtstromförderungen. In pneumatischen Förderanlagen sind Zuführung und Einschleusung des Schüttguts problematischer als der eigentliche Transport durch die Leitung.

Die Beurteilungen sind weitestgehend übereinstimmend und decken sich mit den praktischen Erfahrungen an ausgeführten Anlagen für dieses Produkt.

2.4 Feuchtigkeitseinfluss

Die bisherigen Ausführungen bezogen sich auf trockenes Schüttgut. Wird diesem eine Flüssigkeit, z. B. Wasser, beigemischt, so sind unterhalb eines kritischen Feuchtigkeitsgehalts $X_{W,krit}$ (→ definiert als Beladung, d. h. Feuchtigkeitsmasse bezogen auf die trockene Feststoffmasse) keine Änderungen im Verhalten festzustellen. Erst oberhalb von $X_{W,krit}$ stellt sich eine zunehmende Verschlechterung der Fließfähigkeit bzw. eine Erhöhung der Schüttgut-Druckfestigkeit f_C ein. Deren Auswirkungen sind prozessabhängig. Die Größe des kritischen Feuchtigkeitsgehalts $X_{W,krit}$ ist feststoffspezifisch. Er kann vereinfacht als diejenige Gutfeuchtigkeit interpretiert werden, die erforderlich ist, um von außen zugängliche Partikelkapillaren, -poren usw. aufzufüllen. Erst eine über $X_{W,krit}$ hinausgehende Flüssigkeitsmenge erreicht die Partikelkontaktstellen. Unterhalb von $X_{W,krit}$ sind somit im wesentlichen Van-der Waals-Kräfte zwischen den Einzelteilchen des Schüttgutverbands wirksam, oberhalb des Grenzwerts werden diese zunehmend durch die Bindungskräfte einer mit $(X_W - X_{W,\ krit})$ anwachsenden Zahl von Flüssigkeitsbrücken in den Partikelkontakten überlagert, d. h. das Produkt wird kohäsiver. $X_{W,krit}$ geht somit gegen Null bei glatten kugelförmigen Partikeln mit geschlossener Oberfläche und wird umso größer, je poröser und zerklüfteter die Teilchen sind. Einzelheiten/Messergebnisse enthält [18].

Aus der obigen Betrachtung lässt sich ein einfaches Verfahren zur Bestimmung des kritischen Feuchtigkeitsgehalts $X_{W,krit}$ ableiten [43]. Solange $X_W \leq X_{W,krit}$ ist, bleibt das relative Lückenvolumen $\varepsilon_{F,SS}$ der Schüttung konstant (→ die Flüssigkeit befindet sich innerhalb der Partikeln), während die Schüttgutdichte ϱ_{SS} durch das zusätzliche Flüssigkeitsgewicht linear mit X_W anwächst. Oberhalb von $X_{W,krit}$ werden die Einzelpartikeln bereits in lockerer Schüttung durch die Flüssigkeitsbrückenkräfte in ihrer Position fixiert, d. h. $\epsilon_{F,\ SS}$ vergrößert sich in diesem Bereich mit X_W während ϱ_{SS} sich verringert. Abb. 2.23 zeigt diese Zusammenhänge am Beispiel einer außergewöhnlich porösen „sandigen" Tonerde. Anstelle der Schüttdichte ϱ_{SS} wird bei den Messungen die Rütteldichte ϱ_{SR} verwendet. Diese liefert besser reproduzierbare Ergebnisse als ϱ_{SS}. Die Unstetigkeitsstellen der Abhängigkeiten $\varepsilon_{F,SS}(X_W)$ oder $\varrho_{SR}(X_W)$ entsprechen der kritischen Gutfeuchte $X_{W,krit}$. Diese ist mit derjenigen identisch, die in viel aufwendigeren Scherversuchen, Fließfunktion $FF_C(X_W)$, ermittelt wird [43]. Die Abhängigkeit $FF_C(X_W)$, Abb. 2.23 unten, verdeutlicht, dass ein freifließendes Schüttgut, $FF_C \geq 10$, durch Wasserzugabe oberhalb der kritischen Beladung $X_{W,krit}$ in ein kohäsives Produkt, $FF_C < 4$, überführt werden kann.

Neben dem kritischen Feuchtigkeitsgehalt $X_{W,krit}$ spielt auch derjenige Feuchtigkeitsgehalt $X_{W,\ equi}$ für die Schüttgutbeurteilung eine Rolle, der sich im Gleichgewicht zwischen der Produktoberfläche und der umgebenden Gasatmosphäre, charakterisiert durch ihre relative Feuchtigkeit $\varphi = p_D\left(T_F\right)/p_D^*\left(T_F\right)$, mit: $p_D(T_F)$ – aktueller Partialdruck des Dampfes bei der Gastemperatur T_F, $p_D^*\left(T_F\right)$ – Sättigungsdruck des Dampfes bei gleicher Temperatur T_F, einstellt. Der Zusammenhang wird durch die Sorptionsisotherme $X_{W,\ equi} = X_W(\varphi,\ \ T_F = konst.)$ beschrieben. In Abb. 2.24 sind beispielhaft die Ergebnisse entsprechender Klimaschrankversuche mit einer feinkörnigen Steinkohle bei $T_F = 26{,}5\ °\ C$

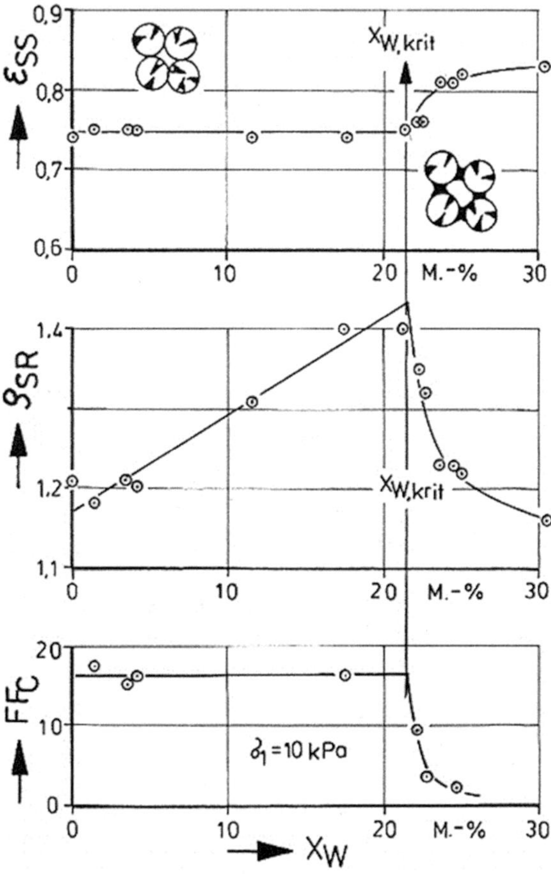

Abb. 2.23 Ermittlung des kritischen Feuchtigkeitsgehalts einer porösen sandigen Tonerde, Flüssigkeit = Wasser

dargestellt. Die Gleichgewichtsfeuchten bei $\varphi = 60\ \%$ und $80\ \%$ betragen $X_{W,equi} \cong 0{,}88\ M\text{-}\%$ und $2{,}32\ M.\text{-}\%$. Wichtig für eine Beurteilung ist nun nicht nur die absolute Größe von $X_{W,equi}$, sondern auch die Zeitdauer, die zur Einstellung des Gleichgewichts benötigt wird. Der Abb. 2.24 ist zu entnehmen, dass dies beim vorliegenden Schüttgut mehrere Stunden dauert. Selbst bei sehr hygroskopischen Produkten sind die Einstellzeiten normalerweise größer als $\Delta\tau_{equi} \cong 0{,}2\ h$. Hieraus folgt u. a., dass für schnell ablaufende Handhabungsprozesse, beispielsweise eine pneumatische Förderung, keine speziell konditionierten Gasatmosphären, z. B. ein getrocknetes Fördergas, notwendig sind, um signifikante und ggf. Probleme verursachende Produktauffeuchtungen zu vermeiden. Werden aber Entkoppelungssilos zwischen den verschiedenen Prozessschritten angeordnet, dann ist die Verweilzeit des Schüttguts in diesen deutlich größer und eine Konditionierung des Oberraumgases erforderlich, um Verklumpungen speziell an den angrenzenden freien Produktoberflächen sowie Wandanbackungen usw. zu verhindern.

Klimaschrankversuche (→ hier: $\Delta m_S = 100\ g$ Schüttgut in sehr dünner Schicht auf einem Träger ausgebreitet und in den voreingestellten Klimaschrank eingebracht) lie-

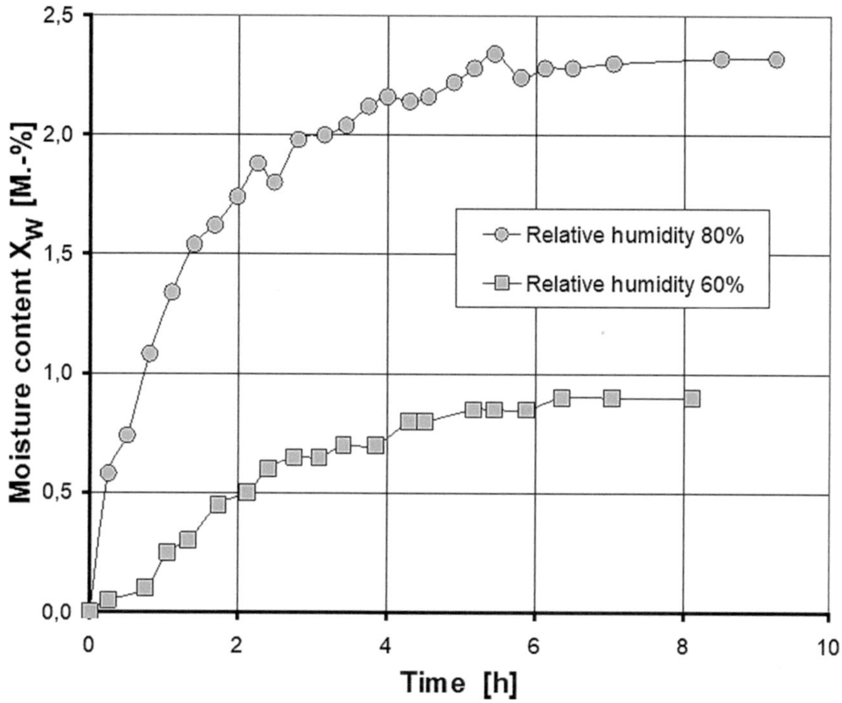

Abb. 2.24 Feuchtigkeitsaufnahme einer Steinkohle

fern häufig auch direkte Hinweise auf die möglichen Auswirkungen einer Produktauffeuchtung, z. B. durch sich ausbildende Produktverklumpungen oder Anbackungen am Träger.

2.5 Temperatureinfluss

Der Einfluss der Feststofftemper*atur* T_S auf das Verhalten eines Schüttgutverbands soll an dieser Stelle nur kurz dargestellt werden. Das in der Schüttung enthaltene oder sie durchströmende Gas nimmt aufgrund der großen spezifischen Wärmeübertragungsfläche und der i. Allg. größeren Wärmekapazität des Feststoffs näherungsweise dessen Temperatur an (→ Mischtemperatur $T_M \cong$ Feststofftemperatur T_S). Mit steigender Temperatur wächst die Viskosität η_F des Gases, während seine Dichte ϱ_F abnimmt. Erhöhtes η_F verbessert, verringertes ϱ_F reduziert die Fähigkeit des Gases Schüttgut zu tragen. Auswirkungen einer gegenüber der Umgebung erhöhten Temperatur sind i. Allg. ein verbessertes/günstigeres Fließ-, Fluidisier- und pneumatisches Förderverhalten insbesondere feinkörniger Schüttgüter (→ längere Entgasungszeiten $\Delta\tau_E$, höhere Fluidisationsqualität FQ, stärkere Wirbelbettexpansion usw.). Abb. 2.25 zeigt die Ergebnisse vergleichender Messungen an der bereits in den Abschn. 2.1 und 2.2.1 verwendeten Modellwirbelschicht bei den zwei Fest-

Materialdruck	**2,0**	kg/ dm²	H_1 ungerührt	**285**	mm	
spezifischer Luftvolumenstrom	**4,0**	m³/m²min	H_0	**199**	mm	
max. Bodendruck	**16,9**	mbar				
Dichte im belüfteten Zustand ρ_1	**0,70**	kg/ dm³	Bodendruck/ Materialdruck	**0,84**	-	**(a)**
Dichte im entlüfteten Zustand ρ_0	**1,01**	kg/ dm³	H_1 / H_0	**1,43**	-	
Entlüftungszeit	**82**	s				

Bemerkungen: **Leichte Pfropfenbildung beim Start der Belüftung, danach geringe Materialbewegung mit Blasenbildung.**

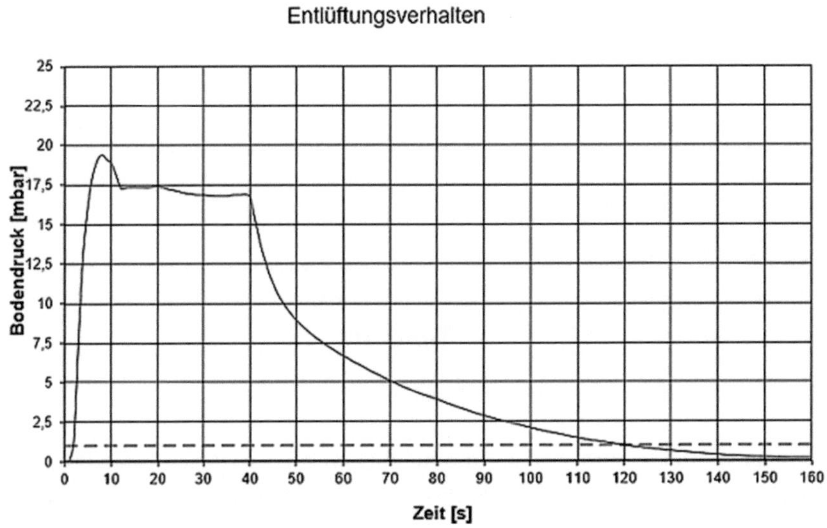

Abb. 2.25 Fluidisier- und Entgasungsverhalten eines Zements bei (**a**) 20 °C und (**b**) 60 °C

stofftemperaturen $T_S = 20\ °C$, Bildteil (a) und $T_S = 60\ °C$, Bildteil (b), Wirbelschichten ungerührt. Schüttgut ist ein mittels Zugabe eines Mahlhilfsmittels aufgemahlener Zement, Kenngrößen: $d_{S,50} = 14{,}3$ µm, $\varrho_S = 3020 \text{kg/m}^3$, $\alpha_{SS} = 56{,}0°$ bei 20 °C, Fluidisiergas = Umgebungsluft [44]. Es ist ersichtlich, dass mit zunehmender Temperatur die Entgasungszeit $\Delta\tau_E$ von 82 s auf 122 s, FQ von 0,84 auf 0,90 und die relative Bettausdehnung (H_1/H_0) von 1,43 auf 1,55 ansteigt. Nachteilig ist, dass wärmere Schüttgutverbände i. Allg. relativ sensibel auf Temperaturwechsel reagieren, z. B. nach längeren Stillständen oder Tag-Nacht-Zyklen. Hieraus resultieren häufig Anfahrschwierigkeiten, Anbackungen an den umgebenden Apparatewänden usw. Diese Problematik wird bereits durch den Kommentar des versuchsdurchführenden Laboranten in Abb. 2.25b: „Anhaftungen über der Schüttgutsäule" angedeutet. Insbesondere bei Silos und Behältern sind Isolierungen zur Konstanthaltung der Temperatur erforderlich. Nach Überschreitung von ca. 60 % der absoluten Schmelztemperatur des Feststoffs kann es in den Partikelkontakten einer Schüttung zu Versinterungen kommen.

Materialdruck	**2,0**	kg/ dm²	H_1 ungerührt	**313**	mm	
spezifischer Luftvolumenstrom	**4,0**	m³/m²min	H_0	**202**	mm	
max. Bodendruck	**18,0**	mbar				
Dichte im belüfteten Zustand ρ_1	**0,64**	kg/ dm³	Bodendruck/ Materialdruck	**0,90**	-	**(b)**
Dichte im entlüfteten Zustand ρ_0	**0,99**	kg/ dm³	H_1 / H_0	**1,55**	-	
Entlüftungszeit	**122**	s				

Bemerkungen: **Leichte Pfropfenbildung beim Start der Belüftung, danach gute Materialbewegung mit Blasenbildung. Anhaftungen über der Schüttgutsäule.**
Achtung! Änderung der Zeitachse von 160s auf 220s!!

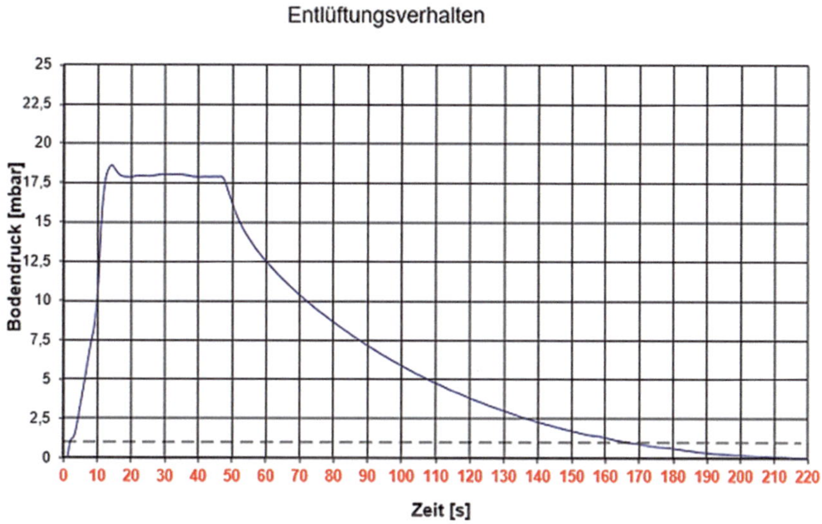

Abb. 2.25 (Fortsetzung)

2.6 Schüttgutentmischung

Schüttgüter entmischen sich vor allem nach Korngröße, Korndichte oder Kornform. Weitere Einflussgrößen, z. B. die Oberflächenrauigkeiten der Partikeln sowie der umgebenden Wände, können diesen komplexen und rechnerisch kaum erfassbaren Vorgang ebenfalls beeinflussen. Abb. 2.26 zeigt beispielhaft die resultierenden Auswirkungen anhand eines langsam aufgeschütteten Produktkegels. Die Vermeidung einer Entmischung ist nicht nur zur Einhaltung der Qualität des jeweiligen Endprodukts, sondern auch hinsichtlich einer sicheren sowie stabilen Prozessführung und -überwachung erforderlich.

Generell tendieren gröbere trockene Schüttgüter zu stärkerer Entmischung als feinkörnigere trockene Produkte. Ursache: Mit abnehmendem mittleren Partikeldurchmesser $d_{S,50}$ wird die Beweglichkeit der einzelnen Körner durch die anwachsenden zwischenpartikularen Kräfte, d. h. die zunehmende Kohäsion, stark reduziert. Es kommt über die

Abb. 2.26 Korngrößenentmischung nach dem Aufschütten eines Schüttgutkegels

Partikelkontakte zur Fixierung eines Korngerüsts, zur Anlagerung feinerer an größere Partikel, zur Agglomeratbildung usw. Als Grenze zwischen entmischungsgefährdeten und weniger zur Entmischung tendierenden trockenen Schüttgütern kann die Grenzkurve A/B im Geldart-Diagramm verwendet werden. Aus dem Vorstehenden folgt aber auch, dass feuchte Produkte oberhalb von $X_{W,\,krit}$ weniger zur Entmischung neigen als trockene Schüttgüter.

Schüttgutentmischung findet entweder an der freien Schüttgutoberfläche (**A**) oder innerhalb des Schüttgutbetts (**B**) statt. Hierbei sind folgende Grenz-/Betriebsfälle zu unterscheiden:

(1) homogenes Schüttgut mit Korngrößenverteilung, d. h. Partikeldichte $\varrho_P = konst.$, Korngröße $d_{S,min} \leq d_S \leq d_{S,max}$, gleiche Kornform,
(2) heterogenes Schüttgut aus (näherungsweise) Monokorn, d. h. Partikeldichte $\varrho_{P,\,min} \leq \varrho_P \leq \varrho_{P,max}$, Korngröße $d_S \cong d_{S,\,50}$, gleiche Kornform,
(3) Schüttgüter nach (1) oder (2) mit jeweils in sich variabler Kornform.

Da sehr viel größere Verhältnisse $(d_{S,max}/d_{S,min})$ als $(\varrho_{P,max}/\varrho_{P,min})$ möglich sind, wird in der Praxis die Entmischung nach der Korngröße am häufigsten beobachtet. Nachfolgend werden ausgewählte Beispiele zur Schüttgutentmischung dargestellt und in ihren Konsequenzen diskutiert.

Betriebsfall A1 Zentrisches Befüllen eines Kernflusssilos mit einem homogenen Produkt ($\rightarrow \varrho_P = konst.$) mit breiter Partikelgrößenverteilung d_P und einheitlicher Kornform. An der freien Oberfläche tritt Entmischung nach der Korngröße auf, vgl. Abb. 2.27.

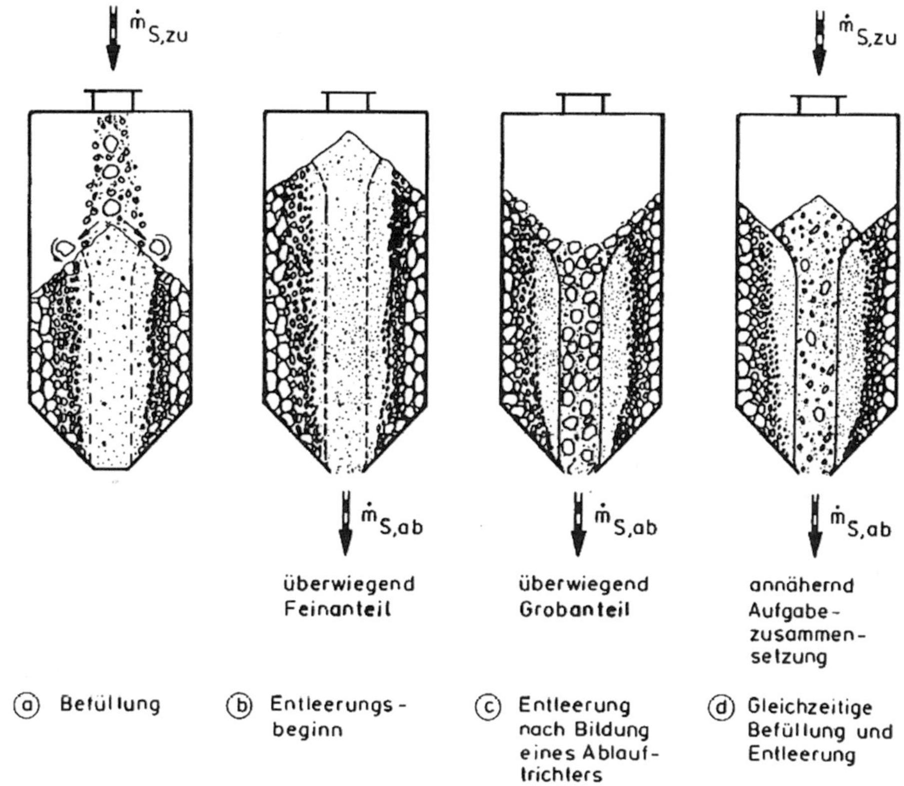

Abb. 2.27 Korngrößenentmischung in einem Kernflusssilo

Abb. 2.27a zeigt den Befüllungsvorgang. Der Grobanteil des auf die Schüttkegelspitze auftreffenden Feststoffstroms rollt/gleitet/rutscht aufgrund seines größeren Impulses und des im Vergleich zum Feinanteil geringeren Bewegungswiderstands über die unebene Gutoberfläche (→ mittlere Rauigkeit $\propto d_{S,50}$, $d_{S,grob} > d_{S,50}$) zur Siloperipherie. Dort reichert sich das Grobkorn, in der Silomitte das Feinkorn an.

Zu Beginn der Siloentleerung wird zunächst das Produkt oberhalb der Austragsöffnung, d. h. überwiegend Feingut, abgezogen, vgl. Abb. 2.27b. Wenn der Abzugskanal die Schüttgutoberfläche erreicht, bildet sich dort ein Ablauftrichter über den Grobgut aus den Silorandzonen in den zentralen Bereich fließt und zum Siloauslauf absinkt. Dort wird dann, wie Abb. 2.27c zeigt, überwiegend Grobgut entnommen.

In Abb. 2.27d ist der Vorgang des gleichzeitigen Entleerens und Nachfüllens dargestellt. Das nachgefüllte Schüttgut gelangt direkt in den Abzugskanal. Die Entmischungsmöglichkeiten sind gering. Somit sind zugeführtes und abgezogenes Produkt weitestgehend identisch (→ Voraussetzung: $\dot{m}_{S,zu} \cong \dot{m}_{S,ab}$).

Das skizzierte Verhalten wird u. a. beeinflusst durch die Art der Schüttgutzufuhr (→ z. B. unterschiedlich weite Wurfparabeln grob- und feinkörniger Produkte bei horizontaler pneumatischer oder mechanischer Zuführung), die Lage des Aufgabepunktes (→ es stellt sich z. B. bei vertikaler exzentrischer Befüllung eine längere einseitige Böschung ein), die Anordnung des Abscheidefilters/-systems (→ Förder- und/oder Verdrängungsgas reißen Feingut mit, das sich im i. Allg. im Silowandbereich anreichert), die Silogeometrie usw.

Es wird daran erinnert, dass die oben dargestellten, wie auch die nachfolgend beschriebenen Vorgänge und die daraus resultierenden Probleme in allen anderen Behältern, Reaktoren sowie Schüttgut-Anstaustellen eines Prozesses auftreten können.

Betriebsfall A2 Wie Betriebsfall A1, allerdings liegt hier ein monodisperses Schüttgut (→ $d_S \cong d_{S,50} = konst.$) mit unterschiedlichen Partikeldichten ϱ_P aber einheitlicher Kornform vor. Bei dieser reinen Dichteentmischung reichern sich die schwereren Partikel beim Befüllen eines Behälters und großen Dichteunterschieden vorwiegend im Bereich der Silomitte, die leichteren an der Siloperipherie an. Geringe Dichteunterschiede führen zu einer näherungsweisen Gleichverteilung über den Behälterquerschnitt.

Wird ein Silo mit hohem Feststoffmassenstrom $\dot{m}_S$ und einem relativ feinkörnigen Produkt beschickt, dann findet eine Selbstfluidisation des Schüttguts durch mitgerissenes Umgebungsgas statt, die zu einer annähernd horizontalen Bettoberfläche und der Ansammlung schwererer Partikel im Bereich unterhalb des Aufgabepunkts führt. Gleiches findet auch im Betriebsfall A1 statt, wenn der Feinanteil fluidisiert wird, wodurch der schwerere Grobanteil sich dann lokal unterhalb der Aufgabe ansammelt.

Die oben beschriebenen Entmischungsarten bei der Befüllung von Silos/Behältern/Reaktoren sind unabhängig davon, ob diese für ein Kernfluss- oder Massenfluss-Fließprofil ausgelegt sind. Der entscheidende Unterschied zwischen beiden besteht darin, dass durch den Einsatz von Massenflusssilos (→ Schüttgut fließt über den gesamten Siloquerschnitt) das entmischte Produkt im Konusbereich beim Produktabzug wieder radial in Richtung Behälterachse in den ausfließenden Gutstrom gedrückt und damit rückvermischt wird. Dieser Effekt hebt die Befüllungsentmischung fast vollständig wieder auf und ist in zahlreichen Untersuchungen nachgewiesen worden, z. B. [45, 46].

Beispiele für Maßnahmen zur Vermeidung bzw. Reduzierung der Befüllungsentmischung, die sich bei Kernflusssilos, vgl. Abb. 2.27, bis in die nachfolgenden Anlagenbereiche auswirkt, sind:

- Verwendung schlanker Silos, d. h. großes Verhältnis von Füllhöhe im Siloschuss H_{Silo} zu Silodurchmesser D_{Silo}; nach [47] liegt im Bereich von $(H_{Silo}/D_{Silo}) \cong (1{,}5 - 2{,}5)$ ein Entmischungsmaximum,
- Mehrpunktbeschickung, d. h. parallele Befüllung/Zuführung auf mehrere gleichmäßig über den Siloquerschnitt verteilte Aufgabepunkte oder mittels spezieller Streuvorrichtungen über eine größere Fläche,
- Aufteilung des Silos in Einzelzellen mit gemeinsamem Abzug,
- Siloeinbauten zur Verbreiterung des Fließprofils, z. B. durch Umlenkung des Produktstroms mittels kegelförmiger Einbauten in die Wandregionen,

- paralleler Produktabzug über mehrere über den Siloquerschnitt verteilte Austragsöffnungen und Zusammenführung, d. h. Rückvermischung, dieser Einzelströme.

Die angeführten und weitere Maßnahmen lassen sich auf zwei grundsätzliche Eingriffsarten reduzieren:

1. Verringerung der horizontalen Beweglichkeit der Schüttgutpartikeln → z. B. viele kleinere Schüttkegel anstelle eines großen,
2. Verbreiterung des Fließprofils bei der Siloentleerung → Grenzfall: Massenflusssilo.

Hieraus folgt, dass in vielen Anwendungsfällen die offensichtlich einfachste, betriebssicherste und häufig auch kostengünstigste Lösung zur Vermeidung von Entmischungsproblemen der Einsatz von Behältern mit einem Massenfluss-Fließprofil ist. Dieses muss mit einem das Schüttgut über den gesamten Abzugsquerschnitt abziehenden/aktivierenden Austragsgerät kombiniert werden.

Betriebsfälle B1, B2 Innerhalb eines Gutbetts aus homogenem Produkt (→ $\varrho_P = konst.$) einheitlicher Kornform und breiter Partikelgrößenverteilung d_P können die feinkörnigeren Teilchen relativ zu den gröberen durch das Lückenvolumen perkolieren und sich lokal am Boden anreichern. Hierzu ist jedoch eine Verformung des Schüttgutkörpers bzw. ein Energieeintrag erforderlich. Wird das beschriebene Produkt vertikal geschüttelt oder vibriert, so bilden sich temporär größere Hohlräume, in die das Feinkorn in Richtung Schwerkraft fallen kann. Der Feinanteil schiebt sich somit unter den Grobanteil. Folge: Feinkörnige Partikel reichern sich mit zunehmender Betriebsdauer im unteren, gröbere im oberen Bereich des Behälters an (→ Betriebsfall B1)

Liegt ein monodisperses Schüttgut (→ $d_S \cong d_{S,50} = konst.$) mit einheitlicher Kornform aber unterschiedlichen Partikeldichten ϱ_P vor (→ Betriebsfall B2), dann wird eine Anreichung des spezifisch schwereren Anteils am Behälterboden beobachtet.

Eine Schüttgutbehandlung im Wirbelbett führt mit zunehmender Betriebsdauer sowohl bei Betriebsfall B1 als auch B2 zur verstärkten Anreicherung der schwereren Partikel dicht oberhalb des Gasverteilers. Die leichteren Partikel sammeln sich aufgrund der vom Fluidisiergasstrom auf sie ausgeübten, aufwärts gerichteten, Umströmungskräfte darüber an, vgl. Abb. 2.28. Eine höhere Betriebsgeschwindigkeit verzögert den Entmischungsvorgang, führt aber u. U. zu größerem Feingutaustrag aus dem Reaktor.

Eine ähnliche Entmischung tritt beim An- und Abfahren pneumatischer Förderanlagen auf: Größere/schwerere Partikel werden bei gegebener Geschwindigkeit des Fördergases mit kleinerer Geschwindigkeit als die feineren/leichteren Teilchen transportiert. Die leichteren Partikel erreichen somit beim Anfahren einer Anlage das Leitungsende früher als die schwereren Körner und beim Abfahren verlassen die leichteren Partikel die Förderleitung vor den schwereren Körnern, d. h. während dieser beiden Zeitabschnitte liegt das Schüttgut entmischt vor. Im kontinuierlichen Betrieb tritt keine Entmischung auf. Einzelheiten

Abb. 2.28 Entmischung einer Flugasche mit sehr breiter Korngrößenverteilung im Wirbelbett

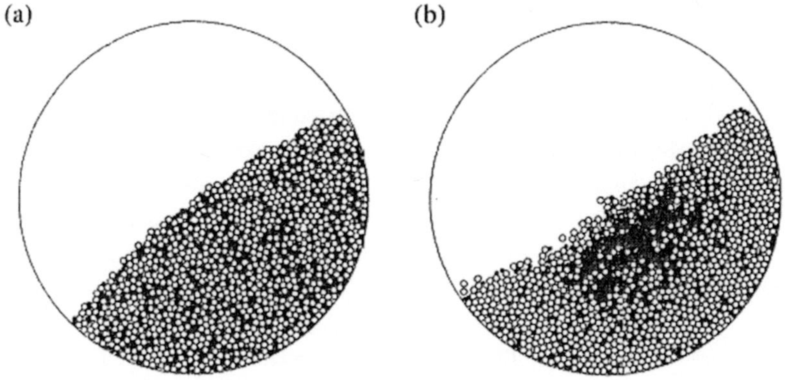

Abb. 2.29 Entmischung eines Schüttgutverbands aus zwei Partikelgrößen in einer kurzen rotierenden Trommel; schwarz: kleine Partikel, weiß.: große Partikel [48]

hierzu in [33]. Folgerung hinsichtlich Segregation: Kontinuierliche Förderungen, z. B. Transporte mit Zellenradeinschleusung, bevorzugt gegenüber batchweisen Förderungen, z. B. mittels Einzel-Druckgefäß, einsetzen.

Als Beispiel für weitere Aggregate in denen sich, je nach Betriebseinstellung, sehr unterschiedliche Entmischungsbilder einstellen können, ist in Abb. 2.29 eine kurze (→ quasi zweidimensionale) Drehtrommel dargestellt, Drehrichtung gegen den Uhrzeigersinn. Die Trommel ist etwa zur Hälfte mit einem aus zwei kugelförmigen Partikelfraktionen im mm-Bereich bestehenden und homogen vermischten Schüttgut gefüllt, Durchmesserverhältnis $d_{P,grob}/d_{P,fein} \cong 1{,}68$, schwarz: kleine Partikeln, weiß: große Partikeln. Der linke Bildteil zeigt das eingefüllte Produkt, der rechte Bildteil die sich nach bereits $n \cong 9$ Trommelumdrehungen ausgebildete Partikelverteilung. Hier tritt Entmischung durch Scherung auf, d. h. durch das reibungs-/widerstandsbehaftete aneinander Vorbeigleiten von Schüttgutschichten unterschiedlicher Geschwindigkeit. Die kleineren Partikeln sammeln sich als Cluster in der Nähe des Trommelzentrums an → radiale Entmischung.

Liegt eine lange (= dreidimensionale) Drehtrommel vor, dann separiert z. B. ein homogenes und gleichmäßig vermischt eingebrachtes Schüttgut aus zwei Fraktionen verschiedenen Partikeldurchmessers in Form von Bändern mit jeweils unterschiedlicher Zusammensetzung entlang der Trommelachse (→ abwechselnd Scheiben großer Partikeln, kleiner Partikeln usw.) → axiale Entmischung. Dieser Vorgang der Umverteilung benötigt eine sehr viel längere Betriebsdauer als z. B. die radiale Entmischung.

Analoge Entmischungsbilder sind auch bei anderen variierenden Eigenschaften im Schüttgut zu beobachten, vgl. z. B. [48, 49].

Betriebsfälle A3, B3 Unterschiedliche Kornformen innerhalb eines Schüttguts weisen sowohl verschiedene Strömungswiderstände gegenüber einem um- oder durchströmenden Gas als auch unterschiedliche Bewegungs- bzw. Reibungskräfte relativ zu benachbarten Partikeln auf, die bis hin zu mechanischem Verhaken führen können. Diese die Entmischung verstärkenden Effekte überlagern sich den bereits oben diskutierten Einflüssen und sind kaum von diesen zu trennen.

Fazit Mit Schüttgutentmischung entlang einer Produktions- bzw. Verarbeitungsanlage und den daraus resultierenden Problemen muss gerechnet werden. Eine Verringerung der Entmischung durch Anpassung der relevanten Schüttguteigenschaften an den jeweiligen Prozess ist i. Allg. nicht möglich. Zur Gewährleistung eines konstanten Endprodukts ist ggf. eine geeignete Rückvermischungsvorrichtung einzuplanen. Weitere Informationen zum Thema enthalten [27, 48–50].

2.7 Verschleiß

Die Handhabung von Schüttgütern ist i. Allg. mit signifikantem Verschleiß an den beteiligten Aggregaten und Apparaten verbunden. Auslöser hierfür sind permanente oder temporäre Kontakte zwischen dem Schüttgut und einem Grundkörper, z. B. der Apparatewand, einem Werkzeug usw., bei gleichzeitiger Relativbewegung oder durch Aufprall. Die hierdurch erzeugten Beanspruchungen können sowohl zur Ablösung von Verschleißpartikeln aus dem Grundkörper als auch zum Bruch von Schüttgutteilchen führen, d. h. Verschleiß und Kornzerstörung sind in allen Herstellungs- oder Verarbeitungsschritten eines Schüttguts miteinander konkurrierende Prozesse.

Neben der Art der Schüttguthandhabung, z. B. mechanischem/pneumatischem Transport, Mischen, Lagern, Zerkleinern, und den dabei gewählten Betriebsbedingungen bestimmen die Kenngrößen des Schüttguts, das sind u. a. Partikelgröße, -form und -härte, maßgeblich die Höhe des zu erwartenden Verschleißes. Hieraus darf aber nicht gefolgert werden, dass für eine Verschleißanalyse die alleinige Bewertung des Schüttguts ausreicht, vielmehr ist in jedem Falle eine Analyse des gesamten Verschleißsystems erforderlich [51, 52]. Verschleiß ist keine Stoff- sondern eine Systemeigenschaft.

Anfallende Verschleißkosten werden häufig weniger durch die Aufwendungen für den Ersatz der eigentlichen Verschleißteile, als vielmehr durch die aus unvorhergesehenen Schadenseintritten resultierenden Folgekosten, z. B. Produktionsunterbrechungen oder -einschränkungen, verursacht. Strategien zur Reduzierung der direkt oder indirekt durch Verschleiß verursachten Kosten sind:

- Vorhersage des zu erwartenden Versagenszeitpunkts eines Bauteils auf Grundlage entsprechender Vorhersagemodelle und/oder durch geeignete Überwachungsmaßnahmen. Hierzu gehören auch die sich über längere Betriebszeiten angesammelten praktischen Erfahrungen eines Betreibers mit dem Verschleißverhalten seiner Anlage.
- Verschleißminimierung durch Einsatz geeigneter verschleißfester Werkstoffe und/oder durch verschleißgerechte konstruktive Gestaltung des verschleißbeanspruchten Bauteils.

Ziel ist es, einen störungsfreien Anlagenbetrieb ohne Verschleißstillstände über eine vorher definierte Betriebsdauer zu gewährleisten bzw. aufrecht zu erhalten. Den genannten Vorgehensweisen sind Grenzen gesetzt. Voraussetzung für ihre Anwendung sind häufig systematische Verschleißmessungen, die i. a. nur an Versuchs- oder Modellapparaturen durchgeführt werden können, und in denen der jeweils aktuelle Beanspruchungsmechanismus repräsentativ nachgebildet werden muss.

Verschleißanalyse und Verschleißschutz stellen ein Arbeitsgebiet von erheblicher wirtschaftlicher Bedeutung dar, das letztlich nur durch intensive interdisziplinäre Zusammenarbeit von Bruch- und Kontaktmechanik, Werkstoffwissenschaft, Konstruktion, Verfahrenstechnik und nicht zuletzt der Praxis langfristig erfolgreich sein wird.

Bei der Behandlung von Verschleißproblemen wird unterschieden zwischen makroskopischen Verschleißarten, z. B. Gleit-, Strahl-, Wälzverschleiß, und den diesen zu Grunde liegenden mikroskopischen Verschleißmechanismen, das sind: **Mikropflügen** mit vollständiger, vorwiegend seitlicher, Werkstoffverdrängung ohne Abtrag, **Mikrospanen** mit vollständigem Werkstoffabtrag, **Mikrobrechen** bei spröden Werkstoffen und **Mikroermüdung** durch wiederholte wechselseitige Beanspruchung des verdrängten, bereits plastisch verformten, Volumens durch benachbarte Partikeln, vgl. Abb. 2.30. Der Mechanismus „wedge formation" stellt die Übergangsform vom Mikropflügen zum -spanen dar. Die Verschleißarten charakterisieren die kinematischen Bedingungen und beteiligten Stoffe/Körper des jeweiligen Verschleißsystems, während die Verschleißmechanismen die relevanten Wechselwirkungen im Kontaktbereich definieren und somit eine tieferliegende Beschreibungsebene darstellen. Einer Verschleißart können unterschiedliche Verschleißmechanismen zu Grunde liegen.

Die bei der Schüttguthandhabung am häufigsten auftretenden Verschleißarten sind der Gleitverschleiß, d. h. das Gleiten einer Schüttgutschicht unter Eigengewicht oder einer

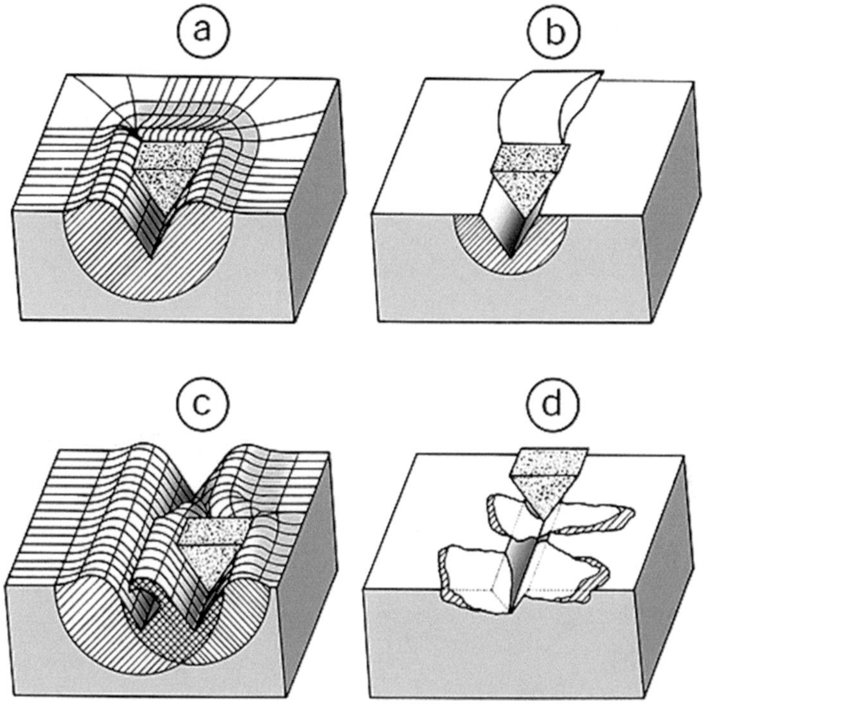

Abb. 2.30 Verschleißmechanismen: (**a**) Mikropflügen, (**b**) Mikrospanen, (**c**) Mikroermüdung, (**d**) Mikrobrechen, nach [53]

Auflast über eine angrenzende Wand, und der Strahlverschleiß, also der Aufprall eines Partikelstroms mit hoher Geschwindigkeit unter einem bestimmten Winkel auf eine Wand/ein Werkzeug. In [54] werden all diejenigen Einflussfaktoren, von denen bekannt ist, dass sie die Intensität des Verschleißes bei Abrasiv- und Strahlbeanspruchung wesentlich beeinflussen, in ihren quantitativen Auswirkungen detailliert besprochen. Es wird dabei untergliedert nach Betriebs-, Schüttgut-, Wandwerkstoff- und Geometrieeinflüssen. Des Weiteren werden Möglichkeiten des autogenen Verschleißschutzes diskutiert. Bei diesem wird das Prinzip „Schüttgut schützt vor Schüttgut" realisiert. Dadurch, dass eine ruhende/puffernde Feststoffschicht zwischen der Wandoberfläche und dem darüber gleitenden oder aufprallenden Schüttgutstrom aufgebaut wird, trifft Schüttgut auf Schüttgut und die Wand wird geschützt. Beispiele zeigt Abb. 2.31. Allgemeine Hinweise zur Modellbildung enthalten [55, 57]. Konkrete Probleme werden u. a. in [56–58] behandelt. Detailliertere Informationen sind dort zu entnehmen.

Im Rahmen der Konzipierung von Schüttgutanlagen ist es erforderlich, mögliche Verschleißprobleme frühzeitig zu erkennen. Zu deren Identifizierung bieten sich zwei einfach zu ermittelnde Beurteilungsgrößen an:

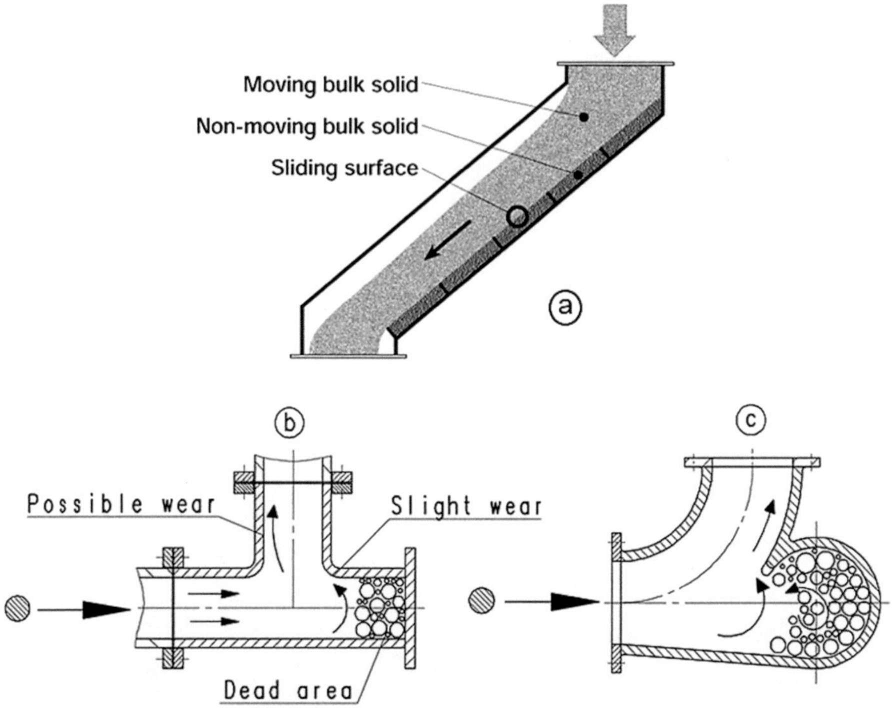

Abb. 2.31 Autogener Verschleißschutz: (**a**) bei Gleitbeanspruchung auf einer Schurre, (**b**, **c**) bei Prall-/Strahlbeanspruchung einer 90°-Umlenkung in einer pneumatischen Förderung

Abb. 2.32 Verschleiß in Tief- und Hochlage

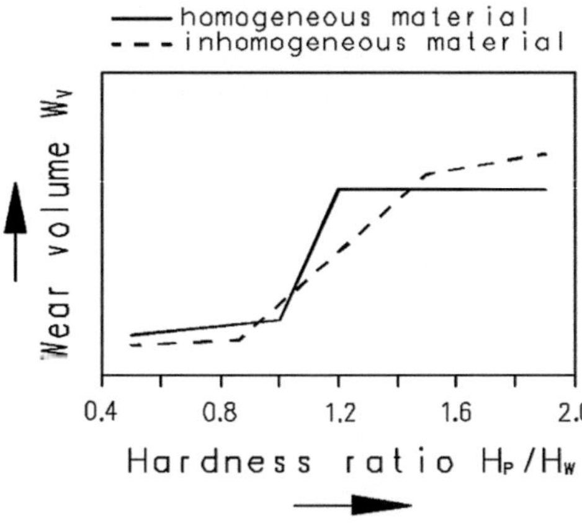

1. Bestimmung des Verhältnisses von Partikelhärte H_P zur Härte H_W des geplanten Wandmaterials. Wird der in einem bestimmten Betriebsfall mit unterschiedlichen (H_P/H_W)-Verhältnissen systematisch gemessene volumetrische (oder massenbezogene) Verschleißabtrag $W_{V(m)}$ gegen (H_P/H_W) aufgetragen, so folgt daraus das in Abb. 2.32 schematisch dargestellte, sogenannte Tieflage-/Hochlage-Diagramm. Solange $(H_P/H_W) \lesssim 1{,}0$ ist, befindet man sich in der Verschleißtieflage, im Bereich

Tab. 2.3 Vickershärten verschiedener Schüttgüter und Wandwerkstoffe

Bulk solid/wall material	Vickers hardness Hp/Hw [kN/mm^2]
Limestone	0.90–1.40
Hard coal	0.30–1.20
Gypsum	approx. 0.60
Anhydrite	approx. 1.60
Dolomite	1.50–3.70
Coke	2.50–6.00
Felspar	6.00–7.50
Blast furnace slag	approx. 6.40
Quartz	9.00-13.00
Corundum	approx. 18.00
Construction steel	0.95-2.00
Non-alloyed cast steel	1.15-2.10
High-alloyed cast steel	2.10-6.30
Cast iron	1.05-3.15
Cast basalt	approx. 7.40
Alloyed hard metal/white iron	4.50-7.65
Sintered hard metal	11.00-18.50
Al_2O_3-oxide ceramics	12.00-24.00
Steel phase: cementite	approx. 8.60
Steel phase: ferrite	approx. 1.07

1,0 $\lesssim (H_P/H_W) \lesssim$ 1,2 steigt der Verschleiß dramatisch an, teilweise um mehr als den Faktor 10 verglichen mit demjenigen der Tieflage, und erreicht bei $(H_P/H_W) \gtrsim$ 1,2 die Verschleißhochlage. Die Veränderungen entlang der jeweiligen Tief- und Hochlagen sind relativ gering. Wie in Abb. 2.32 angedeutet, nehmen auch Aufbau und Struktur des Wandwerkstoffs Einfluss auf die Höhe des Verschleißes. Um den Wandverschleiß zu minimieren, sollten also Härteverhältnisse $(H_P/H_W) <$ 1,0 realisiert werden. Tab. 2.3 zeigt beispielhaft einige Härten unterschiedlicher Schüttgüter und Wandwerkstoffe. Diese werden üblicherweise als Vickershärten angegeben. Da im Schrifttum ausreichend H_P- und H_W-Werte vorliegen [42, 52], kann somit auf einfache Weise eine Vorauswahl für ein geeignetes Wandmaterial getroffen werden. In der Praxis sind hierbei natürlich auch Kostengesichtspunkte zu berücksichtigen.

2. Bewertung der im Schüttgutverband vorhandenen Kornformen. Diese können auf sehr einfache Weise durch Vergleich mit den in Abb. 2.33 dargestellten Basisformen beurteilt werden. Es ist offensichtlich, wie es auch die Abb. 2.30 verdeutlicht, dass scharfkantige, kompakte Partikel höheren Verschleiß verursachen als abgerundete oder flächige Teilchen. Die Kornformen des jeweils vorliegenden Schüttguts können auf einfache Weise anhand einer repräsentativen Probe durch Begutachtung unter einem Lichtmikroskop bestimmt werden. Die Abb. 2.1 zeigt zum einen, dass Mehrfachnennungen zulässig sind, dass aber auch die jeweils dominierende Kornform bestimmt werden kann. In Verbindung mit zusätzlichen Hinweisen, wie z. B. sandartige oder kristalline Partikel, ist somit eine Abschätzung möglicherweise zu erwartender Verschleißprobleme möglich.

Symbol	Klassifizierung	
I	Scharfe Kanten mit ungefähr gleichen Dimensionen in den drei Raumrichtungen Beispiel: WÜRFEL	
II	Scharfe Kanten, deren eine deutlich länger ist als diejenigen in den beiden anderen Raumrichtungen Beispiel: LÄNGLICHES PRISMA	
III	Scharfe Kanten, deren eine deutlich kleiner ist als diejenigen in den beiden anderen Raumrichtungen Beispiel: PLATTE, SCHUPPE	
IV	Abgerundete Kanten mit ungefähr gleichen Dimensionen in den drei Raumrichtungen Beispiel: KUGEL	
V	Abgerundete Kanten, deren eine deutlich länger ist als diejenigen in den beiden anderen Raumrichtungen Beispiel:ZYLINDER,STÄBCHEN	
VI	Faserig, fadenförmig, lockenförmig verschlungen Beispiel: FASER, FADEN	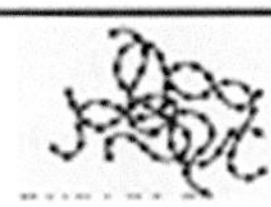

Abb. 2.33 Kornformbeschreibung nach FEM 2582 [59]

Auf das anhand der oben dargestellten Beurteilungsmethoden erkannte Verschleißpotential sollte bereits während der Planungsphase einer Anlage angemessen reagiert werden. Unbedingt zu berücksichtigen sind dabei mögliche Kombinationswirkungen: Z. B. nehmen Art und Zusammensetzung des Umgebungsmediums, der Feuchtigkeitsgehalt des Schüttguts sowie ein ggf. daraus resultierender paralleler Korrosionsangriff Einfluss auf die Höhe des Verschleißes. Durch derartige Kombinationseffekte wird der Verschleißabtrag i. Allg. erhöht. Einzelheiten enthalten u. a. [51, 52, 57].

2.8 Instrumentierung

Die einzelnen Schritte eines Prozesses müssen miteinander koordiniert bzw. aufeinander abgestimmt werden, um ein definiertes und gleichbleibendes Endprodukt zu erhalten. Hierfür ist die Messung diverser Betriebsgrößen – Drücke, Temperaturen,

Füllstände, Durchsätze, Zusammensetzungen usw. – notwendig, die einen Blick in das „Innere" des ablaufenden Prozesses und damit dessen Kontrolle erlauben. Derartige Messungen sind insbesondere bei feinkörnigen Schüttgütern nicht trivial. Verstopfung und Verschleiß der Sensoren muss verhindert, ihre Positionierung und Form/Ausdehnung soll keine Störungen des lokalen Fließprofils verursachen und über den Strömungsquerschnitt repräsentative Messergebnisse liefern. Um das zu gewährleisten, sind ausreichende Kenntnisse hinsichtlich der sich in den verschiedenen Prozessstufen einstellenden Bewegungsprofile der Schüttgüter zwingend erforderlich. Auf die einzelnen Sensoren können zudem erheblich größere Kräfte wirken als an vergleichbaren Anordnungen in Fluiden.

Die angedeuteten Probleme sollen anhand der Füllstandsüberwachung eines Silos/Behälters praktisch dargestellt werden, vgl. Abb. 2.34. Messsysteme sind: Drehflügelmelder (→ Grenzwertgeber), Kraftmessdosen (→ kontinuierliche Wägung), elektromechanisches Lotsystem (→ kontinuierliche Erfassung des Höhenstands der Schüttgutoberfläche). Abb. 2.34a zeigt ein Silo mit einem Massenfluss-Fließprofil bei verschiedenen Füllständen. Dadurch dass der gesamte Produktinhalt beim Abzug aktiviert/in Bewegung ist und die Kontur der Gutoberfläche sich nicht verändert, ist mit allen Messverfahren eine korrekte Siloüberwachung möglich. In einem Silo mit Kernfluss-Fließprofil, vgl. Abb. 2.34b, d. h. mit Fließkanal, Abzugstrombe, veränderlicher Gutoberflächenkontur und toten Produktzonen, liefern die gleichen Messverfahren je nach Methode unterschiedliche, z. T. falsche, Aussagen über den Füllungsgrad des Behälters. Eine aufwendige Füllstandmesstechnik ist somit nur in einem entsprechend gestalteten Silo sinnvoll. Es sollten Massenflusssilos eingesetzt werden, ggf. sind auch schmale, sehr hohe Kernflusssilos, in denen die Oberflächenkontur lange erhalten bleibt, möglich [28]. Vergleichbare Probleme treten auch beim Einsatz modernerer Messverfahren als oben dargestellt auf

Unter einem horizontal in einen Schüttgutbehälter hineinragenden Messinstrument bildet sich ein keilförmiger Hohlraum aus, dessen Seitenwände (etwa) unter dem Böschungswinkel α_{SS} geneigt sind. Somit kann der Baukörper des Geräts sich nicht auf dem tieferliegenden Schüttgut abstützen, um die erheblichen von oben auf ihn einwirkenden Gewichtskräfte des Schüttguts abzutragen. Diese Kräfte und Momente müssen in geeigneter Weise in die Silowände eingeleitet und flächig verteilt werden.

Wird z. B. das zentral angeordnete Lotsystem im Kernflusssilo, Abb. 2.34b, von einem über die freie Schüttgutoberfläche nachrutschenden Produktschwall überschüttet, so hat das größere Reibungskräfte am Halteseil sowie der Haltevorrichtung zur Folge, die bei ungenügender Berücksichtigung häufig zum Seilabriss und nachfolgenden Problemen in den Siloaustragsvorrichtungen geführt haben.

Generell sollte immer eine ausreichende Anzahl von Messstellen, auch solchen, die für die „normale" Betriebsüberwachung nicht erforderlich bzw. nicht bestückt sind, entlang einer Anlage vorgesehen werden. Zum einen ist das nachträgliche (Vorort-) Anbringen von Messpunkten teuer oder ggf. auch nicht mehr durchführbar. Man denke hier an eine zu-

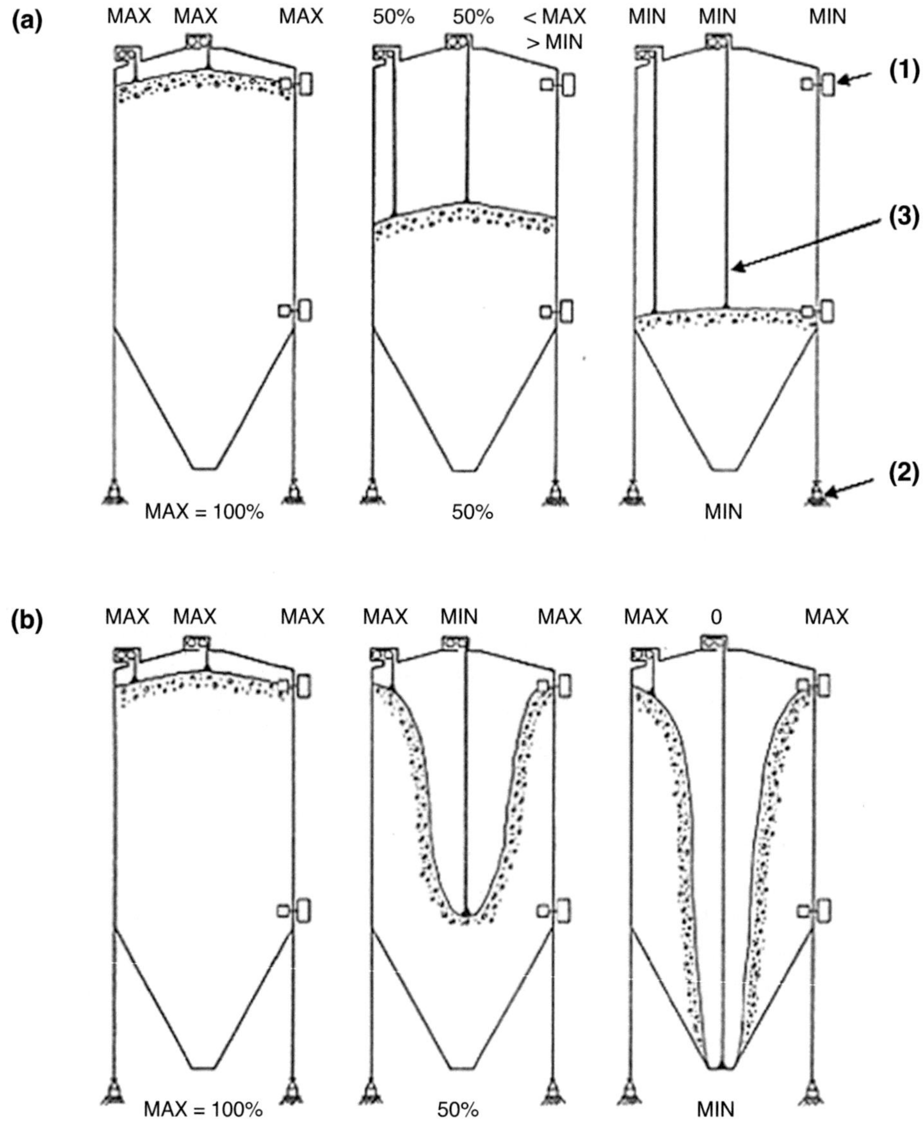

Abb. 2.34 Füllstandsmessung in einem Silo mit (**a**) Massenfluss-Fließprofil, (**b**) Kernfluss-Fließprofil, nach [60], (1) = Drehflügelmelder, (2) = Kraftmessdosen, (3) = Lotsystem

sätzlich notwendige Messstelle an einem abnahmepflichtigen und bereits abgenommenen Druckbehälter. Andererseits unterstützt die Möglichkeit, z. B. im Rahmen der Inbetriebnahme einer Anlage, diverse Messorte verlegen zu können und/oder mittels zusätzlicher Messstellen ergänzende Informationen über den Prozess zu erhalten, die Anlagenoptimierung und verkürzt die Dauer der Inbetriebnahme.

2.9 „Moderne" Schüttgut-Messverfahren

In den letzten Jahren werden zunehmend Schüttgut-Messverfahren auf dem Markt angeboten, mit denen zum einen eine Reihe der in den Abschnitten 2.1 und 2.2 beschriebenen und zum anderen durch neue Messmethoden definierte Kenngrößen **weitestgehend vollautomatisch** ermittelt und ausgewertet werden können. Beispiele für die erstgenannte Gruppe sind der Ersatz des versuchstechnisch sehr anspruchsvollen Jenike-Translationsschergeräts durch automatisierte Ringschergeräte, die Messung des (mittleren) Böschungswinkels eines aufgeschütteten Produkts inklusive einer Maßzahl für die Abweichungen der aktuellen Kegelgeometrie von einem idealen Kegel [25] sowie des Verdichtungs-, Fluidisations- und Entlüftungsverhalten eines Schüttguts inklusive der sich dabei einstellenden zeit- bzw. lastabhängigen Kenngrößenverläufe usw. [23, 25]. Zur zweiten Gruppe gehören u. a. die sogenannten Pulver-Rheometer, bei denen ein speziell geformter Flügel/eine Klinge (→ *blade*) rotierend durch eine Pulverschüttung vertikal nach unten bewegt wird [23]. Hierbei wird das Schüttgut verdrängt und verdichtet. Die dafür erforderliche Arbeit wird gemessen und als beschreibende Kennzahl verwendet. Durch Umkehrung der Drehrichtung des Messvorgangs (→ anheben des Flügels und damit Auflockerung des Schüttgutverbands) kann eine weitere Charakteristik des vorliegenden Produkts ermittelt werden. Die Bedingungen, unter denen bei diesen Versuchen gemessen wird, sind weitestgehend standardisiert, können aber auch verändert werden, z. B. in Anpassung an die Daten einer Betriebsanlage.

Mit Ausnahme der Ergebnisse von Scherversuchen kann keiner der mit einem der obigen Verfahren ermittelten Messwerte direkt als Eingabegröße in einem Berechnungsmodell zur Apparateauslegung verwendet werden. Ermittelt werden zwar genaue Messwerte, mit denen aber im Prinzip nur eine Rangfolge des jeweils untersuchten Handhabungsverhaltens von Schüttgütern bestimmt werden kann. Es existieren keine Übertragungsregeln auf konkrete Probleme. Diverse Untersuchungen, z. B. in [23, 25, 61, 62], zeigen, dass mit diesen Messmethoden die Unterschiede im jeweiligen Verhalten von Schüttgütern mit hoher Genauigkeit/Auflösung bestimmt werden können. Das alles bestätigt die grundsätzlichen Ausführungen der Abschnitte 2.1 und 2.2. Einzelheiten zu den verschiedenen Messverfahren können u. a. [63–66] entnommen werden. Die Liste stellt keine Wertung dar.

Der unbestrittene Vorteil dieser „modernen" Messmethoden ist, dass sie einerseits das Schüttgut einer jeweils gleichen und definierten Vorbehandlung/Vorgeschichte unterwerfen und zum anderen eine Unabhängigkeit vom Versuchsdurchführenden gewährleisten. Dies resultiert in einer hohen Reproduzierbarkeit der Ergebnisse.

Literatur

1. Bohnet, M. (Hrsg.): Mechanische Verfahrenstechnik. Wiley-VCH, Weinheim (2004)
2. Pahl, M.H.: Lagern, Fördern und Dosieren von Schüttgütern. TÜV Rheinland, Köln (1989)
3. McGlinchey, D. (Hrsg.): Characterization of bulk solids. Blackwell, Oxford (2005)

4. Seville, J., Wu, C.-Y.: Particle technology and engineering. Butterworth-Heinemann, Oxford (2016)
5. DIN 66145: Darstellung von Korn-(Teilchen-)Größenverteilungen; RRSB-Netz. Beuth Verlag GmbH, April 1976
6. Hilgraf, P., Paepcke J.: Der Eintrag von Schüttgut in pneumatische Förderstrecken mittels Schneckenschleusen. ZKG Int. **46**(7), 368–375 (1993)
7. Hilgraf, P.: Schüttgut-Untersuchungs- und -Beurteilungsmethoden. Claudius Peters Projects GmbH-Entwicklungsbericht, Buxtehude (2002)
8. Geldart, D.: Types of gas fluidization. Powder Technol. **7**, 285–292 (1973)
9. Molerus, O.: Fluid-Feststoff-Strömungen. Springer, Berlin (1982)
10. Valverde Millán, J. M.: Fluidization of fine powders. Springer, Dordrecht (2013)
11. Hilgraf, P.: Handling of bulk material mixtures. ZKG Int. **61**(11), 46–59 (2008)
12. Dangleterre, I.: Systematische Untersuchung des Handhabungsverhaltens von Schüttgutmischungen. Diplomarbeit, Hochschule für Angewandte Wissenschaften Hamburg, Fakultät Life Sciences 2007, unveröffentlicht
13. Li, G.: Systematische Untersuchung des Handhabungsverhaltens von Schüttgutmischungen. Diplomarbeit, Hochschule für Angewandte Wissenschaften Hamburg, Fakultät Life Sciences 2008, unveröffentlicht
14. Molerus, O.: Schüttgut-Mechanik. Springer, Berlin (1985)
15. Husemann, K., Höhne, D., Schünemann, U.: Der Einfluss des Feinkornanteils auf die Fließeigenschaften von groben Schüttgütern. Aufbereitungs Tech. **35**(2), 61–70 (1994)
16. Jenike, A.W.: Storage and flow of solids. Bull. No. 123, Utah Engng. Exp. Station, Univ. of Utah, Salt Lake City (1964)
17. Höhne, D., Schünemann, U.: Untersuchung zum Einfluss der Korngrößenverteilungs-parameter auf die Fließfähigkeit feinkörniger Schüttgüter. European Symposium „Particle Technology 1986“, Amsterdam, S. 968–980, Preprints, Volume B, 1986
18. Hilgraf, P., Kleibs, R.: Schüttguteigenschaften und Lagerzeit als Einflussgrößen bei der Auswahl des Silierungskonzeptes von Flugaschen. VGB Kraftwerkstechnik **6**, 479–486 (1990)
19. Hilgraf, P.: Kostenminimierung bei der Projektierung von Schüttgut-Anlagen. Technische Akademie Wuppertal, Hamburg (1998). Lehrgangshandbuch zum gleichnamigen Seminar
20. Hoppe, H.: Analyse und Korrelation von Schüttgut-Kenngrößen im Hinblick auf eine vereinfachte Beurteilung des Lagerverhaltens. Diplomarbeit, Fachhochschule Hamburg, Fachbereich Maschinenbau 1995, unveröffentlicht
21. Garbe, S.: Korrelation von Schüttgutkenndaten. Diplomarbeit, Fachhochschule Hamburg, Fachbereich Naturwissenschaftliche Technik 2004, unveröffentlicht
22. Carr, R.L.: Evaluating flow properties of solids. Chem. Eng. **18**, 163–168 (1965)
23. Leturia, M., Benali, M., Lagarde, S., Ronga, I., Saleh, K.: Characterization of flow properties of cohesive powders: A comparative study of traditional and new testing methods. Powder Technol. **253**, 406–423 (2014)
24. Rastogi, S., Dhodapkar, S.V., Cabrejos, F., Baker, J., Weintraub, M., Klinzing, G.E.: Survey of characterization of dry ultrafine coals and their relationships to transport, handling and storage. Powder Technol. **74**, 47–59 (1993)
25. Lumay, G., Boschini, F., Traina, K., Bontempi, S., Remy, J.-C., Cloots, R., Vandewalle, N.: Measuring the flow properties of powders and grains. Powder Technol. **224**, 19–27 (2012)
26. Rietema, K.: The dynamics of fine powders. Elsevier, London (1991)
27. Schulze, D.: Pulver und Schüttgüter – Fließeigenschaften und Handhabung. Springer Verlag, Berlin (2006)

28. Hilgraf, P.: Silos und Bunker – Schüttgutbehälter kostengünstig und funktionssicher auslegen und betreiben. Technische Akademie Wuppertal, Altdorf (2014). Lehrgangshandbuch zum gleichnamigen Seminar
29. Jenike, A.W.: Gravity flow of bulk solids. Bull. No. 108, Utah Engng. Exp. Station, Univ. of Utah, Salt Lake City (1961)
30. Janssen, H.A.: Getreidedruck in Silozellen. Z. Ver. Dt. Ing. **39**, 1045–1049 (1895)
31. Hilgraf, P.: Fluctuations in the mass flow of solids in pneumatic conveying lines. Cem. Int. **17**(6), 24-33 (2019)
32. Hilgraf, P.: Berechnung der Trocknung von Feststoffen im Stromtrockner. Aufbereitungs-Tech. **17**(6), 288–294 (1976)
33. Hilgraf, P.: Pneumatische Förderung – Grundlagen, Auslegung und Betrieb von Anlagen. Springer Vieweg, Berlin (2019)
34. Hilgraf, P.: Pneumatische Förderung – ein Überblick, Teil 1 und 2. ZKG Int. **46**(1), 25–29, **46**(3), 141–148 (1993)
35. Jones, M.G., Mills, D.: Product classification for pneumatic conveying. Powder Handl. Process. **2**(2), 117–122 (1990)
36. DIN 22101: Stetigförderer-Gurtförderer für Schüttgüter-Grundlagen für Berechnung und Auslegung. Beuth Verlag GmbH, Dezember 2011
37. Werther, J.: Zur Maßstabsvergrößerung von Gas/Feststoff-Wirbelschichten. Aufbereitungs-Technik **15**(12), 670–677 (1974)
38. Mathur, K.B., Epstein, N.: Spouted beds. Academic Press, New York (1974)
39. Hilgraf, P.: Mischen in Schwerkraft-Umwälzmischern. VDI-Berichte 391, 244–258 (1979)
40. Wirth, K.-E. Zirkulierende Wirbelschichten. Springer-Verlag, Berlin (1990)
41. Hilgraf, P., Hesse Th.: Moderne Schüttgut-Förderkonzepte. Technische Akademie Wuppertal, Altdorf (2014). Lehrgangshandbuch zum gleichnamigen Seminar
42. Hilgraf, P., Hesse, Th.: Neue und bewährte Methoden der Charakterisierung von Schüttgütern. Technische Akademie Wuppertal, Altdorf (2014). Lehrgangshandbuch zum gleichnamigen Seminar
43. Lübbert, B.: Fließeigenschaften von feuchten Schüttgütern und Bestimmung des kritischen Feuchtegehalts. Diplomarbeit, Fachhochschule Hamburg, Fachbereich Bio-Ing-Wesen, Produktionstechnik und Verfahrenstechnik 1997, unveröffentlicht
44. Claudius Peters Projects: Staub-Prüfprotokoll, Prüf-Nr. 14732. Buxtehude/Germany 2019
45. Kwade, A., Ziebell, O.: Reduzierung der Entmischungen von Putzgips durch gezielte Änderung der Silogeometrie. ZKG Int. **54**(12), 680–688 (2001)
46. Jochem, K., Schwedes, J., Vidal, J.L.: Entmischung binärer Schüttgutmischungen in einem Versuchssilo. Schüttgut **4**(1), 31–36 (1998)
47. Matthée, H.: Erkenntnisse über die Entmischung von Kugelschüttungen in Bunkern und ihre Übertragbarkeit auf Industrieanlagen mit Hilfe der Ähnlichkeitslehre, Bergbauwissenschaften **15**, 443–457 (1968)
48. Ristow, G.H.: Pattern Formation in Granular Materials. Springer-Verlag, Berlin (2000)
49. Duran, J.: Sand, powders and grains: an introduction to the physics of granular materials. Springer-Verlag, New York (1999)
50. Schulze, D.: Segregation of bulk solids – causes and solutions. ZKG Int. **69**(1–2), 34–38 (2016)
51. Czichos, H., Habig, K.-H.: Tribologie-Handbuch. Friedr. Vieweg & Sohn Verlag, Wiesbaden, 2. Auflage (2003)
52. Uetz, H. (Hrsg.): Abrasion und Erosion. Carl Hanser Verlag, München (1986)
53. Zum Gahr, K.-H.: Microstructure and wear of materials. Elsevier Science Publishers, Amsterdam (1987)

54. Hilgraf, P.: Basis principles of wear protection technology for bulk materials, part 1 and 2. ZKG Int. **62**(10), 53–63 und **62**(11), 56–72 (2009)
55. Hilgraf, P.: Wear in bulk materials handling. bulk solids handling **27**(7), 464–477 (2007)
56. Hilgraf, P.: Wear in pneumatic conveying systems. powder handling & processing **17**(5), 272–284 (2005)
57. Hutchings, I. M.: Tribology: friction and wear of engineering materials. Edward Arnold, London (1992)
58. Kleis, I., Kulu, P.: Solid particle erosion. Springer, London (2008)
59. FEM-Dokument 2582: Allgemeine Schüttguteigenschaften hinsichtlich der Klassifizierung und der Symbolisierung. Ausgabe D (1984), VDMA-Fachgemeinschaft Fördertechnik, Frankfurt
60. Schwedes, J., Wilms, H., Schulze, D.: Lagern und Fließen von Schüttgütern. Lehrgangshandbuch zum 7. Hochschulkurs des Inst. für mech. Verfahrenstech. der TU Braunschweig, Braunschweig, März 1989
61. Freeman, R.E.: Measuring the flow properties of consolidated, conditioned and aerated powders – a comparative study using a powder rheometer and a rotational shear cell. Powder Technol. **174**, 25–33 (2007)
62. Freeman, T.C., Freemann, R.E., Armstrong, B.: The characterisation of powder and bulk materials – a multivariate approach using dynamic, shear and bulk property measurements. Bulk Solids India (2011)
63. www.freemantech.co.uk/powder-testing/ft4-powder-rheometer-flow-tester , aufgerufen am 30.06.2020
64. www.stablemicrosystems.com/PowderFlowAnalyserOperation , aufgerufen am 30.06.2020
65. www.anton-paar.com/de-de/produkte/details/pulver-rheologie , aufgerufen am 30.06.2020
66. www.winopal.com/produkte/materialpruefmaschinen/zubehoer/powder-flow-analyser, aufgerufen am 30.06.2020

Problemlösungsverhalten

3

Unabhängig davon, ob Aufgabenstellungen aus den Bereichen Denksport, Mathematik, Produktfindung und -entwicklung, Konstruktion oder Anlagenplanung usw. zu bearbeiten sind, empfiehlt es sich in allen Fällen, methodisch an das jeweilige Problem heranzugehen und dieses sorgfältig zu strukturieren, vgl. z. B. [1–9]. Die Werkzeuge hierfür liefert die „Systemtechnik", die als interdisziplinäre Wissenschaft mit dem Ziel, Prinzipien, Methoden und Hilfsmittel zur Analyse, Planung, Auswahl und optimalen Gestaltung komplexer Systeme bereit zu stellen, definiert werden kann [2, 3]. Sie behandelt ihre Objekte auf einem abstrakten Niveau, arbeitet das jeweils Allgemeingültige heraus und stellt ein objektunabhängiges Arbeitsinstrumentarium inklusive einer formalen Sprache bereit. Diese abstrakten Konzepte müssen auf den jeweils konkreten Einzelfall übertragen werden und umgekehrt, liefern dafür aber eine tragfähige Basis für interdisziplinäre Problemlösungen.

Die nachfolgenden Abschn. 3.1, 3.2 und 3.3 geben einen Überblick über relevante Ansätze der Systemtechnik und die darauf aufbauenden Hilfsmittel sowie zwei erläuternde Beispiele. Im Abschn. 3.4 werden diese dann hinsichtlich ihrer Anwendung auf die Probleme bei der Projektierung und Auslegung von Schüttgut verarbeitenden Anlagen konkretisiert. Dem Leser wird empfohlen, sich in die Rolle des Mitarbeiters einer Fachfirma zu versetzen, die vom Anlagenbetreiber/-planer die Anfrage zur Abgabe eines Angebots bzw. den Auftrag zur Erstellung einer Teilanlage im Rahmen der Gesamtanlage erhält.

3.1 Methodik der Systemtechnik

Folgende Systemtechnik-Ansätze sind für die im vorliegenden Text zu behandelnden Problemstellungen relevant:

P. Hilgraf, *Projektierung und Auslegung von Schüttgutanlagen*,
https://doi.org/10.1007/978-3-662-65384-5_3

3.1.1 Das Systemkonzept

Ein System grenzt sich durch eine geeignet gewählte ideelle oder reale Systemgrenze gegenüber seiner jeweiligen Umgebung ab. Es enthält eine Menge von Elementen mit definierten Eigenschaften. Diese Elemente stehen untereinander in Beziehung, wodurch sich eine weitere Menge, diejenige der Kopplungen/funktionalen Verknüpfungen, gebildet wird. Über die Systemgrenze werden dem System aus der Umgebung Eingangsgrößen zugeführt und es gibt seine Ausgangsgrößen an die Umgebung ab. Abb. 3.1 veranschaulicht diese Definition. Derartige Strukturdarstellungen sind dem Ingenieur bereits als verfahrens- und regelungstechnische Fließbilder bekannt bzw. mit diesen verwandt.

Die Abgrenzung und Aufgliederung eines komplexen Gesamtsystems führt zu weniger komplexen und damit für den Bearbeiter überschaubareren Teilsystemen. Der notwendige Strukturierungsprozess selbst zwingt zum Erkennen der ursächlichen Zusammenhänge und möglicher Folgewirkungen. Es ist von der jeweiligen Problemstellung abhängig, bis zu welchem Detaillierungsgrad/welcher Tiefe die Strukturierung getrieben werden muss. Abb. 3.2 verdeutlicht dies und zeigt andererseits, dass erst durch die Auflösung in Subsysteme, die parallel und weitestgehend unabhängig voneinander bearbeitet werden können, eine effiziente und wirtschaftliche Behandlung komplexer Gesamtsysteme ermöglicht wird. Geeignet definierte Subsysteme können häufig mit bereits bekannten Problemstellungen identifiziert werden, für die entweder Lösungen verfügbar sind, z. B. in Form zukaufbarer Standardbausteine, oder aber mindestens Berechnungsansätze/-modelle existieren.

Insgesamt legt das Systemkonzept Strukturen offen und fördert somit Analogieschlüsse.

3.1.2 Der Systemlebenszyklus

Es handelt sich hierbei um die zeitliche Strukturierung eines Systems in einzelne Lebensphasen, vgl. Abb. 3.3. Der Vergleich mit dem Lebenszyklus eines technischen Produkts würde auf die im Maschinenbau üblichen nachfolgenden Bezeichnungen [7] führen:

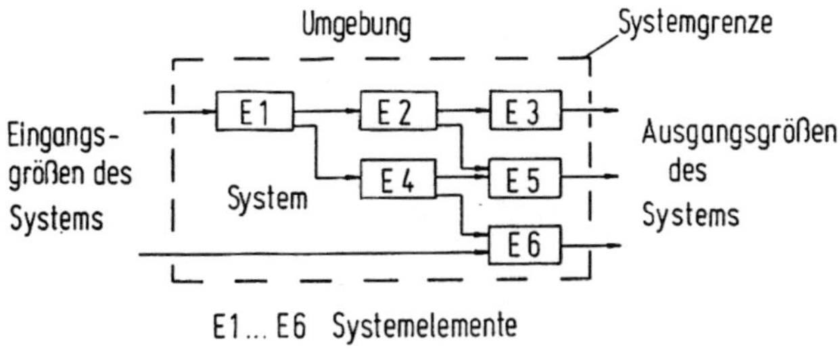

Abb. 3.1 Formale Darstellung eines Systems [5]

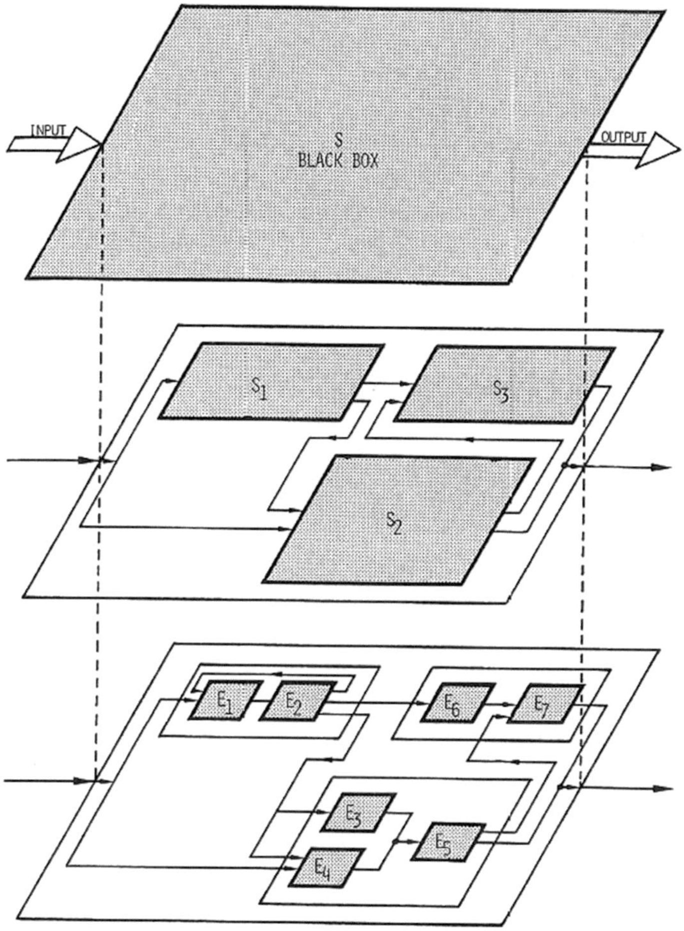

Abb. 3.2 Struktur eines Systems in unterschiedlicher Detaillierung [3]

- Systemvorstudie = Aufgabenstellung, Produktplanung,
- Systementwicklung = Entwicklung, Konstruktion,
- Systemherstellung = Fertigung, Montage, Prüfung,
- Systemeinführung = Vertrieb, Beratung, Verkauf,
- Systembetrieb = Gebrauch, Verbrauch, Instandhaltung,
- Systemwechsel = Recycling, ggf. weitere Nutzung, Entsorgung, Umwelt, Deponie.

Die Zerlegung in Teiletappen zunehmender Konkretisierung stellt sicher, dass Anforderungen, die in einer frühen Phase nicht zum Tragen kommen oder an die nicht gedacht wird, in der jeweils relevanten Lebensphase angemessene Berücksichtigung finden. Andererseits wird der Planer einer speziellen Lebensphase, wenn ihm die Struktur der Abb. 3.3 bewusst ist, mögliche Anforderungen aus späteren Phasen eher erkennen und

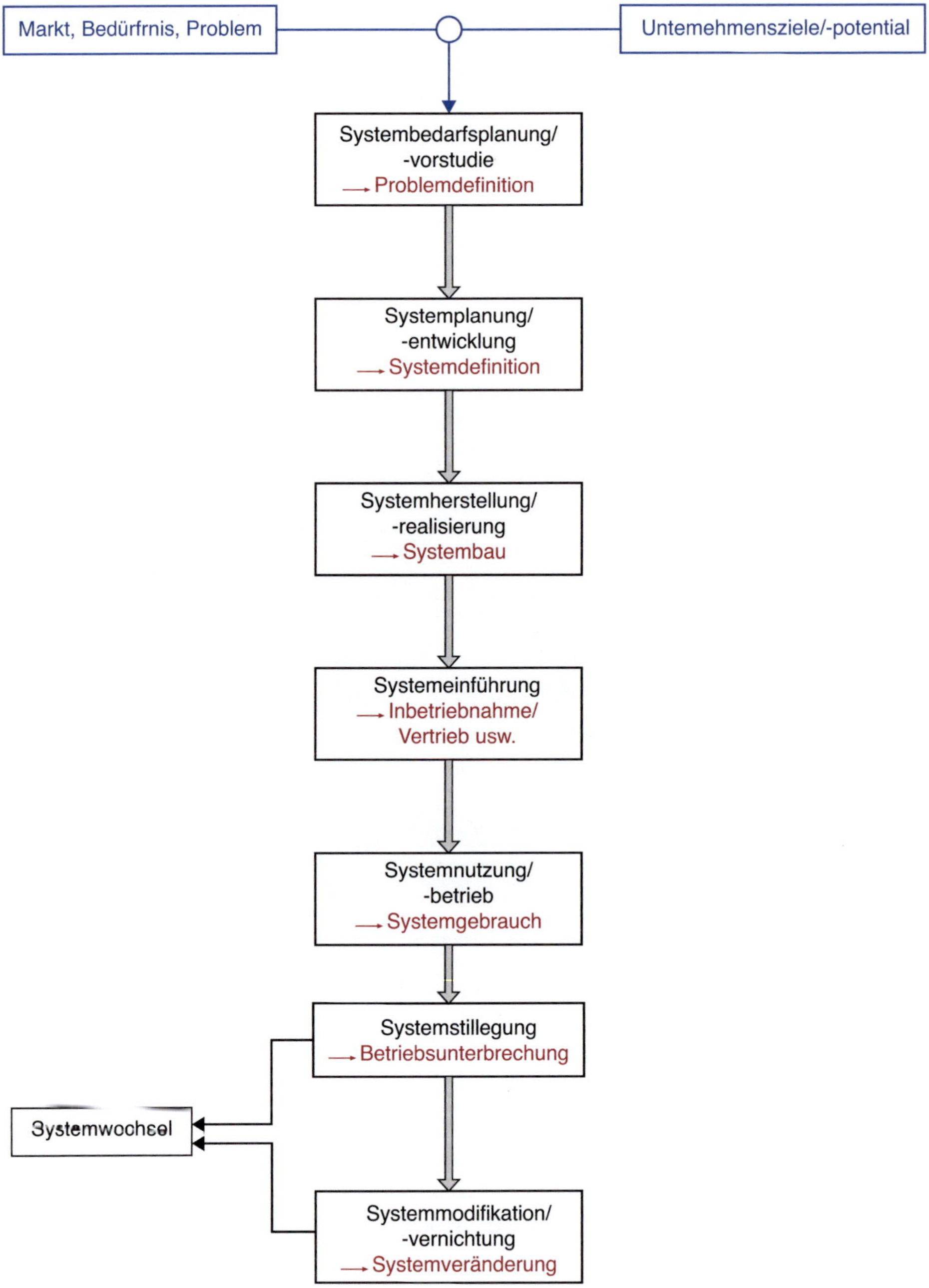

Abb. 3.3 Lebensphasen eines Systemmodifikation

diese entsprechend einplanen, d. h. es werden Rückkoppelungen/Rückwirkungen identifizierbarer. Beispiele hierfür: Einplanung einer ausreichenden Zahl von Messstellen, um später dem Inbetriebnehmer eine gezielte Anlageneinstellung/-optimierung zu ermöglichen; problemlose Zugänglichkeit für den Austausch von Verschleißteilen; Berücksichtigung der sich permanent verschärfenden gesetzlichen Auflagen für den Rückbau von Anlagen/Apparaten usw. Letztendlich fördert das Lebenszykluskonzept die anzustrebende ganzheitliche Betrachtungsweise bei Produkt- und Anlagenplanung.

3.1.3 Die systemtechnische Problemlösungsstrategie

Problem- und Aufgabenstellungen lassen sich wertfrei durch die in Abb. 3.4 dargestellte Struktur charakterisieren. Bei der praktischen Problembearbeitung wird der eigentliche Lösungsschritt i. Allg. durch einen Orientierungsteil vorbereitet und durch einen nachgeschalteten Kontrollteil überprüft, vgl. Abb. 3.5. Bei unzureichendem Ergebnis muss zurückgesprungen und der Lösungszyklus ganz oder teilweise erneut durchlaufen werden. Im Orientierungsteil ist insbesondere zu klären, ob der Problembearbeiter/die Fachfirma das Know-how für eine technisch und wirtschaftliche Problemlösung besitzt, die im Vergleich zu Konkurrenten bestehen kann. Die in Abb. 3.5 dargestellte Abfolge entspricht weitestgehend menschlichen Denkstrukturen und erfolgt deshalb mehr oder weniger unbewusst. Sie wird ggf. mehrfach durchlaufen, wobei die jeweils neuen Startbedingungen/Problemlösungsansätze auf Basis der vorausgegangenen Fehlschläge modifiziert/verbessert werden.

Die Systemtechnik bietet einen erweiterten problemneutral formulierten Problemlösungszyklus an, der die Gesamtaktivität durch eine Unterteilung in Einzelaktivitäten strukturiert und durch deren schrittweise Abarbeitung eine in allen Phasen bewusste, damit nachvollziehbare und fehlerarme Vorgehensweise fördert, vgl. hierzu Abb. 3.6. Zur Anwendung auf den speziellen Einzelfall müssen die Begriffsinhalte entsprechend angepasst bzw. interpretiert werden. Die einzelnen Arbeitsschritte beinhalten:

Abb. 3.4 Generelle Problemlösungsstruktur

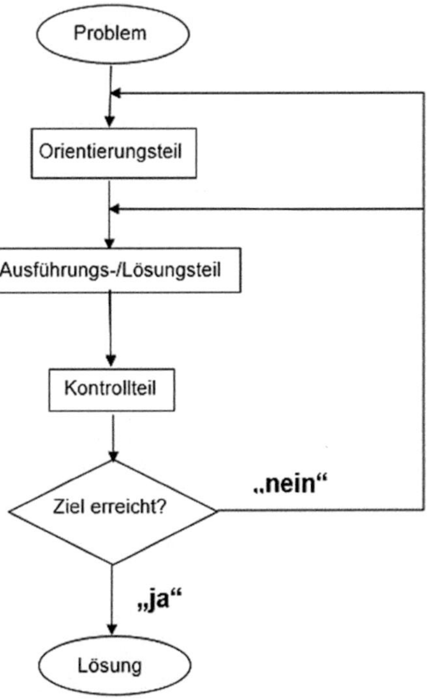

Abb. 3.5 Praktische Lösungsstruktur

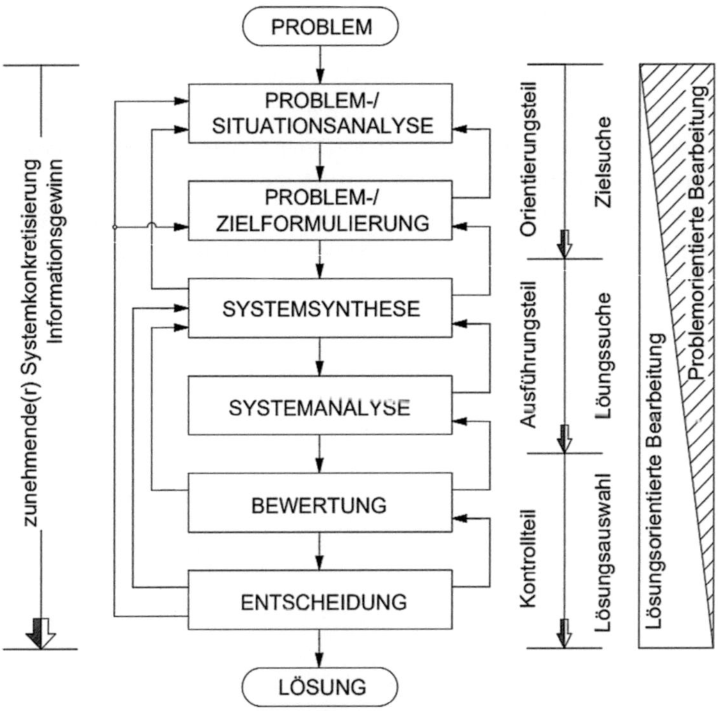

Abb. 3.6 Systemtechnischer Problemlösungszyklus

Problem-/Situationsanalyse Reflexion der Aufgaben-/Problemstellung mit: Ist-/Soll-Analyse; Überprüfung auf Vollständigkeit und/oder Unklarheiten; Einschätzung des eigenen Wissens- und Informationsstands; Einordnung des Problemtyps; Erkennen von Schwerpunkten, Randbedingungen usw.

Problem-/Zielformulierung Präzisierte Ausformulierung der Problemstellung und der zu erreichenden Ziele auf Basis der vorangegangenen Analyse; Benennung der zu erfüllenden Anforderungen; Aufgliederung in Muss- und Kann-Kriterien usw. (→ hierbei sind mögliche Einschränkungen des Lösungsfelds durch die Art der Formulierung zu vermeiden).

Systemsynthese Suchen nach Lösungsideen; grundlegendes Prinzip: Entwicklung einer Vielzahl von Lösungsvarianten = Lösungsfeld; begleitende Grobanalysen mittels Überschlagsrechnung, Erfahrungswissen usw. (→ Vorsicht vor Lösungsfeldeinschränkungen durch zu starke Vereinfachungen, Vorurteile, Falschbewertungen); Ideenfindung; Erarbeitung konkreter Lösungskonzepte; Suchen nach Alternativlösungen usw.

Systemanalyse Systematische Überprüfung des Lösungsfelds hinsichtlich der Erfüllung der vorgegebenen Ziele und der Eigenschaften der Lösungen; Ermittlung der Vollständigkeit bzw. des Grads der Zielerfüllung; Analyse von Folgewirkungen und ggf. unerwünschter Konsequenzen usw.

Bewertung Bewertung der alternativen Lösungen in Bezug auf die Zielvorgaben; Soll-/Ist-Vergleich; Kosten-/Nutzen-Abschätzung; Risikobewertung usw.

Entscheidung Auswahl einer geeigneten Lösung; Entscheidung über Abbruch oder Weiterverfolgung des Projekts; ggf. Zurückweisung der angebotenen Problemlösungen und Rücksprung in den Problemlösungszyklus (→ z. B. wenn Lösungsfeld offensichtlich unvollständig ist) usw.

Die Abb. 3.6 verdeutlicht eindringlich, dass der gesamte Problemlösungsprozess durch eine Vielzahl von Rückkoppelungen und Rückwirkungen gekennzeichnet ist, die u. U. ein mehrmaliges Durchlaufen von Teilen oder auch des vollständigen Bearbeitungszyklus erforderlich machen. Hierbei kommt es zwangsläufig zu einem Anheben des Kenntnisstands/des Informationsniveaus mit positiven Auswirkungen auf den weiteren Bearbeitungsablauf (→ iterativer Lernprozess).

3.1.4 Das systemtechnische Vorgehensmodell

Es handelt sich hierbei um die Verknüpfung der Problemlösungsstrategie, Abschn. 3.1.3, und des Systemlebenszyklusmodells, Abschn. 3.1.2, zu einer erweiterten zwei-

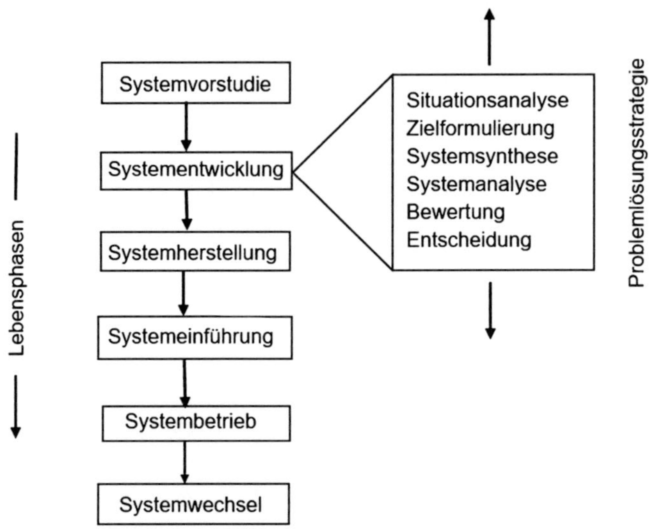

Abb. 3.7 Systemtechnisches Vorgehensmodell

dimensionalen Vorgehensstrategie. Empfohlen wird, die Problemlösungsschrittfolge jeweils auf die einzelnen Lebensphasen des betrachteten Systems anzuwenden. Dieses ist anschaulich in Abb. 3.7 dargestellt.

3.2 Weitere Ansätze/Hilfen

Die bisherigen Ausführungen enthalten, mehr oder weniger implizit, eine weitere allgemeine Vorgehensstrategie beim Problemlösen, die hier noch einmal verdeutlicht werden soll. Die Vorgehensrichtung bei der Problembearbeitung läuft

- vom Ganzen zum Teil

oder speziell

- vom Abstrakten zum Konkreten
- vom Idealen zum Realisierbaren
- vom Groben zum Detail
- vom Langfristigen zum Kurzfristigen

usw. ab. Es sind dies alles Aspekte einer „von außen nach innen"-Strategie. Abb. 3.8 verdeutlicht beispielhaft den Übergang vom Abstrakten zum Konkreten bei der Verfahrensentwicklung anhand der nacheinander zu durchlaufenden Funktions-, Physik- und Bauartebenen.

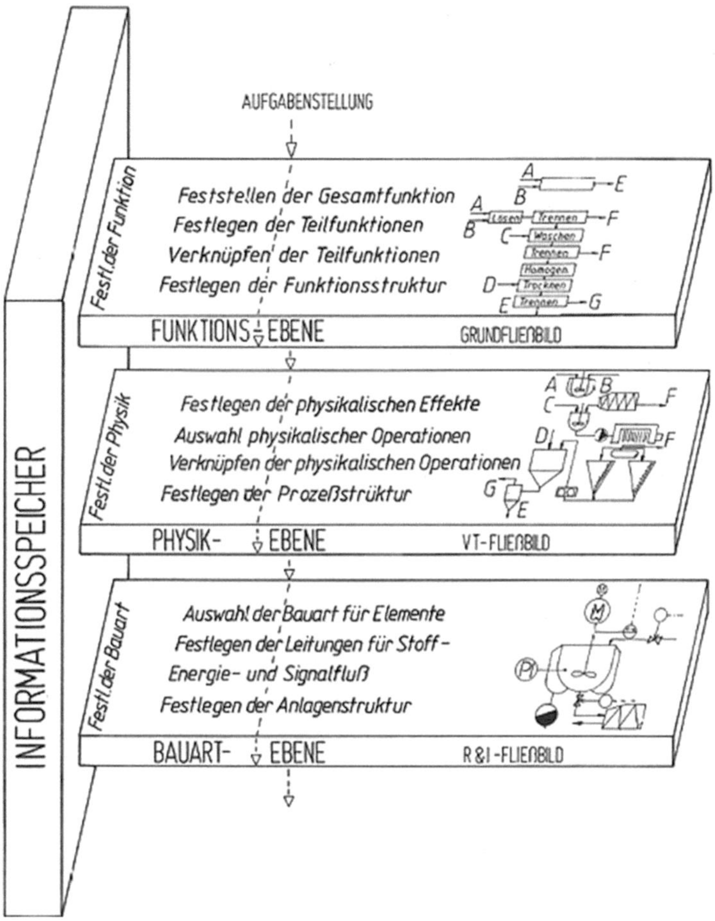

Abb. 3.8 Ebenen zunehmender Komplexität bei der Verfahrensentwicklung [5]

In einigen Fällen, z. B. wenn die grundsätzliche Lösbarkeit einer Problemstellung nicht zwingend sicher ist, kann es in einzelnen Planungsphasen angemessen sein, auch einmal umgekehrt, „von innen nach außen", vorzugehen.

Durch die Zerlegung eines Gesamtproblems/-systems in Teilprobleme, die unabhängig voneinander bearbeitet werden, kann es zu der Schwierigkeit kommen, dass zwar optimale Lösungen für die einzelnen Teilprobleme gefunden werden, diese oder einzelne von diesen sich jedoch beim Zusammenschluss zur Gesamtlösung als für das Gesamtsystem ungeeignet/nicht optimal erweisen (→ „Das Ganze ist mehr als die Summe seiner Teile"). Dies kann u. a. durch Vermeidung einer zu frühen Einengung der Lösungsfelder auf der Teilproblemebene, d. h. durch Weiterführung von Alternativlösungen über mehrere Bearbeitungsstufen hinweg, durch Abstimmung der einzelnen Teillösungen bereits innerhalb der jeweiligen Planungsstufe (→ Zielvorgaben) oder entsprechende zyklische, d. h. iterative, Vorgehensweise unterbunden werden.

Die bisher dargestellten Maßnahmen und Techniken stecken nur einen groben Vorgehensrahmen für die Problembearbeitung ab. Im Detail sind verfeinerte Heuristiken erforderlich, die Regeln, Prinzipien und Methoden zur Durchführung und Unterstützung der Problembearbeitung in Teilbereichen bereitstellen (→ einige Stichworte: Brainstorming, morphologischer Kasten, Analogiemethode, Nutzwertanalyse usw.). Diese müssen denkpsychologische Grundlagen berücksichtigen, d. h. sie sollten typischen menschlichen Denkstrukturen nicht entgegenarbeiten, die Kreativität fördern, unbewusste Denk- und Transformationsbarrieren überwinden helfen usw. Hierzu ist es i. Allg. hilfreich, zunächst den jeweils vorliegenden Problemtyp festzustellen, da dieser problemtypische Denkbarrieren aufbauen kann und die Auswahl anwendbarer Heuristiken einschränkt. Ohne hier auf weitere Einzelheiten einzugehen, soll nur angemerkt werden, dass die einzelnen Problemtypen sich darin unterscheiden, inwieweit Anfangs- und Endzustand des Problems sowie der zur Transformation erforderliche Operator bekannt sind, vgl. Abb. 3.4. Beispielsweise ist ein Analyseproblem durch einen gewählten Anfangszustand, einen vorgegebenen Transformationsoperator und einen gesuchten Endzustand (→ vergleichbar einer Rechenaufgabe), ein Syntheseproblem durch einen vorliegenden Ausgangszustand, einen geforderten Endzustand und einen gesuchten Operator (→ „wie komme ich von A nach B?") charakterisiert. Neben dem Problemtyp beeinflussen i. Allg. auch die Qualifikation und Erfahrung der Problembearbeiter (→ der Fachfirma), die Zahl der am Projekt beteiligten Mitarbeiter (→ Fachfirmen), das Umfeld (→ z. B. Größe und Struktur eines Unternehmens) und die Leistungsfähigkeit der einzelnen Methoden selbst die Wahl der geeignetsten Heuristik. Literaturstelle [7] enthält eine Übersicht über derartige Methoden und ihre zu bevorzugenden Einsatzbereiche sowie ein weiterführendes Literaturverzeichnis zum Thema. Der Verfasser hält die Problemanalyse und Zielformulierung für grundlegend wichtige Arbeitsschritte und Voraussetzung für jede seriöse Problembearbeitung.

Als konkrete Hilfsmittel bieten sich diverse VDI-Richtlinien an. Die schon angezogene VDI 2221 [7] beschreibt eine „Methodik zum Entwickeln und Konstruieren technischer Systeme und Produkte" und verfolgt damit das Ziel, dem praktisch arbeitenden Ingenieur einen die Problembearbeitung strukturierenden Vorgehensleitfaden an die Hand zu geben. Nach einer Einführung in systemtechnische Grundlagen wird ein genereller Vorgehensplan entwickelt/vorgeschlagen und dieser dann auf konkrete Beispiele aus unterschiedlichen Industriebereichen angewendet. Hierbei ist wesentlich, dass gezeigt wird, wie die problemneutrale Darstellungsweise der Systemtechnik in eine dem jeweiligen Fachgebiet angepasste Struktur und somit auch dem dortigen Bearbeiter geläufige Sprache übertragen wird. In Abb. 3.9 ist beispielhaft der Vorgehensplan für die Verfahrensentwicklung dargestellt.

Mit Abb 3.7 sei daran erinnert, dass die Verfahrensentwicklung lediglich eine einzige Phase im Lebenszyklus und damit im Problembearbeitungsablauf des betrachteten Produkts darstellt.

In Abb. 3.9/VDI-Richtlinie 2221 werden sieben Arbeitsabschnitte definiert, die je nach Aufgabenstellung vollständig, ggf. auch mehrmals iterativ zu durchlaufen sind und aus denen entsprechend sieben Arbeitsergebnisse resultieren, die jeweils die Grundlage der

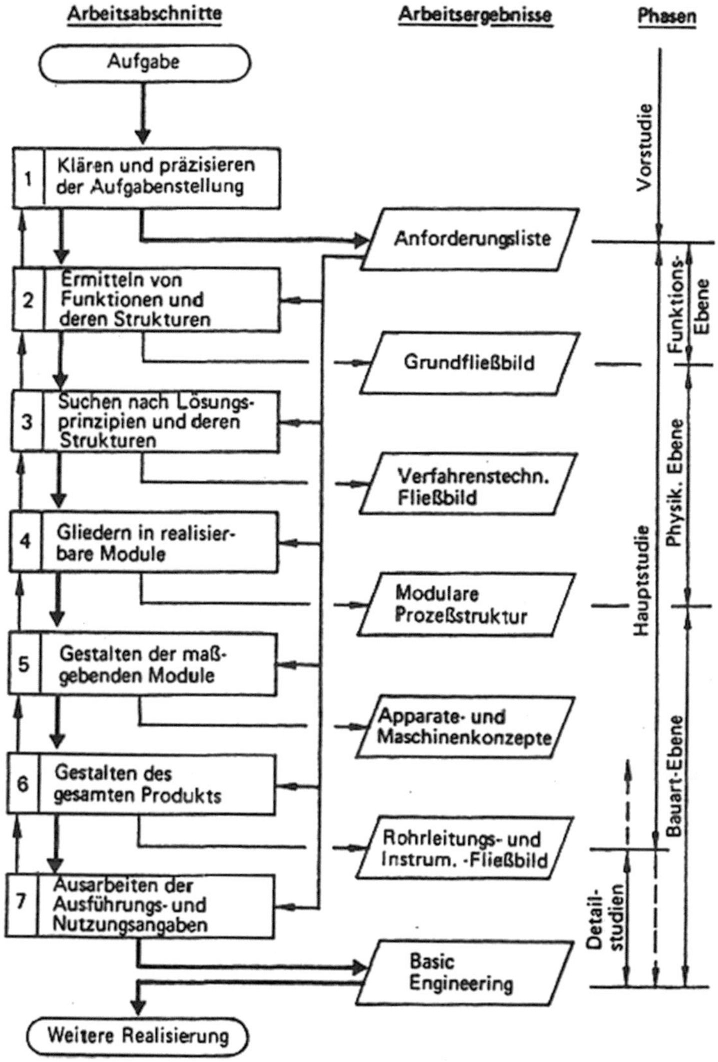

Abb. 3.9 Generelles Vorgehen bei der Verfahrensentwicklung, nach [7]

folgenden Abschnitte darstellen. Im Abschn. 3.1.3 wurde bereits betont, dass in allen Abschnitten mehrere Lösungsvarianten, vorzugsweise das gesamte Lösungsfeld, untersucht, beurteilt und ggf. erprobt (→ Muster, Prototyp, Pilotversuch) werden müssen, d. h. jeder Arbeitsabschnitt enthält Analyse-, Bewertungs-, ggf. Optimierungs-, sowie Auswahlschritte. Die Vorgehensweise entspricht derjenigen der systemtechnischen Problemlösungsstrategie, vgl. Abb. 3.6.

Da die Abläufe bei der Anlagenprojektierung und der Verfahrensentwicklung weitestgehend übereinstimmen. soll deshalb näher auf die in Abb. 3.9 dargestellte Verfahrensentwicklung eingegangen werden: Aus einer vorangegangenen Systembedarfsplanung = Vorstudie, vgl. Abb. 3.3, resultiert eine Aufgabenstellung, die im

Arbeitsabschnitt 1 überprüft, ergänzt, präzisiert und zu einer Anforderungsliste oder einem Pflichtenheft konkretisiert wird. Diese Anforderungsliste begleitet den gesamten Entwicklungs- bzw. Projektierungsprozess und muss deshalb laufend fortgeführt, d. h. aktualisiert, werden. Im

Arbeitsabschnitt 2 werden die zur Sicherstellung der Gesamtfunktion des Verfahrens erforderlichen Einzelfunktionen identifiziert und zu einer Funktionsstruktur zusammengefügt. Arbeitsergebnis ist das Grundfließbild, in dem die Funktionen (→ je nach Komplexität des Verfahrens: Teilanlagen, Verfahrensabschnitte, Grundoperationen usw.) durch entsprechend beschriftete Rechtecke dargestellt werden, die durch Fließlinien für Stoffe und Energien bzw. Energieträger miteinander verbunden sind. Abb. 3.8, oben, zeigt ein Beispiel. Weitere Zusatzinformationen, das sind u. a. charakteristische Betriebsbedingungen, Durchsätze oder Zwischenprodukte, können eingetragen werden. Nach Abarbeitung der Funktionsebene wird im

Arbeitsabschnitt 3 auf der Physikebene nach geeigneten Wirkprinzipien/Operatoren zur Erfüllung der zuvor identifizierten Funktionen gesucht, z. B. ist eine Schüttgutklassierung durch Sieben, Sichten, Sedimentieren usw. möglich. Sie werden zu einer die Funktionsstruktur umsetzenden Prozessstruktur verknüpft. Arbeitsergebnis ist das Verfahrensfließbild, vgl. Abb. 3.8, Mitte. Aus diesem sind die Art der für das Verfahren erforderlichen Apparate und Maschinen (→ ausgenommen sind Antriebsmaschinen, z. B. Motore), deren Bezeichnung, die Fließwege und -richtungen der Ein- und Ausgangstoffe sowie der Stoffe und Energien bzw. Energieträger innerhalb des Verfahrens, die Benennung und die Durchsätze/Mengen der Ein- und Ausgangstoffe, die Art der Energien bzw. Energieträger sowie charakteristische Betriebsbedingungen als Grundinformationen zu entnehmen. Weitere Zusatzinformationen, z. B. Art und Durchsatz/Menge der Zwischenprodukte, erforderliche Energie- bzw. Energieträgermengen, Anordnung wesentlicher Armaturen usw., können eingetragen werden. Der

Arbeitsabschnitt 4 dient dazu, die Prozessstruktur auf realisierbare Module, z. B. Standard-Verfahrenskomponenten, „Packages", marktverfügbare Lösungen usw., hin zu untersuchen und aufzugliedern (→ Auflösen des Gesamtsystems in Subsysteme). Arbeitsergebnis ist eine in verfügbare Module zerlegte Prozessstruktur. Für die einzelnen Module/Subsysteme werden im

Arbeitsabschnitt 5, mit dem die Bauartebene erreicht wird, geeignete Apparate- und Maschinenkonzepte gesucht und festgelegt. Das Bestreben dabei muss sein, auf bewährte und verfügbare Lösungen zurückzugreifen oder derartige Systeme durch entsprechende Anpassung an die aktuell vorliegende Aufgabenstellung verfügbar zu machen. Hierbei braucht nur soweit konkretisiert zu werden, wie es für die spätere Investitionsentscheidung erforderlich ist, z. B. sollten Lösungsanpassungen nur auf ihre Realisierbarkeit und die zu erwartenden Kostenveränderungen gegenüber der

Standardlösung hin untersucht werden. Das Ergebnis dieses Arbeitsabschnitts ist somit ein tragfähiges Apparate- und Maschinenkonzept, das im

Arbeitsabschnitt 6 gemäß den Stoffflüssen der erarbeiteten Prozessstruktur und den zusätzlich erforderlichen Energie- und Signalflüssen zu einer Anlagenstruktur verknüpft wird. Arbeitsergebnis ist das Rohrleitungs- und Instrumentenfließbild (→ R&I-Fließbild), vgl. Abb. 3.8, unten, dem alle technischen Einzelheiten zur Durchführung des Verfahrens und der apparative Aufbau der Anlage zu entnehmen sind und das die Basis für weiterführende Planungen, Berechnungen, Untersuchungen usw. darstellt. Es enthält sämtliche Apparate, Maschinen, Geräte, Mess- und Regelinstrumente, Leitungen, Absperr- und Regelorgane und sonstige Armaturen sowie die zugehörigen Betriebsbedingungen und Stoff- und Energieflüsse. Häufig sind auf diesem Bearbeitungsniveau bereits Detailstudien zur Konkretisierung und Absicherung einzelner Anlagenkomponenten erforderlich. Im

Arbeitsabschnitt 7 wird die bisherige Verfahrensentwicklung soweit vervollständigt, dass eine endgültige Investitionsentscheidung (→ im Falle der Projektierung durch eine Fachfirma über den Verkaufspreis) möglich ist, d. h. es müssen Aussagen zur grundsätzlichen Realisierbarkeit des Verfahrens, zur Höhe der Rentabilität (→ Investitions-, Betriebs-, Produktherstellkosten usw.) sowie der wirtschaftlichen und technischen Risiken vorliegen. Im Falle einer positiven Entscheidung (→ „go on") stellen die bisher erarbeiteten Unterlagen die Basis für die endgültige Anlagenprojektierung dar. Für die Entscheidung können weitere Detailstudien notwendig werden. Das Arbeitsergebnis dieses Bearbeitungsabschnitts ist das sogenannte Basic Engineering.

Werden während des dargestellten Entwicklungsprozesses Informationslücken/-defizite erkannt, so führt das zu einer Unterbrechung des Problemlösungszyklus und zur Einleitung entsprechender informationsbeschaffender Maßnahmen. Dieses können sowohl theoretische als auch experimentelle Untersuchungen sein. Andererseits ist die gesamte Methodik der Problembearbeitung so angelegt, dass bei ihrer konsequenten Anwendung Kenntnislücken und Informationsmängel mehr oder weniger zwangsweise aufgedeckt und somit auch behoben werden können. Häufige Informationsdefizite bestehen i. Allg. hinsichtlich der speziellen Eigenschaften der den Prozess durchlaufenden Stoffe und ihrer Auswirkungen auf die Funktion und den Betrieb einsetzbarer Apparate bzw. Maschinen. Die gilt in insbesondere für Schüttgut verarbeitende Anlagen, in denen das gleiche Schüttgut sich in den unterschiedlichen Prozessstufen je nach Art der Handhabung/den einwirkenden Kräften völlig unterschiedlich verhalten kann.

Die oben angezogenen Fließbildarten – in Richtung zunehmenden Informationsgehalts und abnehmender Abstraktion: Grundfließbild, Verfahrensfließbild, R&I-Fließbild – sind in der DIN 28004, Teile 1–4, genormt [10–13]. Die erforderlichen Bildzeichen und Kennbuchstaben für das Messen, Steuern und Regeln in der Verfahrenstechnik und in Wärmekraftanlagen sowie von Druck- und Temperaturangaben sind in diversen weiteren Normen definiert [14–16]. Zusätzlich zu den genormten Fließbildern kann die Notwendigkeit bestehen, separate Energiefließbilder zu erstellen, um sich einen besseren Überblick über die im Prozess eingesetzten Energiearten, deren Mengen und Effizienz zu verschaffen. Es sind dies i. Allg. nach Energiearten getrennte Blockschaltbilder. In gleicher Weise können spezielle Stoffmengenfließbilder erarbeitet werden.

3.3 Anwendungsbeispiele

Zur Verdeutlichung der Vorgehensweise bei der systemtechnischen Problemlösungsstrategie werden nachfolgend exemplarisch zwei bewusst triviale und übersichtliche Anwendungen aus dem Denksportbereich dargestellt.

3.3.1 Beispiel 1: Streichhölzer umlegen

Problem
„In der nachfolgend dargestellten Anordnung von Streichhölzern, Abb. 3.10a, sollen drei Streichhölzer so umgelegt werden, dass vier Quadrate entstehen!“

Problem-/Situationsanalyse

IST-Analyse:	SOLL-Analyse
• 5 Quadrate	• 4 Quadrate
• gleich groß	• ?
• zusammenhängend	• ?
• 16 Streichhölzer	• 16 Streichhölzer
	• 3 Streichhölzer umgelegt

Prüfung auf Vollständigkeit und Unklarheiten. Fragen an Problemsteller:

1. Müssen die Quadrate gleich groß sein? → Antwort: Sollte angestrebt werden (Wunschziel!)
2. Müssen die Quadrate sich berühren? Antwort: Ja, mindestens an einem Punkt!
3. Muss jedes Streichholz zu einer Quadratseite beitragen? Antwort: Ja.
4. Müssen alle Streichhölzer wiederverwendet werden? Antwort: Ja.

Hieraus folgt eine präzisierte Problem-/Zielformulierung.

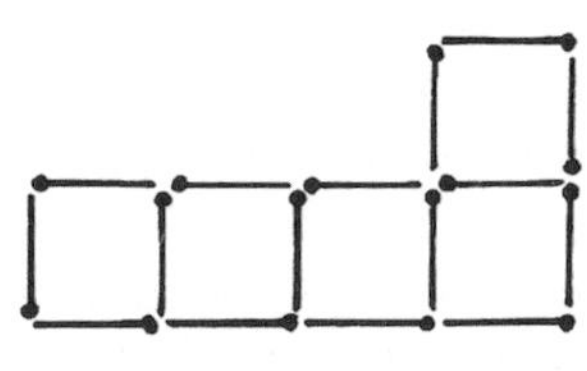

Abb. 3.10a Problemstellung

Problem-/Zielformulierung

„In der oben dargestellten Anordnung von Streichhölzern sollen drei Streichhölzer so umgelegt werden, dass vier, vorzugsweise gleichgroße, Quadrate entstehen, die zusammenhängend sind, sich somit mindestens an einem Punkt berühren, und zu deren Bildung alle Streichhölzer verwendet werden und zu einer Quadratseite beitragen müssen!"

Systemsynthese

Es wird eine aktualisierte IST/SOLL-Analyse durchgeführt:

IST-Analyse:	SOLL-Analyse
• 5 Quadrate	• 4 Quadrate
• gleich groß	• gleich groß (Wunschziel)
• zusammenhängend	• zusammenhängend
• 16 Streichhölzer	• 16 Streichhölzer
	• Streichhölzer = Quadratseiten
	• 3 Streichhölzer umgelegt

Lösungsentwicklung zur Verwirklichung des Wunschziels gleichgroßer Quadrate:

- IST: Aus 16 Streichhölzer werden 5 Quadrate gebildet.
- SOLL: Aus 16 Streichhölzer sollen 4 Quadrate gebildet werden.
- 4 Quadrate benötigen genau dann 16 Streichhölzer, wenn keine der Seiten eines Quadrats zur Bildung eines anderen Quadrats beiträgt und die Seitenlänge aller Quadrate genau 1 Streichholzlänge beträgt, die Quadrate somit gleich groß sind.
- Wenn ursprünglich aus 16 Streichhölzern 5 Quadrate gebildet wurden, müssen einige dieser Streichhölzer Doppelfunktionen ausüben, d. h., sie tragen zur Bildung von jeweils 2 Quadraten bei.
- Anzahl der Streichhölzer mit Doppelfunktion: 5 Quadrate x 4 Streichhölzer − 16 Streichhölzer = 4 Streichhölzer.
- Schlussfolgerung: Streichhölzer mit Doppelfunktionen identifizieren und Doppelfunktionen auflösen. Die 3 neu zu legenden Streichhölzer sind an der Bildung eines neuen Quadrats beteiligt. Somit müssen durch die 3 zu entfernenden Streichhölzer 2 Quadrate aufgelöst werden (→ 5 − 2 PLUS_SPI 1 = 4 Quadrate), Die 4 neuen Quadrate können sich nur punktweise an den Ecken berühren.

Identifizieren von Doppelfunktionen, vgl. Abb. 3.10b:

Doppelfunktionen durch Entfernen von 3 Streichhölzern derart auflösen, dass jedes Streichholz nur zu einem der 4 zu bildenden Quadrate beiträgt, vgl. Abb 3.10c.

Danach Suche nach Alternativlösungen mit Hilfe der gleichen Vorgehensweise, siehe Abb. 3.10d und 3.10e:

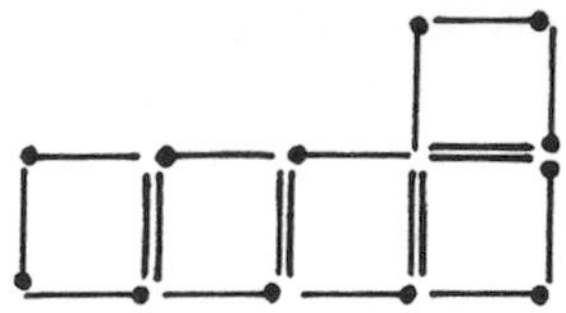

Abb. 3.10b Doppelfunktionen erkennen

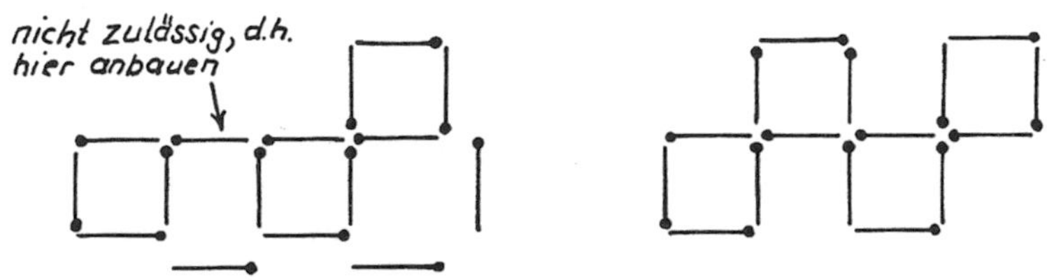

Abb. 3.10c Auflösen von Doppelfunktionen, 1. Lösung

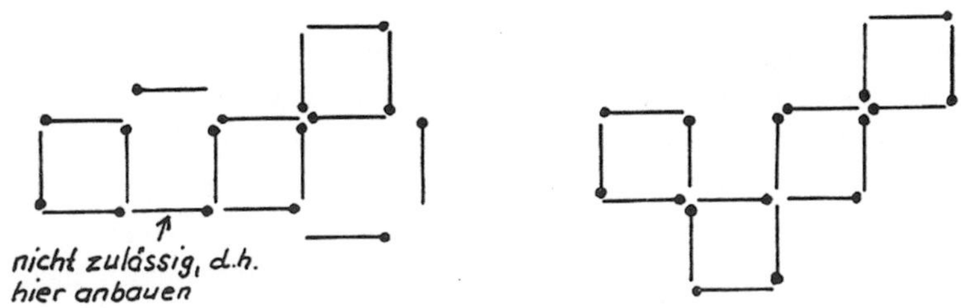

Abb. 3.10d Auflösen von Doppelfunktionen, 2. Lösung

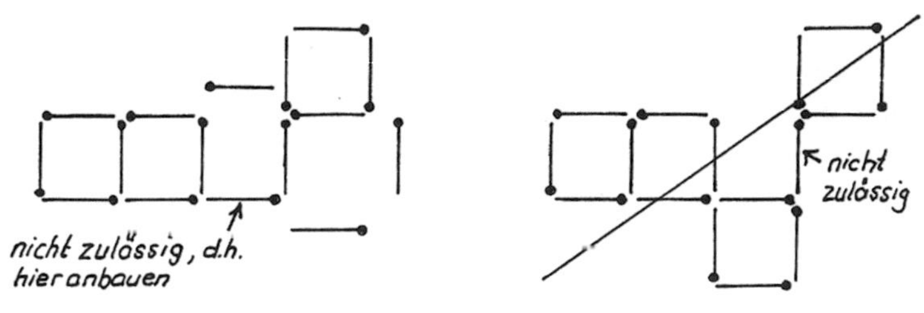

Abb. 3.10e Auflösen von Doppelfunktionen, nicht zulässige Lösung

Systemanalyse

- Die Zielerfüllung ist vollständig: Wunschzielvorgabe wird erreicht.
- Es wird eine Alternativlösung für die Wunschzielvorgabe angegeben.
- Alle möglichen Lösungen für die Wunschzielvorgabe wurden ermittelt.
- Es wurde nicht nach Alternativlösungen für den Fall ungleich großer Quadrate gesucht.

Bewertung

- Die verschiedenen Lösungen der Wunschzielvorgabe sind gleichwertig, da weitergehende Bewertungsmaßstäbe durch die Problem-/Zielformulierung nicht vorgegeben bzw. definiert werden.
- Eine Untersuchung hinsichtlich ungleich großer Quadrate hat nicht stattgefunden.

Entscheidung

Aufgrund der nicht ausreichend präzise ausformulierten Zielvorgabe bezüglich der Analyse/der Einbeziehung ungleich großer Quadrate (→ es wurde nicht festgelegt, dass nach Erfüllung der Wunschzielvorgabe nicht mehr nach Lösungen mit verschieden großen Quadraten gesucht zu werden braucht), sind je „Laune" des Problemstellers zwei Entscheidungen möglich.

- Problem gelöst → Problemsteller ist mit Erfüllung der Wunschzielvorgabe zufrieden

  oder

- Lösungsfeld wurde nicht vollständig untersucht → Rücksprung in den Problemlösungszyklus und Suche nach weiteren möglichen Lösungen.

Der Leser ist aufgefordert, dies selbst zu versuchen. Dazu muss in der Systemsynthese einiges geändert werden. Anmerkung: Es gibt mindestens eine Lösung mit ungleich großen Quadraten.

3.3.2 Beispiel 2: Weg suchen

Problem

„Nach dem Start in einem beliebigen Dreieck der nachfolgend dargestellten Anordnung, Abb. 3.11a, führt der Weg kreuzungsfrei durch alle übrigen Dreiecke zurück zum Ausgangspunkt."

Problem-/Situationsanalyse

IST-Analyse:	SOLL-Analyse
• 20 Dreiecke	• alle 20 Dreiecke durchlaufen
• aneinander liegend	• Weg kreuzungsfrei, d. h. jedes Dreieck wird nur einmal betreten
• 10 Dreiecke mit 3 Türen	• Startpunkt beliebig
• 10 Dreiecke mit 2 Türen	• Startpunkt = Endpunkt
• es existieren Dreiecke mit 2 Türen, von denen jeweils eine Tür eine „Außentür" ist	• d. h. das Gebäude muss beim Durchlaufen verlassen werden

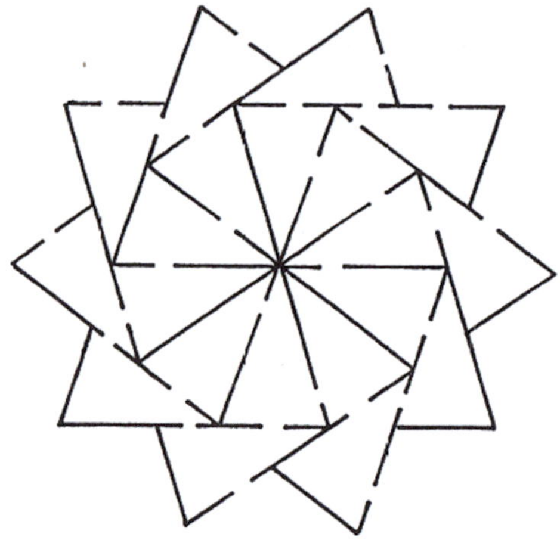

Abb. 3.11a Problemstellung

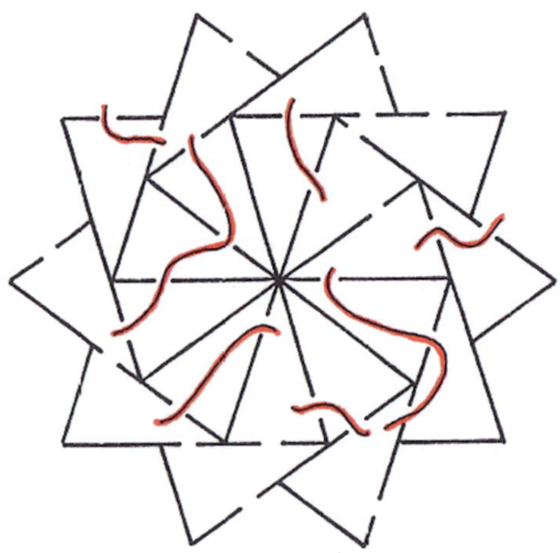

Abb. 3.11b Weg durch Dreiecke mit 2 Türen, Teilschritt 1

Problem-/Zielformulierung

Die Aufgabenstellung ist vollständig. Eine Präzisierung ist nicht erforderlich.

Systemsynthese

Lösungsentwicklung:

- Das allgemeine Prinzip zur Durchquerung von Dreiecken/Räumen besteht darin, durch eine Tür einzutreten und den Raum durch eine andere Tür wieder zu verlassen.
- Konsequenz: Bei Dreiecken mit nur 2 Türen ist der Weg eindeutig festgelegt. Somit folgt als 1. Lösungs-Teilschritt: Festlegen aller Teilwege durch die 10 Dreiecke mit nur 2 Türen, vgl. Abb. 3.11b.
- Innerhalb von Dreiecken mit 3 Türen, die gemeinsame Türen mit angrenzenden Dreiecken mit 2 Türen aufweisen, liegt der Weg ebenfalls fest, wenn 2 der 3 Türen bereits

belegt sind. Somit folgt als 2. Lösungs-Teilschritt: Weitere Teilwege festlegen. Nicht benutzbare Türen = verbotene Türen markieren bzw. verschließen, siehe Abb. 3.11c.

- Durch den 2. Lösungs-Teilschritt entstehen wieder Dreiecke mit 2 Türen. Somit folgt als 3. Lösungs-Teilschritt: Weitere Teilwege festlegen, nicht benutzbare = verbotene Türen schließen usw., vgl. Abb. 3.11d.

Systemanalyse

- Es existiert nur ein kreuzungsfreier Weg.
- Die Zielerfüllung ist vollständig.

Bewertung

Die einzig mögliche Lösung wurde gefunden.

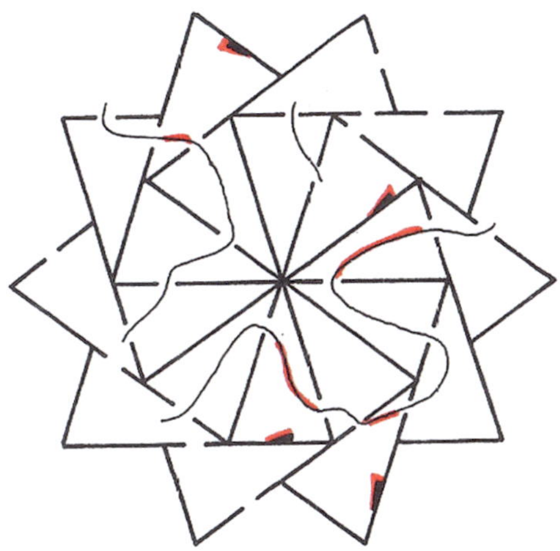

Abb. 3.11c Bekannte Wege durch Dreiecke mit 3 Türen, Teilschritt 2

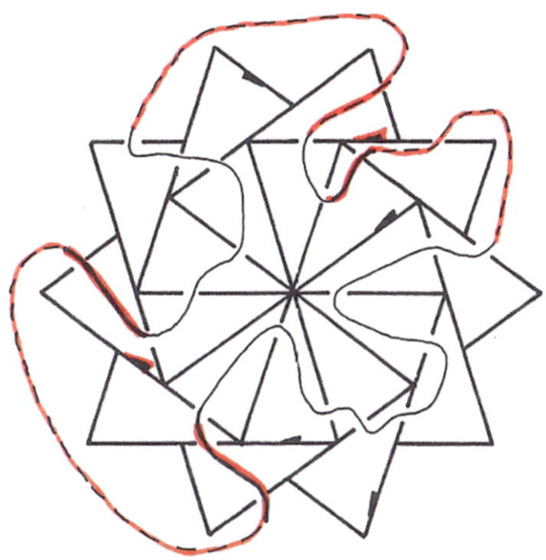

Abb. 3.11d Weitere Wege durch Dreiecke mit 3 Türen, Teilschritt 3

Entscheidung
Problem gelöst.

3.4 Zur Projektierung von Schüttgutanlagen

Die Anlagenprojektierung (und -konstruktion) folgt in der Nomenklatur der VDI-Richtlinie 2221 [7] unmittelbar auf die Verfahrensentwicklung und baut somit auf dem erarbeiteten Basic Engineering, d. h. auf höherem Informationsniveau, auf. In der Praxis ist die Trennung zwischen Verfahrensentwicklung und Anlagenprojektierung i. Allg. nicht so eindeutig. Wird z. B. einer Fachfirma die Aufgabe gestellt, eine länger bestehende Produktionsanlage durch Beistellung einer neuen Linie im Durchsatz zu erhöhen, so ist hier zwar von vornherein die grundsätzliche Machbarkeit gesichert, trotzdem aber wird es sich um eine teilweise Neuentwicklung handeln, weil zu klären ist, ob zwischenzeitlich verfügbar gewordene Techniken, Apparate usw. zu einer wirtschaftlicheren Produktion, besserer Produktqualität, erhöhter Konkurrenzfähigkeit führen. Die Problembearbeitung erfolgt analog Abb. 3.9.

Wird eine Fachfirma von einem Anlagenbetreiber oder dessen Planer zur Abgabe eines Angebots (= Pflichtenheft) für die Erstellung einer Teilanlage im Rahmen einer größeren Anlage, z. B. eines Zement oder Aluminium produzierenden Werks, aufgefordert, so erfolgt das mittels eines auf dem Basic Engineering basierenden Lastenhefts [17, 18]. Dieses enthält neben dem WAS und WOFÜR alle grundlegenden Anforderungen der geplanten Teilanlage. Bei den hier betrachteten Schüttgut verarbeitenden Prozessen zählt dazu auch die Vorgabe charakteristischer Schüttgutkenngrößen. Diese beschränken sich i. Allg. jedoch auf Angaben zum mittleren Partikeldurchmesser, ggf. auch der Korngrößenverteilung, der Feststoff- und Schüttdichte der Eingangs- und ggf. Endprodukte sowie Hinweisen zur chemischen Zusammensetzung und zu sicherheitstechnischen Aspekten des in die Teilanlage eintretenden Produkts. Da das Schüttgutverhalten sich, wie bereits im Abschn. 2.1 dargestellt, entlang eines Prozesses je nach lokaler Handhabungs-/Beanspruchungssituation z. T. signifikant verändern kann, sind diese Daten für eine seriöse Anlagenauslegung häufig nicht ausreichend. Die angefragte Fachfirma wird somit beim Anlagenbetreiber eine repräsentative Schüttgutprobe (→ für Laboruntersuchungen $\gtrsim 10\ dm^3$) abfordern, um die aus ihrer Sicht prozess- bzw. auslegungsrelevanten Produktcharakteristiken selbst zu ermitteln. I. Allg. müssen für eine betriebssichere und garantiefähige Anlagenprojektierung noch eine Reihe weiterer Betriebsdetails geklärt werden, auf die in den Abschn. 3.4.1, 3.4.2, 3.4.3, 3.4.4, 3.4.5, 3.4.6 und 3.4.7 detaillierter eingegangen wird. Ggf. sind auch Versuche im Technikumsmaßstab erforderlich.

Basierend auf den Vorgaben des Lastenhefts und den ermittelten Schüttgut-/Betriebsdaten projektiert die Fachfirma die angefragte Teilanlage und erstellt ein Angebot, das im Auftragsfall in Zusammenarbeit mit dem Kunden in ein Pflichtenheft, d. h. WIE und WOMIT werden die Anforderungen des Lastenhefts realisiert, überführt wird [17, 18].

Eine wesentliche Aufgabe bei der Anlagenprojektierung ist die Auswahl der geeigneten Apparate zur Realisierung einzelner Verfahrensschritte sowie der im Schüttgutstrom betätigten, d. h. hochbeanspruchten, Armaturen. Soweit vorhanden, wird die Fachfirma hier bevorzugt Produkte aus dem eigenen Herstellungsprogramm einsetzen. Bei deren Auswahl sollte sie jedoch sowohl die unterschiedlichen eigenen als auch alternative marktverfügbare Varianten systematisch hinsichtlich ihrer Eignung für den vorliegenden Einsatzfall selektieren. Dies kann wieder durch Anwendung des systemtechnischen Problemlösungszyklus erfolgen, vgl. Abb. 3.6. Einen auf diesem aufbauenden allgemeinen Vorgehensplan zeigt Abb. 3.12, der die möglichen Lösungsvarianten systematisch einengt. Grundlegende Schritte sind die Zielvereinbarung = Anforderungsliste/Lastenheft und eine vollständige Charakterisierung des Produkts, die nicht nur das eingehende sondern auch die Anforderungen an das ausgehende Produkt definiert und die Rückschlüsse auf das mögliche Verhalten im Apparat/Prozess zulässt sowie sicherheitstechnische Aspekte berücksichtigt. Eine derartige Schüttgutbeschreibung ist unabdingbar. Mit den auf dieser Bearbeitungsstufe vorliegenden Informationen ist i. Allg. bereits eine Vorauswahl bzw. Ausscheidung nicht einsetzbarer Ausführungsvarianten möglich. Verfahrenstechnische Untersuchungen im Labormaßstab sind nur in bestimmten Fällen, z. B. bei der Trocknerauswahl oder anderen Stoff- und Wärmeaustauschprozessen, erforderlich. Da vom Betreiber/Planer die spätere Betriebsanlage bei der Fachfirma angefragt wird, liegt das Scale-up in deren Verantwortung. In kritischen Fällen empfiehlt sich eine Verfahrensabsicherung der selektierten Anlagen-/Apparatevariante durch einen Großversuch in der Pilot-/Technikumsanlage der Fachfirma. Wenn von dieser bereits vergleichbare Betriebsanlagen erfolgreich gebaut wurden, genügen alternativ auch deren verbindliche Garantiezusagen im Angebots-/Auftragsfall.

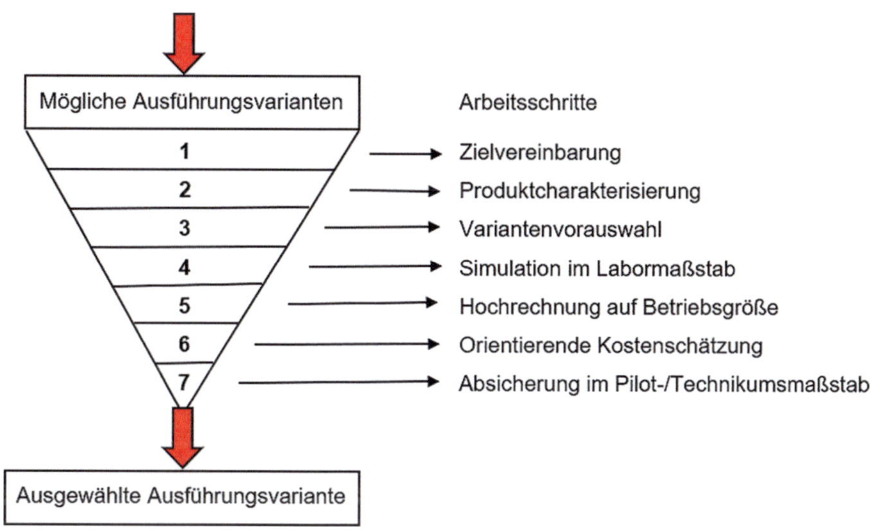

Abb. 3.12 Vorgehensweise bei der Apparateauswahl, in Anlehnung an [19]

In [19] wird das beschriebene Verfahren auf die Auswahl eines Schüttguttrockners angewendet, [20] diskutiert beispielhaft die Produkteinflüsse auf den Trocknungsprozess. Der Anlagenbetreiber wählt die zur Abgabe eines Angebots aufgeforderten Fachfirmen aufgrund von Prospekten, Referenzlisten, bestehender Kontakte, aber auch dem Vorhandensein Scale-up fähiger Versuchsanlagen usw. aus.

Wie bereits angedeutet, müssen noch eine Reihe weiterer Betriebsdetails abgeklärt werden, um eine Anlage für alle auftretenden Betriebszustände sicher zu projektieren. Auf diese wird in den nachfolgenden Abschn. 3.4.1, 3.4.2, 3.4.3, 3.4.4, 3.4.5, 3.4.6 und 3.4.7 eingegangen.

3.4.1 Grundsätzliche Überlegungen

Der Orientierungsteil des systemtechnischen Problemlösungszyklus, vgl. Abb. 3.6, enthält als Unterpunkt die Problem-/Situationsanalyse, in deren Rahmen die Fachfirma u. a. eine Einschätzung ihres Wissens- und Informationsstands hinsichtlich der angefragten Anlage, damit auch ihrer Konkurrenzfähigkeit und somit der Sinnfälligkeit einer Angebotsabgabe, durchführen sollte. In der Box 3.1 sind beispielhaft einige diesbezügliche Fragen zusammengestellt, wobei diese sich auf die technischen Aspekte der Anfrage beschränken. Üblicherweise wird über die Abgabe eines Angebots in einem Selektionsmeeting der zuständigen Abteilungsleiter/-mitarbeiter und der Geschäftsführung entschieden. In dieser Besprechung spielen neben der Technik selbstverständlich weitere Gesichtspunkte, wie z. B. Kundenbindung, Auslastung, Terminsituation usw., eine Rolle.

Box 3.1 Beispiele für technische Fragen im Selektionsmeeting

Art und Handhabungsverhalten des Schüttguts sind bekannt!

Frage: Hat die Firma den angefragten Anlagentyp bereits einmal projektiert und erfolgreich gebaut?

Wenn nein: Gibt es konkurrierende Firmen, die das bereits gemacht haben?

Wenn nein: Hat unsere Firma das Know-how diesen neuen Anlagentyp sicher auszulegen und zu bauen? Sind neuartige Aggregate erforderlich oder können Produkte unseres Herstellungsprogramms eingesetzt werden?

Wenn ja: Welcher Zusatzaufwand ist hierfür erforderlich (→ zeitlich, finanziell)?

Welches Marktpotential für Folgeanlagen/-aufträge ist vorhanden? Abklärung mit dem Kunden bezüglich Vertriebsrechte/Lizenzen, Patentanmeldungen, finanzieller Beteiligung, Exklusivität usw.

-
-

Art des Anlagentyps ist Firmenstandard!
Frage: Ist das Schüttgut in seinem Handhabungsverhalten bekannt?
Wenn nein: Gibt es konkurrierende Firmen, die bereits Erfahrung mit diesem Produkt in einer vergleichbaren Anlage haben?
Wenn nein: Welche Schüttgutuntersuchungen sind erforderlich, um das Produkt in dieser Anlage sicher handhaben zu können? Sind Pilot-/ Technikumsversuche notwendig (→ Kosten- und Zeitrahmen)? Weiter wie oben!
•
•
Entscheidung: Angebot abgeben/absagen

Aus Sicht des Autors ist eine derartige Reflexion der Aufgaben-/Problemstellung essenziell für eine seriöse Angebotsbearbeitung oder auch -ablehnung. Letztere sollte unbedingt sorgfältig begründet erfolgen.

3.4.2 Präzisierung der Betriebsdaten/Aufgabenstellung

Die nachfolgende Box 3.2 stellt beispielhaft einige Fragen zusammen, die der Präzisierung der in der Kundenanfrage vorgegebenen Betriebsweise sowie der Abklärung der zu garantierenden Auslegungsparameter dienen. U. a. sind das Fragen zur möglichen Variationsbreite der Betriebsbedingungen, z. B. des Durchsatzes, der Schüttguteigenschaften usw., oder Fragen, die die Anforderungen an den jeweils vorliegenden Anlagen-/ Apparatetyp, z. B. von Dosieranlagen oder Mischern, eindeutiger spezifizieren.

Box 3.2 Beispiele für Fragen zur Präzisierung der Aufgabenstellung

Generell:
- Schüttgut-Auslegungsmassenstrom $\dot{m}_S$ = maximaler Massenstrom $\dot{m}_{S,\max}$?
- Erwarteter normaler Betriebsmassenstrom $\dot{m}_{S,B}$?
- Minimal erforderlicher/zu realisierender Massenstrom $\dot{m}_{S,\min}$ bei Teillastbetrieb?
- Sind Angaben zur eventuellen Schwankungsbreite relevanter Eigenschaften des zugeführten Schüttguts bekannt?
- Art des Zwischenraum-/Transportgases, dessen genaue Zusammensetzung, Feuchtigkeitsgehalt, Art der Feuchtigkeit usw. am Eintritt in die Teilanlage?
- Gas- und Feststofftemperaturen am Eintritt in die Teilanlage und deren prozessbedingte Variationen?
- Gewünschte/zugelassene Unterlieferanten?

- Sind zukünftig geplante/angedachte Erweiterungen oder Betriebsänderungen der Anlage zu berücksichtigen, z. B. Handhabung eines zusätzlichen weiteren Schüttguts?
-
-

Beispiele für Dosieren, Mischen:

- Handelt es sich bei der zu garantierenden Dosier- bzw. Mischgenauigkeit um eine Kurz- oder Langzeitgenauigkeit? Bezugszeitraum sowie statistische Sicherheit definieren!
- Mischen: Über welchen Bereich können die zugeführten Massenanteile der einzelnen Komponenten der Mischung variieren?
-
-

usw.

Es ist empfehlenswert, die gesamte Anfrage bzw. die zu projektierende Anlage vor der eigentlichen Auslegung in dieser Weise zu analysieren und zu hinterfragen. Dies führt zu einem einheitlichen Problemverständnis zwischen dem Kunden und dem Lieferanten, vermeidet mögliche spätere Unstimmigkeiten und beschleunigt die Arbeit des Projekteurs.

3.4.3 Einfluss des vorgeschalteten Anlagenbereichs

Der einer auszulegenden Teilanlage vorgeschaltete Prozessbereich kann sich mehr oder weniger stark auf deren Betriebsverhalten auswirken. Somit müssen die möglichen Einflüsse frühzeitig abgeklärt werden. Der Box 3.3 sind einige der zu klärenden Problempunkte zu entnehmen.

Box 3.3 Fragen zu dem der Teilanlage vorgeschalteten Anlagenbereich

Generell:

- Liegt eine ausreichend detaillierte Beschreibung des vorgeschalteten Anlagenbereichs vor?
- Sind beide Anlagenbereiche entkoppelt, z. B. durch einen statischen Pufferbehälter, eine Zellenradschleuse, einen taktweise arbeitenden Schleusbehälter usw.?
- Welche Betriebszustände verändern sich an der Übergabestelle und müssen jeweils erhalten bleiben (→ bestimmt die Ausführung der Entkoppelungsvorrichtung)?

- Entkoppelung mittels Pufferbehälter/-silo: Massenfluss- oder Kernfluss-Fließprofil im Behälter? Volumen des Pufferbehälters? Ist die Produktverweilzeit im Behälter ausreichend groß, um ein Durchschlagen von ggf. fluktuierendem Betriebsverhalten zu verhindern? Kann ein Gasaustausch bei unterschiedlichen Gasatmosphären zwischen den beiden Prozessbereichen unterbunden werden? Reicht die Größe des Pufferbehälters aus, um ein im vorgeschalteten Prozessschritt fluidisiertes Schüttgut wieder zu entgasen (→ wenn für den betrachteten Teilprozess erforderlich!)?
- Keine Entkoppelung: In welchem Zustand tritt das Schüttgut in die Teilanlage ein? Welche der zugeführten Verhaltensweisen, Kenngrößen usw. können Einfluss auf den Betrieb und die Fahrweise der Teilanlage nehmen?
-
-

Beispiele für Dosieren, Mischen:

- Können im vorgeschalteten Anlagenbereich eine oder mehrere der zu vermischenden Feststoffkomponenten nach ihrer Korngröße separiert/entmischt werden, z. B. durch Silos/Behälter mit Kernfluss-Fließprofil? Konsequenzen für die eigene Teilanlage, z. B. hinsichtlich Anlagenauslegung oder Dosier- bzw. Mischgenauigkeit.
-
-

usw.

Die Ermittlung möglicher Einflüsse des vorgeschalteten Anlagenbereichs auf die Auslegung und das zu erwartende Betriebsverhalten der eigenen Teilanlage ist schon deshalb zwingend erforderlich, weil die vom Kunden beigestellten Schüttgutdaten sich i. Allg. auf den Zustand am Eintritt in den Gesamtprozess und nicht auf den in den jeweiligen Teilprozessen beziehen und somit Veränderungen der Schüttguteigenschaften, z. B. durch Kornzerstörung, -abrieb, Entmischung, Reaktion, entlang des Gesamtprozesses unberücksichtigt lassen. Im Grunde genommen müsste in einem solchen Fall der Projekteur einer Teilanlage den gesamten vorgeschalteten Prozess analysieren.

3.4.4 Einfluss des nachgeschalteten Anlagenbereichs

In Box 3.4 sind, analog der Box 3.3, beispielhaft einige Fragen zum rückwirkenden Einfluss des nachgeschalteten Anlagenbereichs auf die betrachtete Teilanlage zusammengestellt.

Box 3.4 Fragen zu dem der Teilanlage nachgeschalteten Anlagenbereich

Generell:

- Liegt eine ausreichend detaillierte Beschreibung des nachgeschalteten Anlagenbereichs vor?
- Müssen beide Anlagenbereiche entkoppelt werden, z. B. durch einen Pufferbehälter, eine Zellenradschleuse, einen taktweise arbeitenden Schleusbehälter usw.?
- Welche Betriebsgrößen müssen in beiden Anlagenbereichen erhalten werden bzw. getrennt bleiben? Drücke, Temperaturen, Gasatmosphären usw.?
- Entkoppelung mittels Pufferbehälter/-silo: Ist ein Massenfluss-Fließprofil im Behälter erforderlich oder ist Kernfluss ausreichend (→ abhängig von der Art des jeweils nachfolgenden Prozessbereichs)? Notwendiges Volumen des Pufferbehälters um einen Rückschlag/eine Rückströmung zu unterbinden?
- **Weiter analog Box 3.3:** Zielrichtung: Rückwirkende Einflüsse vermeiden/minimieren.

Da der aktuell zu projektierende Teilprozess der dem nachfolgenden Prozessschritt vorgeschaltete Anlagenbereich ist, müssen dessen Anforderungen ebenfalls berücksichtigt werden.

3.4.5 Änderungen des Schüttgutverhaltens entlang der Teilanlage

Veränderungen des Schüttgutverhaltens beim Durchlaufen der Teilanlage können zum einen, wie in den Abschn. 2.1 und 2.2 dargestellt, durch die Art der Handhabung in den einzelnen Prozessschritten infolge der dabei auf das Produkt einwirkenden äußeren Kräfte und Belastungen verursacht werden. Beispiele:

- Gaseintrag in die Schüttung (geplant oder ungewollt, z. B. durch Abrutschen einer Wächte in Kernflusssilos) → Umströmungskräfte auf die Partikeln → Auflockerung, Fluidisation → verändertes, hier verbessertes Fließverhalten → Gefahr des Schießens = unkontrolliertes Fließen; muss bei der Gestaltung des nachgeschalteten Anlagenbereichs berücksichtigt werden.
- Verdichtung durch aufliegende Lasten, z. B. durch das Schüttgut-Eigengewicht in Silos oder durch einwirkende Werkzeuge → verändertes, i. Allg. schlechteres Fließverhalten, dies insbesondere von feinkörnigeren Schüttgütern, die verklumpen oder auch agglomerieren können; erzwungene Schüttgutbewegungen erfordern einen höheren Energieeinsatz usw.

Zum anderen werden in verschiedenen Prozessschritten die Eigenschaften eines Produkts und damit auch dessen Handhabungsverhalten gezielt verändert. Beispiele:

- Zerkleinerung/Vermahlung des Schüttguts → Veränderungen gegenüber dem Produkt am Anlageneintritt: Verringerung der mittleren Korngröße, Änderung der Korngrößenverteilung und i. Allg. der Partikelformen → die Auslegung nachgeschalteter Anlagenbereiche, z. B. des pneumatischen Transports des gemahlenen Produkts zum Lagersilo, basiert dann auf den Kenndaten des feinkörnigeren Mahlguts → diese müssen vom Hersteller auf Grundlage seiner Erfahrung, theoretischer Betrachtungen sowie der installierten Apparate vorgegeben werden und sind mit Unsicherheiten behaftet.
- Agglomeration zur Erzeugung besser/schneller löslicher Produkte → Veränderungen gegenüber dem Eingangsprodukt: Vergrößerung der mittleren Korngröße, Änderung der Partikelgrößenverteilung sowie der Kornformen, des Weiteren sind die zwischen den feinkörnigen Ausgangsteilchen wirkenden Bindungskräfte relativ gering → schonende Weiterbehandlung des Produkts zur Erhaltung seiner Konsistenz ist erforderlich → die Auslegung nachgeschalteter Anlagenbereiche benötigt die Kenndaten des grobkörnigeren Agglomerats, die vom Hersteller auf Grundlage seiner Erfahrung, theoretischer Betrachtungen sowie der installierten Apparate beigestellt werden müssen und die mit Unsicherheiten behaftet sind.

Eigenschafts- bzw. Verhaltensänderungen des Schüttguts treten i. Allg. auch ungewollt entlang eines Teilprozesses auf. Teilweise sind sie kaum vermeidbar, häufig aber auch durch nicht angemessene Betriebsbedingungen oder den Einsatz falscher Aggregate verursacht. Beispiele:

- Die Behandlung von Schüttgütern mit breiter Korngrößenverteilung in chargenweise betriebenen Wirbelbetten führt mit zunehmender Fluidisationsdauer zu einer immer ausgeprägteren Klassierung des Produkts: Gröbere Partikeln reichern sich in Bodennähe, feinere in der Nähe der Bettoberfläche an, vgl. Abb. 2.28. Beim Abzug durch eine Bodenöffnung läuft zunächst grobes und mit zunehmender Austragszeit immer feiner werdendes Produkt aus. Im Falle eines Trocknungsprozesses wird dem nachgeschalteten Prozessschritt, da grobkörnigere Feststoffpartikeln langsamer abtrocknen als feinkörnige, nicht nur ein Schüttgut mit zeitlich veränderlicher Korngröße sondern auch mit einer sich korrespondierend verändernden Feuchtigkeitsbeladung zugeführt → eine Erhöhung der Betriebsgasgeschwindigkeit verzögert die Separation, der Energiebedarf wird größer; Klassierungen stellen sich natürlich auch bei inhomogenen Produkten (schwere/leichte Partikel) ein → Ersatz des Chargenbetriebs durch einen kontinuierlichen Wirbelbettreaktor mit größerem Bettlänge/Bettbreite-Verhältnis und ggf. niedrigerer Betthöhe verringert die beschriebenen Probleme.
- Kornabrieb und/oder Kornzerstörung durch diverse mechanische Beanspruchungen entlang der Teilanlage, z. B. in pneumatischen Flugförderanlagen durch Partikel/Partikel- und Partikel/Wand-Stöße → eine signifikante Verringerung der Partikelbeanspruchungen ist durch Einsatz von Dichtstrom-/Langsamförderungen möglich, da diese mit deutlich geringeren Gas- und damit Partikelgeschwindigkeiten als eine Flugförderung betrieben werden (nur realisierbar, wenn das vorliegende Schüttgut für eine Dichtstromförderung geeignet ist).

Eine seriöse Anlagenprojektierung/-auslegung verlangt die systematische Analyse des Schüttgutverhaltens und seiner Veränderungen entlang der Anlage. Dies im Hinblick auf die zeitlichen und finanziellen Planungen sowohl des Kunden als auch des Lieferanten. Falsche Einschätzungen des Verhaltens des Schüttguts führen u. a. zu verlängerter Inbetriebnahme, ggf. Nachbesserungen und Umbauten und sind für beide Vertragspartner entsprechend kostenintensiv [21].

3.4.6 Notwendige Schüttgut-/Technikumsuntersuchungen

Grundlage einer ersten Beurteilung des vorliegenden Schüttguts sind die vom Kunden gelieferten Basisdaten sowie das von der anbietenden Fachfirma üblicherweise erstellte Prüfprotokoll, vgl. Abb. 2.1. Diese erlauben eine Klassifizierung des Produkts und seines grundsätzlich zu erwartenden Verhaltens. Entsprechend den Ergebnissen der in den Abschn. 3.4.1, 3.4.2, 3.4.3, 3.4.4 und 3.4.5 dargestellten Analysen muss dann entschieden werden, welche weiteren Untersuchungen erforderlich sind. Dies kann z. B. die Ermittlung der Auswirkungen einer erhöhten Prozesstemperatur auf das Fließverhalten sein, die Messung der erforderlichen Kenngrößen für die Dimensionierung eines im Prozess benötigten Massenflusssilos (→ Scherversuche nach Jenike), die Bestimmung von Trocknungskurven für die Auslegung eines Trockners sowie Untersuchungen hinsichtlich des zu erwartenden Verschleißes an Fördereinrichtungen/Werkzeugen mittels geeigneter Verschleißmessgeräte. Werden neue, bisher nicht gehandhabte Schüttgüter in Prozessen verarbeitet, die bei der anbietenden Fachfirma als Standard gelten, können absichernde Technikumsversuche sowohl für den Kunden als auch den Anbieter sinnvoll sein. Liegt ein komplett neuer Anlagentyp vor, so ist die Erstellung einer *scale up*-fähigen Versuchsanlage unumgänglich. Zusätzlich sind dimensionsanalytische Überlegungen hinsichtlich einer korrekten Übertragung der Versuchsergebnisse auf die geplante Betriebsanlage notwendig [22, 23].

3.4.7 Abnahme der Anlage

Da die Funktion einer Anlage sowie die Erfüllung der zugesagten Eigenschaften und Garantien gegenüber dem Kunden nachgewiesen werden müssen, empfiehlt es sich, bereits frühzeitig mit der Einplanung der Abnahmemessungen zu beginnen. Spätestens zu den Auftragsverhandlungen, besser bereits im Angebotsstadium (→ zu berücksichtigende Kosten sowie Einplanungen im Anlagenaufbau), sollte ein durchdachtes Konzept über Art und Weise der diversen Messungen vorliegen, d. h. ein Messstellenplan, Art und Genauigkeit der Messgeräte, Vorschläge für die Dauer einzelner Messperioden sowie zur Auswertung und Interpretation der Ergebnisse. Diese Vorschläge müssen intensiv mit dem Kunden diskutiert werden. Abnahmemessungen entscheiden über letzte Zahlungen und können, insbesondere bei nachlässiger Planung, erhebliche Kosten verursachen.

Literatur

1. Sell, R.: Angewandtes Problemlösungsverhalten: Denken in komplexen Zusammenhängen. Springer-Verlag, Berlin (1991)
2. Bruns, M.: Systemtechnik: Ingenieurwissenschaftliche Methodik zur interdisziplinären Systementwicklung. Springer-Verlag, Berlin (1991)
3. Patzak, G.: Systemtechnik – Planung komplexer innovativer Systeme: Grundlagen, Methoden, Techniken. Springer-Verlag, Berlin (1982)
4. Kramer, F.: Innovative Produktpolitik: Strategie – Planung – Entwicklung – Durchsetzung. Springer-Verlag, Berlin (1982)
5. Blaß, E.: Entwicklung verfahrenstechnischer Prozesse: Methode – Zielsuche – Lösungszweck – Lösungsauswahl. Verlag Salle und Sauerländer, Frankfurt a. M./Aarau (1989)
6. VDI-Richtlinie 2220: Produktplanung; Ablauf, Begriffe und Organisation. VDI-Verlag GmbH, Düsseldorf (1980)
7. VDI-Richtlinie 2221: Methodik zum Entwickeln und Konstruieren technischer Systeme und Produkte. VDI-Verlag GmbH, Düsseldorf (1986)
8. VDI-Richtlinie 2222, Blatt 1: Konstruktionsmethodik; Konzipierung technischer Produkte. VDI-Verlag GmbH, Düsseldorf (1977)
9. VDI-Richtlinie 2222, Blatt 2: Konstruktionsmethodik; Erstellung und Anwendung von Konstruktionskatalogen. VDI-Verlag GmbH, Düsseldorf (1982)
10. DIN 28004, Teil 1: Fließbilder verfahrenstechnischer Anlagen; Begriffe, Fließbildarten, Informationsinhalt. Beuth Verlag GmbH, Berlin (1988)
11. DIN 28004, Teil 2: Fließbilder verfahrenstechnischer Anlagen; Zeichnerische Ausführung. Beuth Verlag GmbH, Berlin (1988)
12. DIN 28004, Teil 3: Fließbilder verfahrenstechnischer Anlagen; Graphische Symbole. Beuth Verlag GmbH, Berlin (1988)
13. DIN 28004, Teil 4: Fließbilder verfahrenstechnischer Anlagen; Kurzzeichen. Beuth Verlag GmbH, Berlin (1977)
14. DIN 19227, Teil 1: Bildzeichen und Kennbuchstaben für Messen, Steuern und Regeln in der Verfahrenstechnik; Zeichen für die funktionelle Darstellung. Beuth Verlag GmbH, Berlin (1973)
15. DIN 2401, Teil 1: Innen- und außendruckbeanspruchte Bauteile; Druck- und Temperaturangaben; Begriffe, Nenndruckstufen. Beuth Verlag GmbH, Berlin (1991)
16. DIN 2481: Wärmekraftanlagen; Graphische Symbole. Beuth Verlag GmbH, Berlin (1979)
17. VDI-Richtlinie 2519, Blatt 1: Vorgehensweise bei der Erstellung von Lasten-/Pflichtenheften. VDI-Gesellschaft Produktion und Logistik, Düsseldorf (2001-12)
18. VDI-Richtlinie 2519, Blatt 2: Lasten-/Pflichtenheft für den Einsatz von Förder- und Lagersystemen. VDI-Gesellschaft Produktion und Logistik, Düsseldorf (2001–12)
19. Schultz, P., Hilligardt, K.: Vorgehen bei der Trocknerauswahl. Chem.-Ing.-Tech. **65**(3), 271–277 (1993)
20. Liedy, W.: Einfluss der Produkteigenschaften auf die Trocknung. Chem.-Ing.-Tech. **65**(2), 161–173 (1993)
21. Carson, J.W., Troxel, T.G., Bengtson, K.E.: Successfully Scale Up Solids Handling. Chem. Eng. Prog., April 2008, 33–40
22. Zlokarnik, M.: Scale-up – Modellübertragung in der Verfahrenstechnik. Wiley-VCH, Weinheim (2000)
23. Hilgraf, P.: Pneumatische Förderung – Grundlagen, Auslegung und Betrieb von Anlagen. Springer Vieweg Verlag, Berlin (2019)

Projektierungs-/Auslegungsbeispiele 4

Nachfolgend wird die Dimensionierung/Auslegung von Schüttgut handhabenden Anlagen, Teilprozessen und Apparaten anhand einer Reihe durchgerechneter Beispiele dargestellt. Hierfür notwendige technische Grundlagen bzw. Details werden, sofern erforderlich, jeweils zu Beginn eines Beispiels zusammengestellt und erläutert. Weitere Einzelheiten folgen dann im Verlauf der Berechnung.

4.1 Berechnungsbeispiel 1: Analyse einer Anlagenanfrage

Die nachstehende Aufgabenstellung soll zunächst im Hinblick auf Vollständigkeit, relevante Einflussgrößen, zu erwartendes Schüttgutverhalten usw. analysiert werden.

4.1.1 Theoretische Grundlagen

Entsprechend den Ausführungen in den Kapiteln 2 und 3.

4.1.2 Vorgaben der Anfrage

- Anlagenschema: Entsprechend Abb. 4.1.
- Umgebungszustand: Temperatur: $T_0 = (-10 \cdots 30)\ °C$, Druck: $p_0 \cong 1{,}0\ bar(abs.)$, relative Luftfeuchtigkeit: $\varphi_0 \cong (40 \cdots 70)\%$.
- Schüttgut: Kalksteinmehl mit breiter Korngrößenverteilung, Markenname: Serox, mittlerer Partikeldurchmesser = Durchmesser beim Siebrückstand $R = 50\ M. - \%$):

P. Hilgraf, *Projektierung und Auslegung von Schüttgutanlagen*,
https://doi.org/10.1007/978-3-662-65384-5_4

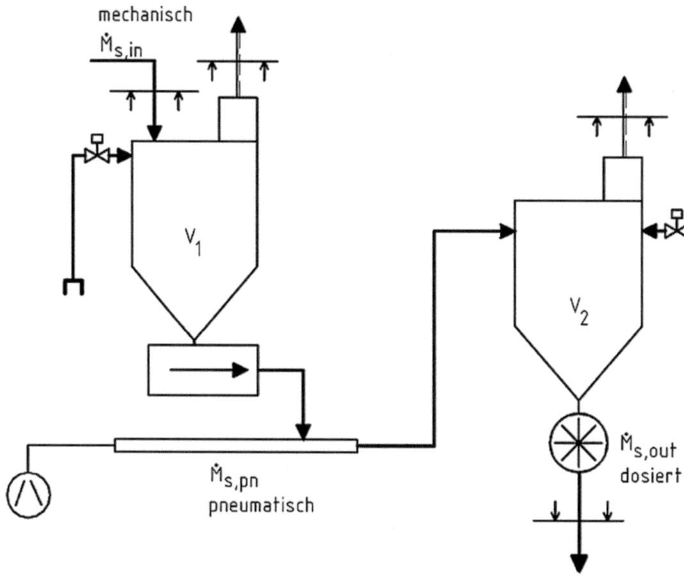

Abb. 4.1 Anlagenschema

$d_{S,50} \cong 23\ \mu m$, Partikeldurchmesser beim Rückstand $R = 10\ M. - \%$: $d_{S,10} \cong 350\ \mu m$, Materialdichte: $\varrho_S \cong 2700\ kg/m^3$, locker eingefüllte Schüttdichte: $\varrho_{SS} \cong 1060\ kg/m^3$, Temperatur: $T_S \leq 70\ °C$, das Kalksteinmehl ist trocken. Sicherheitsdatenblatt: Produkt ist nicht brennbar und nicht explosibel.

- Schüttgutzuführung: Mechanischer Antransport aus einer Mahltrocknungsanlage in das Silo V1, vgl. Abb. 4.1, Feststoffmassenstrom: $\dot{m}_{S,in} = 25\ t/h$, tägliche Betriebsdauer: $\Delta t_{in} = 10\ h/d$, Silovolumen: $V_1 = 350\ m^3$, Silo mit Förderleitung DN 100 für eine pneumatische Notbefüllung mittels Tankfahrzeug, Daten des Tankfahrzeug-Bordkompressors: Ansaugvolumenstrom: $\dot{V}_V = 700\ m^3/h$, maximale Druckdifferenz: $\Delta p_V = 2{,}0\ bar$.
- Schüttguttransport: Pneumatische Förderung in das Silo V2, Feststoffmassenstrom: $\dot{m}_{S,pn} = 30\ t/h$, Förderentfernung: $L_R = 100\ m$ inklusive $H_R = 20\ m$ vertikale Höhenänderung und $n_U = 5$ Bögen mit 90° Umlenkwinkel, Kunde fordert Förderung mit minimalem Energiebedarf, Silovolumen: $V_2 = 350\ m^3$, Silo mit Förderleitung DN 100 für eine pneumatische Notbefüllung mittels Tankfahrzeug, Daten des Tankfahrzeug-Bordkompressors: Ansaugvolumenstrom: $\dot{V}_V = 700\ m^3/h$, maximale Druckdifferenz: $\Delta p_V = 2{,}0\ bar$.
- Schüttgutaustrag: Dosierung auf einen Bandförderer, Feststoffmassenstrom: $\dot{m}_{S,out} = 10\ t/h$, Dosiergenauigkeit: $DG = \pm 2\ M. - \%$ vom aktuellen Sollwert, tägliche Betriebsdauer: $\Delta t_{out} = 24\ h/d$.

4.1.3 Überprüfung der vorliegenden Schüttgutdaten

Die vom Kunden beigestellten Schüttgutkenngrößen sind für eine seriöse Anlagenauslegung nicht ausreichend. Es ist lediglich eine grobe Einordnung in das Geldart-Diagramm möglich. U. a. fehlen: Genauere Korngrößenverteilung, Rütteldichte, belüftete Dichte, allgemeines Fluidisationsverhalten, Gashaltevermögen, Angaben zu möglichen Veränderungen des eingesetzten Schüttguts usw.

Konsequenz: Abforderung einer „repräsentativen" Schüttgutprobe von mindesten 10 dm^3 Volumen beim Kunden und Erstellung eines eigenen Prüfprotokolls. Gleichzeitig Rückfragen beim Kunden bezüglich geplanter/erwarteter Veränderungen des Aufgabeguts in den Prozess und ggf. bereits vorliegender Betriebserfahrungen mit dem Schüttgut.

4.1.4 Ergebnisse und Interpretation des erstellten Prüfprotokolls

Da die Produktprobe vom Kunden nur mit einem gegenüber dem späteren Betriebszustand stark erhöhten Feuchtigkeits-/Wassergehalt beigestellt werden konnte, wurde diese im Labor luftgetrocknet, vgl. den diesbezüglichen Kommentar im Prüfprotokoll Blatt1, Abb. 4.2a. Die Ermittlung der Kenndaten und Verhaltensweisen des Schüttguts erfolgte an der vollständig abgetrockneten Probe bei einem Umgebungs- = Schüttgutzustand von: $T_0 = T_S = 20\ °C, p_0 \cong 1{,}0\ bar(abs.)$, $\varphi_0 = 54\ \%$ (→ Unsicherheit hinsichtlich der im späteren Betrieb auftretenden Eintrittsfeuchte!). Alle Ergebnisse sind den Abb. 4.2a, 4.2b, 4.2c, und 4.2d zu entnehmen.

- Klassifizierung nach Geldart: Aufgrund des mittleren Partikeldurchmessers = Medianwert $d_{S,50} = 23\ \mu m$ und der zugehörigen Materialdichte $\varrho_S = 2690\ kg/m^3 \cong$ Partikeldichte sollte das Kalksteinmehl als Gruppe A-Material im Grenzbereich zur Gruppe C eingeordnet werden. Da jedoch eine sehr breite Korngrößenverteilung vorliegt, wird eine Überprüfung dieser Zuordnung entsprechend Abschn. 2.2.1 vorgenommen, vgl. dort die Abb. 2.9. Da die entsprechende Abb. 4.3 zeigt, dass deutlich mehr als 40 $M. - \%$ des Produkts in der Gruppe C liegen, muss diesem ein Gruppe C-Verhalten zugeordnet werden. Das vorliegende Kalksteinmehl ist somit sehr kohäsiv. Bedingt durch die sehr breite Korngrößenverteilung besteht zudem eine ausgeprägte Tendenz zu starker Partikelgrößen-Entmischung. Das Kalksteinmehl liegt im erweiterten Geldart-Diagramm, vgl. Abb. 2.16, im linken Grenzbereich der linken schraffiert hinterlegten $(d_{S,50}, (\varrho_s - \varrho_F))$-Region, d. h. die Entscheidung, ob eine Dichtstromförderung stabil möglich ist, sollte erst nach entsprechenden Förderversuchen entschieden werden. Andererseits nimmt mit abnehmender Fördergasgeschwindigkeit die Gefahr zu, dass sich Grobanteile in einer ruhenden Strähne entlang der Förderstrecke absetzen. Folge:

Verteiler
Hilgraf
Lattemann
Kleibs

Staub - Prüfprotokoll I

CLAUDIUS PETERS TECHNOLOGIES

Materialname	Serox
Zusatzbezeichnung	
Chem. Bezeichnung	
Firma, Werk, Anlage	
Auftraggeber, -Nr.	
Kennwort	ENCI Maastricht

Prüf-Nr.:	**12506**
Sachbearb.:	Lattemann
Datum:	16.03.04
Prüfer:	Gehle
Kom.-Nr.:	01-1/147.768/692

Gesamtwasser	106°C / 25h	**28.33**	%	DIN 51718
Grobe Feuchte	22°C / 56% / 99h	**24.26**	%	DIN 51718
Schüttdichte		**1.06**	kg/ dm³	DIN EN 459-2
Rütteldichte		**1.27***	kg/ dm³	
Rohdichte (spez. Dichte)		**2.69**	kg/ dm³	DIN ISO 8130-2
Schüttwinkel		**45.5**	°	DIN ISO 4324
Max. Korn		**1300**	µm	DIN 66145
Mittl. Korn ⌀ d_{50} Medianwert		**23**	µm	DIN 66145
Mittl. Korn ⌀ d'		**59**	µm	DIN 66145
RRSB Gerade α		**23.0**	°	DIN 66145
Kornform		**1 bis 5****		FEM 2582
Blainezahl	ε = 0.56	**3867**	cm²/g	DIN 66126-2

Siebgerät: Alpine, Tonindustrie

Rückstand R (mm) nach *DIN 66165-1, -2*

d[mm]	R[%]	d[mm]	R[%]
16		0.315	**12.13**
10		0.2	**18.88**
6.3		0.16	**22.27**
3.15		0.125	**25.46**
2.0	**0.00**	0.09	**30.24**
1.0	**0.29**	0.063	**35.75**
0.6	**3.00**	0.045	**40.26**
0.5	**5.48**	0.032	**45.11**

Bemerkungen: 23°C / 52%

Das feuchte Eingangsgut wurde für die Untersuchung luftgetrocknet und dabei entstandene feste Klumpen auf < 2mm vorzerkleinert. ; * brikettiert leicht ; ** überwiegend 4

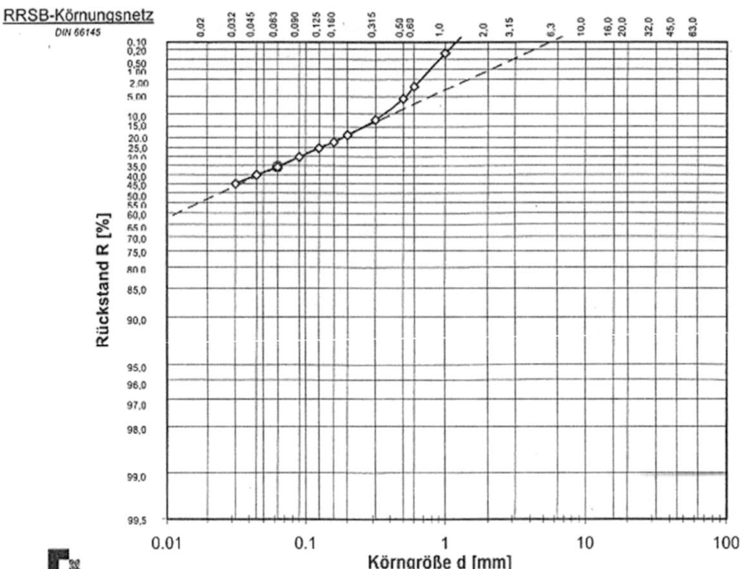

LANGLEY
A Langley Holdings Company

Blatt 1 von 4 Blatt

Abb. 4.2a Staubprüfprotokoll Kalksteinmehl, Blatt 1

Verteiler
Hilgraf
Lattemann
Kleibs

Staub - Prüfprotokoll II - ungerührt

CLAUDIUS PETERS
TECHNOLOGIES

Materialname	Serox
Zusatzbezeichnung	
Chem. Bezeichnung	
Firma, Werk, Anlage	
Auftraggeber, -Nr.	
Kennwort	ENCI Maastricht

Prüf-Nr.:	**12506**
Sachbearb.:	Lattemann
Datum:	16.03.04
Prüfer:	Gehle
Kom.-Nr.:	01-1/147.768/692

Materialdruck	**2.0**	kg/ dm²	H_1 ungerührt	**260**	mm
spezifischer Luftvolumenstrom	**4.0**	m³/m²min	H_0	**212**	mm
max. Bodendruck	**17.5**	mbar			
Dichte im belüfteten Zustand ρ_1	**0.77**	kg/ dm³	Bodendruck/ Materialdruck	**0.87**	-
Dichte im entlüfteten Zustand ρ_0	**0.94**	kg/ dm³	H_1 / H_0	**1.23**	-
Entlüftungszeit	**10**	s			

Bemerkungen: Das Material entmischt sich! In der unteren Hälfte (Grobanteil) bildet sich ein toter Bereich mit Kanal- und Rattenlochbildung, in der oberen Hälfte (Feinanteil) entsteht sehr gute, rotierende Materialbettbewegung mit Blasen.

Entlüftungsverhalten

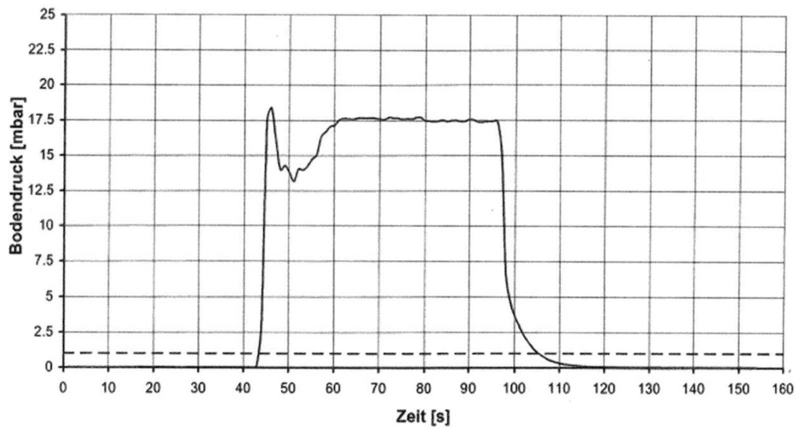

Datum/ Zeit der Messung: 16.03.04 11:08:40

LANGLEY
A Langley Holdings Company

Blatt 2 von 4 Blatt

Abb. 4.2b Staubprüfprotokoll Kalksteinmehl, Blatt 2

Verteiler
Hilgraf
Lattemann
Kleibs

Staub - Prüfprotokoll II - gerührt

CLAUDIUS PETERS
TECHNOLOGIES

Materialname	Serox
Zusatzbezeichnung	
Chem. Bezeichnung	
Firma, Werk, Anlage	
Auftraggeber, -Nr.	
Kennwort	ENCI Maastricht

Prüf-Nr.:	**12506**
Sachbearb.:	Lattemann
Datum:	16.03.04
Prüfer:	Gehle
Kom.-Nr.:	01-1/147.768/692

Materialdruck	**2.0**	kg/ dm²	H_1 gerührt		**276**	mm
spezifischer Luftvolumenstrom	**4.0**	m³/m²min	H_0		**211**	mm
max. Bodendruck	**18.3**	mbar				
Dichte im belüfteten Zustand ρ_1	**0.72**	kg/ dm³	Bodendruck/ Materialdruck		**0.92**	-
Dichte im entlüfteten Zustand ρ_0	**0.95**	kg/ dm³	H_1 / H_0		**1.31**	-
Entlüftungszeit	**23**	s				

Bemerkungen: Sehr gute Materialbettbewegung mit starker Blasenbildung. Etwas schwer zu rühren. Separierendes Grobgut wird durch das Rühren teilweise wieder aufgewirbelt, befindet sich demnach auch im oberen Teil.

Entlüftungsverhalten

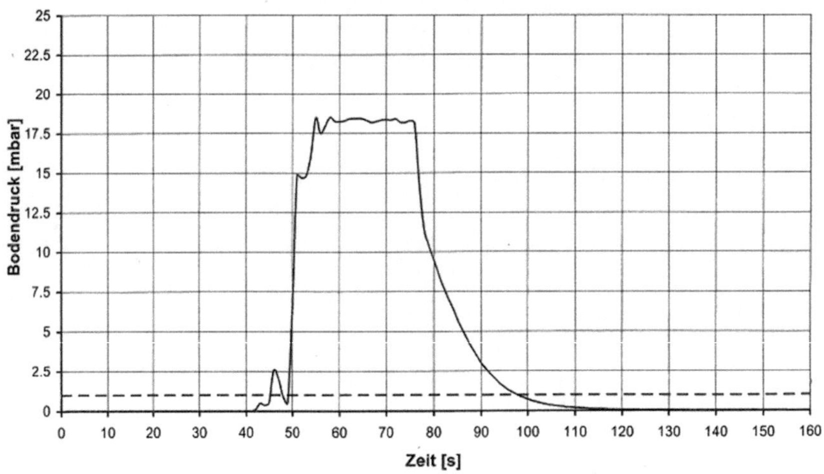

Datum/ Zeit der Messung: 16.03.04 11:11:40

LANGLEY
A Langley Holdings Company

Blatt 3 von 4 Blatt

Abb. 4.2c Staubprüfprotokoll Kalksteinmehl, Blatt 3

CLAUDIUS PETERS
TECHNOLOGIES

Verteiler
Hilgraf
Lattemann
Kleibs

Staub - Prüfprotokoll III

Materialname	Serox
Zusatzbezeichnung	
Chem. Bezeichnung	
Firma, Werk, Anlage	
Auftraggeber, -Nr.	
Kennwort	ENCI Maastricht

Prüf-Nr.:	**12506**
Sachbearb.:	Lattemann
Datum:	16.03.04
Prüfer:	Gehle
Kom.-Nr.:	01-1/147.768/692

Auslaufversuch

Spez. Luftmenge durch Gewebe	[m³/m²min]	1.0	1.5	2.0	2.5	3.0	4.0	5.0
Statischer Druck unter Gewebe	[mbar]	20.2	29.2	39.4	48.6			
Auslaufwinkel bei langs. Öffnen der Klappe	[°]	1.7	1.5	1.3	1.1			

Praxisempfehlung □

Spez. Luftmenge **1.5** m³/m²min Rinnenneigung **7.0** °

Bemerkungen: Das Material separiert! Der Grobanteil bleibt liegen, während der Feinanteil sehr gut fließt. Starke Rattenlochbildung von Anfang an.
Zu empfehlen ist eine niedrige Luftmenge bei hoher Rinnenneigung.

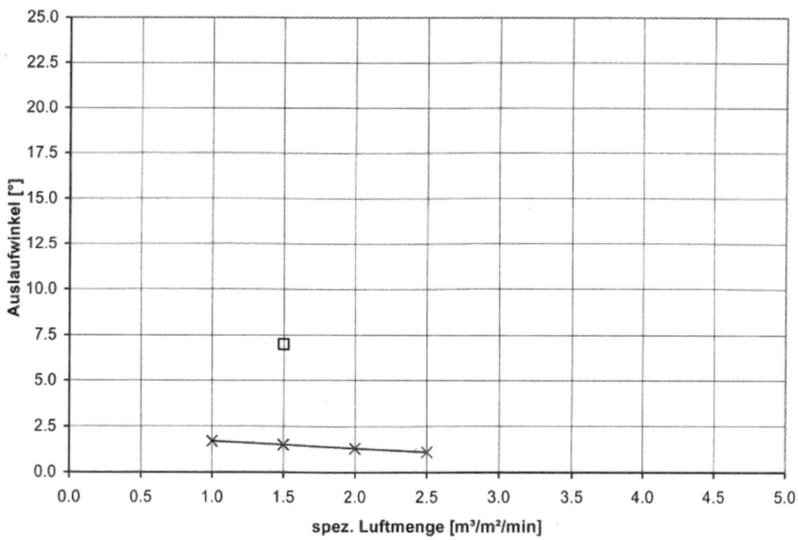

LANGLEY
A Langley Holdings Company

Blatt 4 von 4 Blatt

Abb. 4.2d Staubprüfprotokoll Kalksteinmehl, Blatt 4

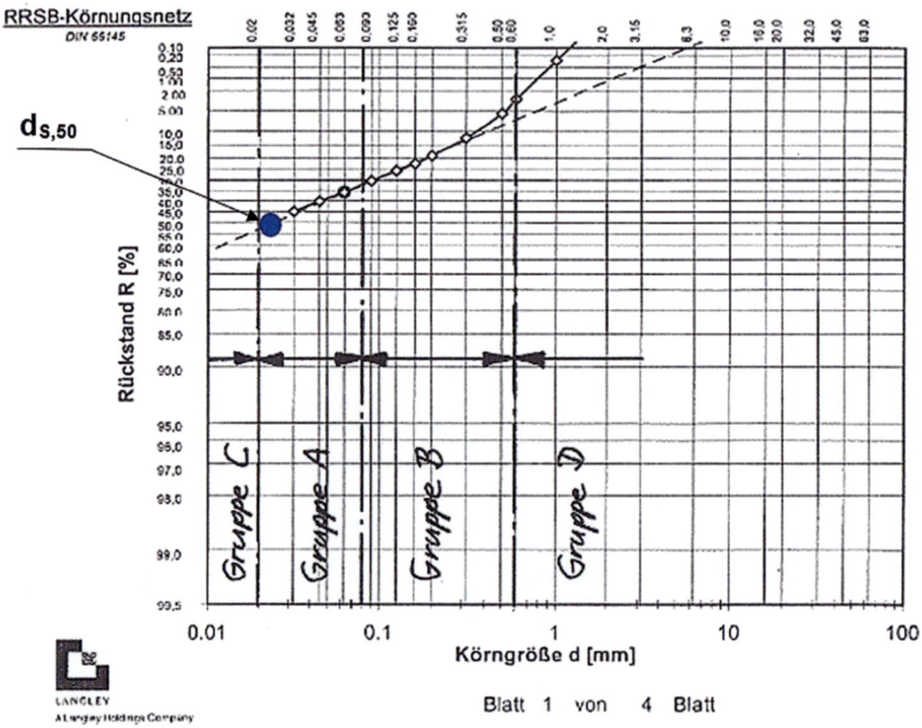

Abb. 4.3 Analyse der Kornverteilung

Auftreten periodischer Druckspitzen, Entmischung. Um das sicher zu verhindern, sollte die Anlage mit einer Fördergasgeschwindigkeit am Leitungsanfang von $v_{F,A} \gtrsim 10\ m/s$ ausgelegt werden.

- Fließfunktion nach Jenike: Mit den Daten des Prüfprotokolls, $n = \tan\alpha_{RRSB} = \tan 23° = 0{,}424, d'_S = 59\,\mu m$, Abb. 4.2a, folgt $(n \cdot d'_S) = 0{,}424 \cdot \sqrt{59} = 3{,}27$. Dies entspricht nach Gl. (2.4), Abschn. 2.2.2, einem FF_C zwischen 1 und 2: Das vorliegende Produkt muss somit als sehr kohäsiv eingestuft werden. Mit Fließproblemen, Brücken- und/oder Schachtbildung in unsachgemäß gestalteten Behältern, Reaktoren usw. ist zu rechnen. Eine Auslegung mit dem Jenike-Verfahren ist erforderlich.
- Beurteilung nach Carr: Aus den Prüfprotokolldaten $\varrho_{SR} = 1270\ kg/m^3$, $\varrho_{SS} = 1060\ kg/m^3$, Abb. 4.2a, folgt: $R_C = (\varrho_{SR} - \varrho_{SS})/\varrho_{SR} = (1270 - 1060)\ kg/m^3/1270\ kg/m^3 = 0{,}165 \rightarrow R_C < 0{,}2 \rightarrow$ das Schüttgut weist entsprechend der Einteilung nach Gl. (2.6) eine gute Fließfähigkeit und nur geringe Verdichtbarkeit auf. Mit stärkerer Zeitverfestigung und Anfahrproblemen nach Betriebsstillständen ist nicht zu rechnen. Bei Ermittlung der Rütteldichte brikettierte das Kalksteinmehl leicht.

Anmerkung R_C weicht signifikant von den Beurteilungskriterien nach Geldart und Jenike ab. Das ist relativ selten, tritt aber immer dann auf, wenn das jeweilige Schüttgut bereits im geschütteten Zustand dicht gepackt vorliegt und äußere mechanische Kräfte – Auflasten, Rütteln, Vibrieren – nur noch zu geringen Verdichtungen führen. Das Produkt verhält sich dann vergleichbar einem Schüttgut mit der sogenannten „Fuller"-Partikelgrößenverteilung [1]: Eine betrachtete feinkörnigere Partikelgrößenklasse passt jeweils in das Zwischenraumvolumen der nächst gröberen Größenklasse hinein usw. Praktische Erfahrungen zeigen, dass dann auch die Geldart- und Jenike-Einteilungen etwas zur günstigeren Seite abgemildert werden können.

- Böschungswinkel α_{SS}: Dieser beträgt α_{SS} = 45,5°, Abb. 4.2a, und liegt damit an der Grenze zwischen normal und schwer fließend, vgl. Tab. 2.2.
- Relativer Druckverlust Wirbelschicht und Entgasungszeit: Die gemessenen FQ-Verhältnisse betragen $FQ = 0{,}87/0{,}92$ im ungerührten/gerührten Zustand, vgl. Gl. (2.8), die entsprechenden Entlüftungszeiten $\Delta\tau_{E,\,ug}/\Delta\tau_{E,\,g} = 10\ s/23\ s$ ungerührt/gerührt. Beides deutet auf ein kohäsives, aber nicht extrem kohäsives Schüttgutverhalten hin.
- Schüttgutentmischung: Auf die durch die sehr breite Korngrößenverteilung verursachte starke Entmischungstendenz wird im Prüfprotokoll durch Anmerkungen des Prüfers mehrfach hingewiesen. U. a. bei der Befüllung der Anlagensilos (V_1, V_2) sowie beim An- und Abfahren der pneumatischen Förderung ist somit eine ausgeprägte Segregation nach der Partikelgröße zu erwarten. Hier sind Gegenmaßnahmen erforderlich.
- Schüttguttemperatur: Die im Vergleich zu den Prüfprotokolluntersuchungen ggf. höheren Betriebstemperaturen ($T_S \leq 70\ °C$) verbessern i. Allg. das Fließverhalten. Die Ergebnisse der Labormessungen liegen somit auf der sicheren Seite.
- Anlagenverschleiß: Mit den Vickershärten von Kalkstein $H_P \cong (0{,}90\cdots 1{,}40)\ kN/mm^2$ (→ je nach Herkunft) und Baustahl $H_W \cong (0{,}95\cdots 2{,}00)\ kN/mm^2$ aus Tab. 2.3 beträgt das Härteverhältnisse $(H_P/H_W) \lesssim 1{,}0$ und liegt damit noch im Bereich der Verschleißtieflage, vgl. Abb. 2.32. Die Kornform des Schüttguts wurde vom Prüfer mit überwiegend $4 \equiv IV$, vgl. Abb. 4.2a bzw. Abb. 2.33, ermittelt, d. h. die Partikeln sind abgerundet, weisen etwa gleiche Abmessungen in alle drei Raumrichtungen auf und sind näherungsweise kugelförmig. Der Grobanteil im Produkt ist verschleißender als der Feinanteil. Die ggf. erhöhte Betriebs-/Feststofftemperatur, $T_S \leq 70\ °C$, hat keinen Einfluss auf die Höhe des Verschleißes [2]. Das vorliegende Kalksteinmehl kann unter den gegebenen Betriebsbedingungen insgesamt als wenig schleißend eingeordnet werden.

4.1.5 Präzisierung der Betriebsdaten/Aufgabenstellung

Basierend auf den Ergebnissen der Prüfprotokollanalyse und den daraus resultierenden Absprachen mit dem Kunden werden die nachfolgenden Präzisierungen festgelegt:

- Bei den Massenströmen ($\dot{m}_{S,in}, \dot{m}_{S,pn}, \dot{m}_{S,out}$) handelt es sich um die jeweils zu erwartenden maximalen Massenströme. Die Feststoffdurchsätze ($\dot{m}_{S,in}, \dot{m}_{S,pn}$) sind permanent zu realisieren, der aktuelle Dosiermassenstrom auf das nachgeschaltete Transportband soll im Bereich $\dot{m}_{S,dos} = (0{,}6 \cdots 1{,}0) \cdot \dot{m}_{S,out}$ einstellbar sein.
- Aufgrund der großen Entmischungstendenz des Kalksteinmehls sowie einer notwendigen pulsationsarmen Zuführung zur Förderung bzw. zur Dosierung werden die Anlagensilos (V_1, V_2) als Massenflusssilos ausgeführt. Als Abluftfilter werden Aufsatz-Saugfilter mit Druckstoßabreinigung eingesetzt.
- Um die in der pneumatischen Förderstrecke mögliche Entmischung (→ tritt nur beim An- und Abfahren auf, vgl. [3]) zu minimieren, soll die Förderung mit einer kontinuierlichen Schüttguteinschleusung ausgeführt werden. Somit scheidet von den drei zur Erfüllung der Aufgabenstellung einsetzbaren Schleussystemen, das sind Druckgefäß, Zellenrad- und Schneckenschleuse, die (Einzel-) Druckgefäßförderung aus. Überschlägige Berechnungen zeigen zwar, dass diese den niedrigsten Energiebedarf der drei Eintragssysteme aufweist, aber aufgrund seiner diskontinuierlichen Arbeitsweise, den daraus resultierenden Entmischungen sowie einer vom Kunden geforderten Begrenzung der Bauhöhe ausscheidet. Als energetisch nächst günstigeres Schleussystem wird eine sogenannte Hochdruck-Zellenradschleuse eingeplant.
- Dosierung des Feststoffmassenstroms $\dot{m}_{S,dos}$ auf einen Bandförderer: Das vom Kunden geplante Dosiersystem ist schematisch in Abb. 4.4 dargestellt. Der jeweils aktuelle Dosiermassenstrom = Sollmassenstrom $\dot{m}_{S,dos}$, den die hier betrachtete Teilanlage dem Förderband zuführen soll, wird dem Dosieraggregat, berechnet aus einer kundenseitigen Messung des Massenstroms $\dot{m}_X$ des Materials X auf dem Förderband und dem gewünschten Mischungsverhältnis $\dot{m}_{S,dos}/\dot{m}_X$, vorgegeben. Zur Auslegung des Verhaltens der Teilanlage bei Laständerungen übermittelt der Kunde die Bandgeschwindigkeit = Transportgeschwindigkeit des Massenstroms $\dot{m}_X$, den Abstand der $\dot{m}_X$ -Messung von der $\dot{m}_{S,dos}$ -Zugabe usw. Beide Schüttgutkomponenten durchlaufen anschließend einen kontinuierlichen Mischer. Der Massenstrom $\dot{m}_{S,dos}$ soll möglichst gleichmäßig über die Breite des Förderbands verteilt werden → spezielle Übergabeschurre erforderlich.

Die Dosiergenauigkeit *DG* ist wie folgt definiert: Die Masse des Schüttgutstroms $\dot{m}_{S,dos}$ wird über eine vom Kunden vorgegebene Referenzzeit $\Delta\tau = \tau_2 - \tau_1$ aufsummiert und daraus der mittlere Massenstrom

$$\overline{\dot{m}}_{S,dos} = \frac{\int_{\tau_1}^{\tau_2} \dot{m}_{S,dos} \cdot d\tau}{\tau_2 - \tau_1} = \frac{\Delta m_{S,dos}}{\Delta\tau} \tag{4.1}$$

ermittelt. Dieser wird mit der Abweichung vom aktuell eingestellten Sollwert $\dot{m}_{S,dos} = \dot{m}_{S,soll}$ verglichen. Es gilt:

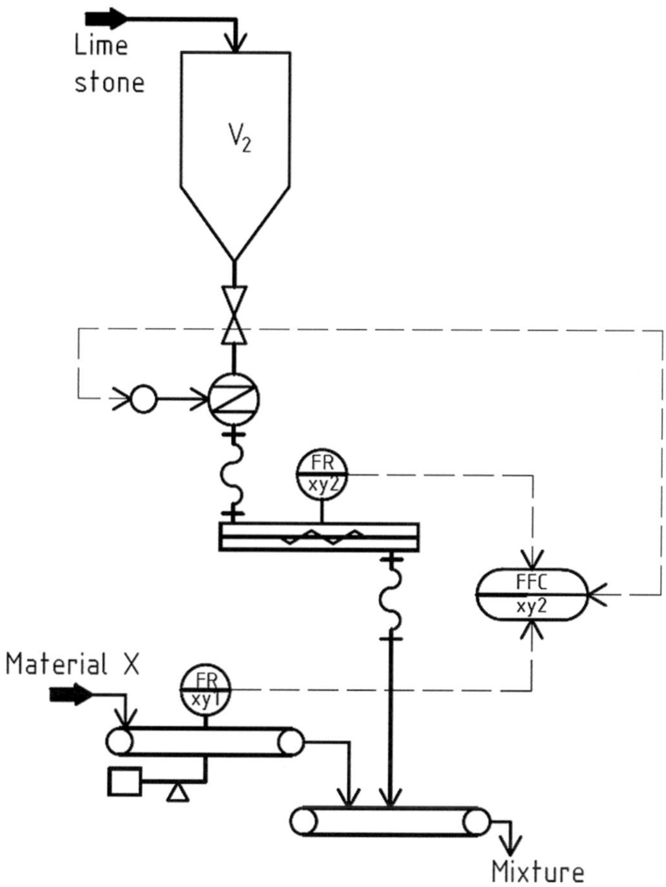

Abb. 4.4 Prinzipieller Aufbau der geplanten Dosieranlage

$$DG = \frac{\overline{\dot{m}}_{S,dos} - \dot{m}_{S,dos}}{\dot{m}_{S,dos}} \cdot 100\ \% \qquad hier:\ DG \leq \pm 2{,}0\,M.-\% \tag{4.2}$$

Entsprechende Messungen erfolgen im Beharrungszustand der Anlage (→ *steady state*). Es ist also nur die Mittelwertabweichung des Dosierstroms vom Sollwert nachzuweisen. Hinsichtlich der Dosierkonstanz = Gleichmäßigkeit/Kurzzeitgenauigkeit ist kein Nachweis erforderlich.

Eine (kostengünstigere) volumetrische Dosierung wäre trotz der relativ geringen Verdichtbarkeit des vorliegenden Kalksteinmehls problematisch: Bei konstantem Dosier-Volumenstrom $\dot{V}_{SS,dos}$ und einer angenommenen mittleren Referenz-Schüttgutdichte von $\bar{\varrho}_{SS} = \left(\varrho_{SR} + \varrho_{SS}\right)/2 = \left(1270 + 1060\right) kg/m^3/2 = 1165\, kg/m^3$ beträgt deren Differenz zu den bei verschiedenen Füllständen im Silo V_2 prinzipiell möglichen

Werten ϱ_{SR} und ϱ_{SS} jeweils $\Delta\varrho = 105\ kg/m^3$, vgl. Abb. 2.21/2.22. Dies führt auf Fehler in der Dosiergenauigkeit des Massenstroms von $DG > 10\ \%$.

- Dosierung des Feststoffmassnstroms, Instrumentierung, Beispiel: Füllstandsüberwachung: In die Anlage/Tag eingetragene Schüttgutmasse:

$$\Delta m_{S,in} = \dot{m}_{S,in} \cdot \Delta\tau_{in} = 25\,t/h \cdot 10\,h/d = 250\,t/d.$$

Aus der Anlage/Tag entnommene Schüttgutmasse:

$$\Delta m_{S,out} \le \dot{m}_{S,out} \cdot \Delta\tau_{out} = 10\,t/h \cdot 24\,h/d = 240\,t/d.$$

Laufzeit der pneumatischen Förderung/Tag:

$$\Delta\tau_{pn} \le \Delta m_{S,out} / \dot{m}_{S,pn} = 240\,t/d / 30\,t/h = 8\,h/d.$$

Konsequenzen/Reaktionen:

  - Wird der Max.-Füllstand im Silo V_1 erreicht, muss die zuführende Anlage abgeschaltet werden,
  - wird der Max.-Füllstand im Silo V_2 erreicht, muss die pneumatische Förderung abgeschaltet werden,
  - wird der Min.-Füllstand im Silo V_2 erreicht, muss die pneumatische Förderung zugeschaltet werden,
  - wird der Min.-Füllstand im Silo V_2 und gleichzeitig der Min.-Füllstand im Silo V_1 erreicht, muss die zuführende Anlage zugeschaltet oder eine Notbefüllung eingeleitet werden, usw.

4.1.6 Einfluss des vorgeschalteten Anlagenbereichs

- Bei dem der betrachteten Teilanlage vorgeschalteten Anlagenbereich handelt es sich um eine Trocknung mit nachgeschalteter Schlägermühle, Maschenweite des Austragssiebs: 2,0 mm. Es muss mit einer größeren Variationsbreite der Schüttguteigenschaften, insbesondere der Korngrößenverteilung, gerechnet werden → großzügigere Sicherheiten einarbeiten. Das Kalksteinmehl wird dem Silo V_1 mittels einer Kombination aus Horizontalschnecke und Becherwerk zugeführt.
- Beide Anlagenbereiche werden durch das Silo V_1 hinsichtlich des Schüttgutverhaltens vollständig entkoppelt.

4.1.7 Einfluss des nachgeschalteten Anlagenbereichs

- Die Temperatur des Materials X auf dem zu beschickenden Förderband beträgt $T_X \leq 60\ °C$. Sie liegt damit in der gleichen Größenordnung wie die des zugeführten Massenstroms $\dot{m}_{S,dos}$. An dessen Aufgabestelle herrscht im Bandkanal ein konstanter Unterdruck von $\Delta p_{out} \cong 20\ N/m^2$ gegenüber dem Umgebungsdruck p_0. Einflüsse auf die Dosierung sind nicht zu erwarten.

4.1.8 Änderungen des Schüttgutverhaltens entlang der Teilanlage

Mögliche Korngrößenentmischungen des Kalksteinmehls werden durch die bereits genannten Maßnahmen – Einsatz von Massenflusssilos, kontinuierlicher pneumatischer Förderprozess – minimiert bzw. weitestgehend wieder rückgängig gemacht. Weitere Einflüsse sind:

- Veränderung der Korngrößenverteilung des Schüttguts: Speziell in der pneumatischen Förderung kommt es zu Partikel/Partikel- und mit größerer Differenzgeschwindigkeit vor allem zu Partikel/Rohrwand-Stößen, bei denen ein Teil der dabei freigesetzten Energie zu Partikelbrüchen führt. Besonders kritisch sind hier Rohrumlenkungen. Betroffen sind insbesondere die gröberen Teilchen, da diese eine größere Anzahl von Fehl-/Schwachstellen als vergleichbare feinkörnigere Partikeln aufweisen. Durch Gleiten an Rohr- und Apparatewänden kann es des Weiteren zum Materialabrieb kommen. Tendenziell wird das Produkt durch diese Vorgänge etwas feinkörniger. Das damit einhergehende ggf. kohäsivere Schüttgutverhalten ist aufgrund vorliegender Erfahrungen beim Anbieter gering und durch die oben beschriebenen baulichen Maßnahmen bereits berücksichtigt. Quantitative Aussagen wären nur durch umfangreiche Versuche möglich.

4.1.9 Weitere notwendige Schüttgut-/Technikumsuntersuchungen

- Als Grundlage für die nach der Theorie von Jenike [4, 5] erfolgenden Auslegung der Massenflusssilos ist ein Satz sogenannter Scherversuche erforderlich, die z. B. mit einem Translationsschergerät nach Jenike oder einem Rotationsschergerät durchgeführt werden können, vgl. hierzu Berechnungsbeispiel 3. Der Anbieter führt diese Messungen im eigenen Labor durch.
- Versuche an Technikumsanlagen, d. h. in größerem Maßstab, erscheinen derzeit als nicht erforderlich.

Anmerkung Die vorstehenden Betrachtungen umfassen nur den offensichtlicheren Teil der durchzuführenden Analysen, die für eine zielgerichtete, d. h. für den Anbieter sichere und wirtschaftliche Angebotserstellung notwendig sind. Dass z. B. vorgegebene Auflagen zum Umweltschutz oder zur Arbeitssicherheit, ausreichende Zugänglichkeiten für erforderliche Ersatz-/Verschleißteilwechsel usw. eingehalten und mit den Vorstellungen des Kunden abgeglichen werden müssen, ist selbstverständlich. Frühzeitige und intensive Absprachen bzw. Problemabklärungen sind essenziell für das Anbieter/Kunden-Verhältnis. Sie verdeutlichen die Kompetenz des Anbieters und zeigen dem Kunden ggf. Schwachpunkte oder Verbesserungsmöglichkeiten an der geplanten Anlage auf.

4.2 Berechnungsbeispiel 2: Druckverlust einer gasdurchströmten Schüttung

Der in Abb. 4.5 dargestellte Vorlagebehälter wird periodisch mit einem $T_S = 150\ °C$ heißen Schüttgut gefüllt, für eine definierte Zeitdauer mittels eines ebenfalls auf $T_F = 150\ °C$ temperierten Gasstroms $\dot{m}_F$ gespült bzw. konditioniert und danach mit einem vorgegebenem Massenstrom $\dot{m}_S$ in den nachgeschalteten Anlagenbereich entleert. Der sich bei der Durchströmung der Schüttung einstellende Gasdruckverlust muss ermittelt werden. Um den Einfluss variierender Korngrößenverteilungen des Schüttguts zu berücksichtigen, sollen vergleichend zwei im Betrieb mögliche Partikelgrößenverteilungen untersucht werden.

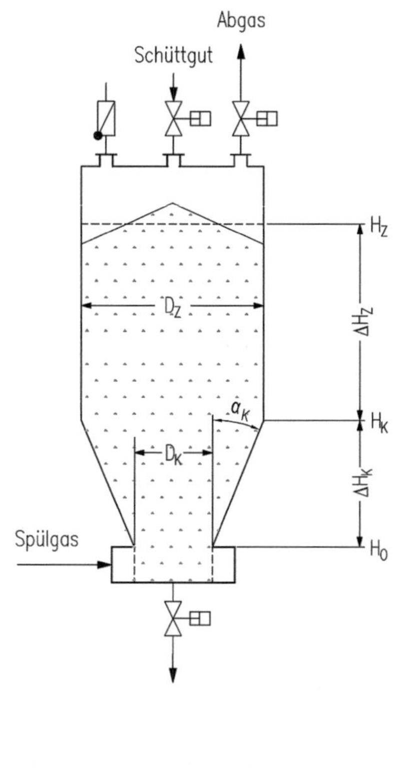

Abb. 4.5 Ausführung des Vorlagebehälters, schematisch

4.2.1 Theoretische Grundlagen

Nachfolgend werden isotherme Gasströmungen im Beharrungszustand betrachtet. Da die Wärmekapazität des durchströmten Feststoffs i. Allg. deutlich größer als diejenige des Gasstroms ist, ist eine isotherme Rechnung normalerweise ausreichend genau.

Der Reibungsdruckverlust gasdurchströmter, ruhender Schüttungen körniger Feststoffe kann derzeit für newtonsche Fluide am sichersten mit Hilfe des Ansatzes nach Ergun [6] berechnet werden. Dieser hat sich auch bei Extrapolationen auf hohe Drücke und Temperaturen bewährt [7]. In differentieller Form gilt für den Druckverlust/Längeneinheit:

$$-\frac{dp_R}{dL_R} = f_1 \cdot v_F + f_2 \cdot \varrho_F \cdot v_F^2 \tag{4.3}$$

$$f_1 = 150 \cdot \frac{\left(1-\varepsilon_F\right)^2}{\varepsilon_F^3} \cdot \frac{\eta_F}{\left(\psi \cdot d_{S,SD}\right)^2} \tag{4.3a}$$

$$f_2 = 1{,}75 \cdot \frac{\left(1-\varepsilon_F\right)}{\varepsilon_F^3} \cdot \frac{1}{\psi \cdot d_{S,SD}} \tag{4.3b}$$

mit:

$v_F = \dot{m}_F / \left(A_R \cdot \varrho_F\right)$	– Leerrohr-Gasgeschwindigkeit im Strömungsquerschnitt A_R,
$d^*_{S,SD} = \left(\psi \cdot d_{S,SD}\right)$	– formkorrigierter Sauterdurchmesser = kennzeichnender Partikel durchmesser,
$\varepsilon_F = V_F/(V_F + V_s)$	– mittleres relatives Lückenvolumen der durchströmten Schüttung,
η_F	– dynamische Viskosität des Gases.

Die wahre Gasgeschwindigkeit im Strömungsquerschnitt A_R berechnet sich zu:

$$u_F = v_F / \varepsilon_F \tag{4.4}$$

Der erste Term auf der rechten Seite der Gl. (4.3) ist bestimmend bei vorwiegendem Zähigkeitseinfluss, der zweite bei dominierenden Trägheitskräften. Das negative Vorzeichen auf der linken Seite der Gl. (4.3) wird erforderlich, weil in der Mathematik Differenzen Δx und Differenziale dx jeweils als (Endwert minus Eingangswert) = $(x_{out} - x_{in})$ aus bzw. in den betrachteten Rechnungsabschnitt in Strömungsrichtung definiert sind.

Für inkompressible Fluide, z. B. Flüssigkeiten, die durch eine Schüttung mit konstantem Querschnitt strömen ($\rightarrow v_F$, $\varrho_F = konst.$), kann

$$-\frac{dp_R}{dL_R} = -\frac{\Delta p_R}{\Delta L_R} \tag{4.5}$$

gesetzt werden. Kompressible Fluide, d. h. Gase, expandieren in einem Strömungskanal konstanten Querschnitts aufgrund des abnehmenden Drucks entlang des Strömungswegs ($\rightarrow v_F$, ϱ_F = *veränderlich*). Dies führt zu größeren Gasgeschwindigkeiten v_F und damit zu einem höheren Reibungsdruckverlust. Berücksichtigung der Druckabhängigkeiten von ϱ_F und v_F durch das ideale Gasgesetz und die Kontinuitätsgleichung des Gasstroms

$$\varrho_F = \frac{p}{R_F \cdot T_F} \tag{4.6}$$

$$v_F = \frac{\dot{m}_F}{A_R \cdot \varrho_F} = \frac{\dot{m}_F}{A_R} \cdot \frac{R_F \cdot T_F}{p} \tag{4.7}$$

in Gl. (4.3), führt nach deren Integration und einigen Umrechnungen auf:

$$-\Delta p_R = \left(p_{in} - p_{out}\right) = p_{out} \cdot \left[\sqrt{1 + \frac{2 \cdot \left(f_1 \cdot v_{F,out} + f_2 \cdot \varrho_{F,out} \cdot v_{F,out}^2\right)}{p_{out}} \cdot \Delta L_R} - 1\right] \tag{4.8}$$

In Gl. (4.8) wird vorausgesetzt, dass der Gaszustand (p_{out}, $\varrho_{F,\,out}$, $v_{F,\,out}$) am Austritt aus dem Berechnungsabschnitt bekannt ist. Eine analoge Gleichung ergibt: sich bei bekanntem Eintrittszustand.

Liegt ein Strömungskanal mit veränderlichem Querschnitt vor, muss die durch die Geometrie verursachte Geschwindigkeitsänderung des Fluids gesondert berücksichtigt werden. Für den in Abb. 4.5 dargestellten konischen Strömungskanal mit kreisförmigem Querschnitt gilt mit den Gl. (4.6) und (4.7) sowie

$$A_x = \frac{\pi}{4} \cdot D_x^2 = \frac{\pi}{4}\left(2 \cdot h_x \cdot \tan\alpha_K + D_{in}\right)^2 \tag{4.9}$$

für ein kompressibles Fluid

$$-\Delta p_R = p_{out} \cdot \left[\sqrt{1 + 2 \cdot \frac{D_{out}}{D_{out} - D_{in}} \cdot \frac{f_1 \cdot \left(\frac{D_{out}}{D_{in}} - 1\right) \cdot v_{F.out} + \frac{1}{3} \cdot f_2 \cdot \left(\left(\frac{D_{out}}{D_{in}}\right)^3 - 1\right) \cdot \varrho_{F.out} \cdot v_{F,out}^2}{p_{out}} \cdot \Delta L_R} - 1\right] \tag{4.10}$$

Der Gaszustand (p_{out}, $\varrho_{F,\,out}$, $v_{F,\,out}$) am Austritt aus dem Berechnungsabschnitt wird in Gl. (4.10) wieder als bekannt vorausgesetzt.

Strömt ein inkompressibles Fluid durch einen konischen Kanal mit kreisförmigem Querschnitt vereinfacht sich Gl. (4.10) zu

$$-\Delta p_R = \frac{D_{out}}{D_{out} - D_{in}} \cdot \left[f_1 \cdot \left(\frac{D_{out}}{D_{in}} - 1 \right) \cdot v_{F,out} + \frac{1}{3} \cdot f_2 \cdot \left(\left(\frac{D_{out}}{D_{in}} \right)^3 - 1 \right) \cdot \varrho_F \cdot v_{F,out}^2 \right] \cdot \Delta L_R \tag{4.11}$$

Strömt nicht nur das Fluid, sondern auch das Schüttgut, dann ändert sich die Differenzgeschwindigkeit zwischen Fluid and Feststoff und somit auch der zugehörige Gasdruckverlust. In [8] wird dargestellt, dass unter diesen Bedingungen in Gl. (4.3) anstelle der Geschwindigkeit v_F ($\rightarrow u_S = 0$) die Differenz ($v_F - \varepsilon_F \cdot u_S$) eingesetzt werden muss, d. h. es gilt:

$$-\frac{dp_R}{dL_R} = f_1 \cdot (v_F - \varepsilon_F \cdot u_S) + f_2 \cdot \varrho_F \cdot (v_F - \varepsilon_F \cdot u_S)^2 \tag{4.12}$$

Die wahre Feststoffgeschwindigkeit u_S berechnet sich zu:

$$u_S = \frac{\dot{m}_S}{(1 - \varepsilon_F) \cdot A_R \cdot \varrho_P} = \frac{\dot{m}_S}{A_R \cdot \varrho_b} \tag{4.13}$$

mit:

$\varrho_P \cong \varrho_S$ - Partikeldichte,

ϱ_b - aktuelle Schüttgutdichte.

Lösungen der Gl. (4.12) für verschiedene Betriebsbedingungen und Kanalgeometrien führen bei kompressiblen Fluiden hinsichtlich des Druckverlusts auf umfangreiche und nicht mehr explizit lösbare Ausdrücke, die eine iterative Vorgehensweise erfordern. Für inkompressible Fluide mit bewegter Schüttung in einem zylindrischen Strömungskanal gilt Gl. (4.12) mit Gl. (4.5). Der Druckverlust eines durch einen Konus mit kreisförmigem Querschnitt strömenden inkompressiblen Fluids kann wie folgt berechnet werden:

$$-\Delta p_R = \frac{D_{out}}{D_{out} - D_{in}} \cdot \left[\begin{array}{l} f_1 \cdot \left(\frac{D_{out}}{D_{in}} - 1 \right) \cdot (v_{F,out} - \varepsilon_F \cdot u_{S,out}) \\ + \frac{1}{3} \cdot f_2 \cdot \left(\left(\frac{D_{out}}{D_{in}} \right)^3 - 1 \right) \cdot \varrho_F \cdot (v_{F,out} - \varepsilon_F \cdot u_{S,out})^2 \end{array} \right] \cdot \Delta L_R \tag{4.14}$$

Bei der Auswertung von Gleichungen mit bewegter Schüttung muss die Strömungsrichtung des Feststoffs relativ zu derjenigen des Gases berücksichtigt werden. Wird die Flussrichtung des Gases als positiv festgelegt, folgt für eine gleichgerichtete Strömung von Gas und Feststoff $v_{Diff} = (v_F - \varepsilon_F \cdot u_S)$ während für die gegenläufige Strömungsrichtung $v_{Diff} = (v_F - \varepsilon_F \cdot (-u_S)) = (v_F + \varepsilon_F \cdot u_S)$ verwendet werden muss, vgl. auch [3]. Außerdem ist das relative Lückenvolumen ε_F einer bewegten Schüttung immer etwas größer als dasjenige der ruhenden Schüttung. Das kann in den sehr sensibel auf ε_F-Änderung reagierenden Gl. (4.3a/4.3b) zu größeren f_1- oder f_2-Änderungen führen.

Mit der Ergun-Gleichung wird allein der Reibungsdruckverlust $(-\Delta p_R)$ des relativ zum Schüttgut strömenden Fluids berechnet. Je nach Geometrie und räumlicher Anordnung des vorliegenden Strömungskanals sowie der Kompressibilität des Fluids müssen ggf. weitere Druckverluste $(-\Delta p_i)$ berücksichtigt werden. Da sich diese gegenseitig beeinflussen, ist eine genaue Berechnung nur mit Hilfe des Impulssatzes möglich. Nachfolgend wird die prinzipielle Vorgehensweise beispielhaft anhand der Strömung eines kompressiblen Gases durch einen mit ruhendem Schüttgut gefüllten vertikalen Kanal konstanten kreisförmigen Querschnitts A_R dargestellt (→ z. B. zylindrischer Teil des Vorlagebehälters in Abb. 4.5). Das Gas strömt vertikal aufwärts, sein Zustand am Austritt sei bekannt. Es wird eindimensional mit Mittelwerten über den jeweiligen Kanalquerschnitt gerechnet. Bekanntermaßen entspricht die Impulsstromänderung $\left((\dot{m}_F \cdot u_F)_{in} - (\dot{m}_F \cdot u_F)_{out} = -\dot{m}_F \cdot du_F\right)$ in einem Kanalelement der Länge dL_R der Summe aller in diesem Element am Gasstrom angreifenden äußeren Kräfte F_i. Somit gilt [3, 9]:

$$-\dot{m}_F \cdot du_F - \varepsilon_F \cdot A_R \cdot dp_{tot} - \varepsilon_F \cdot A_R \cdot \left(f_1 \cdot v_F + f_2 \cdot \varrho_F \cdot v_F^2\right) \cdot dL_R - g \cdot dm_F - F_{F/W} = 0 \quad (4.15)$$

Die Reibungskraft zwischen Gas und Kanalwand $F_{F/W}$ kann unter den hier betrachteten Betriebsbedingungen immer vernachlässigt werden. $dm_F = \dot{m}_F \cdot dt_F = \dot{m}_F \cdot dL_R / u_F$ ist die sich im betrachteten Kanalelement augenblicklich befindliche Gasmasse. Auflösung der Gl. (4.15) nach dem Gesamtdruckverlust dp_{tot} ergibt:

$$-dp_{tot} = \frac{\dot{m}_F}{\varepsilon_F \cdot A_R} \cdot du_F + \left(f_1 \cdot v_F + f_2 \cdot \varrho_F \cdot v_F^2\right) \cdot dL_R + \frac{\dot{m}_F \cdot g}{\varepsilon_F \cdot A_R} \cdot \frac{dL_R}{u_F} \quad (4.16)$$

$$-dp_{tot} = \left(-dp_{acc}\right) + \left(-dp_R\right) + \left(-dp_{lift}\right) \quad (4.16a)$$

mit:

$(-dp_{acc})$ - Druckverlust durch Gasbeschleunigung,
$(-dp_R)$ - Druckverlust durch Gasreibung am Schüttgut,
$(-dp_{lift})$ - Druckverlust durch Gashub.

Die Geschwindigkeiten v_F und u_F können als Funktionen des Drucks p_{tot} dargestellt werden. Für v_F gilt Gl. (4.7) mit $p = p_{tot}$, die auch für u_F angewendet werden kann, wenn v_F durch $u_F = v_F/\varepsilon_F$ ersetzt wird. du_F folgt durch Differenzieren nach dp_{tot} ebenfalls aus dieser letzten Gleichung zu:

$$du_F = -\frac{\dot{m}_F}{\varepsilon_F \cdot A_R} \cdot R_F \cdot T_F \cdot \frac{dp_{tot}}{p_{tot}^2} \quad (4.17)$$

Die resultierende Differenzialgleichung kann durch Trennung der Variablen (p_{tot}, L_R) gelöst werden, führt aber auf keine geschlossene Lösung für $(-\Delta p_{tot})$. Da die Druckverluste $(-\Delta p_{acc})$ und $(-\Delta p_{lift})$ bei Gasströmungen i. Allg. klein gegenüber $(-\Delta p_R)$ sind, werden sie in der Praxis häufig vernachlässigt oder auf Basis eines bereits vorliegenden Reibungsdruckverlusts $(-\Delta p_R)$ durch Anwendung der (reibungsfreien) Bernoulli-Gleichung

$$\varrho_F \cdot u_F \cdot du_F + g \cdot \varrho_F \cdot dL_R + dp_{Ber} = 0 \tag{4.18}$$

mit:

$-dp_{Ber} = (-dp_{acc}) + (-dp_{lift})$ - Zusatzdruckverlust

berechnet. Die Vorgehensweise für beliebige Fluide und Kanalgeometrien ist wie folgt: Es wird zunächst mit einer der oben aufgeführten Gleichungen der Reibungsdruckverlust Δp_R des betrachteten Kanalelements berechnet. Mit den dann bekannten Werten $\varrho_{F,\,out}$, $\varrho_{F,\,in}$, $u_{F,\,out}$ sowie $u_{F,\,in}$ resultiert aus der integrierten Gl. (4.18) als Ansatz für die Ermittlung des Zusatzdruckverlusts:

$$-\Delta p_{Ber} = \varrho_{F,Ber} \cdot \left[\frac{1}{2} \cdot \left(u_{F,out}^2 - u_{F,in}^2 \right) + g \cdot \Delta L_R \right] \tag{4.19}$$

$$\varrho_{F,Ber} \cong \sqrt{\varrho_{F,out} \cdot \varrho_{F,in}} \tag{4.19a}$$

In Kanälen, die in Fließrichtung konisch erweitert sind, kommt es zu einem Druckrückgewinn. Der Zusatzdruckverlust $(-\Delta p_{Ber})$ einer vertikalen (inkompressiblen) Flüssigkeitsströmung kann aufgrund deren großer Dichte $\varrho_{F,out}$ signifikante und nicht mehr vernachlässigbare Werte annehmen ($\rightarrow(-\Delta p_{acc}) = 0$, aber Hubverlust $(-\Delta p_{lift})$ groß).

Der Gesamtdruckverlust des betrachteten Kanalelements beträgt somit:

$$-\Delta p_{tot} = (-\Delta p_R) + (-\Delta p_{Ber}) \tag{4.20}$$

Der Bernoulli-Druckverlust wird dem Reibungsdruckverlust additiv überlagert. Diese Näherung ist i. Allg. immer ausreichend.

4.2.2 Vorgaben der Aufgabenstellung

Anmerkung: Zur Charakterisierung der verschiedenen Zustände entlang des Vorlagebehälters werden dessen Höhenkoordinaten (0, K, Z) als Indices verwendet, vgl. Abb. 4.5.

- Daten des Vorlagebehälters:
  Zylinderdurchmesser: $D_Z = 1{,}50\ m$,
  Austragsdurchmesser: $D_K = 0{,}50\ m$,
  max. Füllhöhe im Zylinder: $\Delta H_Z = 4{,}00\ m$ ($\rightarrow$ eingeebnete Schüttgutoberfläche),
  Konushöhe: $\Delta H_K = 1{,}50\ m$,
  halber Konusöffnungswinkel: $\alpha_K = 19{,}43°$.

- Spülgas:
  Gasart: Luft
  Gastemperatur: $T_F = 423\ K$,
  Gasdruck am Austritt H_Z aus dem Schüttgut: $p_Z = 1{,}0\ bar$,
  Gasgeschwindigkeit am Austritt H_Z aus dem Schüttgut: $v_{F,Z} = 0{,}40\ m/s$,
  spezifische Gaskonstante: $R_F = 287{,}1\ J/(kg \cdot K)$, trocken,
  daraus:
  Gasdichte bei p_Z und T_F, Gl. (4.6): $\varrho_{F,Z} = 0{,}823\ kg/m^3$,
  dynamische Viskosität bei $p_{F,Z}$ und T_F [10]: $\eta_F = 24{,}07 \cdot 10^{-6}\ Pa \cdot s$.
- Schüttgutdaten (Standardmaterial (8–32) mm/Alternativmaterial (16–32) mm):
  Siebrückstand $R(d_S)$ beim Korndurchmesser d_S:
  $R(31{,}5\ mm) = 3{,}04\ /\ 3{,}03\ M. - \%$,
  $R(16\ mm) = 49{,}75\ /\ 80{,}42\ M. - \%$,
  $R(10\ mm) = 82{,}34/\ 97{,}14\ M. - \%$,
  $R(6{,}3\ mm) = 96{,}64\ /\ 98{,}39\ M. - \%$,
  $R(3{,}15\ mm) = 98{,}29\ /\ -\ M. - \%$,
  $R(2{,}0\ mm) = 98{,}77\ /\ -\ M. - \%$,
  Mediandurchmesser: $d_{S,50} = d_S(R = 50\ M. - \%) = 15{,}9\ /\ 21{,}0\ mm$,
  Schüttwinkel: $\alpha_{SS} = 43{,}5\ /\ 42{,}8\ Grad$,
  Materialdichte: $\varrho_S = 2710\ /\ 2700\ kg/m^3$,
  lockere Schüttdichte: $\varrho_{SS} = 1450\ /\ 1430\ kg/m^3$,
  Rütteldichte: $\varrho_{SR} = 1590\ /\ 1570\ kg/m^3$,
  Kornformen nach [11], vgl. Abb. 2.33: (I, II, III) / (I, II, III),
  Feststofftemperatur: $T_S = 423\ K$

4.2.3 Bestimmung des kennzeichnenden Partikeldurchmessers

Das wesentliche Problem für die Anwendung der Ergun-Gleichung besteht in der Definition des kennzeichnenden Partikeldurchmessers $d^*_{S,SD} = \left(\psi \cdot d_{S,SD}\right)$, mit dem das Durchströmungsverhalten charakterisiert wird. Dieser kann mit ausreichender Genauigkeit nur durch Messungen an einer geeigneten Versuchsanlage ermittelt werden. Um zu repräsentativen Messergebnissen zu kommen, sollte der vertikale (zylindrische) Versuchsreaktor einen Durchmesser von $D_R \gtrsim 10 \cdot d_{S,max}$, mit $d_{S,max} = d_S(R = 1{,}0\ M. - \%)$, aufweisen und bei einem Füllhöhe/Durchmesser-Verhältnis (L_b/D_R) entsprechend der Betriebsanlage, hier lediglich $L_b/D_R \cong 3$, betrieben werden. Hierdurch wird u. a. der Einfluss der Randgängigkeit minimiert. Von den beiden zu vergleichenden Schüttgütern standen zum Zeitpunkt der Untersuchung jeweils nur $m_S = 100\ kg$ zur Verfügung. Dies erforderte Kompromisse bei der Einhaltung der vorstehenden Bedingungen: Die Messungen wurden an einem vorhandenen Reaktor mit dem Innendurchmesser $D_R = 289{,}2\ mm$ und der Höhe $H_R = 1200\ mm$ durchgeführt, d. h. ein $L_b/D_R = 3$ konnte eingestellt werden, allerdings liegt das Rohr-/Partikeldurchmesser-Verhältnis mit $D_R/d_{S,max} \cong 289{,}2\ mm/31{,}5\ mm = 9{,}18$ im

Grenzbereich. Zur Absicherung wurden deshalb zusätzliche Messreihen jeweils mit $L_b/D_R = 1{,}5$ durchgeführt.

Die Messvorrichtung besteht aus einer oben offenen Glasröhre, die an ihrem unteren Ende einen gasdurchlässigen Anströmboden aufweist, dem ein in seiner Menge einstellbarer Gasstrom zugeführt wird. Gemessen werden der Gasstrom $\dot{V}_{F,0}$ im Ansaug- = Umgebungszustand, der Gasdruck p_{in} direkt über dem Gasverteilerboden und der Umgebungsdruck $p_0 = p_{out}$, hieraus folgt der Durchströmungsdruckverlust der Feststoff schüttung $(-\Delta p_R) = (p_{out} - p_{in})$ bei der aktuellen Betthöhe L_b. Das locker bis zum gewählten (L_b/D_R)-Verhältnis in die Messvorrichtung eingefüllte Schüttgut wird vorsichtig eingeebnet und dann schrittweise mit größer werdenden Gasströmen durchströmt. Dabei werden die oben genannten Messdaten aufgenommen. Überschreitung einer Grenzgeschwindigkeit, der sogenannten Lockerungsgeschwindigkeit, führt zur Ausbildung einer Wirbelschicht und zur Bettausdehnung. Die Kalibrierung der Ergun-Gleichung erfolgt nur mit den Messwerten des Festbettbereichs, d. h. bei ruhender Schüttung. Bei den hier durchgeführten Untersuchungen wurde Stickstoff N_2 als Gas verwendet.

Berechnungsansatz zur Auswertung der Modellversuche

Da aufgrund der relativ grobkörnigen Schüttgüter und der geringen Betthöhen nur kleine Druckverluste zu erwarten sind, wird das Gas als inkompressibel entsprechend der Gl. (4.3, 4.5) behandelt. Bezugszustand des Gases ist derjenige am Schüttungsaustritt (p_0, T_0). Der durch die Versuche ebenfalls mitgemessene Hubdruckverlust $(-\Delta p_{lift})$ wird als vernachlässigbar klein angesehen und bei der Versuchsauswertung vernachlässigt.

Die Gl. (4.3, 4.5) können somit auf den das durchströmte Partikelkollektiv kennzeichnenden Partikeldurchmesser

$$d^*_{S,SD} = \left(\psi \cdot d_{S,SD}\right) = 0{,}875 \cdot \frac{1-\varepsilon_F}{\varepsilon_F^3} \cdot \frac{\varrho_F \cdot v_F^2}{\frac{(-\Delta p_R)}{L_b}} \cdot \left(1 + \sqrt{1 + 195{,}92 \cdot \left(\frac{\varepsilon_F}{v_F}\right)^3 \cdot \frac{\eta_F}{\varrho_F^2} \cdot \frac{(-\Delta p_R)}{L_b}}\right) \tag{4.21}$$

umgestellt und mit den Messwerten der Durchströmungsversuche ausgewertet werden.

Versuchsergebnisse

Die Auswertung der Versuche wird nachfolgend beispielhaft anhand der Messserie ((Standardmaterial (8–32) mm, $L_b/D_R = 3$) dargestellt. Ein Vergleich und eine Diskussion der verschiedenen Messreihen erfolgen danach. Aus den Betriebs-/Messdaten folgt:

- Mess-/Bezugszustand:

$$T_0 = 288{,}5\,K,\; p_0 = 1{,}0\,bar$$

- Stickstoffdaten beim Zustand (T_0, p_0):

$$\varrho_F = 1{,}181 \frac{kg}{m^3}, \ \eta_F = 17{,}41 \cdot 10^{-6}\, Pa \cdot s$$

- Querschnittsfläche Glasrohr:

$$A_R = \frac{\pi}{4} \cdot D_R^2 = \frac{\pi}{4} \cdot \left(0{,}2892\, m\right)^2 = 0{,}065688\, m^2$$

- Leerrohr-Gasgeschwindigkeit:

$$v_F = \frac{\dot{V}_{F,0}}{A_R} = \frac{\dot{V}_{F,0}}{0{,}065688\, m^2}$$

- Feststoffeinwaage:

$$m_S = 87{,}988\, kg$$

- Einfüllhöhe:

$$L_b = 890\, mm \rightarrow \frac{L_b}{D_R} = \frac{890\, mm}{289{,}2\, mm} = 3{,}08$$

- Schüttgutdichte:

$$\varrho_b = \frac{m_S}{A_R \cdot L_b} = \frac{87{,}988\, kg}{0{,}065688\, m^2 \cdot 0{,}890\, m} = 1505 \frac{kg}{m^3}$$

- Relatives Lückenvolumen, mit $\varrho_P = \varrho_S$:

$$\varepsilon_F = 1 - \frac{\varrho_b}{\varrho_P} = 1 - \frac{1505 \frac{kg}{m^3}}{2710 \frac{kg}{m^3}} = 0{,}4446$$

- Gemessene Abhängigkeit des Druckverlusts von der Gasgeschwindigkeit:

  Diese ist in Abb. 4.6 dargestellt. Aufgetragen ist die auf die Schüttgutfüllhöhe L_b bezogene Druckdifferenz $(-\Delta p_R)$ als Funktion der Leerrohr-Gasgeschwindigkeit v_F. Wird der gemessene Kurvenverlauf durch eine Potenzfunktion ausgeglichen, ergibt sich eine Abhängigkeit $\left(-\Delta p_R / L_b\right) \propto v_F^{1{,}756}$. Da deren Exponent $n = 1{,}756 < 2{,}0$ ist, liegt noch keine komplett trägheitsdominierte Durchströmung vor, ein Zähigkeitseinfluss ist noch vorhanden. Dies rechtfertigt die Verwendung der (komplizierteren) vollständigen Ergun-Gleichung zur Versuchsauswertung, vgl. Gl. (4.3) und (4.21).

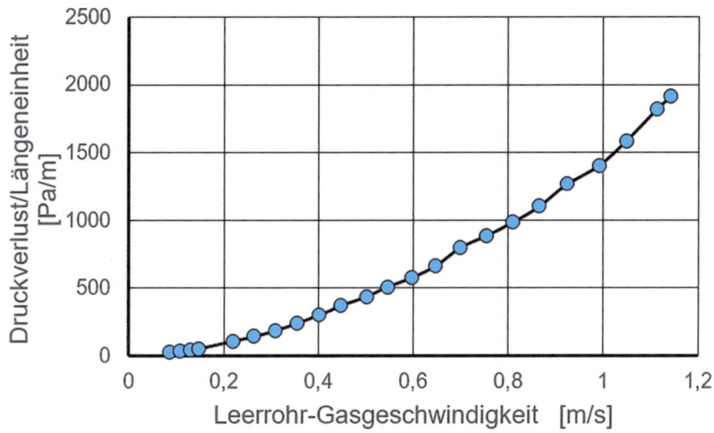

Abb. 4.6 Gemessene Abhängigkeit $(-\Delta p_R/L_b) = f(v_F)$, Schüttgut (8–32) mm, $L_b/D_R = 3{,}0$

Ermittlung des Partikeldurchmessers $d^*_{S,SD}$

$d^*_{S,SD}$ wird mittels Gl. (4.21) berechnet. Das soll anhand des Datensatzes einer Versuchseinstellung beispielhaft dargestellt werden. Mit den Messgrößen v_F = 0,5467 m/s und $(-\Delta p_R/L_b)$ = 507 Pa/m sowie den weiter oben zusammengestellten Betriebsdaten folgt aus Gl. (4.21):

$$d^*_{S,SD} = 0{,}875 \cdot \frac{1-0{,}4446}{0{,}4446^3} \cdot \frac{1{,}181\dfrac{kg}{m^3} \cdot \left(0{,}5467\dfrac{m}{s}\right)^2}{507\dfrac{Pa}{m}}$$

$$\cdot \left(1 + \sqrt{1 + 195{,}92 \cdot \left(\frac{0{,}4446}{0{,}5467\dfrac{m}{s}}\right)^3 \cdot \frac{17{,}41 \cdot 10^{-6}\, Pa \cdot s}{\left(1{,}181\dfrac{kg}{m^3}\right)^2} 507\frac{Pa}{m} \cdot}\right)$$

$$= 8{,}820 \cdot 10^{-3}\, m$$

Die derart berechneten $d^*_{S,SD}$-Werte der betrachteten Versuchsserie sind in Abb. 4.7 über der Gasgeschwindigkeit v_F dargestellt. Ihr arithmetischer Mittelwert beträgt $\overline{d}^*_{S,SD} = 9{,}083\, mm$, ihre Standardabweichung s_{SD} = 0,445 mm. Der Variationskoeffizient liegt somit bei $V_{SD} = s_{SD} / \overline{d}^*_{S,SD} = 0{,}445\, mm / 9{,}083\, mm \cdot 100\ \% = 4{,}90\ \%$, d. h. 68,3 % der Messwerte befinden sich innerhalb des Bereichs $\overline{d}^*_{S,SD} \pm 4{,}90\ \%$. Bei allen durchgeführten Versuchsserien wurden vergleichbare Variationskoeffizienten gefunden. Diese sind deutlich größer als bei entsprechenden Messungen an feinkörnigen Schüttgütern, vgl. z. B. [3].

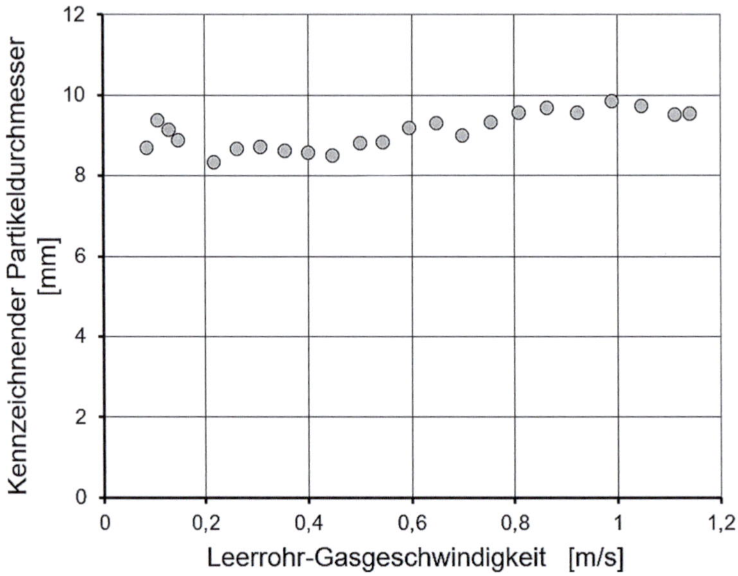

Abb. 4.7 Kennzeichnender Partikeldurchmesser $d^*_{S,SD}$, Schüttgut (8–32) mm, $L_b/D_R = 3{,}0$

Tab. 4.1 Zusammenfassung der Versuchsergebnisse

	Schüttgut (8–32) mm		Schüttgut (16–32) mm	
L_b/D_R	3,0	1,5	3,0	1,5
ϱ_b $[kg/m^3]$	1505	1502	1558	1553
ε_F [1]	0,4446	0,4459	0,4228	0,4248
$\overline{d}^*_{S,SD}$ $[mm]$	9,083	8,853	9,540	9,537
$\psi(d_{S,50})$ [1]	0,571	0,557	0,454	0,454

Vergleich der Versuchsserien

Tab. 4.1 fasst die wesentlichen Ergebnisse der verschiedenen Versuchsreihen zusammen. Diese sind in sich konsistent. Eine Ausnahme ist das Schüttgut (8–32) mm, bei dem sich für die beiden L_b/D_R-Verhältnisse unterschiedliche Durchmesser $\overline{d}^*_{S,SD}$ ergeben. Hier wurde als Ursache eine partielle Korngrößenentmischung durch die Handhabung des Versuchsmaterials festgestellt. Das ist auch in der Betriebsanlage möglich. Für die Druckverlustberechnung des Vorlagebehälters wird deshalb beim Schüttgut (8–32) mm der (→ ungünstigere) Partikeldurchmesser $\overline{d}^*_{S,SD} = 8{,}853\,mm$ verwendet. Die im Versuchsreaktor gemessenen Schüttgutdichten ϱ_b liegen in der Größenordnung der Rütteldichten ϱ_{SR}, die in einem Behälter mit dem Durchmesser $D_R = 500\ mm$ ermittelt wurden. Aufgrund der größeren Auflasten im Vorlagebehälter wird bei dessen Berechnung bei beiden Schüttgütern von der Annahme $\varrho_b \cong \varrho_{SR}$ ausgegangen. Wenn der Durchmesser $\overline{d}^*_{S,SD}$ vorliegt, kann dieser direkt in den weiteren Rechnungen verwendet werden. Eine Aufteilung in Formfaktor und Referenz-Partikeldurchmesser ist nicht erforderlich. In die Tab. 4.1 sind beispielhaft die auf die (→ einfacher als die Sauterdurchmesser zu ermittelnden) Mediandurchmesser $d_{S,50}$ bezogenen Formfaktoren

$$\psi\left(d_{S,50}\right) = \frac{\overline{d}^{*}_{S,SD}}{d_{S,50}} \tag{4.22}$$

aufgenommen. Diese liegen im erwarteten Bereich.

4.2.4 Druckverlustberechnung Vorlagebehälter

Das in den Vorlagebehälter eingefüllte Schüttgut bildet, je nach Art der Aufgabevorrichtung, einen oder mehrere Schüttkegel aus. Diese sollten so klein wie möglich gehalten werden, da sie zu einer Verstärkung der Ungleichverteilung des Gasstroms über den Behälterquerschnitt führen und die ohnehin vorhandene Randgängigkeit ($\varepsilon_F \rightarrow 1$ in Wandnähe) verstärken. Die nachfolgenden Berechnungen werden auf Grundlage einer horizontal eingeebneten Schüttgutoberfläche durchgeführt und anhand des Schüttguts (8–32) mm dargestellt. Da die Betriebsdaten am Gasaustritt H_Z aus dem Schüttgut vorgegeben sind ($v_{F,Z} = 0{,}40\ m/s$, $p_Z = 1{,}0\ bar$, $T_F = T_S = 423\ K$, $\varrho_{F,Z} = 0{,}823\ kg/m^3$), startet die Auslegung von der freien Schüttgutoberfläche aus, vgl. Abb. 4.5. Es wird kompressibel gerechnet.

Zylindrischer Behälterteil

- Relatives Lückenvolumen, ermittelt mit $\varrho_P = \varrho_S$ und $\varrho_b = \varrho_{SR}$:

$$\varepsilon_F = 1 - \frac{\varrho_b}{\varrho_P} = 1 - \frac{1590\,\frac{kg}{m^3}}{2710\,\frac{kg}{m^3}} = 0{,}4133$$

- Konstanten f_1 und f_2, Gl. (4.3a, 4.3b):

$$f_1 = 150 \cdot \frac{\left(1-0{,}4133\right)^2}{0{,}4133^3} \cdot \frac{24{,}07 \cdot 10^{-6}\ Pa \cdot s}{\left(8{,}853 \cdot 10^{-3}\ m\right)^2} = 224{,}6065\,\frac{Pa \cdot s}{m^2}$$

$$f_2 = 1{,}75 \cdot \frac{\left(1-0{,}4133\right)}{0{,}4133^3} \cdot \frac{1}{8{,}853 \cdot 10^{-3}\ m} = 1642{,}7348\,\frac{1}{m}$$

- Berechnung des Durchströmungsdruckverlusts ($-\Delta p_R$) mit Gl. (4.8):

$$-\Delta p_R = 1\cdot 10^5 \frac{N}{m^2} \cdot \left[\sqrt{1 + \frac{2\cdot\left(224{,}6065 \frac{Pa\cdot s}{m^2}\cdot 0{,}40\frac{m}{s} + 1642{,}7348\frac{1}{m}\cdot 0{,}823\frac{kg}{m^3}\cdot\left(0{,}40\frac{m}{s}\right)^2\right)}{1\cdot 10^5 \frac{N}{m^2}}\cdot 4{,}0\,m} - 1 \right] = 1217{,}2\,Pa$$

- Durch ($-\Delta p_R$) verursachter Eingangszustand in den zylindrischen Behälterteil:
  Druck: $p_{in} = p_Z + (-\Delta p_R) = 100000\ Pa + 1217{,}2\ Pa = 101217{,}2\ Pa$,
  Gasgeschwindigkeit: $v_{F,\,in} = v_{F,\,Z} \cdot p_Z/p_{in} = 0{,}40 m/s \cdot 100000\ Pa/101217{,}2\ Pa = 0{,}3952\ m/s$,
  Gasdichte: $\varrho_{F,\,in} = \varrho_{F,\,Z} \cdot p_{in}/p_Z = 0{,}823\ kg/m^3 \cdot 101217{,}2\ Pa/100000\ Pa = 0{,}833\ kg/m^3$.
- Zusatzdruckverlust durch Gasbeschleunigung und -hub, Gl. (4.19):
  Mit $u_F = v_F/\varepsilon_F$ folgt: $u_{F,\,out} = u_{F,\,Z} = v_{F,\,Z}/\varepsilon_F = 0{,}40\ m/s/0{,}4133 = 0{,}9678\ m/s$,
  $u_{F,\,in} = v_{F,\,in}/\varepsilon_F = 0{,}3952 m/s/0{,}4133 = 0{,}9562 m/s$,

$$\varrho_{F,Ber} = \sqrt{\varrho_{F,Z}\cdot\varrho_{F,in}} = \sqrt{0{,}823\,kg/m^3\cdot 0{,}833\,kg/m^3} = 0{,}828\,kg/m^3,$$

$$-\Delta p_{Ber} = 0{,}828\frac{kg}{m^3}\cdot\left[\frac{1}{2}\cdot\left(\left(0{,}9678\frac{m}{s}\right)^2 - \left(0{,}9562\frac{m}{s}\right)^2\right) + 9{,}81\frac{m}{s^2}\cdot 4{,}0\,m\right] = 32{,}5\,Pa$$

- Eine Korrektur der Eingangsdaten in den zylindrischen Behälterteil ist nicht zwingend erforderlich, da ($-\Delta p_{Ber}$) im Bereich der Messunsicherheiten liegt. Sie wird im Folgenden aber berücksichtigt. Für den Betriebszustand am Übergang Zylinder-Konus gilt somit:
  $p_{tot,\,K} = p_{in} + (-\Delta p_{Ber}) = 101217{,}2\ Pa + 32{,}5\ Pa = 101249{,}7\ Pa$,
  $\varrho_{F,\,K} = \varrho_{F,\,Z} \cdot p_{tot,\,K}/p_Z = 0{,}823\ kg/m^3 \cdot 101249{,}7\ Pa/100000\ Pa = 0{,}833\ kg/m^3$,
  $v_{F,\,K} = v_{F,\,Z} \cdot p_Z/p_{tot,\,K} = 0{,}40\ m/s \cdot 100000\ Pa/101249{,}7\ Pa = 0{,}3951\ m/s$.

Konischer Behälterteil

- Die Konstanten f_1 und f_2, Gl. (4.3a, 4.3b), sind identisch mit denjenigen des Zylinderteils.
- Berechnung des Durchströmungsdruckverlusts ($-\Delta p_R$) mittels Gl. (4.10). Mit den Hilfsgrößen $D_Z/(D_Z - D_K) = 1{,}50\ m/(1{,}50\ m - 0{,}50\ m) = 1{,}50$, sowie $(D_Z/D_K - 1) = (1{,}50\ m/0{,}50\ m - 1) = 2{,}0$ und $((D_Z/D_K)^3 - 1) = ((1{,}50\ m/0{,}50\ m)^3 - 1) = 26{,}0$ folgt aus Gl. (4.10):

$$-\Delta p_R = 101249{,}7\,Pa \cdot \left[\sqrt{1+2\cdot 1{,}50\cdot\frac{224{,}6065\frac{Pa\cdot s}{m^2}\cdot 2{,}0\cdot 0{,}3951\frac{m}{s}+\frac{1}{3}\cdot 1642{,}7348\frac{1}{m}\cdot 26{,}0\cdot 0{,}833\frac{kg}{m^3}\cdot\left(0{,}3951\frac{m}{s}\right)^2}{101249{,}7\,Pa}\cdot 1{,}50\,m}-1\right] = 4466{,}3\,Pa$$

- Durch $(-\Delta p_R)$ verursachter Eingangszustand in den konischen Behälterteil:
  Druck: $p_{in} = p_{tot,K} + (-\Delta p_R) = 101249{,}7\ Pa + 4466{,}3 Pa = 105716{,}0\ Pa$,
  Gasgeschwindigkeit: $v_{F,in} = v_{F,K} \cdot (D_Z/D_K)^2 \cdot p_{tot,K}/p_{in} = 0{,}3951 m/s \cdot (1{,}50\ m/0{,}50\ m)^2 \cdot 101249{,}7\ Pa/105716{,}0\ Pa = 3{,}4057\ m/s$,
  Gasdichte: $\varrho_{F,in} = \varrho_{F,K} \cdot p_{in}/p_{tot,K} = 0{,}833\ kg/m^3 \cdot 105716{,}0\ Pa/101249{,}7\ Pa = 0{,}870\ kg/m^3$.
- Zusatzdruckverlust durch Gasbeschleunigung und -hub, Gl. (4.19):
  Mit $u_F = v_F/\varepsilon_F$ folgt: $u_{F,out} = u_{F,K} = v_{F,K}/\varepsilon_F = 0{,}3951\ m/s/0{,}4133 = 0{,}9560\ m/s$,
  $u_{F,in} = v_{F,in}/\varepsilon_F = 3{,}4057\ m/s/0{,}4133 = 8{,}2403\ m/s$,

$$\varrho_{F,Ber} = \sqrt{\varrho_{F,K}\cdot\varrho_{F,in}} = \sqrt{0{,}833\,kg/m^3\cdot 0{,}870\,kg/m^3} = 0{,}851\,kg/m^3,$$

$$-\Delta p_{Ber} = 0{,}851\frac{kg}{m^3}\cdot\left[\frac{1}{2}\cdot\left(\left(0{,}9560\frac{m}{s}\right)^2-\left(8{,}2403\frac{m}{s}\right)^2\right)+9{,}81\frac{m}{s^2}\cdot 1{,}5\,m\right] = -16{,}0\,Pa$$

  → Aus der starken Geschwindigkeitsabnahme des Gases in Strömungsrichtung resultiert ein Druckrückgewinn.
- Für den Betriebszustand am Konuseinlauf gilt somit:
  $p_{tot,0} = p_{in} + (-\Delta p_{Ber}) = 105716{,}0\ Pa + (-16{,}0\ Pa) = 105700{,}0\ Pa$,
  $\varrho_{F,0} = \varrho_{F,K} \cdot p_{tot,0}/p_{tot,K} = 0{,}833\ kg/m^3 \cdot 105700{,}0\ Pa/101249{,}7\ Pa = 0{,}870\ kg/m^3$,
  $v_{F,0} = v_{F,in} \cdot p_{in}/p_{tot,0} = 3{,}4057\ m/s \cdot 105716{,}0\ Pa/105700{,}0\ Pa = 3{,}4062\ m/s$.
  Korrekturen sind nicht erforderlich.

Zusammenfassung Schüttgut (8–32) mm

- Druck am Konuseinlauf: $p_{tot,0} = 105700{,}0\ Pa$,
- Druckdifferenz über die gesamte Schüttgutfüllung: $(-\Delta p_{tot}) = (p_{tot,0} - p_Z) = (105700{,}0 - 100000{,}0)\ Pa = 5700{,}0\ Pa$,
- Erforderlicher Gasvolumenstrom im Zustand (T = 423 K, p = 1,0 bar): $\dot{V}_{F,Z} = \pi/4\cdot D_Z^2\cdot v_{F,Z} = \pi/4\cdot(1{,}5\,m)^2\cdot 0{,}40\,m/s = 0{,}707\,m^3/s$, zugehöriger Gasmassenstrom: $\dot{m}_F = \dot{V}_{F,Z}\cdot\varrho_{F,Z} = 0{,}707\,m^3/s\cdot 0{,}823\,kg/m^3 = 0{,}582\,kg/s = 2094\,kg/h$.

Vergleich mit Schüttgut (16–32) mm

Dieses als Alternativmaterial bezeichnete Schüttgut weist einen größeren kennzeichnenden Partikeldurchmesser $\bar{d}^*_{S,SD} = 9{,}540\,mm$ und mit $\varepsilon_F = 0{,}4185$ ein ebenfalls größeres relatives Lückenvolumen als das Standardmaterial (8–32) mm (→ $\bar{d}^*_{S,SD} = 8{,}853\,mm$,

ε_F = 0,4133) auf. Hieraus resultieren kleinere Konstanten f_1 und f_2, Gl. (4.3a, 4.3b), und somit, wie zu erwarten und wie auch die Berechnungen zeigen, ein geringerer Bettdruckverlust von $(-\Delta p_{tot})$ = 5015,2 *Pa* verglichen mit den $(-\Delta p_{tot})$ = 5700,0 *Pa* des Standardprodukts. Der Gasstrom $\dot{m}_F$ bleibt unverändert. Durch Abtrennen des „Feinanteils" des Standardmaterials könnte also der Druckverlust der Schüttung verringert werden. Ob das eine entsprechende Vorbehandlung des Materials rechtfertigt, kann nur eine Wirtschaftlichkeitsrechnung zeigen.

Kritischer für die Anlage bzw. den Druckerzeuger des Systems wäre eine den Druckverlust erhöhende Zunahme des Feinanteils im Produkt. Die dem Vorlage-/Konditionierbehälter vorgeschalteten Anlagenbereiche sollten deshalb kritisch hinsichtlich einer möglichen Verursachung von Korngrößenveränderungen beurteilt/untersucht werden. Allerdings stellt der Vorlagebehälter selbst, aufgrund der anfänglichen Fall-/Aufprallhöhe von $(\Delta H_Z + \Delta H_K) \cong (4{,}00 + 1{,}50)\ m = 5{,}50\ m$, eine solche Gefahrenquelle dar. Um diese zu beseitigen, könnte die Schüttgutzufuhr durch ein zunächst auslaufseitig, z. B. mittels eines Konus, geschlossenes Teleskoprohr erfolgen: Zur Vorbehälterbefüllung senkt sich dieses dann bis etwa in die Höhe des Gasverteilers ab, öffnet den Auslass und wird danach wieder langsam nach oben zum Vorbehältereinlauf gezogen. Dies würde auch eine Korngrößenentmischung des Schüttguts verringern. Fall-/Prallversuche zur Untersuchung der Auswirkungen der vorgegebenen Fallhöhe auf die resultierende Korngrößenverteilung sind ebenfalls möglich. Alternativ wäre auch die Umstellung des Verfahrens von batchweisem auf kontinuierlichen Betrieb mit einem aufgrund der dann gegenläufigen Gas-/Feststoffströmung erhöhten Druckverlust denkbar. Alles das sollte dem Kunden/Anlagenbetreiber mitgeteilt und mit ihm diskutiert werden. Über die Konsequenzen hinsichtlich Betriebssicherheit und Anlagenkosten muss dieser entscheiden.

4.2.5 Ergänzende Hinweise

Abb. 4.5 zeigt, dass das Spülgas dem Vorbehälter über einen vertikal angeordneten, zylinderförmigen Begasungsboden zugeführt wird. Zum einen muss dessen Bauhöhe ΔH_V für den vorgegebenen Gasmassenstrom $\dot{m}_F = 0{,}582\,kg\,/\,s$ bei den vorliegenden Betriebsbedingungen ermittelt werden, wobei sich ΔH_V mit zunehmender spezifischer Gasdurchlässigkeit $\dot{q}_F = \dot{V}_F\,/\,A_V$ des Verteilerbodens = kleinerem Verteilerdruckverlust $(-\Delta p_V)$ verringert, Andererseits soll eine über ΔH_V weitestgehend gleichmäßig verteilte Gaszufuhr gewährleistet sein, was sich nur durch eine geringe spezifische Gasdurchlässigkeit = größerem Verteilerdruckverlust $(-\Delta p_V)$ realisieren lässt. Dem Bearbeiter stellt sich hiermit eine Optimierungsaufgabe. $(-\Delta p_V)$ sollte mindestens den 2-fachen Wert des Druckverlusts $\left(-\Delta p_{\Delta H_V}\right)$ der Durchströmungstrecke ΔH_V aufweisen.

Der Markt bietet für die vorliegende Aufgabenstellung eine Reihe unterschiedlicher Konfigurationen des Gasverteilerbodens an: Aufgrund des relativ großen spezifischen Gasvolumenstroms, der hohen Temperatur und des zu erwartenden sehr abrasiven Verhaltens der vorliegenden Schüttgüter, sollte ein metallischer Verteilerboden eingesetzt werden. Geeignet sind Metallgewebe unterschiedlicher Lagenzahl oder spezielle Lochbleche mit verschiedenen Lochabmessungen, mit denen es möglich ist, die spezifische Gasdurchlässigkeit bzw. den Gasdruckverlust des Bodens relativ variabel einzustellen. Die Druckverlustberechnung des Vorlagebehälters muss somit den Verteilerdruckverlust ($-\Delta p_V$) ebenso berücksichtigen wie denjenigen $\left(-\Delta p_{\Delta H_V}\right)$ der durchströmten Schüttungshöhe ΔH_V, der mit den in Abschn. 4.2.1 beschriebenen Methoden abgeschätzt werden kann (→ mögliche Annahmen: Lineare Zunahme der vertikalen Gasgeschwindigkeit entlang ΔH_V oder konstante Gasgeschwindigkeit entlang ΔH_V berechnet aus $\dot{m}_F$ -Zuführung am unteren Austrag → enthält Sicherheiten).

Beachtet werden sollte auch die Gasdichtheit der Armatur/der Austragsvorrichtung unter dem Gasverteilers: Ist diese nicht gasdicht und unterhalb der Austragsvorrichtung herrscht Umgebungsdruck, dann muss der Spülgasstrom um den jeweiligen Leckagegasstrom erhöht werden.

Eine Fluidisation des Schüttguts tritt im vorliegenden Betriebsfall nicht ein. Hierzu wäre es erforderlich, dass die Druckdifferenz des Gases bei der Durchströmung der Schüttung den Wert des Schüttgutgewichts/Querschnittsfläche des Behälters Δp_{WS} überschreitet, d. h.

$$\Delta p_{WS} \geq \frac{\Delta m_S \cdot g}{A_R} = H_{tot} \cdot \varrho_b \cdot g \tag{4.23}$$

Für das Schüttgut (8–32) mm gilt:

$$\Delta p_{tot,0} = 5700\,Pa < \Delta p_{WS} = H_{tot} \cdot \varrho_b \cdot g = \left(4{,}00 + 1{,}50\right) m \cdot 1590 \frac{kg}{m^3} \cdot 9{,}81 \frac{m}{s^2} = 85788\,Pa$$

Anmerkung Die Schwankungsbreite des durch die Durchströmungsversuche ermittelten kennzeichnenden Partikeldurchmessers $\overline{d}^*_{S,SD}$ war bei den hier untersuchten grobkörnigen Schüttgütern deutlich größer als bei vergleichbaren Untersuchungen feinkörniger Produkte, vgl. z. B. [3]. Dies wird wesentlich auf das im Versuch realisierte, zu kleine Verhältnis $D_R/d_{S,\,max} < 10$ und den daraus folgenden Einflüssen der Randgängigkeit bzw. der Partikelanordnung und -umordnung in Wandnähe zurückgeführt (→ Auswirkungen des Einfüllvorgangs!). Auf die Einhaltung angemessener Rahmenbedingungen bei derartigen Versuchen ist somit unbedingt zu achten.

4.3 Berechnungsbeispiel 3: Verfahrenstechnische Silodimensionierung

Eine neue Mahlanlage soll mit einem feuchten Titanerz-Rohgut aus einem vorhandenen Vorbehälter beschickt, das gemahlene Feingut einem neu zu erstellenden Silo und von dort dosiert dem nachfolgenden Prozess zugeführt werden. Für eine stabile Prozessführung sind sowohl der Mahlanlagen-Vorbehälter als auch das nachgeschaltete Silo als Massenflusssilos auszuführen. Die diesbezügliche Eignung des vorhandenen Vorbehälters ist zu überprüfen und das Mahlgutsilo entsprechend zu dimensionieren. Beim Vorbehälter handelt es sich um einen Schlitzbunker, das Mahlgutsilo soll als zylindrischer Behälter mit untergesetztem Austragskonus ausgeführt werden. Bei beiden Behältern sind Lagerzeiten ohne jede Schüttgutbewegung von bis zu 72 *h* zu berücksichtigen.

4.3.1 Theoretische Grundlagen

Jenike und Mitarbeiter/Nachfolger haben Ansätze aus der Bodenmechanik und der Plastizitätslehre auf die speziellen Bedingungen von (feinkörnigen) Schüttgütern in Silos angewendet. Die daraus resultierende Theorie [4, 5, 12, 13] beschreibt unter vereinfachenden, für die Praxis i. Allg. ausreichend genauen Annahmen, die Spannungen und Schüttgutbewegungen in Silos unterschiedlichster Geometrie und Größe und liefert Auslegungsvorschriften, mit denen diese Silos verfahrenstechnisch so dimensioniert werden können, dass der in ihnen gelagerte Feststoff ohne Störungen ausfließen kann. Des Weiteren wurde von Jenike eine geeignete (→ inzwischen weiterentwickelte) Messvorrichtung inklusive einer sinnvollen Messprozedur zur Ermittlung der für die Anwendung der Theorie erforderlichen Schüttgut-Kenngrößen bereitgestellt.

Nachfolgend werden in kompakter Form zunächst die in einem mit Schüttgut befüllten Silo auftretenden Kräfte bzw. Spannungen und daraus resultierende Konsequenzen dargestellt. Darauf aufbauend wird das Silo-Auslegungsverfahren nach Jenike in seinen Grundzügen beschrieben. Seine praktische Anwendung erfolgt dann im Rahmen der Dimensionierung der beiden Titanerz-Lagerbehälter.

Abweichend von den sonst üblichen Vorzeichenregelungen werden Druckspannungen, Schüttgutverdichtungen usw. als positive, Zugspannungen, Ausdehnungen usw. als negative Größen definiert.

Spannungsübertragung

Die Kraftübertragung in Schüttgütern liegt zwischen derjenigen in Flüssigkeiten und in Festkörpern. Zur Beschreibung ist der sogenannte Ruhedruckbeiwert K_0 geeignet [14]: Ein Volumenelement des jeweils betrachteten Materials in einem ungestörten unendlichen Halbraum, vgl. Abb. 4.8, wird in vertikaler z-Richtung durch das aufliegende Stoffgewicht mit $\sigma_Z = F_G/\Delta A = \varrho_b \cdot g \cdot z$ belastet und überträgt als Folge in horizontaler x-Richtung die Spannung $\sigma_X = F_X/\Delta A$. Die genannten Spannungen sind gleichzeitig Hauptspannungen (→ $\sigma_1 \geq \sigma_2 \geq \sigma_3$), d. h. die Schnittebenen sind schubspannungsfrei. Für den Ruhedruckbeiwert gilt:

$$K_0 = \frac{\sigma_X}{\sigma_Z} = \frac{\sigma_3}{\sigma_1} \tag{4.24}$$

Abb. 4.8 Ruhedruckbeiwert K_0

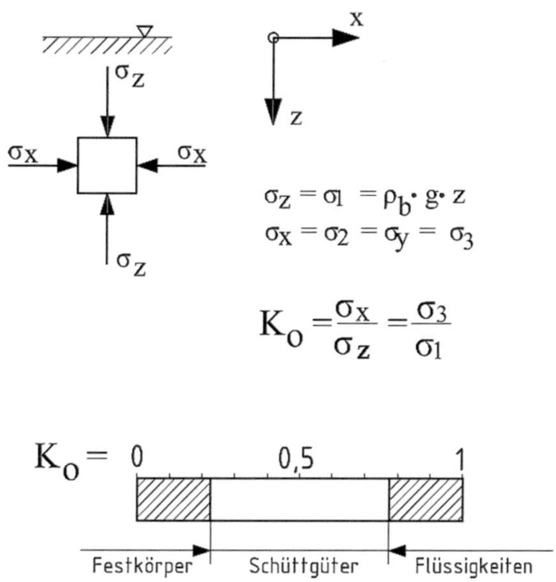

Je größer der innere Zusammenhalt eines Materials, d. h. dessen Kohäsivität ist, umso geringer wird bei gegebenem σ_Z der resultierende Wert von σ_X bzw. von K_0. Hieraus folgt:

Ideale (Newtonsche) Flüssigkeit:	$K_0 = 1 \Rightarrow \sigma_X = \sigma_Z$, hydrostatischer Spannungszustand,
Ideal starrer Festkörper:	$K_0 = 0 \Rightarrow \sigma_X = 0$,
Schüttgut:	$0 \le K_0 \le 1 \Rightarrow 0 \le \sigma_X \le \sigma_z$, übliche Werte: $K_0 \cong 0{,}4 - 0{,}6$

mit den Schüttgut-Grenzzuständen:

Fluidisiertes Schüttgut:	$K_0 \rightarrow 1 \Rightarrow \sigma_X \rightarrow \sigma_Z$,
Schüttgut stark gepresst:	$K_0 \rightarrow 0 \Rightarrow \sigma_X \rightarrow 0$, z. B. Brikett, Tablette.

Schüttgüter übertragen somit Spannungen senkrecht zu ihrer Belastungsrichtung. K_0 verringert sich mit zunehmendem inneren Reibungswinkel φ_i zwischen den Schüttgutpartikeln.

Es gilt:

$$K_0 \cong 1 - \sin \varphi_i \tag{4.25}$$

Box 4.1 Berechnungsansatz nach Janssen

Gleichgewichtsbedingung an einem Scheibenelement, vgl. Abb. 4.9:

$$\sum F_Z = 0 \rightarrow F_Z + F_G - (F_Z + dF_Z) - F_W = 0 \rightarrow dF_Z = F_G - F_W$$

Mit:

$$\mu_W = \tan\varphi_W = \frac{F_W}{F_X} = \frac{\tau_W}{\sigma_X}, \quad K = \frac{\sigma_X}{\sigma_Z} < 1, \quad F_Z = A \cdot \sigma_Z, \quad dF_Z = A \cdot d\sigma_Z, \quad F_G = \varrho_b \cdot g \cdot A \cdot dz$$

sowie

$$F_X = \sigma_X \cdot U \cdot dx = K \cdot \sigma_Z \cdot U \cdot dx, \quad F_W = \tan\varphi_W \cdot F_X = \tan\varphi_W \cdot K \cdot \sigma_Z \cdot U \cdot dx$$

folgt daraus die Differenzialgleichung:

$$\frac{d\sigma_Z}{dz} = \varrho_b \cdot g - \frac{U}{A} \cdot K \cdot \tan\varphi_W \cdot \sigma_Z \tag{4.26}$$

Deren Lösung für die Randbedingung ($z = 0 \rightarrow \sigma_Z = 0$) lautet:

$$\sigma_Z = \frac{\varrho_b \cdot g}{K \cdot \tan\varphi_W} \cdot \frac{A}{U} \cdot \left\{1 - \exp\left(-K \cdot \tan\varphi_W \cdot \frac{U}{A} \cdot z\right)\right\} \tag{4.27}$$

Aus $z \rightarrow \infty$ resultiert für σ_Z der Grenzwert

$$\sigma_Z \rightarrow \sigma_{Z,\infty} = \frac{\varrho_b \cdot g}{K \cdot \tan\varphi_W} \cdot \frac{A}{U} \tag{4.27a}$$

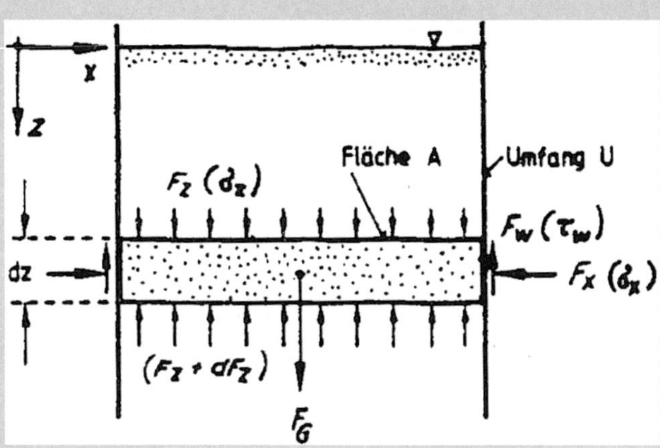

Abb. 4.9 Kräfte- (Spannungs-) Bilanz an einem Scheibenelement im Silo

Für die Abhängigkeiten $\sigma_X(z)$ und $\tau_W(z)$ gilt dann:

$$\sigma_X(z) = K \cdot \sigma_Z(z) \tag{4.28}$$

$$\tau_W(z) = \tan\varphi_W \cdot K \cdot \sigma_Z(z) \tag{4.29}$$

In einem durch Seitenwände begrenzten Raum, u. a. in Silos, führt das zu Normalspannungen σ_X auf dessen Seitenwände und damit zu Schubspannungen $\tau_W = \mu_W \cdot \sigma_X = \mu_W \cdot K \cdot \sigma_Z$, mit: μ_W = Wandreibungsbeiwert, K = Horizontallastverhältnis, die der Belastungsrichtung entgegen gerichtet sind. Die Druckverläufe im Schüttgut in einem Silo mit konstantem Behälterquerschnitt A werden qualitativ richtig durch den klassischen Ansatz von Janssen [15] beschrieben. Dessen Herleitung ist in Box 4.1 dargestellt. Unter Annahme einer über den Behälterquerschnitt A konstanten Vertikalspannung σ_Z wird an einem Scheibenelement in der Schüttguttiefe z das Kräftegleichgewicht in vertikaler Richtung aufgestellt. Ein zunehmender Anteil des Gutgewichts F_G stützt sich dabei entlang der Höhe z über Schubspannungen τ_W an der Silowand ab. Die Integration der resultierenden Differenzialgleichung (4.26) für die vorgegebene Randbedingung sowie die Annahme einer konstanten, von der Belastung unabhängigen Schüttgutdichte ϱ_b und konstanter Werte der Größen K und $\tan\varphi_W$ liefert den Verlauf der Vertikalspannung σ_Z über die Silohöhe z, Gl. (4.27). σ_Z strebt exponentiell dem Grenzwert $\sigma_{Z,\infty}$, Gl. (4.27a), zu, bei dem das Gewicht des Scheibenelements gerade durch die Wandreibung getragen wird, vgl. das Berechnungsbeispiel in Abb. 4.10. Die Verläufe der Horizontalspannung σ_X und der Wandschubspannung τ_W sind durch die Gl. (4.28, 4.29) definiert. Bezogen auf ihren jeweiligen Grenzwert bei $z = \infty$ werden die drei Kurvenverläufe in Abb. 4.10 durch die gleiche Funktion $\sigma_Z/\sigma_{Z,\infty} = \sigma_X/\sigma_{X,\infty} = \tau_W/\tau_{W,\infty} = 1 - exp(-K \cdot \tan\varphi_W \cdot (U/A) \cdot z)$ beschrieben. σ_Z ist immer

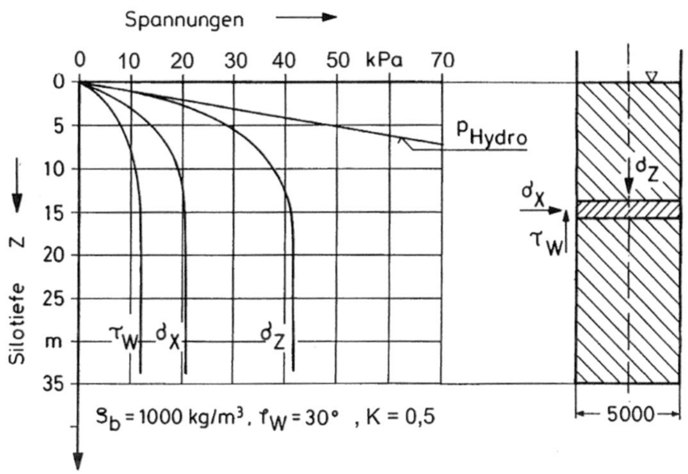

Abb. 4.10 Spannungen in einem Silo konstanten Querschnitts entsprechend dem Ansatz nach Janssen

kleiner als der hydrostatische Druck $p_{Hydro} = g \cdot \varrho_b \cdot z$ einer Flüssigkeit mit der Dichte ϱ_b. Die Form des Siloquerschnitts geht über das Verhältnis Querschnittsfläche A zu Behälterumfang U = hydraulischer Radius R_{Hydro} in die Rechnung ein, d. h. für kreisförmige oder quadratische Behälter gilt $(A/U) = D/4$, D = Durchmesser bzw. Seitenlänge des Behälters, für Schlitzbunker mit der Länge $L \gg$ Schlitzbreite B folgt $(A/U) = B/2$ usw. Einführen von R_{Hydro} in Gl. (4.27a) zeigt, dass die Maximalspannungen in einem Silo proportional zur kennzeichnenden Querschnittsabmessung anwachsen. Für zylindrische Silos gilt somit:

$$\sigma_Z, \sigma_X, \tau_W \propto g \cdot \varrho_b \cdot D \tag{4.30}$$

Konsequenz: Schüttgutsilos für ein vorgegebenes Füllvolumen werden mit großem $\left(Höhe\ H / Durchmesser\ D\right)$-Verhältnis ausgeführt, Flüssigkeitsbehälter/-tanks hingegen mit Werten in der Größenordnung von $(H/D) \lesssim 1$.

K_0 und K sind nicht identisch, da in einem Silo die Hauptspannung σ_1 nur entlang der Symmetrieachse mit der Spannung σ_Z übereinstimmt, in Wandnähe aber aufgrund der dort wirkenden Schubspannung τ_W gegen diese geneigt ist. K kann gemessen werden [16], eine Näherung liefert Gl. (4.25). Der Wandreibungswinkel φ_W ist ebenfalls über Messungen, siehe unten, zugänglich.

Das Berechnungsverfahren nach Janssen gilt nicht für konvergente Austragstrichter. Für diese wurden analoge Ansätze entwickelt, vgl. z. B. [17–19].

Aktiver und passiver Spannungszustand:
Der Janssen-Ansatz beschreibt den Spannungszustand in einem Silo nach dessen Befüllung ohne Produktabzug. Dieser Füllzustand wird als **aktiver oder statischer Spannungszustand** bezeichnet. Während des Befüllens eines Behälters stützt sich das eingetragene Schüttgut auf den darunter liegenden Materialschichten ab. Die Belastung erfolgt allein durch dessen Eigengewicht und wirkt in Richtung der Schwerkraft z. Das Schüttgut wird somit in dieser Richtung verdichtet. In Abb. 4.11a sind die Trajektorien der größten Hauptspannung σ_1 schematisch dargestellt. Sie verlaufen weitestgehend vertikal: Entlang der Symmetrieachse des Silos exakt ($\rightarrow \sigma_1 = \sigma_Z$), an der Silowand zu dieser hin geneigt ($\rightarrow \sigma_1 \neq \sigma_Z$), d. h. der Spannungszustand über den Behälterquerschnitt ist nicht konstant.

Abb. 4.11a zeigt im rechten Teil die im aktiven Spannungszustand vom Schüttgut auf die Silowand und umgekehrt ausgeübte Normalspannung σ_W. Deren Verlauf folgt im Vertikalteil dem Ansatz von Janssen. Im konvergenten Austragstrichter kommt es nur bei sehr kleinen Öffnungswinkeln zu einem Abfall der Spannung σ_W zur Trichterspitze hin (→ gestrichelte Kurve), bei größeren Öffnungswinkeln steigt σ_W weiter an (→ durchgezogene Kurve). Abweichende Zustände/Spannungen können sich beim Befüllen eines Silos mit großem Impuls (→ grobkörniges Schüttgut, große Fallhöhe, hohe Füllgeschwindigkeit) oder bei Einlagerung eines sehr langsam entlüftenden feinkörnigen Produkts mit großem Befüllungsmassenstrom (→ behinderte Entgasung, Fluidisation) einstellen. Im ersten Fall ist eine zusätzliche Verdichtung, im zweiten ein zeitlich begrenztes flüssigkeitsähnliches Verhalten möglich, vgl. auch Abschn. 2.3.1.

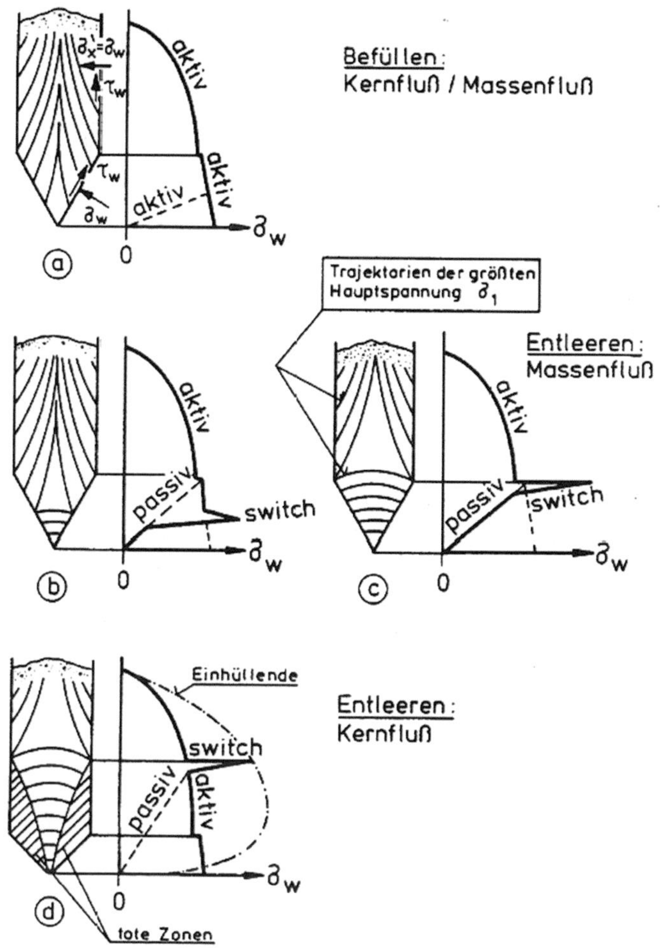

Abb. 4.11 Qualitative Verläufe der Spannungen in Massenfluss- und Kernflusssilos beim Befüllen und Entleeren → aktiver und passiver Spannungszustand

Der beschriebene „aktive" Spannungszustand bleibt bis zum ersten Produktabzug erhalten und stellt sich sowohl in Massenfluss- als auch Kernflusssilos ein.

Nach Öffnen des Siloauslasses, d. h. mit beginnendem Produktabzug, wird das Schüttgut in Fließrichtung, d. h. vertikal, entlastet und in konvergenten Austragstrichtern aufgrund des sich verkleinernden Fließkanalquerschnitts gleichzeitig horizontal verdichtet. Entsprechend verlaufen beim Produktabzug in konvergenten Fließkanälen die Trajektorien der größten Hauptspannung σ_1 überwiegend horizontal, vgl. Abb. 4.11b, 4.11c und 4.11d. Es bildet sich das sogenannte „radiale Spannungsfeld" aus [5], bei dem die Spannungen im Austragstrichter (annähernd) proportional zum Abstand von der Trichterspitze, dort mit $\sigma = 0$ beginnend, anwachsen. Die Spannungen dieses **passiven oder dynamischen Spannungszustands**, z. B. die Wandnormalspannungen σ_W, sind signifikant niedriger als diejenigen des aktiven Spannungsfelds. Der passive Spannungszustand bleibt nach einer Unterbrechung des Produktabzugs/Schließen des Siloauslasses bis zum nächsten Abzug erhalten, wird also quasi eingefroren.

Auf Massenfluss- und Kernflusssilos wirkt sich der Produktabzug unterschiedlich aus. Es wird zunächst ein Massenflusssilo betrachtet, Abb. 4.11b und 4.11c. Der sich ausbildende Fließkanal entspricht somit der Behälterkontur, vgl. auch Abschn. 2.3.1 und Abb. 2.14. Nach Einsetzen des Schüttgutabflusses baut sich, ausgehend von der Spitze/Abzugsöffnung des Austragstrichters, das passive Spannungsfeld auf, Abb. 4.11b. Im Endzustand füllt es den gesamten konvergenten Silotrichter aus und endet am Übergang vom Silotrichter zum vertikalen Siloschuss, Abb. 4.11c. Der aktive Spannungszustand im Vertikalteil des Behälters bleibt dabei erhalten. Da sich das passive Spannungsfeld durch geringere Wandnormalspannungen σ_W als das aktive auszeichnet, das Gewicht der Bunkerfüllung jedoch weiterhin getragen werden muss, kommt es, um das Kräftegleichgewicht zu erhalten, am Übergang passiv/aktiv zu einer hohen örtlichen Spannungsspitze (→ switch). Diese durchläuft beim Anfahren den Auslauftrichter, erreicht ihren Maximalwert am Übergang zum Vertikalteil des Silos und bleibt dort lokal fixiert.

In einem Kernflusssilo, Abb. 4.11d, ist die Kontur des Fließkanals nicht mit derjenigen des Behälters identisch. Der Fließkanal bildet sich im eingelagerten Schüttgut aus und ist ganz oder teilweise von toten = unbewegten Materialzonen umgeben. Bei der Produktentnahme laufen in diesem (konvergenten) Fließkanal die gleichen Vorgänge wie im Auslauftrichter eines Massenflusssilos ab. Die durchlaufende Spannungsspitze/der Switch trifft jedoch, anders als beim Massenflusssilo, nicht direkt auf die Behälterwandung, sondern wird durch die unbewegten/toten Zonen gedämpft und verteilt. Abb. 4.11d zeigt schematisch, dass dies nicht mehr der Fall ist, wenn der Fließkanal den gesamten Siloquerschnitt erfasst hat. Dort, wo die Kontur des Fließkanals bzw. der toten Schüttgutzone auf die Behälterwand trifft, wird die Spannungsspitze örtlich fixiert. Dieser Anschlagpunkt liegt, wenn er denn auftritt, i. Allg. im vertikalen Siloschuss. Er kann kaum bzw. nur sehr ungenau vorausbestimmt werden und verlagert sich zusätzlich bei Veränderungen der Produkteigenschaften und auch der Umgebungsbedingungen. Die Gesamtheit der möglichen Spannungsspitzen muss somit durch deren Einhüllende berücksichtigt werden.

Praktische Erfahrungen von Anlagenbetreibern besagen, dass die in ihren Silos auftretenden Probleme, z. B. kein Produktausfluss durch Brückenbildung über dem Auslauf, z. T. drastisch reduziert werden können, wenn der jeweilige Behälter nicht vollständig leer gefahren wird oder wenn bereits während der Neubefüllung eine geringe Schüttgutmenge entnommen wird. Die Ursache hierfür verdeutlicht Abb. 4.11b: Durch beide Maßnahmen wird im Austragstrichter oberhalb der Abzugsöffnung ein (räumlich begrenztes) passives Spannungsfeld mit niedrigerer Beanspruchung als im aktiven Zustand erzeugt. Das Schüttgut wird dadurch weniger stark verdichtet und baut somit nur eine geringere Eigenfestigkeit auf, vgl. auch Abb. 2.11, die zu einer Verkleinerung der dort möglichen Brückenspannweiten führt. Das bei der Nachbefüllung aufgelegte Schüttgut stellt sich im aktiven Spannungszustand ein.

Beschreibung des Beanspruchungszustands, Mohrscher Spannungskreis
An einem definierten Schüttgutelement in einem Silo wirken Schub- und Druckspannungen, vgl. Abb. 4.12. Überschreiten diese bestimmte Grenzwerte, beginnt das Schüttgut sich plastisch zu verformen, d. h. es kommt zum Lösen von Partikelkontakten und zur Überwindung der zwischenpartikularen Haftkräfte: Das Schüttgut „fließt“. Da der Schüttgutfluss in einem Silo erwünscht ist, muss die zugehörige Fließgrenze erreicht/überschritten werden. Je nach räumlicher Orientierung/Wahl des Bezugs-Koordinatensystems wirken andere Kombinationen von Spannungen (σ, τ) in der betrachteten Schnittebene des Schüttgutelements, die aber letztlich nur unterschiedliche Beschreibungen des gleichen Beanspruchungszustands sind. Da einem bestimmtem Beanspruchungszustand jeweils nur ein Fließkriterium zugeordnet ist, muss eine von der räumlichen Orientierung des Elements/der Schnittebene unabhängige Formulierung gefunden werden.

In Abb. 4.12 ist das Kräftegleichgewicht an einem unter dem Winkel α geschnittenen Schüttgutprisma eines zweiachsigen (ebenen) Spannungszustands in einer ruhenden Schüttung dargestellt. Die Orientierung des Prismas ist so gewählt, dass auf seine Seitenflächen die Hauptspannungen (σ_1, σ_3) wirken, d. h. diese Ebenen sind schubspannungsfrei. Volumenkräfte seien vernachlässigbar klein. Aus den resultierenden Bilanzgleichungen, vgl. z. B. [19–22], folgt, dass die Spannungen (σ, τ) in der Schnittebene bei systematisch variiertem Winkel α auf einem Kreis mit dem Radius $(\sigma_1 - \sigma_3)/2$ liegen, dessen Mittelpunkt im Abstand $(\sigma_1 + \sigma_3)/2$ vom Koordinatenursprung auf der σ-Achse des $\tau(\sigma)$-Koordinatensystems liegt. Für jede um einen beliebigen Winkel α geneigte Schnittfläche lassen sich die jeweils wirkenden Spannungen (σ, τ) also mit Hilfe dieses sogenannten Mohrschen Spannungskreises wie folgt ermitteln: σ und τ ergeben sich als Koordinaten des Punktes P, der um den Winkel (2α) von der Ebene, auf die die Hauptspannung σ_1 wirkt, gegen den Uhrzeigersinn abgetragen ist. Aus den vorstehenden Ausführungen folgt,

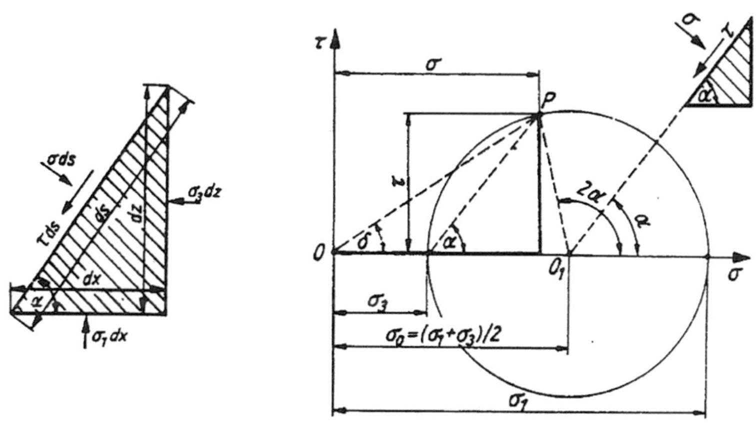

Abb. 4.12 Spannungen an einem Schüttgutprisma, Tiefe y senkrecht zur Zeichenebene → Mohrscher Spannungskreis

dass zur vollständigen Beschreibung des aktuellen (ebenen) Beanspruchungszustands eines Schüttgutelements nur dessen Hauptspannungen (σ_1, σ_3) bekannt sein müssen.

Der Abb. 4.12 ist u. a. weiter zu entnehmen:

- Es existieren zwei senkrecht aufeinander stehende ($\rightarrow 2\alpha/2 = 180°/2 = \alpha = 90° = \pi/2$) schubspannungsfreie Ebenen, in denen die Normalspannungen Extremwerte annehmen ($\rightarrow$ hier: Ebenen der Hauptspannungen σ_1 und σ_3 mit $\sigma_1 > \sigma_3$).
- Es existieren zwei senkrecht aufeinander stehende Ebenen, in denen die Schubspannungen Extremwerte annehmen. Die Ebenen der größten Schub- und Hauptspannung sind um ($\rightarrow 2\alpha/2 = 90°/2 = \alpha = 45° = \pi/4$) gegeneinander geneigt.
- Die Summe zweier senkrecht aufeinander stehender Normalspannungen (σ_Z, σ_X) ist eine vom Schnittwinkel α unabhängige Konstante ($= \sigma_1 + \sigma_3$).

Liegt, wie in jedem Silo, ein dreiachsiger Spannungszustand vor, so wird dieser, wie in Abb. 4.13 dargestellt, durch drei Mohrkreise beschrieben. Es gilt:

$$\sigma_1 = \sigma_{max} \geq \sigma_2 \geq \sigma_3 = \sigma_{min} \tag{4.31}$$

Da bei gegebener Normalspannung σ der jeweils größte Wert der Schubspannung τ das Fließen des Schüttguts einleitet, sind hierfür, wie Abb. 4.13 zeigt, allein Kombinationen von Normal- und Schubspannungen auf dem durch die Hauptspannungen (σ_1, σ_3) charakterisierten größten Mohrkreis verantwortlich [12]. Die mittlere Hauptspannung σ_2 ist ohne Einfluss auf das Fließen eines Schüttguts und kann im Weiteren vernachlässigt werden: Das dreidimensionale Problem wird hierdurch auf eine zweidimensionale (σ_1, σ_3)-Betrachtung reduziert.

- Bei der Auswertung der für die Anwendung des Jenike-Verfahrens notwendigen Scherversuche sind zwei Mohrkreise erforderlich, mittels derer die am Schüttgut wirkende Verdichtungsspannung σ_1 und die von dieser erzeugte einaxiale Druckfestigkeit f_C ermittelt werden, vgl. Abb. 2.11 und die nachfolgenden Abschnitte.

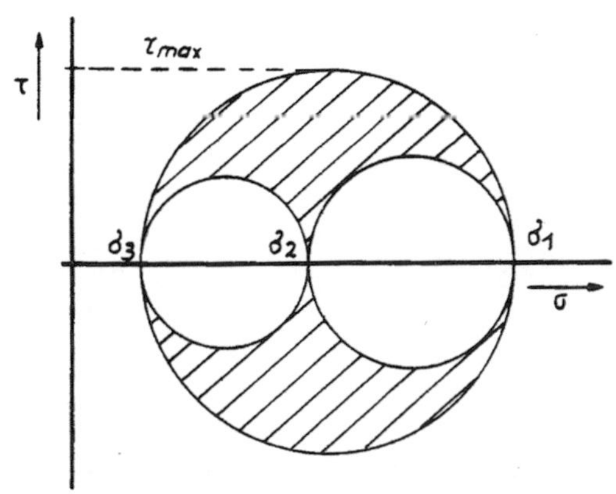

Abb. 4.13 Dreidimensionaler Spannungszustand

Verfahren nach Jenike

Das mathematisch anspruchsvolle Berechnungsmodell nach Jenike erlaubt die Bestimmung der aktuellen Spannungsverteilung und des Fließverhaltens von (feinkörnigen) Schüttgütern in Silos. Auf eine detaillierte Darstellung wird hier verzichtet, da Jenike die Ergebnisse seiner numerischen und experimentellen Untersuchungen in einer Serie von Arbeitsdiagrammen zusammengefasst hat, mit denen diese Silos verfahrenstechnisch sicher ausgelegt werden können. Betrachtet werden im Wesentlichen die beiden Fließzustände

- axial- oder rotationsymmetrischer Fließzustand, der sich in zylindrischen Behältern mit konischem Auslauftrichter ausbildet, vgl. Abb. 4.14a
- ebener Fließzustand, der u. a. durch einen rechteckigen Behälter mit Austragstrichter der Länge $L \geq 3 \cdot \mathit{Breite}\ B$ des Austragsschlitzes realisiert wird, vgl. Abb. 4.14b.

Die beiden Profile unterscheiden sich signifikant in ihren verfahrenstechnischen Auswirkungen: Im rotationssymmetrischen Fließzustand bewegt sich das auslaufende Schüttgut auf einen Austragspunkt, im ebenen Fließzustand auf eine Austragslinie zu. Zwänge und Behinderungen des Schüttgutflusses sind somit beim rotationssymmetrischen Fließprofil deutlich größer als beim ebenen. Der Fließbereich in einem Schlitzsilo ist deshalb, gleiche Randbedingungen vorausgesetzt, breiter als derjenige in einem zylindrischem Silo bzw. gleichgroße aktive Zonen können beim ebenen Profil mit einem größeren, d. h. kostengünstigeren, Öffnungswinkel des Auslauftrichters erreicht werden. Gleichzeitig zeigt Jenike, dass die einen Produktausfluss unterbindende Bildung stabiler Schüttgutbrü-

Abb. 4.14 Schüttgutfließprofile in unterschiedlichen Behältergeometrien, (**a**) rotationssymmetrischer Fließzustand, (**b**) ebener Fließzustand

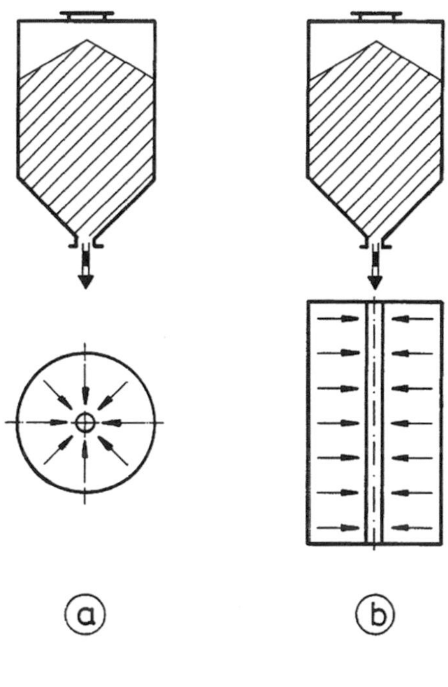

cken über dem Siloauslauf beim ebenen Fließprofil auf etwa nur halb so große Brückenweiten wie beim axialsymmetrischen Profil führt. Unter statischen Gesichtspunkten ist ein Schlitzbunker (→ Biegemomente in den Seitenwänden) natürlich ungünstiger als ein rotationssymmetrisches Silo (→ symmetrische Belastung). Beide Bauformen können kombiniert werden, z. B. durch Einbau eines Verdrängerkegels (→ Spitze weist nach oben) in ein Zylindersilo. Der umlaufende Ringspalt kann abgewickelt als Schlitz behandelt werden, vgl. [23]. Neben den beiden beschriebenen Fließprofilen stellt Jenike auch einige Diagramme für Silos mit asymmetrischem Auslauf (→ eine geneigte und eine vertikale Wand) zur Verfügung.

Jenike behandelt das Schüttgut als Kontinuum. Der Siloinhalt wird dabei horizontal und vertikal in Schüttgutelemente zerlegt und für diese werden Kräftebilanzen in x- und z-Richtung aufgestellt. Abb. 4.15 zeigt das beispielhaft für ein sich im ebenen Fließzustand befindliches Element. Die z-Achse weist hierbei in Richtung der Schwerkraft, die x-Achse senkrecht dazu in Richtung Wand. Unter Berücksichtigung von $\tau_{ZX} = \tau_{XZ}$ (→ zugeordnete Schubspannungen) führen die entsprechenden Kräftegleichgewichte auf die Differenzialgleichungen (4.32) und (4.33):

$$\frac{\partial \sigma_X}{\partial x} + \frac{\partial \tau_{ZX}}{\partial z} = 0 \quad \rightarrow \; in\, x-Richtung \tag{4.32}$$

$$\frac{\partial \sigma_Z}{\partial z} + \frac{\partial \tau_{ZX}}{\partial x} = g \cdot \varrho_b \quad \rightarrow \; in\, z-Richtung \tag{4.33}$$

Diese beschreiben die Veränderungen der Spannungen σ_X, σ_Z und τ_{ZX} in Richtung der Koordinaten x und z und müssen den speziellen Silo-Randbedingungen genügen.

Eine Ermittlung der drei unbekannten Größen ($\sigma_X, \sigma_Z, \tau_{ZX}$) allein aus den beiden Gl. (4.32, 4.33) ist nicht möglich. Es muss deshalb eine weitere Abhängigkeit eingeführt werden. Da in einem Silo primär Fließzustände interessieren, wird hierzu ein geeignetes Fließkriterium, d. h. die funktionale Abhängigkeit des einsetzenden Schüttgutfließens von den jeweiligen Betriebsbedingungen = Fließgrenze, verwendet. Diese Grenze kann nur

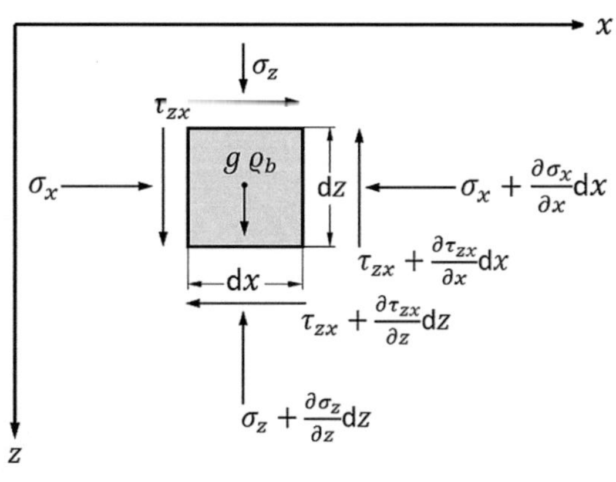

Abb. 4.15 Kräftegleichgewicht am Schüttgutelement

experimentell durch systematische Scherversuche bestimmt werden. Mit den Messungen wird zusätzlich auch der von der Belastung abhängige Verlauf der Schüttgutdichte $\varrho_b = \varrho_b(\sigma_1)$ entlang der Silohöhe erfasst. Die Interaktionen des Schüttguts mit der Silowand müssen ebenfalls bekannt sein. Hierzu sind sogenannte Wandscherversuche erforderlich. Das sich insgesamt ergebende Gleichungssystem kann unter Beachtung der jeweiligen Silo-Randbedingungen sowie der Kontinuität mit Hilfe der sogenannten Charakteristikenmethode numerisch gelöst werden, z. B. [5, 21, 24, 25]. Vereinfachungen ergeben sich dadurch, dass die meisten Siloprobleme in Auslaufnähe auftreten, so dass nur das Spannungsfeld im Auslauftrichter und dort speziell die Bedingungen an der Trichterwand untersucht werden müssen. Im Auslauftrichter stellt sich beim Schüttgutabzug (→ passiver Spannungszustand) das radiale Spannungsfeld mit $\sigma \propto (r \cdot g \cdot \varrho_b)$, r = Abstand des betrachteten Schüttgutelements von der gedachten Trichterspitze, ein [26]. Entsprechende Ansätze gelten für rotationssymmetrische Silos/Fließprofile.

Erforderliche Scherversuche

Die zur Ermittlung der Fließgrenze und der Schüttgut/Wand-Interaktionen notwendigen Messungen werden in der industriellen Praxis i. Allg. mit dem Translationsschergerät nach Jenike oder dessen Weiterentwicklung, dem Rotationsschergerät [27], durchgeführt. Abb. 4.16 zeigt das Translationsschergerät, bei dem das Schüttgut über den Scherdeckel mit einer Normalkraft $F_\sigma = \sigma \cdot A$ belastet und durch das Verschieben des oberen Scherrings abgeschert wird. Die erforderliche Scherkraft $F_\tau = \tau \cdot A$ wird gemessen und ihr Verlauf mittels Schreiber als Funktion des Scherwegs s aufgezeichnet. Da für die gesamte Messprozedur (→ siehe unten) maximal nur die zweifache Scherringwanddicke, also $s \lesssim 2 \cdot 3\ mm = 6\ mm$, zur Verfügung steht, muss das Schüttgut durch sogenanntes Twisten (→ drehende Bewegung des Scherdeckels) zunächst vorverdichtet werden. Die notwendige Anzahl der Twists lässt sich nur durch aufwendige Vorversuche ermitteln. Beim sogenannten Ringschergerät, vgl. Abb. 4.17, dreht sich der mit Schüttgut gefüllte Bodenring gegen den durch einen Querstab fixierten Scherdeckel. Dieser ist mit Mitnehmerstegen bestückt, die in das Schüttgut eintauchen und für eine Scherung innerhalb des Produkts sorgen. Der Scherweg ist im Prinzip unbegrenzt, eine aufwendige Probenvorbereitung nicht notwendig. Das Gerät kann weitestgehend automatisiert werden und ist somit von den Einflüssen des Versuchsdurchführenden unabhängig. Es erlaubt Messungen bei deutlich geringeren Normalspannungen als das Translationsschergerät (→ Kraftkompensation).

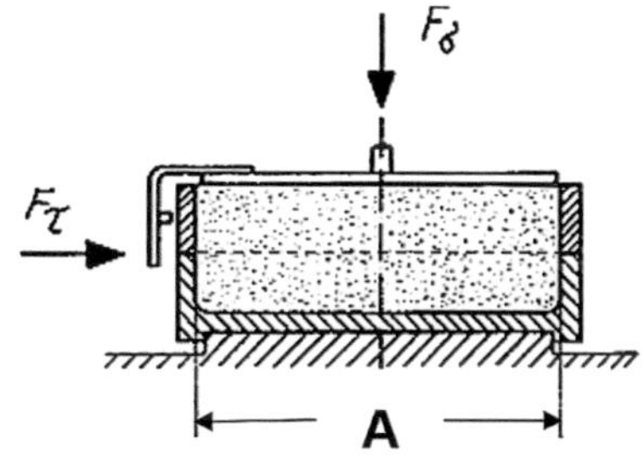

Abb. 4.16 Schema einer Jenike-Scherzelle, Innendurchmesser=93 mm, Höhe Bodenring=12,5 mm, Höhe oberer Scherring=16,0 mm, Wanddicke der Scherringe ≅ 3 mm

Abb. 4.17 Prinzip des Rotationsschergeräts nach [27]

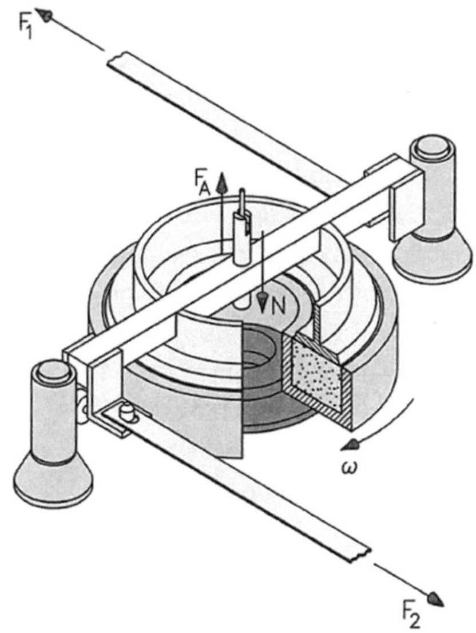

Zur Bestimmung der Interaktionen zwischen Schüttgut und Wand, insbesondere des ggf. lastabhängigen Wandreibungswinkels φ_W, wird beim Translationsschergerät der Bodenring durch eine Platte des geplanten Wandmaterials ersetzt. Eine spezielle Probenvorbereitung ist hier üblicherweise nicht erforderlich. Das Rotationsschergerät hingegen benötigt eine ringförmige Wandprobe, die unterhalb des Schüttguts in den Bodenring eingelegt wird. Auswirkungen spezifischer Oberflächenstrukturen des Wandmaterials, z. B. von Längsriefen, können mit dem Translationsgerät gezielt bestimmt werden, während mit dem Ringschergerät nur Mittelwerte messbar sind.

Translations- und Ringschergeräte liefern gleiche Ergebnisse. Da die später angezogenen Messungen mittels eines Translationsschergeräts durchgeführt wurden, bezieht sich der weitere Text auf ein solches Gerät.

Schüttgüter verhalten sich entsprechend ihrer jeweiligen Vorbehandlung unterschiedlich. Somit muss für vergleichbare Messungen ein Bezugs-/Referenzzustand eingeführt werden. Jenike verwendet hierzu den Zustand des „stationären Fließens“: Das in die Scherzelle eingefüllte, durch eine gewählte Normalkraft $F_{\sigma,an} = \sigma_{an} \cdot A$ belastete und durch Twisten vorverdichtete Schüttgut, wird „angeschert“, d. h. solange geschert, bis der auf dem Schreiberausdruck sichtbare Verlauf der Scherkraft $F_{\tau,an} = \tau_{an} \cdot A$ parallel zur Weg achse s verläuft. Ist dieser kritische Zustand erreicht, fließt das Schüttgut stationär unter Volumenkonstanz, d. h. so wie es kurz nach dem Öffnen des Austrags aus einem Silo auslaufen würde. Die Scherung wird hier angehalten und der Scherstift zurückgefahren bis die Scherkraft $F_{\tau,an}$ auf null abgefallen ist. Jetzt wird die Normalbelastung auf $F_{\sigma,ab} = \sigma_{ab} \cdot A < F_{\sigma,an}$ verringert und mit dieser Auflast weiter geschert. Die Probe ist nun durch das vorangegangene Anscheren überverfestigt und durchläuft beim „Abscheren“ zunächst ein Maximum der Scherkraft $F_{\tau,ab} = \tau_{ab} \cdot A$ (→ das ist der zu $F_{\sigma,ab}$ korrespondierende Messwert) und fällt danach weiter auf einen der Auflast $F_{\sigma,ab}$ entsprechenden neuen stationären Wert ab (→ beginnendes Fließen endet nach einer Übergangsphase immer im stationären Fließen). Der hiermit gemessene Abschervorgang des „beginnenden Fließens" ($F_{\sigma,ab}, F_{\tau,ab}$) ist mit einer Volumenvergrößerung des Schüttguts verbunden. Ursache: Die gescherte/bewegte Partikellage oberhalb der Scherebene muss durch die Scherung aus ihrer Ruhelage in den Zwischenräumen/Vertiefungen der unteren unbewegten Partikellage herausgehoben werden (→ vereinfachtes Modell). Bei gleicher Anscherlast $F_{\sigma,an}$ muss der beschriebene Versuch mit mindestens drei unterschiedlichen Abscherlasten $F_{\sigma,ab}$ wiederholt werden. Abb. 4.18 zeigt beispielhaft einen Ausschnitt aus den Messstreifen der mit dem zu untersuchenden Titanerz-Rohgut durchgeführten Versuche. Die rechts dargestellte Messung ist eine Überprüfung des ganz links aufgetragenen Versuchs.

Die durch eine Ausgleichskurve verbundene Auftragung der Wertepaare (σ_{ab}, τ_{ab}) sowie (σ_{an}, τ_{an}) in einem (σ. τ)-Diagramm liefert den sogenannten Fließort, vgl. Abb. 4.19. Der Anscherpunkt (σ_{an}, τ_{an}) ist der Endpunkt dieses Fließorts. Entlang der Kurve ist die Schüttgutdichte $\varrho_b = \varrho_{b,an} = konst.$ Aus einem Fließort lassen sich die folgenden für Siloauslegungen nach Jenike notwendigen Schüttguteigenschaften ermitteln:

- **Kennzeichnende Verfestigungsspannung σ_1:** Die durch das Anscheren eingestellte Verdichtung ist Ursache für alle nachstehend aufgeführten Schüttgutkenngrößen. Sie wird durch die größte Hauptspannung σ_1 des Mohr'schen Spannungskreises, der den Fließort tangiert und durch dessen Endpunkt = Anscherpunkt läuft, charakterisiert.
- **Schüttgut-Druckfestigkeit f_C:** Es handelt sich hier um die durch σ_1 erzeugte einaxiale Druckfestigkeit des Schüttguts. Sie wird als größte Hauptspannung f_C desjenigen Mohr-Kreises bestimmt der den Fließort tangiert und durch den Koordinatenursprung läuft. Für die kleinere Hauptspannung gilt somit $\sigma_3 = 0$ = spannungsfreie Oberfläche, vgl. auch Abb. 2.11.
- **Schüttgutdichte ϱ_b:** Dichte auf die das Schüttgut durch die Verfestigungsspannung σ_1 beim Anscheren verdichtet wurde (→ Einfüllmasse/Scherzellenvolumen). Da entlang eines Fließorts immer die gleiche Vorverfestigung eingestellt wird, charakterisiert ϱ_b den Fließort eindeutig.

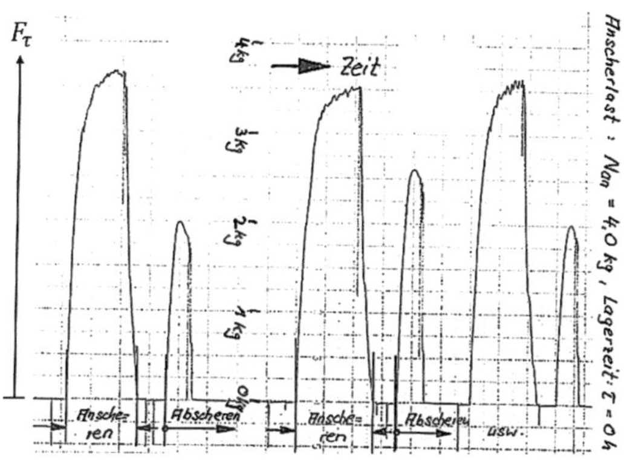

Abb. 4.18 Meßstreifenausschnitt des An- und Abscherens von Titanerz-Rohgut

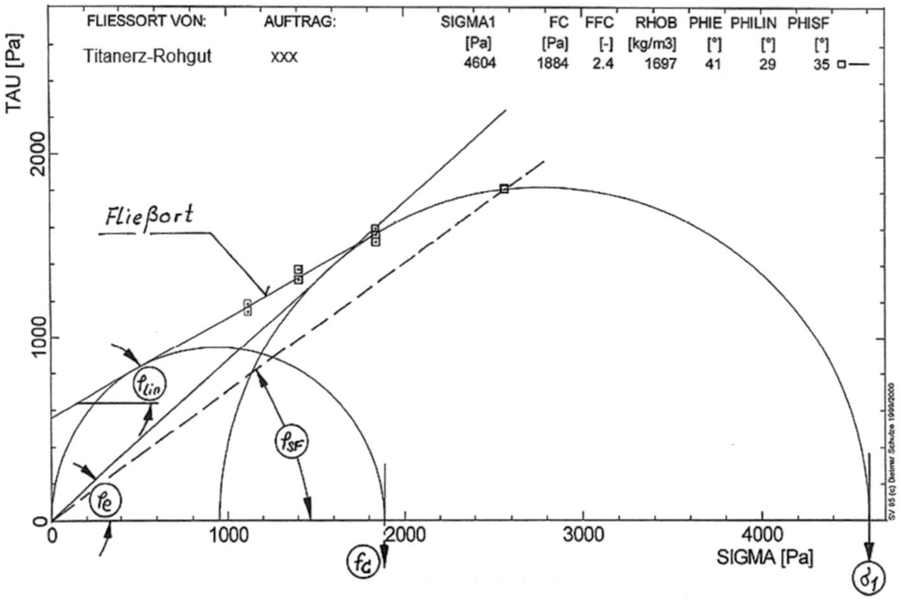

Abb. 4.19 Kenngrößen eines Fließorts des Titanerz-Rohguts

- **Innerer Reibungswinkel φ_i bei beginnendem Fließen:** Dieser beschreibt den Übergang des Schüttguts aus der Ruhelage in den Fließzustand und ist als lokaler Steigungswinkel des Fließorts gegen die σ-Achse definiert. Liegt ein gekrümmter Fließort mit $\varphi_i(\sigma)$ vor, kann vereinfachend der Neigungswinkel φ_{lin} des linearisierten Fließorts = Tangente an die beiden Mohr-Kreise mit den größten Hauptspannungen σ_1 und f_C verwendet werden. φ_i ist kein echter Reibungswinkel, sondern eine Größe zur Kennzeichnung der Steigung/Form des Fließorts.
- **Innerer Reibungswinkel φ_{SF} bei stationärem Fließen:** Dieser (echte) Reibungswinkel ist derjenige Winkel, den eine Gerade vom Koordinatenursprung durch den Anscherpunkt (σ_{an}, τ_{an}) = Endpunkt des Fließorts mit der σ-Achse einschließt. Er kennzeichnet die innere Reibung in der Scherebene bei stationär fließendem Schüttgut und wird u. a. zur Dimensionierung der Antriebsleistung von Siloaustragsvorrichtungen benötigt.
- **Effektiver Reibungswinkel φ_e:** Die Tangente vom Koordinatenursprung an den Mohr'schen Anscher-Spannungskreis mit der größten Hauptspannung σ_1 wird nach Jenike [4, 5] als effektiver Fließort bezeichnet. Er schließt mit der σ-Achse den effektiven Reibungswinkel φ_e ein und wird als mathematisch einfach zu handhabende Näherung für die innere Reibung beim stationären Fließen verwendet. φ_e kann durch beschrieben werden.

$$\sin\varphi_e = \frac{\sigma_1 - \sigma_3}{\sigma_1 + \sigma_3} \tag{4.34}$$

Als weitere, für das Jenike-Verfahren nicht direkt benötigte, Kenngröße, kann den Messungen die **Kohäsion τ_C** des Schüttguts entnommen werden. Diese entspricht der Schubspannung am Schnittpunkt des (ggf. extrapolierten) Fließorts mit der τ-Ordinate und ist ein Maß für die zwischenpartikularen Haftkräfte des durch σ_1 verdichteten Schüttguts, vgl. Abschn. 2.1.

Spannungszustände, die durch Mohrsche Spannungskreise gekennzeichnet sind, die unterhalb des Fließorts liegen, führen lediglich zu elastischen Verformungen des Schüttguts. Mohrkreise, die die Fließgrenze tangieren, leiten das Fließen des Schüttguts ein. Spannungskreise, die den Fließort schneiden, sind nicht möglich, da zuvor Fließen einsetzt.

Weil die Verdichtung des Schüttguts entlang der Silo-/Trichterhöhe variiert, muss die oben beschriebene Fließortmessung mehrfach für unterschiedliche Verfestigungsspannungen σ_1 durchgeführt werden. Erforderlich sind mindestens drei Fließorte, aus denen dann die Abhängigkeiten $(f_C, \varrho_b, \varphi_e, \varphi_{lin}, \varphi_{SF}) = f(\sigma_1)$, sowie auch $\tau_C(\sigma_1)$ resultieren.

Soll das Schüttgut, wie in der vorliegenden Aufgabenstellung gefordert, über einen längeren Zeitraum Δt_X ohne Bewegung/Abzug im Silo gespeichert werden, dann ist es erforderlich, zusätzlich dessen Zeitverhalten zu analysieren. Hierzu müssen sogenannte Zeitfließorte ermittelt werden. Proben, die mit der Anscherlast $F_{\sigma,an}$ des mittleren bei $\Delta t_x = 0$ gemessenen Grundfließorts (→ siehe oben) belastet sind, werden dazu angeschert und in diesem Zustand unter einer der Anscher-Hauptspannung σ_1 entsprechenden Auflast für die gewünschte Zeitdauer $\Delta t_X > 0$ gelagert. Dies erfolgt auf einer Zeitverfestigungsbank, mit der eine Einflussnahme der umgebenden Atmosphäre auf die Proben unterbunden wird. Nach Ablauf von Δt_X werden die Proben dann abgeschert. Der so ermittelte Zeitfließort ist i. Allg. gegenüber dem Grundfließort zu höheren Abscherspannungen τ_{ab} hin verschoben und führt somit auf eine größere einaxiale Schüttgut-Druckfestigkeit f_C. Die weiteren Fließort-Kenngrößen $(\sigma_1, \varrho_b, \varphi_e, \varphi_{lin}, \varphi_{SF})$ entsprechen denjenigen des zugehörigen Grundfließorts bei $\Delta t_x = 0$. Ursache für eine f_C-Zunahme kann u. a. die zunehmende plastische Verformung der (hochbelasteten) Partikelkontaktpunkte (→ Kriechen, Kontaktflächenvergrößerung) sein.

Zur Ermittlung der Schüttgut/Wand-Interaktionen wird ein sogenannter Wandfließort ermittelt. Der durch eine Platte des Wandwerkstoffs in dessen geplanter Ausführungsqualität (→ Rauigkeit, Bearbeitungsstruktur relativ zur Fließrichtung des Schüttguts usw.) ersetzte untere Scherring wird durch unterschiedliche Normalspannungen $\sigma_W = F_{\sigma,W}/A$ belastet und geschert. Gemessen wird die dazu erforderliche Scherkraft $F_{\tau,W}$ bzw. Schubspannung τ_W. Da hier i. Allg. keine Abhängigkeit von der Schüttgutdichte ϱ_b besteht, ist die Versuchsdurchführung unproblematisch: Keine Vorverdichtung, kein Anscheren, Wechsel der Normallast $F_{\sigma,W}$ während des Versuchs möglich usw. Abb. 4.20 zeigt zwei mit Titanerz-Rohgut gegen den Wandwerkstoff Normalstahl 1203 ermittelte Messstreifen und in Abb. 4.21 den zugehörigen Wandfließort.

Die Abhängigkeit des Wandreibungswinkels $\varphi_W(\sigma_W)$ wird aus den Winkeln $\varphi_{W,i}$ zwischen den Verbindungsgeraden vom Koordinatenursprung an die einzelnen Messpunkte $\tau_{W,i}$ und der σ_W-Achse zu

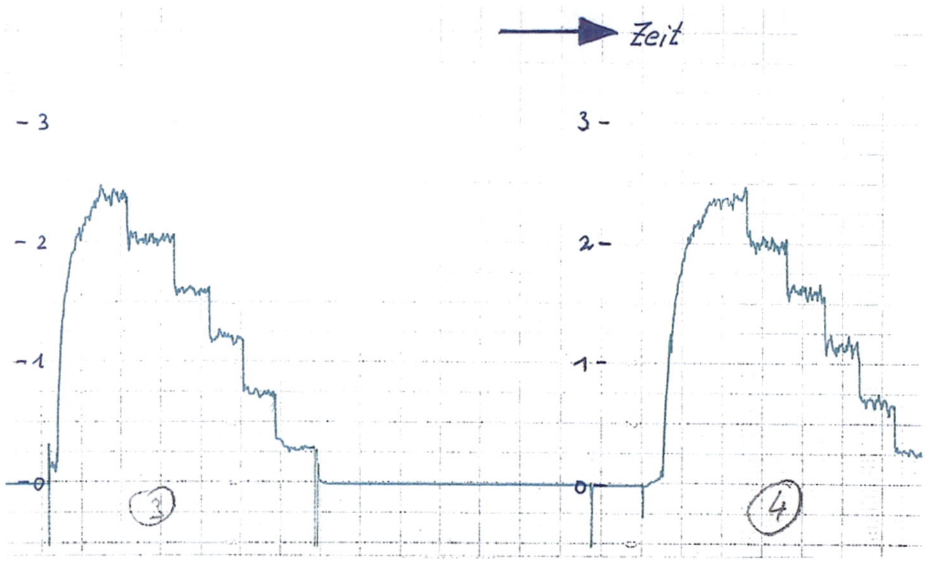

Abb. 4.20 Messstreifen einer Wandreibungsmessung des Titanerz-Rohguts, Wandwerkstoff: Normalstahl 1203, rechts Wiederholungsversuch.

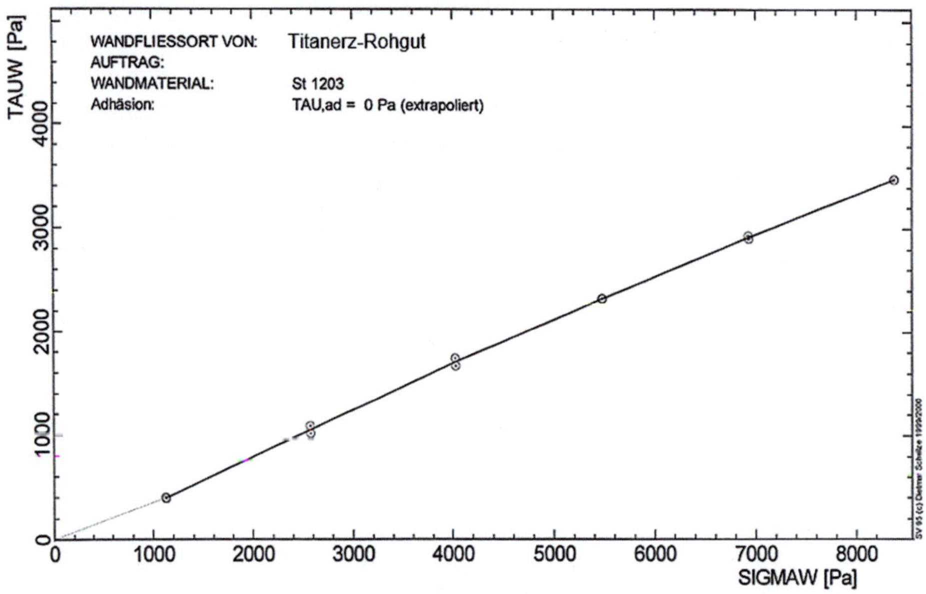

Abb. 4.21 Wandfließort von Titanerz-Rohgut, Wandwerkstoff: Normalstahl 1203

$$\varphi_{W,i} = \tan^{-1}\left(\frac{\tau_{W,i}}{\sigma_{W,i}}\right) \tag{4.35}$$

berechnet. Für den Wandreibungsbeiwert gilt dann

$$\mu_{W,i} = \tan\varphi_{W,i} \tag{4.36}$$

Der Wandreibungswinkel φ_W ist nur dann eine Konstante, wenn $\tau_W(\sigma_W)$ eine Gerade durch den Koordinatenursprung von (σ_W, τ_W) ist. Das ist bei vielen metallischen Wandwerkstoffen i. Allg. in guter Näherung der Fall. φ_W wird sowohl für die statische als auch die verfahrenstechnische Silodimensionierung benötigt.

Weitere Einzelheiten sind den nachfolgenden Abschn. 4.3.3 ff. zu entnehmen, vgl. z. B. auch [28].

Was kann mit dem Jenike-Verfahren berechnet werden
Mittels der Jenike-Methode lassen sich die nachfolgenden Fragen beantworten:

1. Wie muss ein Silo gestaltet werden, damit bei einem vorgegebenen Schüttgut Massenfluss eintritt?
2. Wie groß muss der Auslaufquerschnitt sein, damit es in einem Massenfluss- bzw. Kernflusssilo nicht zur Brückenbildung kommt?
3. Wie groß muss der Auslaufquerschnitt sein, damit es in einem Kernflusssilo nicht zur Schachtbildung kommt?
4. Welchen Einfluss haben unterschiedlich lange Lagerzeiten, variierende Schüttgutfeuchten und -temperaturen, die Art des Lückengases und andere Betriebsbedingungen auf die Silogestaltung, z. B. die Grenze zwischen Kern- und Massenfluss und die Größe der Austragsöffnung?
5. Wie müssen Austragshilfen gestaltet/ausgeführt und wo am/im Silo positioniert werden, um den Schüttgutaustrag aus einem Kernflusssilo zu unterstützen bzw. sicher zu stellen?

Zu 1) Massenfluss-/Kernflussentscheidung Hierzu stellt Jenike u. a. die in den Abb. 4.22 und 4.23 dargestellten Auslegungsdiagramme zur Verfügung. Diese beschreiben die Grenzen zwischen Massen- und Kernfluss als Funktion der Größen $(\varphi_W, \Theta, \varphi_e)$ für den ebenen und den axialsymmetrischen Fließzustand. Bei vorgegebenen Werten φ_W und φ_e kann den Diagrammen der für Massenfluss mindestens erforderliche Neigungswinkel Θ gegen die Vertikale (= 1/2·Trichter-Öffnungswinkel) entnommen bzw. entschieden werden, ob ein durch (φ_W, φ_e) charakterisiertes Schüttgut aus einem vorhandenen Silo mit festliegendem Trichterneigungswinkel Θ im Massen- oder Kernfluss ausfließt. Es ist offensichtlich, dass der effektive Reibungswinkel φ_e in den mittleren Diagrammbereichen nur von untergeordnetem Einfluss ist. Zur Erhöhung der Auslegungssicherheit wird empfohlen, die Trichterwandneigung ca. 2° steiler auszuführen, als der den Diagrammen 4.22/4.23 zu

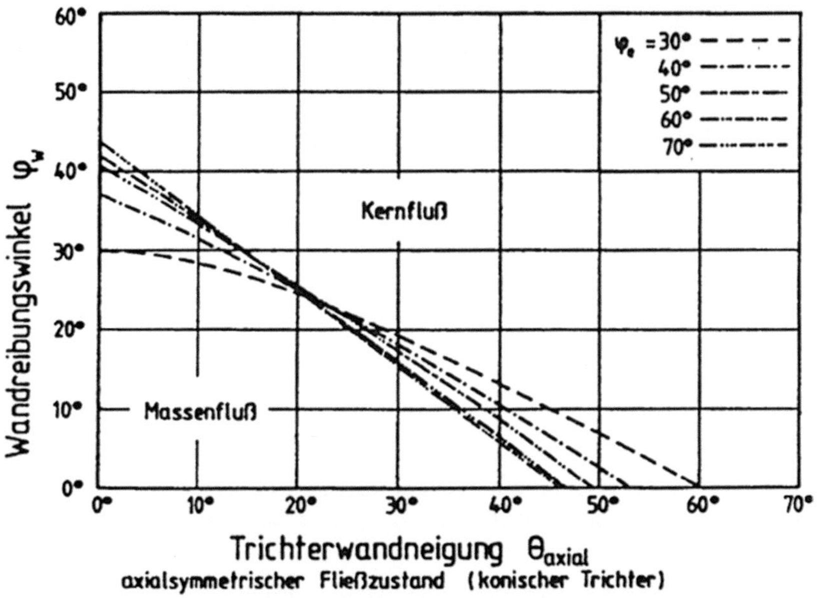

Abb. 4.22 Auslegungsdiagramm Massenfluss/Kernfluss – axialsymmetrischer Fließzustand

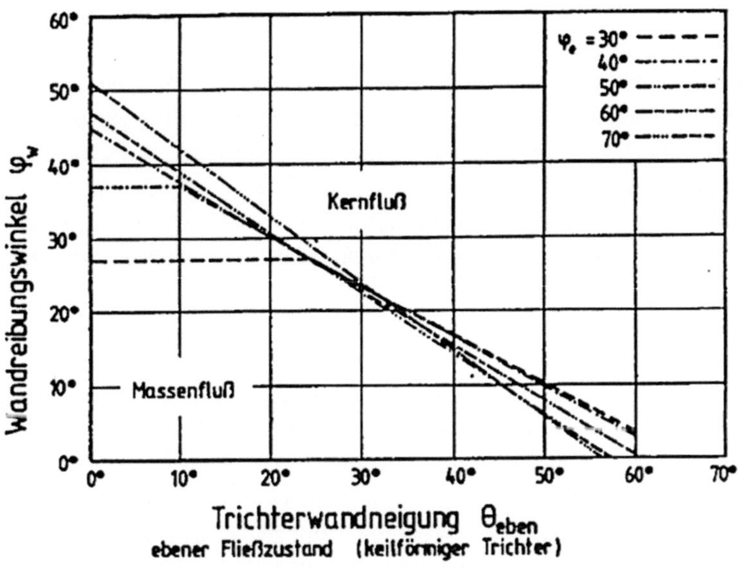

Abb. 4.23 Auslegungsdiagramm Massenfluss/Kernfluss – ebener Fließzustand

entnehmende Grenzwinkel Θ. Abb. 4.23 verdeutlicht die oben bereits angeführten verfahrenstechnischen Vorteile eines ebenen Fließprofils gegenüber dem axialsymmetrischen, Abb. 4.22. Beispiel: Ein Schüttgut mit einem Wandreibungswinkel von z. B. $\varphi_W = 20°$ erfordert für Massenfluss bei ebenem Fließprofil (→ Schlitzbunker) eine Trichterneigung von $\Theta_{eben} \lesssim 33°$, während bei axialsymmetrischem Fluss (→ runder Behälter mit konischem Trichter) der kleinere, d. h. steilere, Winkel $\Theta_{axial} \lesssim 26°$ benötigt wird. Der Einfluss von φ_e ist in beiden Fällen gering.

Zu 2) Brückenbildung Oberhalb des Siloauslaufs können sich stabile Schüttgutgewölbe/-brücken ausbilden, die den Produktausfluss aus dem Behälter unterbinden. Die Schüttgutbrücken stützen sich dabei auf den Trichter-/Silowänden ab. Eine Brücke ist dann stabil und stoppt den Schüttgutfluss, wenn die einaxiale Schüttgut-Druckfestigkeit f_C größer als die lokale Auflagerspannung σ_1' ist, d. h., das vorliegende Produkt kann die Belastung σ_1' ohne Fließen aufnehmen. In Abb. 4.24 sind qualitativ die Verläufe der Verfestigungsspannung σ_1, der durch diese erzeugten Druckfestigkeit f_C und der Auflagerspannung σ_1' möglicher Brücken eines kohäsiven = feinkörnigen Schüttguts entlang der Höhe H eines zylindrischen Silos mit Austragskonus aufgetragen. σ_1 beschreibt dabei im zylindrischen Siloteil $(H - h_K)$ den aktiven Spannungszustand und im Konus h_K das radiale (passive) Spannungsfeld (→ Schüttgut soll fließen). Die Druckfestigkeit f_C weist aufgrund der Haftkräfte zwischen den Schüttgutpartikeln auch im unverfestigten Zustand endliche Werte auf, d. h. $f_C(\sigma_1 = 0) > 0$. Das trifft auf die Zustände am oberen Produktspiegel, Höhe $h = H$, und an der Trichterspitze, Höhe $h = 0$, zu. Da die Größe der Auflagerspannung σ_1' proportional zur jeweiligen Brückenspannweite ist, kommt es im Silotrichter zu einem Schnittpunkt der f_C- und σ_1'-Kurven: Unterhalb der Höhe h^* ist $f_C > \sigma_1'$, oberhalb $f_C < \sigma_1'$. Hieraus folgt, dass bei einem Silo-Abzugsdurchmesser $D_K > d^*$ keine Brückenbildung mehr möglich ist. In einem schlitzförmigen Behälter, d. h. einem ebenen Fließprofil, muss die

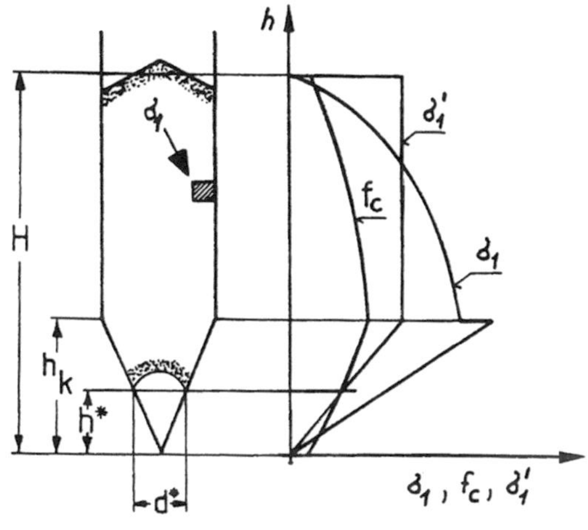

Abb. 4.24 Spannungsverläufe in einem Massenflusssilo

Breite B_K des Abzugsschlitzes größer als die kritische Abmessung $d^* = b^*$ ausgeführt werden. Die erforderlichen σ_1' -Werte können Auslegungsdiagrammen von Jenike entnommen werden, vgl. hierzu die nachfolgenden Auslegungsrechnungen.

Zu 3) Schachtbildung Diese tritt nur in Kernflusssilos auf. Oberhalb der Auslauföffnung bildet sich ein stabiler vertikaler Schacht. Es fließt nur das im Schacht enthaltene Schüttgut aus dem Behälter aus, d. h. ist der Schacht leer, kommt der Austrag zum Erliegen. Nachgefülltes Produkt fließt über den Schacht ab. Eine vollständige Entleerung des Silos ist somit nicht möglich: Dessen aktives/nutzbares Volumen reduziert sich auf das Schachtvolumen, das Schüttgut außerhalb des Schachts bleibt stehen. Die kritische Abmessung $d^{**} = b^{**}$ eines Schachts in einem Schlitzbunker entspricht der Diagonalen der rechteckigen Auslauföffnung. Auslegungen zur Vermeidung von Schachtbildung erfolgen analog zu derjenigen zur Vermeidung von Brückenbildung: Es wird überprüft, ob die Umfangs-Druckspannung in der Schachtwand = Ringspannung $\sigma_1'' \gtrless f_C$ ist. Wenn $f_C > \sigma_1''$ ist, ist der Schacht stabil, im Falle $f_C < \sigma_1''$ bricht der Schacht zusammen. Da die Ringspannung σ_1'' proportional mit dem Schachtdurchmesser d^{**} anwächst, muss der Silo-Auslaufdurchmesser $D_K > d^{**}$ ausgeführt werden, um stabile Schächte zu verhindern. Da immer $d^{**} > d^*$ gilt, ist es ausreichend, Kernflusssilos lediglich hinsichtlich der Vermeidung von Schachtbildung auszulegen. Einzelheiten zur Berechnung enthalten u. a. [4, 19–21].

Zu 4) Schüttguteinflüsse Über die bereits angesprochene Messung der Zeitverfestigung hinaus, können weitere auf das aktuelle Schüttgutverhalten Einfluss nehmende Größen systematisch untersucht werden. Beispiele sind: Wassergehalt, Korngrößenverteilung, Temperatur, umgebende Gasatmosphäre usw. Für einige dieser Fragestellungen sind Schergeräte in Sonderausführung erforderlich. Anwendungsbeispiele enthält u. a. [29].

Zu 5) Austragshilfen Können die durch die oben beschriebenen Methoden berechneten kritischen Silo-Austragsdurchmesser $D_K > d^*$ bzw. d^{**} nicht realisiert werden, weil sie für die jeweils vorliegende Aufgabenstellung zu groß sind, müssen Austragshilfen eingeplant werden Diese sollen z. B. stabile Brücken und/oder Schächte zerstören bzw. verhindern und einen mehr oder weniger gleichmäßigen Schüttgutaustrag realisieren. Bei Verwendung z. B. einer an der Konusinnenwand umlaufenden Schnecke muss deren Länge über die Höhe h^* bzw. h^{**} hinausreichen, um wirksam zu sein, vgl. hierzu Abb. 4.24. Die Anordnung von Gaszufuhrelementen, z. B. von Blastern, Düsen oder Belüftungseinheiten, muss oberhalb der Höhe h^* bzw. h^{**} erfolgen, damit nach Öffnung des Siloauslasses der durch die Schüttungsdurchströmung verursachte Druckverlust die Spannungen σ_1' bzw. σ_1'' unterstützt. Auch in diesen Fällen ist das Jenike-Verfahren außerordentlich nützlich und sollte angewendet werden.

4.3.2 Vorgaben der Aufgabenstellung

Für die Anlagenauslegungen muss zwischen denjenigen für Titanerz-Rohgut und Titanerz-Mahlgut differenziert werden. Beide Anlagenbereiche sind in beheizbaren Gebäuden installiert.

- Umgebungszustand: Temperatur: $T_0 = (15-30)\ °C$, Druck: $p_0 \cong 1{,}0\ bar$, relative Luftfeuchtigkeit: $\varphi \cong (40-80)\%$,
- Zwischenraum-/Lückengas in den Schüttgütern: Umgebungsluft.

a) Titanerz-Rohgut

- Daten des vorhandenen Vorbehälters:
  Schlitzbunker aus Normalstahl, Wandneigung des Austragstrichters gegen die Vertikale: $\Theta = 30°$, Breite des Austragsschlitzes: $B_K = 300\ mm$, Länge des Austragsschlitzes: $L_K = 3{,}0\ m$, beide Silo-Stirnflächen sind vertikal ausgeführt. Querschnittabmessungen des Silooberteils: $3{,}0\ m\ x\ 3{,}0\ m$, Nettofüllvolumen: $V_{Silo} \cong 95\ m^3$. Abzug des Schüttguts mittels Schnecke. Kontinuierlicher Eintrag in eine nachgeschaltete Mühle. Periodische Siloentleerungen. Das Silo soll mit dem vorliegenden Schüttgut im Massenfluss betrieben werden. Um diese Anforderung zu erfüllen, ist ggf. auch eine Auskleidung des Silo-Austragstrichters mit einer Polyurethan (PU)-Beschichtung zulässig (→ positive Erfahrungen des Kunden mit diesem Wandmaterial im eigenen Werk). Eine Austragsschnecke mit dem Durchmesser $D_{Sch} = B_K = 300\ mm$ ist für den geplanten Mahlanlagendurchsatz ausreichend groß.
- Maximale Lagerzeit ohne Schüttgutbewegung: $\Delta t_{max} = 72\ h$.
- Maximaler Feuchtigkeits- = Wassergehalt: $w_{max} = m_W/(m_w + m_S) = 0{,}03 = 3{,}0\ M.-\%$.
- Feststofftemperatur = Umgebungstemperatur.

b) Titanerz-Mahlgut

- Daten des Vorbehälters:
  Zylindrisches Silo mit Austragskonus aus Normalstahl, falls erforderlich mit Polyurethan-Beschichtung. Nettofüllvolumen: $V_{Silo} \cong 100\ m^3$. Das Silo soll mit dem vorliegenden Schüttgut im Massenfluss betrieben werden. Austrag über eine Wirbelschichtrinne. Diskontinuierlicher Abzug in eine pneumatische Druckgefäß-Förderung.
- Maximale Lagerzeit ohne Schüttgutbewegung: $\Delta t_{max} = 72\ h$
- Maximaler Feuchtigkeits- = Wassergehalt des Mahlguts: $w_{max} = 0{,}1\ M.-\%$.
- Feststofftemperatur $T_S \cong (60-90)\ °C$.

4.3.3 Ergebnisse der erstellten Prüfprotokolle

a) Titanerz-Rohgut

- Schüttgutdaten, wenn nicht anders vermerkt gilt: Schüttgut im getrockneten Zustand, Trocknung 24 h bei 106 $°C$ im Trockenschrank.
  Siebrückstand $R(d_S)$ beim Korndurchmesser d_S:
  $R(6{,}3\ mm) = 7{,}74\ M.\ -\%$,
  $R(3{,}15\ mm) = 14{,}16\ M.\ -\%$,
  $R(2{,}0\ mm) = 18{,}15\ M.\ -\%$,
  $R(1{,}0\ mm) = 27{,}03\ M.\ -\%$,
  $R(0{,}6\ mm) = 37{,}68\ M.\ -\%$,
  $R(0{,}315\ mm) = 56{,}51\ M.\ -\%$,
  $R(0{,}2\ mm) = 69{,}72\ M.\ -\%$,
  $R(0{,}16\ mm) = 75{,}73\ M.\ -\%$,
  $R(0{,}09\ mm) = 86{,}09\ M.\ -\%$,
  $R(0{,}045\ mm) = 93{,}84\ M.\ -\%$,
  Mediandurchmesser: $d_{S,50} = d_S(R = 50\ M.\ -\ \%) = 0{,}400\ mm$,
  Partikeldurchmesser beim Rückstand $R = 36{,}8\ M.\ -\%$: $d_S' = 0{,}650\,mm$,
  Steigungswinkel der RRSB-Geraden: $\alpha_{RRSB} \cong 43{,}0°$,
  Schüttwinkel: $\alpha_{SS} = 36{,}0\ Grad$,
  Schüttwinkel bei $w = 3{,}0\ M.\ -\%$: $\alpha_{SS,f} = 48{,}0\ Grad$,
  Materialdichte: $\varrho_S = 3870\ kg/m^3$,
  lockere Schüttdichte: $\varrho_{SS} = 2350\ kg/m^3$,
  lockere Schüttdichte bei $w = 3{,}0\ M.\ -\%$: $\varrho_{SS,f} = 1930\ kg/m^3$,
  Rütteldichte: $\varrho_{SR} = 2670\ kg/m^3$,
  Rütteldichte bei $w = 3{,}0\ M.\ -\%$: $\varrho_{SR,f} = 2380\ kg/m^3$,
  Kornformen nach [11], vgl. Abb. 2.33: Überwiegend I bis III.
- Einordnung in das Geldart-Diagramm: Das Schüttgut ist im feuchten Zustand nicht, im getrockneten Zustand kaum fluidisierbar. Beim getrockneten Produkt handelt es sich um ein Gruppe B/D-Material nach Geldart.
- Ergänzend zu den späteren Scherversuchen wurden vorab einige orientierende Trichterauslaufversuche durchgeführt. Die hierzu verwendeten konischen Trichter mit Öffnungswinkeln von $(2 \cdot \Theta) = (60\ -\ 70)°$ und variablen Auslaufdurchmessern D_K wurden auf eine Bodenplatte aufgesetzt, locker mit Titanerz-Rohgut mit dem Wassergehalt $w = w_{max} = 3{,}0\ M.\ -\ \%$ befüllt und ohne Warte- = Lagerzeit ($\rightarrow \Delta t_X = 0$) vorsichtig angehoben. Bei Auslaufdurchmessern $D_K \leq 90\ mm$ kam es zu keinerlei Ausfluss von Schüttgut. Erst aus dem Trichter mit dem Durchmesser $D_K = 101\ mm$ floss das feuchte Titanerz-Rohgut im Kernfluss aus. Mehrmaliges, gleichmäßig über den Umfang verteiltes Klopfen des gefüllten 101 mm-Trichters mit einem Metallstab zur Simulation einer Schüttgutverdichtung/Auflast führte wieder zu einem Nichtausfließen. Tab. 4.2 fasst die Ergebnisse zusammen. Diese können mit denjenigen der späteren Scherversuche verglichen werden.

Tab. 4.2 Ergebnisse der Trichterauslaufversuche mit feuchtem Titanerz-Rohgut

Trichterauslauf-Ø D_K [mm]	Verdichtung durch Klopfen (ohne Lagerzeit)	Schüttgut-Auslauf
$\leq$90	ohne	nein
101 ($\alpha_K = 70°$)	ohne	ja
101	5 × 4, leicht	ja
101	5 × 4, stärker	nein
101	10 × 4, stärker	nein

b) Titanerz-Mahlgut

- Schüttgutdaten bei $w = 0{,}05\ M. - \%$:
  Siebrückstand $R(d_S)$ beim Korndurchmesser d_S:
  $R(0{,}09\ mm) = 0{,}04\ M. -\%$,
  $R(0{,}063\ mm) = 0{,}44\ M. -\%$,
  $R(0{,}045\ mm) = 3{,}98\ M. -\%$,
  $R(0{,}032\ mm) = 19{,}64\ M. -\%$,
  eine mittels eines Laser-Beugungs-Spektrometers gemessene Korngrößenverteilung des Titanerz-Mahlguts liegt vor,
  Mediandurchmesser: $d_{S,50} = d_S(R = 50\ M. -\%) = 20\ \mu m$,
  Partikeldurchmesser beim Rückstand $R = 36{,}8\ M.\ \%$: $d_S' = 25\,\mu m$,
  Steigungswinkel der RRSB-Geraden: $\alpha_{RRSB} = 63{,}0°$,
  Schüttwinkel: $\alpha_{SS} = 50{,}3\ Grad$,
  Materialdichte: $\varrho_S = 4750\ kg/m^3$,
  lockere Schüttdichte: $\varrho_{SS} = 2070\ kg/m^3$,
  Rütteldichte: $\varrho_{SR} = 2730\ kg/m^3$,
  Kornformen nach [11]: Überwiegend I und II.
- Einordnung in das Geldart-Diagramm: Schüttgut liegt an der Grenze der Geldart-Gruppen C/A, ist aber gut fluidisierbar und für einen Austrag mit Wirbelschichtrinne geeignet.
- Fließfunktion nach Jenike: Aus den Daten des zugehörigen Prüfprotokolls folgt mit $n = \tan\alpha_{RRSB} = \tan 63° = 1{,}963$, $d_S' = 25\,\mu m$ der Kennwert $\left(n \cdot d_S'\right) = 1{,}963 \cdot \sqrt{25} = 9{,}81$. Nach Gl. (2.4), Abschn. 2.2.2, entspricht das einem Fließfunktionswert FF_C an der Grenze zu $FF_C \cong 4$: Das vorliegende Produkt muss somit als kohäsiv eingestuft werden.
- Beurteilung nach Carr: Mit den Prüfprotokolldaten $\varrho_{SR} = 2730 kg/m^3$, $\varrho_{SS} = 2070 kg/m^3$, folgt: $R_C = (\varrho_{SR} - \varrho_{Ss})/\varrho_{SR} = (2730 - 2070) kg/m^3/2730\ kg/m^3 = 0{,}242$, somit $(0{,}2 < R_C < 0{,}3) \rightarrow$ das Schüttgut weist entsprechend der Einteilung nach Gl. (2.6) eine schlechte Fließfähigkeit auf und ist kohäsiv. Bei der Ermittlung der Rütteldichte brikettierte das Titanerz-Mahlgut stark, war aber durch Klopfen wieder lösbar.
- Das Schüttgut entstammt umfangreichen Mahlversuchen mit dem vom Kunden präferierten Mahlsystem (→ Mahltrocknungsanlage). Die untersuchten Proben sind vom Kunden als repräsentativ gekennzeichnet worden.

4.3.4 Ergebnisse der erforderlichen Scherversuche

Alle nachfolgenden Messungen sind bei einer Schüttgut- = Umgebungstemperatur von $T_S \cong 20\ °C$ und einer Luftfeuchtigkeit von $\varphi \cong 60\ \%$ durchgeführt und jeweils mindestens einmal wiederholt worden. Abweichende Einstelldaten werden gesondert angegeben.

a) Titanerz-Rohgut
Die Messungen wurden mit einem auf $d_S \leq 2{,}0\ mm$ abgesiebten Schüttgut bei einem Feuchtigkeitsgehalt von $w = w_{max} = 3{,}0\ M.-\%$ durchgeführt. Dessen Feuchtigkeit w wurde regelmäßig überprüft und veränderte sich während der Versuche nur unwesentlich. Die Absiebung erfolgte zur Stabilisierung der Versuchsdurchführung: Ohne eine Absiebung sind die Partikel $d_S > 2{,}0\ mm$ größer/gleich der Wanddicke der Scherzelle. Das führt zur „sprungweisen" Scherzellenbewegung. Da Austragsprobleme überwiegend vom Feinanteil der jeweiligen Produkts verursacht werden, liegt eine derartige Vorgehensweise/Auslegung eher auf der „sicheren" Seite.

Fließorte ohne Zeitverfestigung
Ohne Zeitverfestigung ($\Delta t_X \rightarrow 0$) wurden insgesamt drei Fließorte mit jeweils verschiedener Anscherlast aufgenommen. In Abb. 4.19 ist ein einzelner Fließort mit den kennzeichnenden Fließkenngrößen dargestellt, während Abb. 4.25 die drei gemessenen Fließorte einander gegenüberstellt. Die resultierenden Messwerte $(f_C, FF_C, \varrho_b, \varphi_e, \varphi_{lin}, \varphi_{SF})$ $= f(\sigma_1)$ sind rechts oben in Abb. 4.25 zusammengestellt. Mit $FF_C = (2{,}4 - 3{,}2)$ weist die Fließfunktion das Produkt als kohäsiv aus, vgl. Gl. (2.2). Bei dem vorliegenden feuchten Schüttgut werden die immer vorhandenen zwischenpartikularen Van der Waals-Kräfte durch Haftkräfte aufgrund von Flüssigkeitsbrücken an den Partikelkontaktstellen und ggf. Überlagerung von Wasserdampf- Adsorptionsschichten signifikant vergrößert.

Die mit dem auf $d_S \leq 2{,}0\ mm$ abgesiebten Titanerz-Rohgut ermittelten Schüttgutdichten ϱ_b sind kleiner als die Schüttdichte ϱ_{SS} des nicht abgesiebten Produkts. Dies lässt sich auf das i. Allg. bei feinkörnigeren Produkten größere relative Lückenvolumen ε_F und/oder auf eine unterschiedliche korngrößenabhängige Zusammensetzung des Produkts zurückführen. Wird bei der späteren Siloauslegung mit der (geringeren) Dichte des abgesiebten Produkts gearbeitet, ergeben sich Brücken- und Schachtabmessungen, die auf der „sicheren" Seite liegen, d. h. etwas größere Abmessungen des Siloaustragsdurchmessers liefern als erforderlich.

Fließorte mit Zeitverfestigung
Hier wurde zur Reduzierung des Versuchsaufwands die sogenannte Einpunktmethode angewendet: Mit der Anscherspannung des mittleren Grundfließorts, d. h. bei $\Delta t_X = 0\ h$, wurden mehrere Proben angeschert, für unterschiedliche Zeiten $\Delta t_x > 0\ h$ unter der Auflast σ_1 gelagert und dann mit einer dem Grundfließort entsprechenden mittleren Spannung abgeschert. Die zugehörigen Zeitfließorte ergeben sich dann durch Parallelverschiebung des

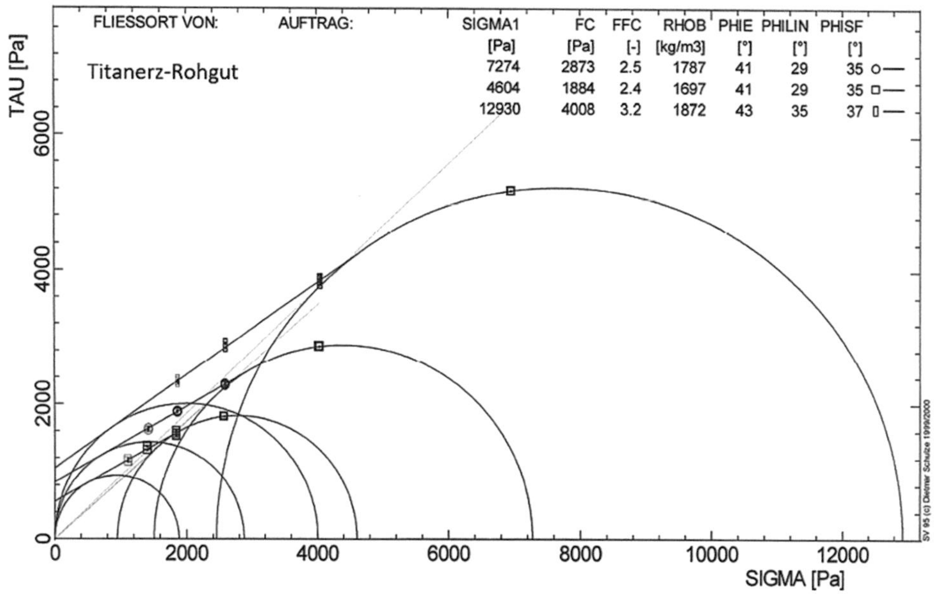

Abb. 4.25 Fließorte des Titanerz-Rohguts mit dem Wassergehalt $w = 3{,}0\ M. - \%$ bei drei unterschiedlichen Anscherlasten

Grundfließorts durch den jeweiligen Abscherpunkt. In Abb. 4.26 sind die resultierenden Fließorte für Lagerzeiten von $\Delta t_x = (0,\ 2\ und\ 5)\ h$, in Abb. 4.27 diejenigen für $\Delta t_x = (0,\ 24\ und\ 72)\ h$ dargestellt. Die verwendete Einpunktmethode gilt als praxiserprobt, davon abweichendes Materialverhalten ist selten.

Abb. 4.28 zeigt die aus den Messergebnissen resultierende Abhängigkeit der einaxialen Druckfestigkeit f_C von der Lagerzeit Δt_X. Es ist ersichtlich, dass oberhalb von $\Delta t_X \gtrsim 2\ h$ im Rahmen der Messgenauigkeit kein f_C-Anstieg mehr zu beobachten ist., d. h. die Festigkeitszunahme ist nach ca. $\Delta t_X \le 2\ h$ abgeschlossen. Da zwischen $\Delta t_X = (0 - 2)\ h$ keine Messungen vorliegen, kann der Übergang in den Bereich $f_C = konst.$ bereits früher erfolgt sein. Offensichtlich handelt es sich bei dem vorliegenden Produkt um ein auf der Partikelebene hartes und kaum verformungsfähiges Schüttgut. Lagerzeiten länger als die verlangten $\Delta t_X = 72\ h$ sind somit unproblematisch.

Wandreibungsmessungen

In Abb. 4.21 ist der Wandfließort des Titanerz-Rohguts gegen den Wandwerkstoff Normalstahl 1203 dargestellt. Daraus mit Gl. (4.35) berechnete Wandreibungswinkel $\varphi_W(\sigma_W)$ sind in der Abb. 4.29 aufgetragen. Die gemessene Rauhigkeitstiefe des Stahls beträgt $R = (2 - 3)\ \mu m$. φ_W weist im Messbereich ($\rightarrow \sigma_W \cong (1000 - 9000)\ Pa$) Werte von $\varphi_W \cong (20 - 23)°$ auf. Für das alternative Wandmaterial PU = Polyurethan sind die durch analoge Messungen ermittelten Wandreibungswinkel $\varphi_W(\sigma_W)$ in Abb. 4.30 dargestellt.

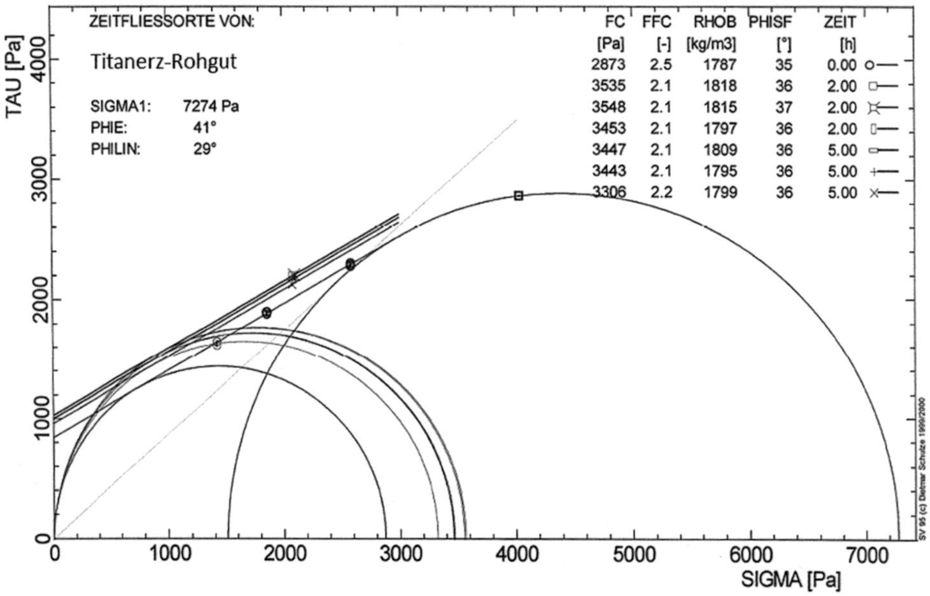

Abb. 4.26 Fließorte des Titanerz-Rohguts mit dem Wassergehalt $w = 3{,}0\ M. - \%$ bei Lagerzeiten von $\Delta t_X = (0, 2, 5)\ h$, mit Wiederholungsversuchen

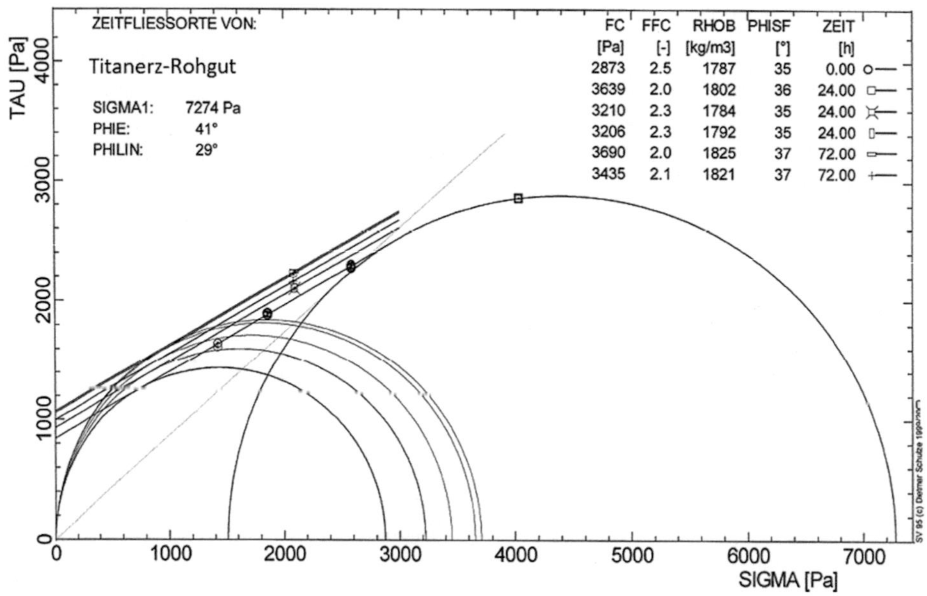

Abb. 4.27 Fließorte des Titanerz-Rohguts mit dem Wassergehalt $w = 3{,}0\ M. - \%$ bei Lagerzeiten von $\Delta t_X = (0, 24, 72)\ h$, mit Wiederholungsversuchen

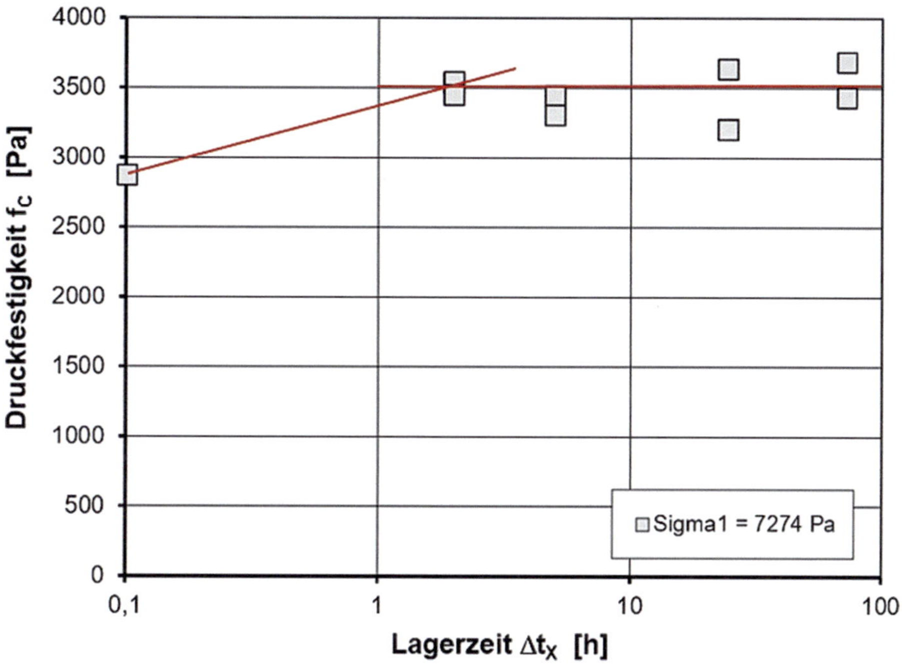

Abb. 4.28 Abhängigkeit der Druckfestigkeit f_C des Titanerz-Rohguts, w = 3,0 $M. - \%$, von der Lagerzeit Δt_X bei $\sigma_1 = 7274\ Pa$

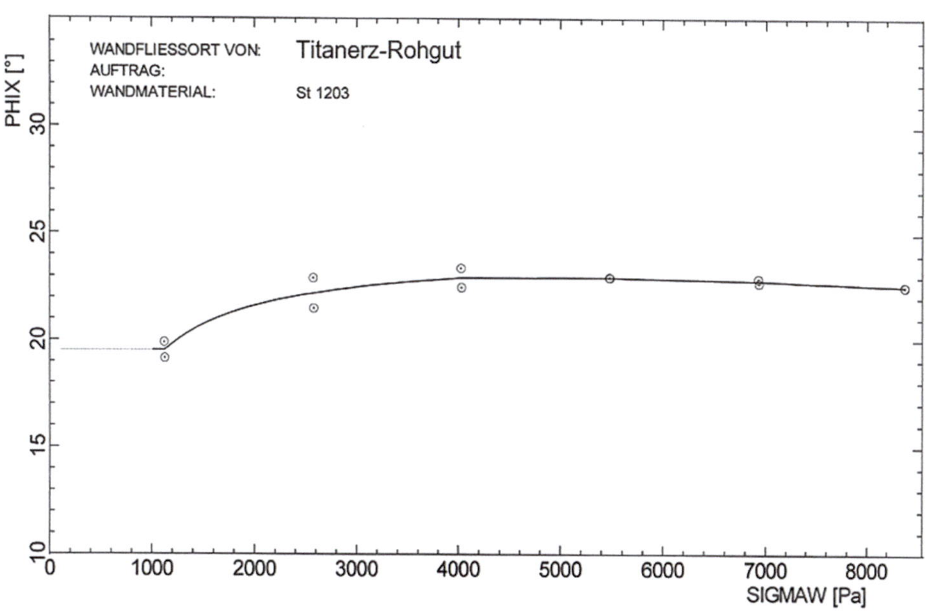

Abb. 4.29 Abhängigkeit des Wandreibungswinkels $\varphi_{W,i}(\sigma_W)$ des Titanerz-Rohguts, $w = 3{,}0\ M. -\%$, gegen Normalstahl 1203

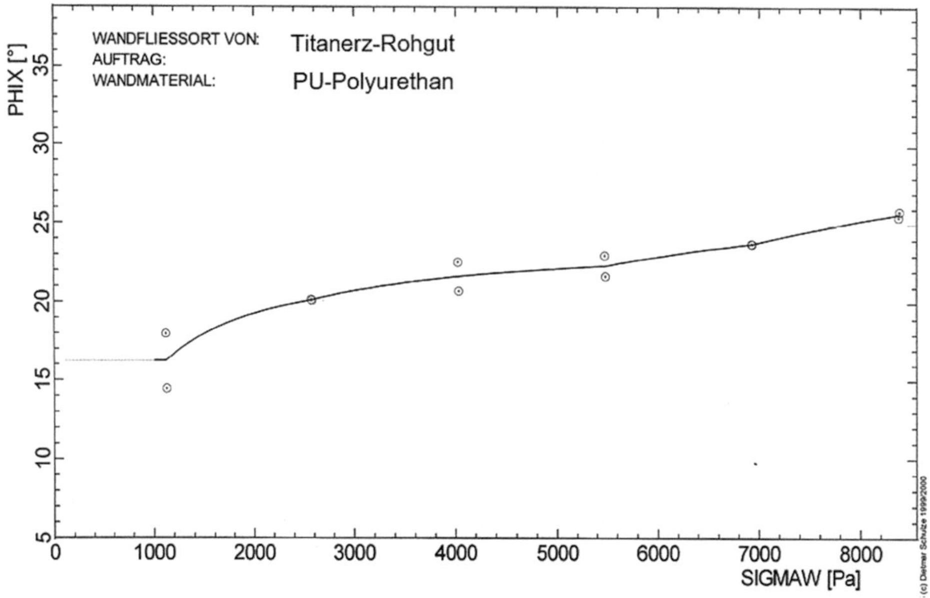

Abb. 4.30 Abhängigkeit des Wandreibungswinkels $\varphi_{W,i}(\sigma_W)$ des Titanerz-Rohguts, $w = 3{,}0\ M. -\%$, gegen PU-Polyurethan

Der Wandreibungswinkel des Titanerz-Rohguts gegen PU wächst stetig mit größer werdender Wandnormalspannung σ_W und beträgt im Messbereich $\varphi_W \cong (16 - 25{,}5)°$. Aufgrund der Härte und der Größe der Schüttgutteilchen deutet das auf ein mit σ_W zunehmendes Eindringen der Partikel in die weichere PU-Oberfläche und daraus folgend das Anwachsen des Reibungsbeiwerts hin. Die zugehörigen Messstreifen des PU zeigen ein noch stärkeres Slip-Stick-Verhalten (→ Fluktuationen der Schubspannung entlang des Scherwegs) als beim Normalstahl, vgl. Abb. 4.20. Bis zu einer Wandnormalspannung von $\sigma_W \cong 6500\ Pa$ gilt: $\varphi_W(PU) < \varphi_W(St\ 1203)$.

b) Titanerz-Mahlgut

Die Messungen wurden mit dem technisch trockenen Schüttgut, $w \leq 0{,}1\ M. -\%$, durchgeführt. Die Feuchtigkeit w wurde regelmäßig überprüft und veränderte sich während der Versuche nicht.

Fließorte ohne Zeitverfestigung

Ohne Zeitverfestigung ($\Delta t_X \rightarrow 0$) wurden insgesamt drei Fließorte mit jeweils verschiedener Anscherlast aufgenommen. In Abb. 4.31 sind diese drei Fließorte mit ihren Kenngrößen einander gegenübergestellt. Die resultierenden Messwerte $(f_C, FF_C, \varrho_b, \varphi_e, \varphi_{lin}, \varphi_{SF}) = f(\sigma_1)$ sind wieder rechts oben in Abb. 4.31 zusammengefasst. Die Fließfunktionswerte betragen $FF_C = (2{,}4 - 3{,}0)$, somit muss das Schüttgut als kohäsiv eingeordnet werden. Wesentliche Ursache der zwischenpartikularen Haftkräfte sind hier die Van der Waals-Kräfte.

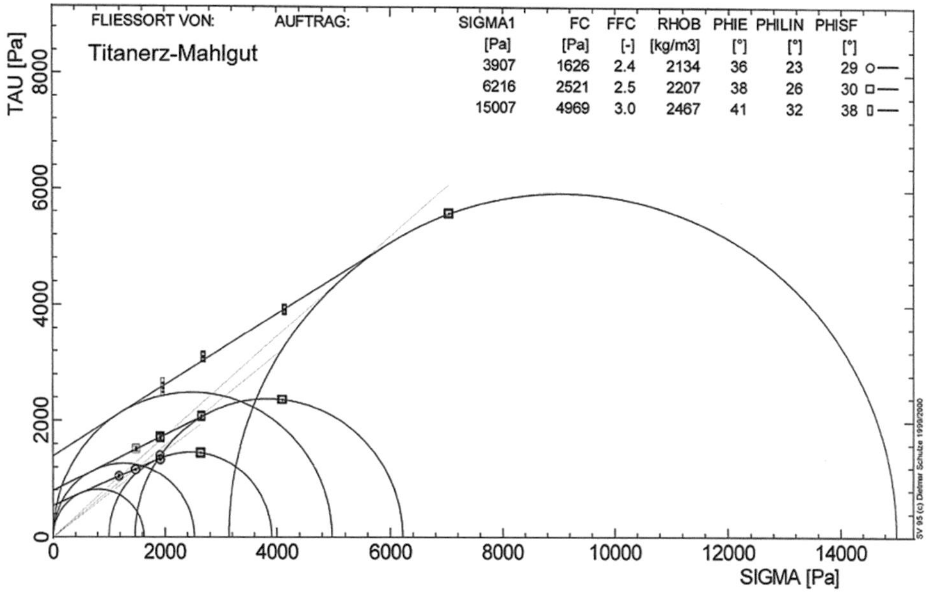

Abb. 4.31 Fließorte des Titanerz-Mahlguts mit dem Wassergehalt $w = 0{,}1\ M.\ -\%$ bei drei unterschiedlichen Anscherlasten

Fließorte mit Zeitverfestigung

Hier wurde wieder die sogenannte Einpunktmethode angewendet. Basis ist die Einstellung des mittleren Grundfließorts ($\sigma_1 = 6216\ Pa$, $\Delta t_X = 0\ h$). In den Abb. 4.32 und 4.33 sind die resultierenden Fließorte für die Lagerzeiten von $\Delta t_x = (0{,}2{,}5{,}24{,}72)\ h$ inklusive absichernder Wiederholungsversuche dargestellt. Abb. 4.34 zeigt die aus den Messungen resultierende Abhängigkeit der einaxialen Druckfestigkeit f_C von der Lagerzeit Δt_X. f_C ist im Rahmen der Messgenauigkeit über den gesamten Messbereich konstant. Das wiederum deutet, wie bereits beim Titanerz-Rohgut, auf harte und kaum verformbare Schüttgutpartikeln hin.

Wandreibungsmessungen

Aus den gegen die Wandwerkstoffe Normalstahl 1203 und Polyurethan PU gemessenen Wandfließorten des Titanerz-Mahlguts können die in den Abb. 4.35 und 4.36 aufgetragenen Abhängigkeiten $\varphi_W(\sigma_W)$ der Wandreibungswinkel generiert werden.

Der Wandreibungswinkel des Normalstahls 1203 weist im Messbereich Werte von $\varphi_W \cong (23 - 27)°$ auf. Für das alternative Wandmaterial Polyurethan PU liegen diese im Bereich $\varphi_W \cong (22 - 26)°$, sind also im untersuchten Lastbereich etwas günstiger. Auch hier steigt der gemessene Reibungswinkel φ_W gegen PU mit zunehmender Wandnormalspannung σ_W stetig an. Das Slip-Stick-Verhalten (→ Fluktuationen der Schubspannung entlang des Scherwegs) ist sowohl gegen Normalstahl als auch PU deutlich geringer als beim Titanerz-Rohgut.

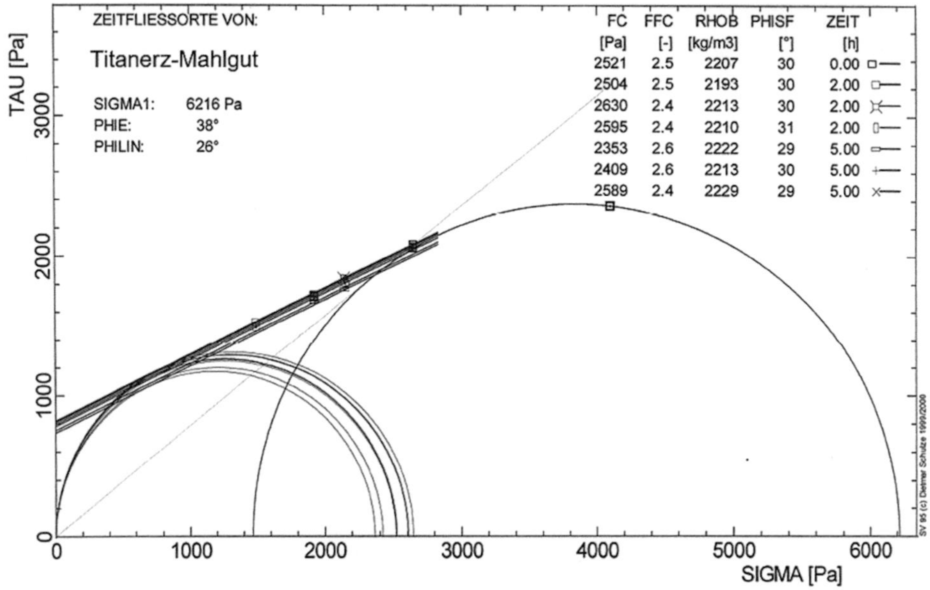

Abb. 4.32 Fließorte des Titanerz-Mahlguts mit dem Wassergehalt $w = 0{,}1\ M. - \%$ bei Lagerzeiten von $\Delta t_X = (0, 2, 5)\ h$, mit Wiederholungsversuchen

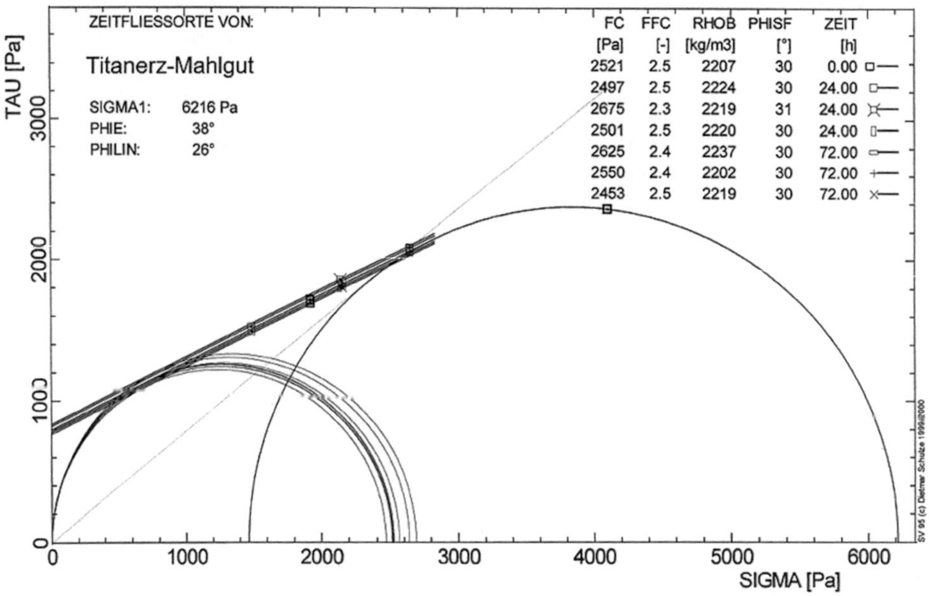

Abb. 4.33 Fließorte des Titanerz-Mahlguts mit dem Wassergehalt $w = 0{,}1\ M. - \%$ bei Lagerzeiten von $\Delta t_X = (0, 24, 72)\ h$, mit Wiederholungsversuchen

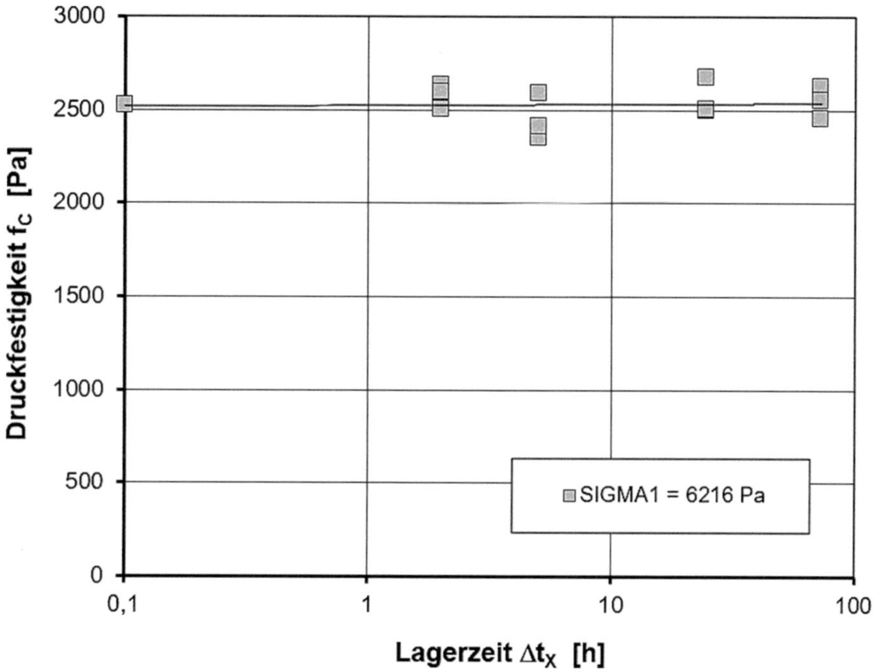

Abb. 4.34 Abhängigkeit der Druckfestigkeit f_C des Titanerz-Mahlguts mit $w = 0{,}1\ M.\ \%$ von der Lagerzeit Δt_X bei $\sigma_1 = 6216\ Pa$

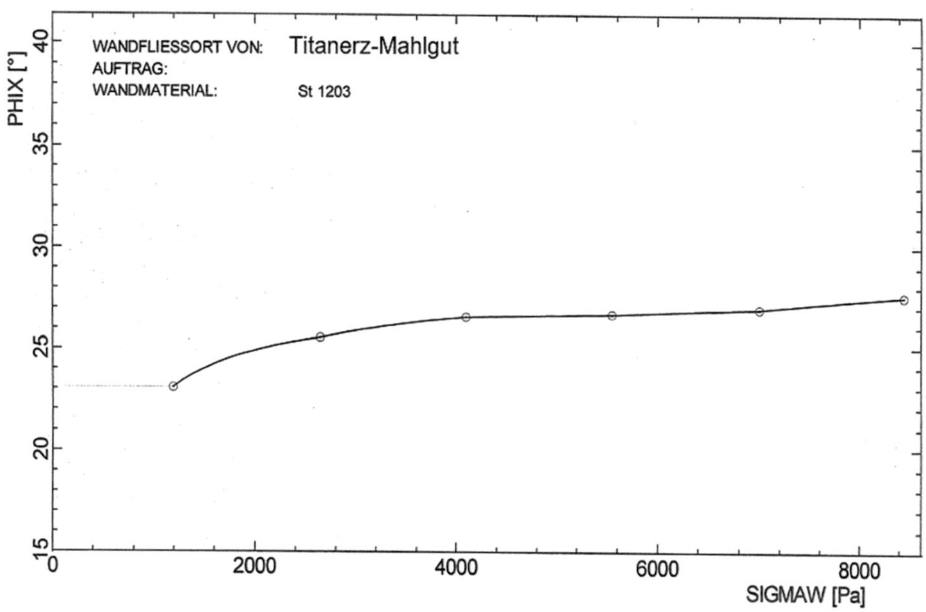

Abb. 4.35 Abhängigkeit des Wandreibungswinkels $\varphi_{W,i}(\sigma_W)$ des Titanerz-Mahlguts, $w = 0{,}1\ M.-\%$, gegen Normalstahl 1203

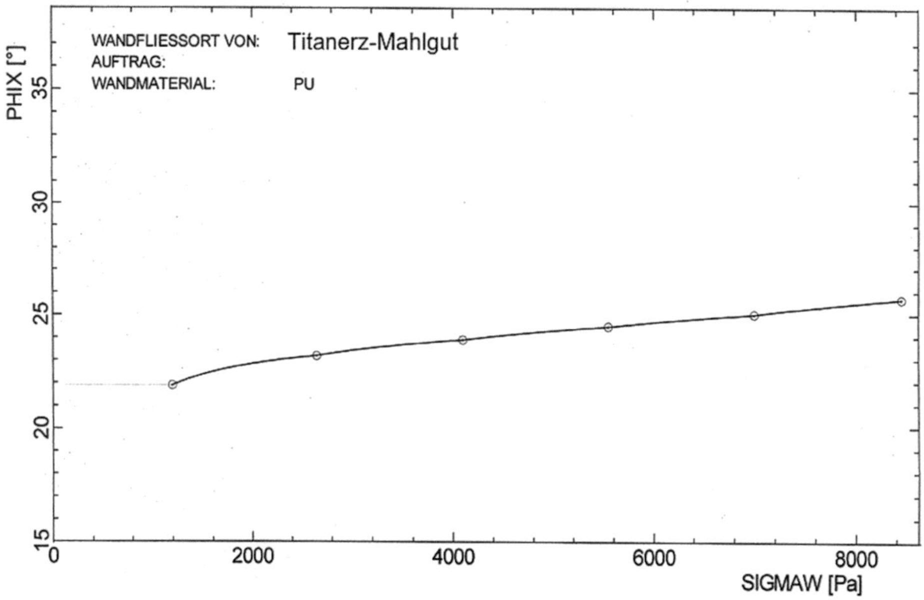

Abb. 4.36 Abhängigkeit des Wandreibungswinkels $\varphi_{W,i}(\sigma_W)$ des Titanerz-Mahlguts, $w = 0{,}1\ M. - \%$, gegen PU-Polyurethan

4.3.5 Massenfluss-/Kernflussauslegungen

Nachfolgend werden die im vorstehenden Abschn. 4.3.4 beschriebenen Resultate der Scheruntersuchungen zur verfahrenstechnischen Dimensionierung des Rohgut- und des Mahlgutsilos verwendet. Das umfasst jeweils eine Massenfluss-/Kernfluss-Überprüfung sowie die Ermittlung der hinsichtlich Brücken- und ggf. auch Schachtbildung kritischen Auslaufabmessungen unter Berücksichtigung der vorgesehenen maximalen Lagerzeiten. Alle Berechnungen gehen von einer Auslegungs- = Schüttguttemperatur von $T_S = 20\ °C$ aus.

a) Titanerz-Rohgut

Die Betriebsbedingungen und die Silokonfiguration für dieses bereits vorhandene Silo sind im Abschn. 4.3.2 zusammengefasst. Es soll überprüft werden, ob ein Massen- oder Kernflusssilo vorliegt und, wenn für die vorgesehene Aufgabenstellung einsetzbar (→ es wird Massenfluss verlangt), welche Abmessungen des Austragsschlitzes und welche Ausführung der Austragsschnecke dann für einen störungsfreien Schüttgutausfluss erforderlich sind.

Massenfluss-/Kernflussüberprüfung

Wie der Abb. 4.23 zu entnehmen ist, ist beim ebenen Fließprofil der Trichterneigungswinkel Θ_{eben} gegen die Vertikale eine Funktion des Wandreibungswinkels φ_W und des effektiven Reibungswinkels φ_e. Für verfahrenstechnische Auslegungen sollte der jeweils größtmögliche Wandreibungswinkel φ_W entlang der Trichterhöhe (Messbereich $\sigma_W \lesssim 10\,kPa$) angesetzt werden (→ Anmerkung: Für statische Berechnungen ist der *kleinste* Reibungswinkel φ_W der kritische, vgl. Box 4.1). Im vorliegenden Betriebsfall gilt somit:

$\varphi_e \cong 42°$ (→ Mittelwert aus Abb. 4.25, siehe auch Abb. 4.38),
$\varphi_W(St\ 1203) \cong 23{,}0°$ (→ Maximalwert aus Abb. 4.29),
$\varphi_W(PU) \cong 25{,}5°$ (→ Maximalwert aus Abb. 4.30).

Die in die Abb. 4.37 eingetragenen Linienzüge zeigen, dass für ein Massenfluss-Fließprofil beim Wandwerkstoff Normalstahl 1203 eine Trichterneigung gegen die Vertikale von $\Theta_{eben}(St\ 1203) \lesssim 31°$, beim Polyurethan PU dagegen $\Theta_{eben}(PU) \lesssim 27°$ erforderlich ist. Das Polyurethan bringt im betrachteten Einsatzfall keine Vorteile. In Absprache mit dem Kunden wird deshalb für die weiteren Berechnungen von dem vorhandenen *St* 1203-Silo mit $\Theta_{eben} = 30°$ ausgegangen. Dessen Betriebsdaten liegen im Übergangsbereich Massenfluss/Kernfluss und sollten daher sowohl auf Brücken- als auch Schachtbildung überprüft werden. Die von Jenike vorgeschlagenen Sicherheitsabstände werden dabei nicht berücksichtigt.

In einem Massenflusssilo gleitet das Schüttgut entlang der Silowand. Damit ist der Wandverschleiß in diesem größer als in einem vergleichbaren Kernflusssilo, bei dem die Wand durch eine davorliegende unbewegte Schüttgutschicht geschützt wird. Im vorliegenden Betriebsfall bei dem das Silo in relativ kurzen Zeitabständen komplett leer gefahren wird und gleichzeitig ein offenbar sehr abrasives, hartes Schüttgut vorliegt (→ vgl. Abschn. 4.3.3, scharfkantige Kornformen (I bis III), und Hinweise zur Zeitverfestigung in Abb. 4.28), empfiehlt sich eine Auslegung nahe der Grenze Massenfluss/Kernfluss um

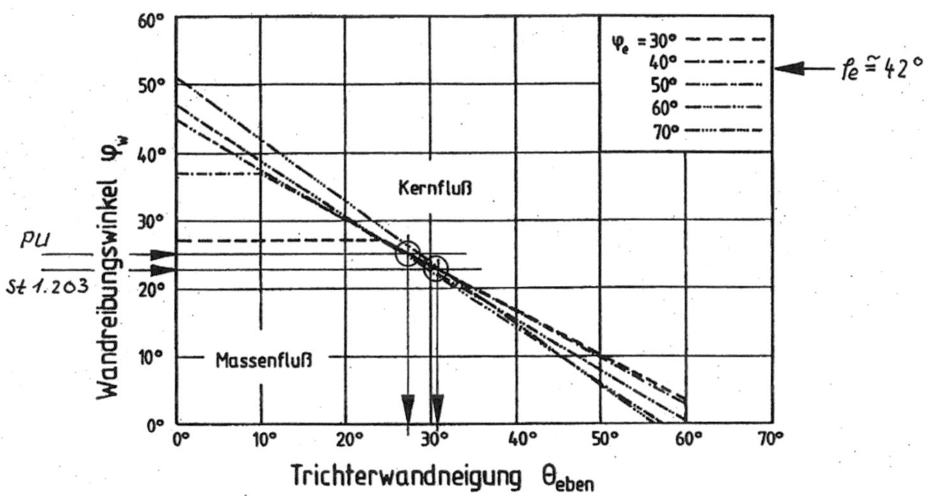

Abb. 4.37 Massenfluss/Kernfluss-Entscheidung, ebenes Fließprofil/Schlitzsilo, Produkt: Titanerz-Rohgut

diesen Selbstschutzeffekt, falls vorhanden, zu nutzen. Bilden sich tote Materialzonen vor der Silowand, kann es andererseits bei deren Abgleiten/Abrutschen zu mehr oder minder starken Erschütterungen und selbsterregten Schwingungen des Silos kommen (→ Silobeben, -quaking, -hupen etc.), deren auslösende Ursachen, z. B. Slip-Stick-Effekte, noch nicht vollständig verstanden sind, vgl. u. a. [19, 30, 31] und das dort aufgeführte weitere Schrifttum.

Überprüfung auf Brückenbildung

Zunächst ist eine Auslegung auf die Vermeidung stabiler Schüttgutgewölbe/-brücken oberhalb des Behälterauslaufs notwendig, die den Schüttgutfluss zum Erliegen bringen würden. Um das zu erreichen, muss die erforderliche Breite des Austragsschlitzes B_K grösser als die kritische Abmessung b^* ausgeführt werden. Somit ist zunächst b^* zu ermitteln. Brückenbildung tritt dann auf, wenn an irgendeiner Position entlang der Trichter-/Silohöhe die örtliche Druckfestigkeit f_C des Schüttguts größer ist als die Spannung $\sigma_1^{'}$ in den Auflagern einer sich dort ausbildenden Brücke, d. h.:

$$f_C \geq \sigma_1^{'} \quad \rightarrow \quad \textit{Brückenbildung} \tag{4.37}$$

Das Schüttgut ist dann in der Lage, die Auflagerspannungen ohne Bruch/ohne einsetzendes Fließen zu ertragen.

Der Verlauf der Schüttgutkenngrößen (f_C, φ_e, $\varrho_{b,}$) entlang der Silohöhenkoordinate H ist durch die Messergebnisse (f_C, φ_e, $\varrho_{b,}$) $= f(\sigma_1)$ in Abb. 4.25 bekannt, da gleichzeitig $\sigma_1 = \sigma_1(H)$ gilt. Es werden deren gemessene Abhängigkeiten in drei übereinander angeordneten Diagrammen gegen σ_1 aufgetragen (→ schwarze Kurven mit Messpunkten in Abb. 4.38). Die $f_C\,(\sigma_1)$-Kurve mit der Zeitverfestigung $f_C\,(\Delta t_X \geq 2\ h)$ ergibt sich durch Parallelverschiebung der Kurve $f_C\,(\Delta t_X = 0\ h)$ in den vorhandenen Messpunkt (→ Einpunktmethode). Bekannt sind bereits der Wandreibungswinkel φ_W, der Trichterneigungswinkel Θ sowie der (→ hier ebene) Fließzustand. Der Verlauf der Auflagerspannung $\sigma_1^{'} = \sigma_1^{'}(\sigma_1)$ und damit auch von $\sigma_1^{'} = \sigma_1^{'}(H)$ kann aus

$$\sigma_1^{'} = \frac{\sigma_1}{ff_B} \tag{4.38}$$

ermittelt werden. Hierin ist ff_B der sogenannte Brückenbildungs-Fließfaktor, der für unterschiedliche Silogeometrien und Randbedingungen berechnet in Diagrammen vorliegt, vgl. z. B. Abb. 4.39. Gl. (4.38) beschreibt eine Ursprungsgerade, die in den Bildteil $f_C(\sigma_1)$ mit eingetragen wird (→ rote Kurve im unteren Teil der Abb. 4.38) und hier zu Schnittpunkten mit den Kurven $f_C(\Delta t_X = 0\ h)$ und $f_C(\Delta t_X \geq 2\ h)$ führt. Druckfestigkeiten f_C kleiner als diese kritischen Werte $f_C^* = \sigma_1^{'}$ sind immer größer als die korrespondierenden Auflagerspannungen $\sigma_1^{'}$ und führen somit zur Brückenbildung, d. h. der Silotrichter muss oberhalb der kritischen Höhe h^* abgeschnitten werden, um eine ausreichende Breite $B_K > b^*$ des Auslaufschlitzes zu gewährleisten. Mittels der Gleichung

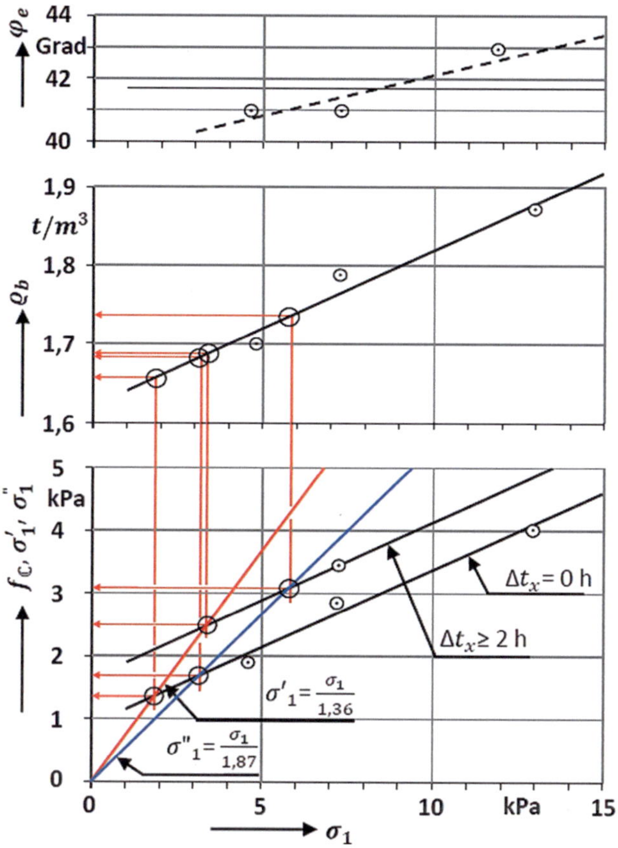

Abb. 4.38 Ermittlung der kritischen Abmessungen für Brücken- und Schachtbildung, Titanerz-Rohgut

$$(d^*, b^*) = H(\Theta) \cdot \frac{f_C^*}{g \cdot \varrho_b^*} \tag{4.39}$$

mit:

$H(\Theta)$ Korrekturfaktor für die Silogeometrie aus Abb. 4.41,

ϱ_b^* Schüttgutdichte bei f_C^*, d. h. bei gleicher Verfestigungsspannung σ_1^*,

kann der kritische Brückendurchmesser d^* bzw. die kritische Brückenspannweite b^* berechnet werden.

Für den vorgegebenen Behälter aus dem Wandmaterial *St* 1203 mit ebenem Fließprofil folgen mit den Daten

$$\Theta_{eben} = 30°,$$

$$\varphi_W \cong 23{,}0°,$$

$$\varphi_e \cong 42°$$

aus den Abb. 4.39 und 4.40 die Brückenbildungs-Fließfaktoren

$$ff_B\left(\varphi_e = 40°\right) \cong 1{,}40,$$

$$ff_B\left(\varphi_e = 50°\right) \cong 1{,}20.$$

Aus diesen beiden Werten erhält man durch lineare Interpolation für den aktuellen effektiven Reibungswinkel $\varphi_e = 42°$

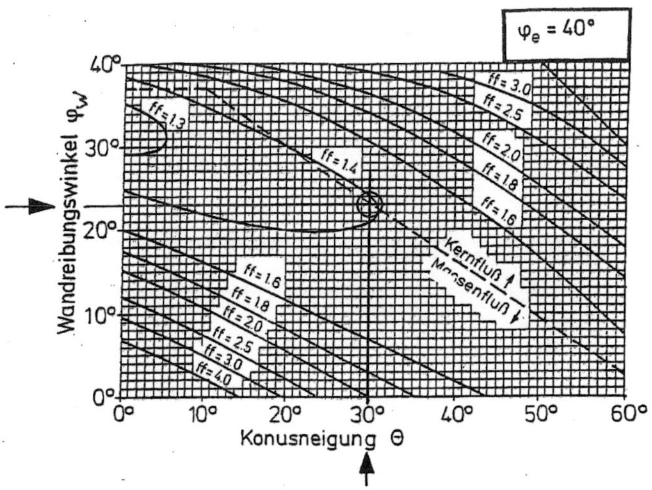

Abb. 4.39 Brückenbildungs-Fließfaktor ff_B bei ebenem Fließprofil und $\varphi_e = 40°$

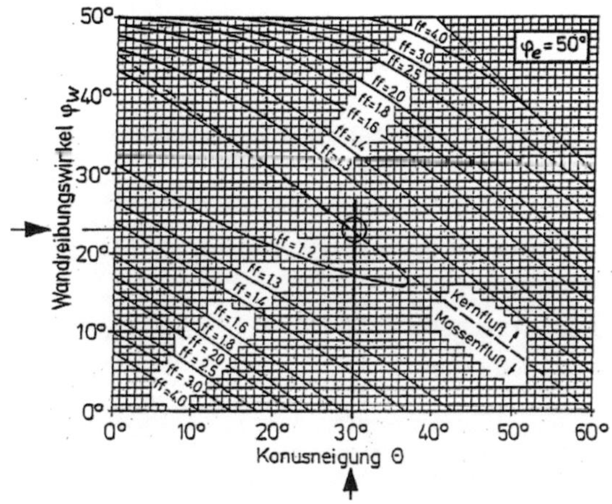

Abb. 4.40 Brückenbildungs-Fließfaktor ff_B bei ebenem Fließprofil und $\varphi_e = 50°$

$$ff_B(\varphi_e = 42°) \cong 1{,}36$$

und somit

$$\sigma_1' = \frac{\sigma_1}{1{,}36} \tag{4.38a}$$

Eintragen dieser Geraden in die Abb. 4.38 liefert Schnittpunkte mit den $f_C(\sigma_1)$-Kennlinien. Das Hochloten der Schnittpunkte bei jeweils konstantem σ_1^* (→ rote vertikale Geraden in Abb. 4.38) führt auf die zugehörigen kritischen ϱ_b^* - und φ_e^* -Werte. Im vorliegenden Fall gilt: $\varphi_e(\sigma_1) \cong konst. \cong \varphi_e^* = 42°$. Es werden ermittelt:

$\Delta t_X\ [h]$	$f_c^*\ [Pa]$	$\varrho_b^*\ [kg/m^3]$
0	1365	1659
≥2	2500	1690

Einsetzen der Werte f_c^* und ϱ_b^* sowie des Korrekturfaktors $H(\Theta) = 1{,}17$ aus Abb. 4.41 für die Silogeometrie/das ebene Fließprofil in die Gl. (4.39) ergibt die jeweils kritische Brückenspannweite b^*. Für $\Delta t_X = 0\ h$ gilt z. B.

$$b^* = 1{,}17 \cdot \frac{1365\, N/m^2}{9{,}81\, m/s^2 \cdot 1659 kg/m^3} \cdot 1000 \frac{mm}{m} = 98{,}1\, mm$$

Für die unterschiedlichen Lagerzeiten ergeben sich im vorliegenden Betriebsfall die folgenden kritischen Brückenspannweiten:

$\Delta t_X\ [h]$	$b^*\ [mm]$
0	98,1
≥2	176,4

Die Austragsbreite des vorhandenen Behälters beträgt $B_K = 300\ mm$ und ist somit groß genug, um eine Brückenbildung sicher zu vermeiden. Längere Lagerzeiten als die verlangten $\Delta t_{max} = 72\ h$ sind aufgrund der vorliegenden Scheruntersuchungen offensichtlich problemlos möglich.

Die durch Trichterauslaufversuche, vgl. Abschn. 4.3.3 sowie Tab. 4.2, für $\Delta t_X = 0\ h$ gemessenen Auslaufdurchmesser d^* stimmen mit der entsprechenden mit dem Jenike-Verfahren ermittelten b^*-Abmessung auch in der Größenordnung nicht überein. Hierbei ist zu berücksichtigen, dass bei gleichen Randbedingungen aufgrund der unterschiedlichen Fließprofile (→ rotationssymmetrisch/eben) die Beziehung $d^* \cong 2 \cdot b^*$ gilt, vgl. Abb. 4.41.

Variiert der effektive Reibungswinkel φ_e im Messbereich stark, muss die beschriebene (d^*, b^*)-Berechnung mit einem geschätzten φ_e-Wert begonnen und dann iterativ korrigiert werden.

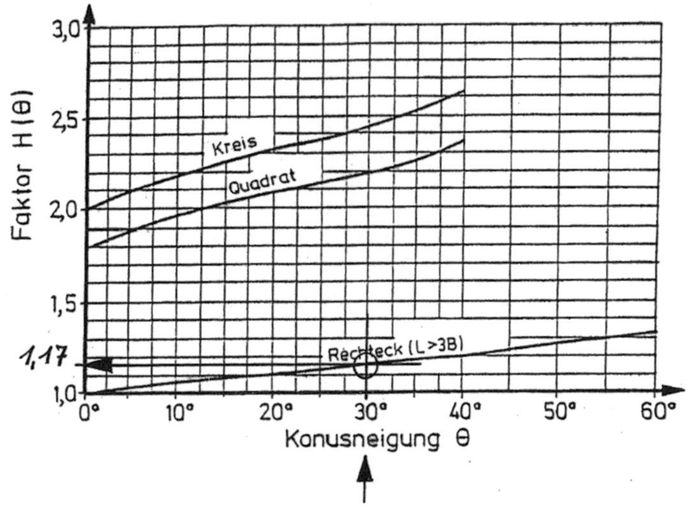

Abb. 4.41 Korrekturfaktor $H(\Theta)$ für den Einfluss der Silogeometrie auf die kritische Brückenspannweite b^*

Überprüfung auf Schachtbildung

Die Geometrie des vorhandenen Rohgutsilos liegt im Grenzbereich Kernfluss/Massenfluss. Eine zusätzliche Kontrolle auf Schachtbildung ist deshalb sinnvoll.

Während die kritischen Abmessungen (d^*, d^{**}) beim zylindrischen Silo mit Austragskonus kreisförmige Durchmesser mit $d^{**} > d^*$ darstellen, muss beim Schlitzbunker/-silo getrennt auf Vermeidung von Brückenbildung, $B_K > b^*$, und Schachtbildung kontrolliert werden. Schächte treten nicht auf, wenn die Diagonale des Austragsschlitzes $L_K > b^{**}$ ist. Im vorliegenden Einsatzfall müsste b^{**} somit auf Abmessungen größer als ca. die Länge des Austragsschlitzes, d. h. $L_K \gtrsim 3{,}0\ m$, führen. Dies ist aufgrund der vorliegenden Schüttgutkenngrößen, $b^* \ll L_K$, nicht zu erwarten. Zur Darstellung der Vorgehensweise bei der Ermittlung von b^{**} wird nachfolgend trotzdem eine Überprüfung auf Schachtbildung vorgenommen.

Schachtbildung d. h. die Ausbildung eines stabilen, das aktive Silovolumen verringernden, vertikalen Kanals innerhalb des Schüttgutvolumens im Behälter, tritt dann auf, wenn an einer Position entlang der Silohöhe die örtliche Druckfestigkeit f_C größer ist als die örtliche Umfangs-Druckspannung = Ringspannung σ_1'' in der Schachtwand, d. h.

$$f_C \geq \sigma_1'' \quad \rightarrow \quad Schachtbildung \tag{4.40}$$

Das Schüttgut ist dann in der Lage, die Spannungen in der Schachtwand ohne Bruch/ohne einsetzendes Fließen zu ertragen. Die Vorgehensweise der weiteren Auslegung ist analog zu derjenigen bei der Ermittlung der kritischen Brückenweite. Die Spannungen in der Schachtwand $\sigma_1'' = \sigma_1''(\sigma_1)$, und damit $\sigma_1'' = \sigma_1''(H)$, werden aus

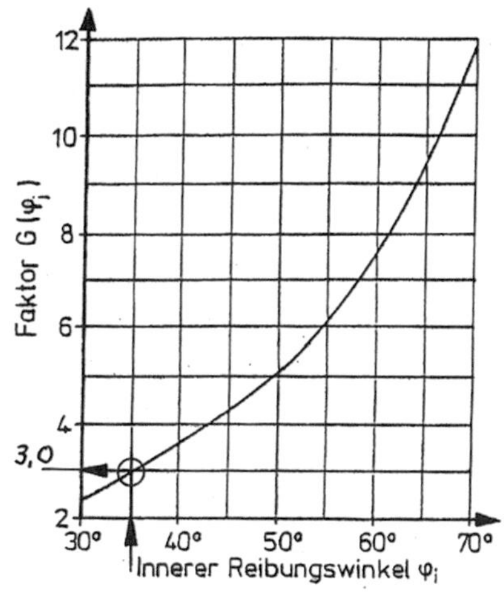

Abb. 4.42 Korrekturfunktion $G(\varphi_{lin})$, $\varphi_{lin} = \varphi_i$

$$\sigma_1'' = \frac{\sigma_1}{ff_S} \tag{4.41}$$

sowie

$$ff_S = \frac{1 + \sin\varphi_e}{4 \cdot \sin\varphi_e} \cdot G(\varphi_{lin}) \tag{4.42}$$

mit:

$G(\varphi_{lin})$ -Korrekturfunktion entsprechend Abb. 4.42; es gilt: $\varphi_{lin} = \varphi_i$,

ermittelt. Hierin ist ff_S der Schachtbildungs-Fließfaktor. Gl. (4.41) beschreibt eine Ursprungsgerade, die in das Teilbild $f_C(\sigma_1)$ der Abb. 4.38 mit eingetragen wird (→ blaue Kurve im unteren Teil der Abb. 4.38) und hier zu Schnittpunkten mit den Kurven $f_C(\Delta t_X = 0\ h)$ und $f_C(\Delta t_X \geq 2\ h)$ führt. Druckfestigkeiten f_C kleiner als diese kritischen Werte $f_C^{**} = \sigma_1''$ sind immer größer als die korrespondierenden Ringspannungen σ_1'' und führen somit zur Schachtbildung. Mittels der Gleichung

$$(d^{**}, b^{**}) = G(\varphi_{lin}) \cdot \frac{f_C^{**}}{g \cdot \varrho_b^{**}} \tag{4.43}$$

mit:

ϱ_b^{**} Schüttgutdichte bei f_C^{**}, d. h. bei gleicher Verfestigungsspannung σ_1^{**}, kann die kritische Schachtabmessung (d^{**}, b^{**}) berechnet werden.

Mit den aktuellen Werten

$\varphi_e \cong 42°$,

$\varphi_{lin} \cong 35°$ (→ Maximalwert = ungünstigster Wert aus Abb. 4.25),

$G(\varphi_{lin}) \cong 3{,}0$ (→ Abb. 4.42)

resultiert aus Gl. (4.42) der Schachtbildungs-Fließfaktor

$$ff_S = \frac{1+\sin 42°}{4 \cdot \sin 42°} \cdot 3{,}0 = 1{,}87$$

und somit

$$\sigma_1'' = \frac{\sigma_1}{1{,}87}$$

Eintragen der Geraden $\sigma_1'' = \sigma_1 / 1{,}87$ in die Abb. 4.38 liefert die kritischen f_C^{**} - und ϱ_b^{**} -Werte:

Δt_X $[h]$	f_c^{**} $[Pa]$	ϱ_b^{**} $[kg/m^3]$
0	1650	1682
≥2	3060	1736

Diese sowie den Korrekturfaktor $G(\varphi_{lin})$ in Gl. (4.43) eingesetzt, ergibt die kritischen Schachtabmessungen b^{**}. Für $\Delta t_X \geq 2\ h$ gilt z. B.:

$$b^{**} = 3{,}0 \cdot \frac{3060\, N/m^2}{9{,}81\, m/s^2 \cdot 1736\, kg/m^3} \cdot 1000 \frac{mm}{m} = 539{,}0\, mm$$

Es resultieren die folgenden kritischen Schachtabmessungen:

Δt_X $[h]$	b^{**} $[mm]$
0	300,0
≥2	539,0

Die Bildung eines stabilen Schachtes ist im vorliegenden Betriebsfall nicht möglich, da bei allen zu berücksichtigenden Lagerzeiten $b^{**} \ll L_K$ bleibt.

Anmerkungen zur Schachtbildung

Entsprechend eines Hinweises von Jenike sollte der Schachtbildungs-Fließfaktor ff_S den Wert $ff_S = 1{,}7$ nicht unterschreiten, d. h. ergibt sich aus Gl. (4.42) ein kleinerer Wert, so ist $ff_S = 1{,}7$ zu verwenden.

Der beschriebene Berechnungsansatz geht von den Verfestigungsspannungen σ_1 im Entleerungszustand aus und berücksichtigt die größeren verfestigenden Spannungen des Füllzustands (→ aktiver Spannungszustand) in Auslaufnähe nicht. Dieser ungünstigere Fall wird u. a. in [32, 33] untersucht. Man kann ihn vermeiden, wenn bereits bei der Silobefüllung eine geringe Menge Schüttgut abgezogen wird. Ist das nicht möglich, müssen die zu den aktiven Verfestigungsspannungen σ_1 im Silotrichter korrespondierenden einaxialen Druckfestigkeiten f_C zur Auslegung herangezogen werden.

Es ist ersichtlich, dass der Schachtbildungsansatz von Jenike [4, 5] keinerlei Einflüsse der Silo- bzw. Bunkergeometrie enthält.

Gestaltung der Abzugsvorrichtung

Wesentliche Anforderung für einen sicheren Silobetrieb ist, dass die gewählte Abzugsvorrichtung eine in Transportrichtung zunehmende Austragskapazität aufweist. Nur dadurch ist eine Schüttgutentnahme aus dem gesamten Austragsquerschnitt/eine vollständige Aktivierung dieses Querschnitts gewährleistet. Wird das nicht berücksichtigt, verursacht die Abzugsvorrichtung tote/unbewegte Silobereiche und wandelt ein Massenfluss- in ein Kernflusssilo um. Die Austragsvorrichtung muss als Teil des Silobaukörpers behandelt werden.

Bei der im vorliegenden Betriebsfall einzusetzenden Schnecke kann eine zunehmende Austragskapazität z. B. durch eine in Förderrichtung größer werdende Schneckensteigung H_{Sch} bei gleichbleibendem Schnecken-Außendurchmesser D_{Sch} erreicht werden. Dazu wird das Steigung/Durchmesser-Verhältnis der Schnecke von z. B. $H_{Sch}/D_{Sch} = 0{,}75$ am Beginn des Austragschlitzes auf $H_{Sch}/D_{Sch} = 1{,}5$ an dessen Ende erhöht. Entlang der Austragsöffnung kann die Schnecke somit in Förderrichtung aufgrund der anwachsenden Steigung immer noch weiteres Schüttgut aufnehmen. Andere Lösungen, z. B. gleichbleibende Schneckensteigung bei in Förderrichtung größer werdendem Schneckendurchmesser, sind ebenfalls möglich.

Für die Schüttgutentnahme aus Silos mit anderen Abzugsvorrichtungen gilt die gleiche Regel. Beispiel: Bei einer Entnahme mittels Förder- oder Kratzerband wird eine zunehmende Austragskapazität u. a. durch eine Vergrößerung des Abstands der Unterkante des Austragsquerschnitts zur Bandoberfläche in Förderrichtung oder durch Vergrößerung der Breite des Abzugsquerschnitts erreicht.

b) Titanerz-Mahlgut

Es soll ein zylindrisches Massenflusssilo mit Austragskonus dimensioniert werden. Die Auslegung erfolgt analog derjenigen für das Titanerz-Rohgut und wird deshalb nur verkürzt dargestellt.

Massenfluss-/Kernflussüberprüfung

Da ein axialsymmetrischer Fließzustand vorliegt, muss für die Festlegung der Grenzen zwischen Massen- und Kernfluss die Abb. 4.22 angezogen werden. Mit den Kennwerten

$\varphi_e \cong 40°$ (→ Mittelwert aus Abb. 4.31, siehe auch Abb. 4.45),
$\varphi_W(St\ 1203) \cong 27{,}5°$ (→ Maximalwert aus Abb. 4.35),
$\varphi_W(PU) \cong 26{,}0°$ (→ Maximalwert aus Abb. 4.36)

folgt aus dieser, vgl. Abb. 4.43, dass beim Wandwerkstoff Normalstahl 1203 eine Trichterneigung gegen die Vertikale von $\Theta_{axial}(St\ 1203) \lesssim 16{,}5°$, beim Polyurethan PU dagegen von $\Theta_{axial}(PU) \lesssim 18{,}0°$ erforderlich ist. Unter Berücksichtigung des von Jenike

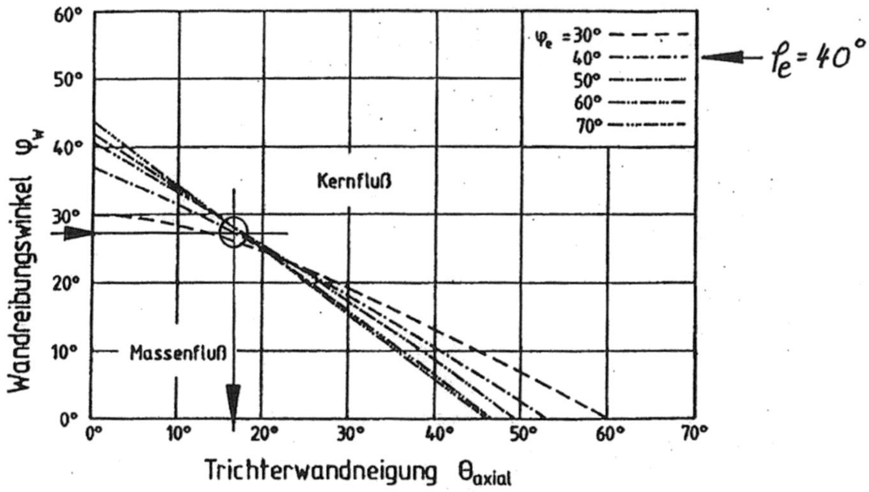

Abb. 4.43 Massenfluss/Kernfluss-Entscheidung, axialsymmetrisches Fließprofil, Produkt: Titanerz-Mahlgut, eingetragen: Wandwerkstoff Normalstahl 1203

empfohlenen Sicherheitsabstand von $\Delta\Theta = 2°$ müsste das Silo also mit folgenden Trichterneigungswinkeln gegen die Vertikale ausgeführt werden:

$$\Theta_{axial}\left(St\,1203\right) \leq \left(16{,}5 - 2{,}0\right)° = 14{,}5°$$

$$\Theta_{axial}\left(PU\right) \leq \left(18{,}0 - 2{,}0\right)° = 16{,}0°$$

Das PU bringt auch hier keine signifikanten Vorteile.

Rückmeldung des Kunden: Ein Massenflusssilo mit $\Theta \cong 15°$ und dem für die nachfolgenden Prozessschritte unbedingt erforderlichen Silovolumen passt nicht in das bereits existierende Mahlanlagengebäude hinein. Das Silo und das darüber angeordnete Mahlanlagenfilter durchbrechen die Dachkonstruktion und erfordern aufgrund der erhöhten Schüttguttemperatur, $T_S \cong (60 - 90)\ °C$, u. a. besondere Maßnahmen zur Vermeidung von Kondensationseffekten. Das Silo wurde vorab mit $\Theta_{axial} = 20°$ geplant. Nach ausführlichen Diskussionen mit dem Kunden über den detaillierten Ablauf des dem Silo nachfolgenden Produktionsprozesses wird Folgendes vereinbart: Das Silo wird mit $\Theta_{axial} = 20°$ und $D_{Silo} = 4{,}0\ m$ ausgeführt. Es handelt sich somit um ein Kernflusssilo, das zur Unterstützung eines gleichmäßigen Produktauslaufs mit Belüftungseinheiten ausgerüstet werden soll. Des Weiteren sind regelmäßige Komplettentleerungen eingeplant.

Auf die erforderliche Gestaltung des Austragsbereichs des Mahlanlagenfilters wird nach der Auslegung des Silos eingegangen.

Überprüfung auf Schachtbildung

Der kritische Durchmesser eines Schachts d^{**} ist immer größer als derjenige einer Brücke d^{*}. Es muss hier somit nur eine Überprüfung auf Schachtbildung durchgeführt werden. Mit den aktuellen, bei $T_S \cong 20\ °C$ gemessenen Werten

$\varphi_e \cong 40°$,

$\varphi_{lin} \cong 32°$ (→ Maximalwert = ungünstigster Wert aus Abb. 4.31),

$G(\varphi_{lin}) \cong 2{,}6$ (→ Abb. 4.44)

folgt aus Gl. (4.42) der Schachtbildungs-Fließfaktor

$$ff_S = \frac{1 + \sin 40°}{4 \cdot \sin 40°} \cdot 2{,}6 = 1{,}66 < 1{,}70 \quad \rightarrow \quad somit:\ ff_S = 1{,}70$$

und daraus

$$\sigma_1'' = \frac{\sigma_1}{1{,}70}$$

Eintragen der Geraden $\sigma_1'' = \sigma_1 / 1{,}70$ in die Abb. 4.45 (→ blaue Kurve im unteren Teil der Abb. 4.45) liefert die kritischen f_C^{**} - und ϱ_b^{**} -Werte:

$\Delta t_X\ [h]$	$f_c^{**}\ [Pa]$	$\varrho_b^{**}\ [kg/m^3]$
0	1150	2100
72	1470	2130

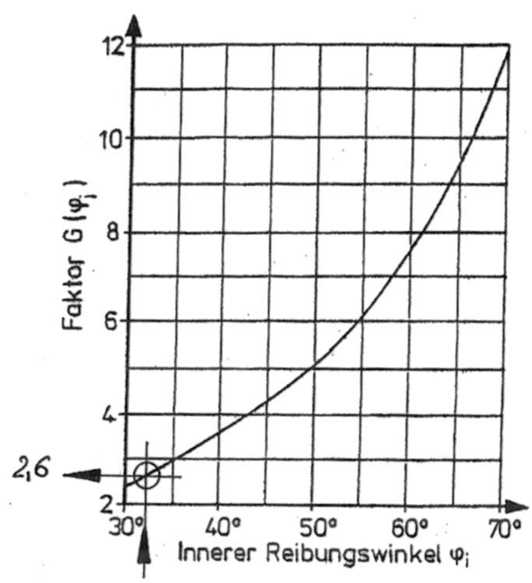

Abb. 4.44 Korrekturfaktor $G(\varphi_{lin})$, $\varphi_{lin} = \varphi_i$

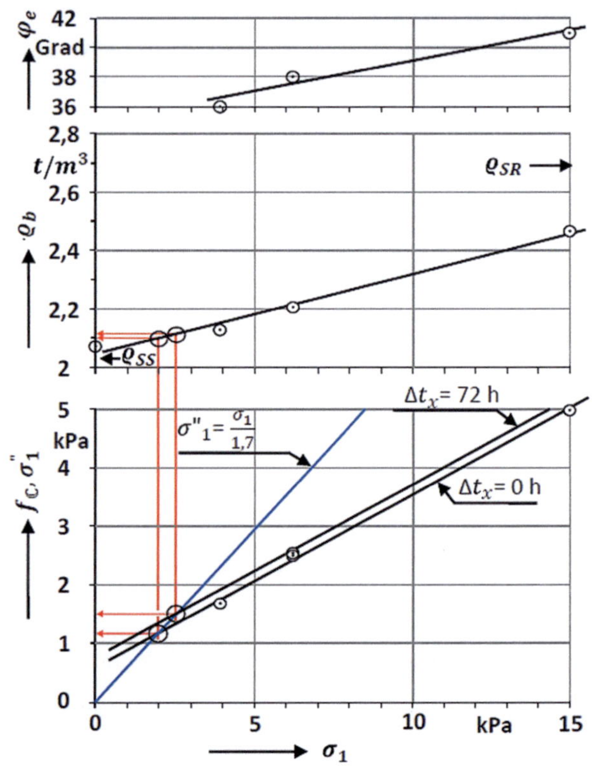

Abb. 4.45 Ermittlung der kritischen Schachtbildungsabmessungen, Titanerz-Mahlgut

Mit diesen Größen berechnen sich aus Gl. (4.43) die kritischen Schachtabmessungen nach verschiedenen Lagerzeiten Δt_X. Diese sind in der nachfolgenden Übersicht zusammengestellt:

Δt_X $[h]$	d^{**} $[mm]$
0	145,0
72	183,0

Der für die schnelle Befüllung des dem Silo nachgeschalteten Einzeldruckgefäßes erforderliche Massenstrom [3] kann mit einem Silo-Auslaufdurchmesser $D_K \geq 300\ mm > d^{**}$ realisiert werden, vgl. Gl. (4.45). Ausgeführt wird aufgrund der ggf. veränderlichen Schüttguteigenschaften der Durchmesser $D_K = 350\ mm$. Von der auf $T_S \cong (60 - 90)°C$ erhöhten Produkttemperatur werden bei dem vorliegenden Schüttgut keine Auswirkungen auf die Auslegung erwartet.

Um den periodischen Schüttgutabzug aus dem Silo in das abtransportierende Einzeldruckgefäß zu unterstützen/zu vergleichmäßigen und das Gesamtverhalten des Silos zu verbessern, soll eine Konusbelüftung installiert werden. Das Belüftungsgas wird hierzu über drei übereinander angeordnete Ebenen, bestehend jeweils aus mehreren bündig zur Konusinnenseite eingepassten Belüftungpads, zugeführt. Die Belüftungsgasströme der einzelnen Ebenen müssen dabei unabhängig voneinander einstellbar sein. Eingeschaltet wird die Belüftung nur dann, wenn die Siloauslaufarmatur geöffnet ist (→ vorher muss z. B. der Druckgefässeinlauf geöffnet sein usw.). Dies wird über die Anlagensteuerung verriegelt. Da das Belüftungsgas naturgemäß den Weg des geringsten Widerstands nimmt, strömt es im Wesentlichen dicht an der Trichterwand entlang zum Schüttgutauslauf. Umströmung und damit verstärkter Antrieb der wandnahen Partikeln, Auflockerung usw. resultieren in einem Schüttgutfluss entlang der Konuswand, von dem angenommen wird, dass er rückwirkend auch die toten Zonen im Übergangsbereich Trichter/Zylinder und die mögliche Entmischung des Schüttguts verringert.

Für den Durchmesser der obersten Belüftungsebene muss nach Erfahrungen der Autors mindestens $D_{bel} \gtrsim (5-10) \cdot D_K$ gewählt werden, wobei die durch das Belüftungsgas im Auslaufquerschnitt $\left(D_K^2 \cdot \pi / 4\right)$ verursachte Leerrohrgeschwindigkeit je nach Korngröße des Schüttguts einen Wert von $v_{F,K} \cong (1{,}0-2{,}0)\ m/s$ nicht wesentlich überschreiten sollte. Größere Gasgeschwindigkeiten $v_{F,K}$ können aufgrund des erhöhten Ausflusswiderstands (→ Gasüberdruck im Bereich oberhalb des Siloauslaufs) zu (temporären) Brücken führen, die im Behälterkonus nach oben bis über die oberste Ebene der Belüftungsgaszufuhr wandern und sich dort stabilisieren [34].

Das Ausfließen von Schüttgut aus einem Silo führt zu dessen Volumenvergrößerung (→ beginnendes Fließen), einem lokalen Unterdruck und somit *ohne* Konusbelüftung zu einer diese Druckdifferenz ausgleichenden Gasströmung von unten durch die Austragsöffnung gegen die Strömungsrichtung des Schüttguts. Der Durchströmungswiderstand, insbesondere die geringe Gasdurchlässigkeit feinkörniger Produkte (→ wie hier vorliegend), verhindert eine ausreichende Gasnachlieferung durch die Schüttgutfüllung im Silo. Aufgrund der sich deshalb einstellenden Gasgegenströmung wird ein Strömungswiderstand für das Schüttgut induziert, der den Austragsmassenstrom des Feststoffs verringert und im Extremfall zu temporären, d. h. den Schüttgutausfluss unterbindenden, Brücken führen kann. Die geplante Konusbelüftung, gewählte Einstelldaten: $D_{bel} \cong 7{,}0 \cdot D_K$, $v_{F,K} \cong 1{,}5\ m/s$, eliminiert die Gasgegenströmung und resultiert dadurch in einem gegenüber dem freien Gravitationsausfluss erhöhten Austragsmassenstrom, vgl. z. B. [34–36].

Das Schüttgut wird dem Titanerz-Mahlgutsilo aus dem Mahlanlagenfilter mittels einer Schnecke und einer abdichtenden Zellenradschleuse über ein Fallrohr mit einem darunter angeordneten Verteilerkegel zugeführt. Aufgrund der relativ engen Partikelgrößenverteilung des Mahlguts, $\alpha_{RRSB} = 63{,}0°$, und dessen geringer mittlerer Korngröße, $d_{S,50} = 20\ \mu m$, wird es bei der Silobefüllung zur Selbstfluidisation des Produkts und damit zur Ausbildung einer fast horizontalen Bettoberfläche (→ $\alpha_{SS} \lesssim (5-10)°$ gegen die Horizontale) kommen. In Verbindung mit dem Verteilerkegel verringert dies weitestgehend eine stärkere Entmischung des Produkts.

Gestaltung des Mahlanlagenfilters

Da im Sammeltrichter des Filters der Mahltrocknungsanlage Schüttgut angestaut wird oder werden kann, muss dieser Trichter zur Vermeidung möglicher Probleme verfahrenstechnisch wie ein Silo ausgelegt werden. Im vorliegenden Einsatzfall wäre der Aufwand, der in die Gestaltung des nachfolgenden Mahlgutsilos investiert wird, wenig sinnvoll, wenn bereits der vorgeschaltete Filtertrichter Brückenbildung, Produkttotzonen und/oder -entmischungen verursacht. Die Geometrie des Sammeltrichters des geplanten Filters entspricht derjenigen eines Schlitzbunkers (→ ebenes Fließprofil), Wandwerkstoff: Normalstahl 1203. Schüttgutaustrag mittels Horizontalschnecke, $D_{Sch} = 300\ mm$, über eine Zellenradschleuse in ein Fallrohr.

Der Leser ist aufgefordert, mit den Titanerz-Mahlgutdaten $\varphi_e \cong 40°$, $\varphi_W(St\ 1203) \cong 27{,}5°$ und den weiteren obigen Angaben eine Auslegung des Filtertrichters auf Massenfluss und Vermeidung von Brückenbildung durchzuführen. Zu verwenden sind hierbei: Abb. 4.23 ($\rightarrow \Theta_{eben}$), Abb. 4.30 ($\rightarrow ff_B$), Abb. 4.41 ($\rightarrow H(\Theta)$), Abb. 4.45 ($\rightarrow f_C^*, \varrho_{b,}^*\ \Delta t_X = 0\,h$) sowie die Gl. (4.39). Das Ergebnis ist: $\Theta_{eben} \cong (23-2)° = 21°$, $b^* \cong 55\ mm < B_K = D_{Sch} = 300\ mm$.

4.3.6 Ergänzende Hinweise

Folgende Anmerkungen:

- Längere Lagerzeiten als $\Delta t_X > 72\ h$ sind offensichtlich für die beiden vorliegenden Schüttgüter unproblematisch.
- Das eingehende Titanerz-Rohgut sollte entweder einer Eingangskontrolle auf Überschreitung des maximal eingeplanten Feuchtigkeitsgehalts, $w_{max} = 3{,}0\ M.\ \%$ (→ wenn größer: Ablehnung der Anlieferung), oder es sollte durch weitere Scherversuche ein für die geplanten Betriebsbedingungen verträglicher maximaler Feuchtigkeitsgehalt ermittelt werden (→ auch dann wären Eingangskontrollen oder aber zertifizierte Ausgangskontrollen beim Lieferanten notwendig).
- Zur Dimensionierung der Größe der erforderlichen Ein-/Auslaufquerschnitte zur Befüllung und Entleerung eines Silos/Behälters stehen eine Vielzahl von Berechnungsansätzen zur Verfügung, vgl. z. B. [37]. Bei freiem Gravitationsfluss (→ maximaler Austragsmassenstrom $\dot{m}_S$) haben sich in der Praxis bei kreisförmigen Öffnungen und Schüttgütern mit $d_{S,50} \gtrsim 0{,}30\ mm$ die Beverloo-Gleichung [38]

$$\dot{m}_S = C \cdot \varrho_b \cdot \sqrt{g} \cdot \left(D_K - k \cdot d_{S,50}\right)^{5/2} \qquad mit:\ C \cong 0{,}60\ und\ \ k \cong 1{,}5 \tag{4.44}$$

und bei feinkörnigeren belüfteten Produkten durch beliebig geformte Querschnitte der Ansatz [20]

$$\dot{m}_S = \dot{q} \cdot A_K \cdot \varrho_b \qquad mit:\ \dot{q} \cong (0{,}8 - 1{,}0)\frac{m^3}{cm^2 \cdot h} \tag{4.45}$$

bewährt. In beiden Fällen ist ϱ_b die lockere Schüttdichte des jeweils vorliegenden Produkts.

- Für die Gestaltung des Austragsbereichs des in seiner Bauhöhe begrenzten Titanerz-Mahlgutsilos wären, je nach den Anforderungen des nachfolgenden Anlagenbereichs, auch andere Ausführungsvarianten denkbar. Wenn es dort z. B. auf eine genaue und pulsationsarme Dosierung ankommt, könnte auch ein Silo mit einer Kombination von Massenfluss- und Kernflusstrichter eingesetzt werden, d. h. ein Silo mit sogenanntem „*expanded flow*" [4]. Andere Lösungen, z. B. mit einem über die Konushöhe variablen Trichterneigungswinkel Θ, oder den Schüttgutstrom lenkenden/verdrängenden Einbauten, z. B. [39–41], sind ebenfalls denkbar. Hierbei müssen jedoch auch die aus den möglichen Lösungen resultierenden „Nebenwirkungen", z. B. erhöhte statische Beanspruchung des Baukörpers, angemessen berücksichtigt werden.
- Für die restlose Entleerung eines auf Vermeidung von Schachtbildung ausgelegten Kernflusssilos empfiehlt Jenike eine Neigung des Auslauftrichters gegen die Vertikale von

$$\Theta_{leer} \geq 65° - \varphi_W \tag{4.46a}$$

Das ist eine konservative, von sehr kohäsivem Produktverhalten ausgehende Annahme. In der Praxis wird häufig auch der Ansatz

$$\Theta_{leer} \cong 90° - \left(\alpha_{SS} + (3-5)°\right), \quad \alpha_{SS} = Schüttwinkel \tag{4.46b}$$

benutzt. Beide Methoden führen auf annähernd gleiche Θ_{leer}-Werte.

- Aufgrund der heute üblichen, sehr engen zeitlichen Verzahnung von Anlagenplanung und -realisierung verwendet die Planung häufig Erfahrungswerte zur Festlegung der zu erwartenden Rand-/Betriebsbedingungen bevor diese durch Messungen bzw. detaillierte Analysen bestätigt sind. Annahme im vorliegenden Beispiel: Ein Massenfluss des Titanerz-Mahlguts ist mit Θ_{eben} = 20° möglich. Diese Vorabannahmen sollten durch schnellstmögliche Untersuchungen bestätigt oder korrigiert werden. Nachträgliche Veränderungen des Anlagenaufbaus sind i. Allg. aufwendig und kostenintensiv.
- Es sei an dieser Stelle noch darauf hingewiesen, dass es beim Ausfließen von Schüttgütern aus Silos und Behältern zu Erschütterungen, selbsterregten Schwingungen und hörbarer Geräuschentwicklung kommen kann. Man spricht je nach Intensität dieser Effekte von Silobeben, -schlagen oder -hupen. Beeinträchtigungen in der Umgebung der jeweiligen Anlage als auch statische Probleme aufgrund der zusätzlichen Beanspruchung des Silobaukörpers können die Folge sein. Zur Reduzierung der Auswirkungen dieser Störungen dürfen Silos häufig nur noch teilgefüllt genutzt werden. Eine Voraussage, wann und bei welchen Schüttgütern die angedeuteten Probleme zu erwarten sind, ist aufgrund unterschiedlichster und noch nicht systematisch untersuchter Auslösemechanismen derzeit nicht bzw. nur stark eingeschränkt möglich. Eine grundlegende Zusammenfassung des diesbezüglichen Stands der Technik enthält u. a. [19].

4.4 Berechnungsbeispiel 4: Untersuchung eines Kohlebunker/ Trogkettenförderer-Systems

Bei einem in einem Kraftwerk unterhalb eines Steinkohlesilos installierten Trogkettenförderer zur Beschickung einer Kohlemahlanlage treten häufig bereits nach Wochenendstillständen Austragsprobleme auf, die u. a. in einer zu großen mechanischen Beanspruchung des Förderers resultieren und zum Bruch der Förderkette oder zu Problemen/ zum Ausfall des Antriebs führen. Das Gesamtsystem soll einer Analyse unterzogen und auf dieser aufbauend Vorschläge zur Behebung der Schwierigkeiten erarbeitet werden.

4.4.1 Theoretische Grundlagen

Die dem Beispiel 3, Abschn. 4.3.1, vorangestellten theoretischen Grundlagen liefern auch im vorliegenden Betriebsfall die notwendige Basis zum Verständnis bzw. zur Beurteilung der ggf. auftretenden Probleme. Ergänzend hierzu müssen die an einer Siloaustragsvorrichtung wirkenden Kräfte und daraus deren Antriebsleistung bestimmt werden, vgl. u. a. [18, 20, 42]. Dieses wird nachfolgend beispielhaft anhand eines Kratzerbandförderer, vgl. Abb. 4.46, dargestellt.

Die gesamte Abzugskraft F_H setzt sich in diesem Fall aus den nachstehenden Anteilen zusammen:

$$F_H = F_S + F_B + 2 \cdot F_h + F_T + F_0 \tag{4.47}$$

Die einzelnen Kräfte berechnen sich wie folgt:

- Kraft zum Abscheren/zur Überwindung der inneren Reibung des Schüttguts durch den Förderer entlang des Siloaustragsquerschnitts:

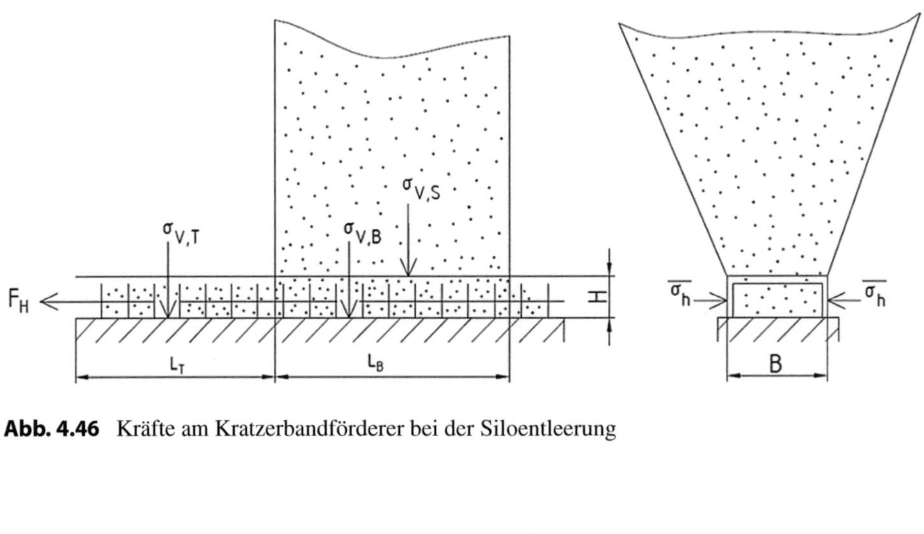

Abb. 4.46 Kräfte am Kratzerbandförderer bei der Siloentleerung

$$F_S = \sigma_{V,S} \cdot L_B \cdot B \cdot \tan \varphi_{SF} \tag{4.48}$$

mit:

$\sigma_{V,S}$ - aktuelle Vertikalspannung in der Scherebene der Schüttung,
L_B - Länge des Austragsschlitzes,
B - Breite des Austragsschlitzes,
φ_{SF} - innerer Reibungswinkel des Schüttguts; näherungsweise kann der effektive Reibungswinkel φ_e verwendet werden.

- Kraft zum Verschieben des Schüttguts über die Bodenplatte des Förderers:

$$F_B = \sigma_{V,B} \cdot L_B \cdot B \cdot \tan \varphi_{W,B} \tag{4.49}$$

mit:

$\sigma_{V,B}$ - Vertikalspannung an der Bodenplatte,
$\varphi_{W,B}$ - Reibungswinkel zwischen Schüttgut und Bodenplatte.

- Kraft zum Verschieben des Schüttguts gegen die Seitenwände des Förderers:

$$\left(2 \cdot F_h\right) = 2 \cdot \bar{\sigma}_h \cdot L_B \cdot H \cdot \tan \varphi_{W,h} \tag{4.50}$$

$$\bar{\sigma}_h = K \cdot \bar{\sigma}_V \tag{4.50a}$$

$$K \cong \left(1 - \sin \varphi_e\right) \tag{4.50b}$$

$$\bar{\sigma}_V = \frac{1}{2} \cdot \left(\sigma_{V,S} + \sigma_{V,B}\right) \tag{4.50c}$$

mit:

$\bar{\sigma}_h$ - mittlere Horizontalspannung auf die Seitenwand,
$\bar{\sigma}_V$ - mittlere Vertikalspannung über die Höhe der Seitenwand,
K - Horizontallastverhältnis,
H - Höhe der bewegten Schüttschicht/der Seitenwand,
$\varphi_{W,h}$ - Reibungswinkel zwischen Schüttgut und Seitenwand.

- Kraft zum Verschieben des Schüttguts über die Bodenplatte und entlang der Seitenwände des Förderers außerhalb des Abzugsbereichs:

$$F_T = \sigma_{V,T} \cdot L_T \cdot \left(B \cdot \tan \varphi_{W,B} + H \cdot \tan \varphi_{W,h}\right) \tag{4.51}$$

$$\sigma_{V,T} \cong H \cdot g \cdot \varrho_b \tag{4.51a}$$

mit:

$\sigma_{V,T}$ - Vertikalspannung an der Bodenplatte außerhalb des Abzugsbereichs,
L_T - Länge der Transportstrecke,
g - (=9,81 m/s) Erdbeschleunigung,
ϱ_b - Schüttgutdichte des bewegten Schüttguts ≅ lockere Schüttdichte ϱ_{SS}.

- Kraft F_0 zur Überwindung der Leerlaufverluste: Vorgabe des Lieferanten oder aus spezieller Leerlaufmessung.

Mit dem obigen Ansatz ist die Ermittlung der Größe der Antriebsleistung des Kratzerbandförderers möglich. Durch Weglassen oder Hinzufügen einzelner Kräfte kann das dargestellte Rechenschema auch auf andere Austragssysteme/-vorrichtungen angewendet werden. Einen Überblick gibt [42]. Die Berechnungen erfordern die Kenntnis der am Austragsorgan wirkenden Vertikalspannungen ($\sigma_{V,S}, \sigma_{V,B}$). Zu deren Bestimmung muss der Vertikalspannungsverlauf über die gesamte Höhe des Silo-/Bunkersystems, beginnend von der Schüttgutoberfläche, berechnet werden. Hierbei ist, je nach geometrischer Ausführung des vorliegenden Behälters und seiner Vorgeschichte, zwischen einem Abzug aus dem Füllzustand (FZ) oder dem Entleerungszustand (EZ) zu unterscheiden (→ aktiver/passiver Spannungszustand). Wird aus dem Füllzustand abgezogen, folgt aus der dadurch höheren Vertikalspannung am Siloaustritt, $\sigma_V(FZ) > \sigma_V(EZ)$, vgl. Abschn. 4.3.1, ein ausgeprägter Peak der erforderlichen Abzugskraft $F_H(FZ)$, die dann fast schlagartig auf einen i. Allg. deutlich geringeren Wert $F_H(EZ)$ abfällt. Abb. 4.47 zeigt die ablaufenden Vorgänge

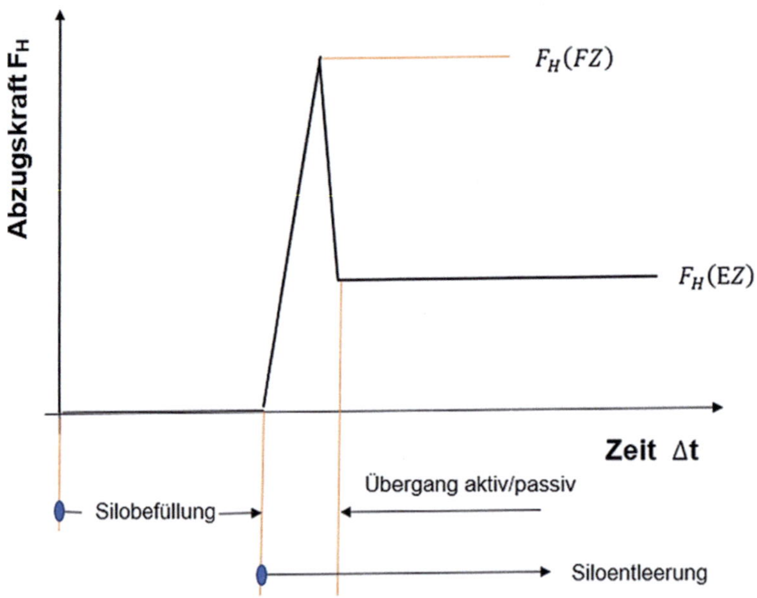

Abb. 4.47 Zeitlicher Verlauf der Abzugskräfte am Kratzerbandförderer

schematisch. Bei einem Wiederanfahren der Austragsvorrichtung nach einer vorangegangenen Teilentleerung des Silos stellt sich von Beginn an sofort die geringere Kraft $F_H(EZ)$ ein. Die Trägheits-/Beschleunigungskräfte des Schüttguts können bei diesen Betrachtungen i. Allg. vernachlässigt werden.

Das Silo oberhalb der Abzugsvorrichtung besteht mindestens aus dem Siloschuss mit einem über die Höhe konstanten Querschnitt, einem darunter angeordneten konvergenten Trichter, der den Behälter- auf den Austragsquerschnitt verringert, und häufig einer sogenannten Schürze mit ebenfalls konstantem Querschnitt, die zur vertikalen Führung des Schüttguts auf die Abzugsvorrichtung und zur Anpassung der Schnittstelle Silo/Austragsvorrichtung dient. In der Box 4.2 sind die zur Berechnung des Vertikalspannungsverlaufs $\sigma_V(FZ)$ im Füllzustand entlang der einzelnen Bauelemente eines Silos erforderlichen Gleichungen zusammengestellt.

Box 4.2 Berechnungsansätze für den Füllzustand

a) **Siloschuss**

Gl. (4.27) nach Janssen [15] aus Box 4.1 kann direkt für die Berechnung des Siloschusses verwendet werden (→ belastungsfreie Schüttgutoberfläche). Es gilt: $\sigma_Z = \sigma_V$.

b) **Siloschürze**

Die Lösung der Differenzialgleichung (4.26) für die Randbedingung ($z = 0 \rightarrow \sigma_V = \sigma_{auf}$), mit σ_{auf} = Spannung verursacht durch eine Auflast auf der Schüttgutoberfläche, lautet:

$$\sigma_V = \frac{\varrho_b \cdot g}{K \cdot \tan\varphi_W} \cdot \frac{A}{U} + \left\{ \sigma_{auf} - \frac{\varrho_b \cdot g}{K \cdot \tan\varphi_W} \cdot \frac{A}{U} \right\} \cdot \exp\left(-K \cdot \tan\varphi_W \cdot \frac{U}{A} \cdot z \right) \quad (4.52)$$

mit:

z - Koordinate in Richtung vertikal nach unten, beginnend am Eintritt in das jeweilige Bauelement (→ hier z. B.: Oberkante Siloschürze).

Mit $\sigma_{auf} = 0$ geht Gl. (4.52) in Gl. (4.26) über.

c) **Silotrichter**

Im Trichter wird, analog zur Vorgehensweise von Janssen, vgl. Box 4.1, das Kräftegleichgewicht an einem Scheibenelement betrachtet. Die unterschiedlichen Lösungsansätze in der relevanten Literatur unterscheiden sich im Wesentlichen durch verschiedene Definitionen des sogenannten K^*-Werts, der das Verhältnis der

Wandnormalspannung σ_W zu der über den aktuellen Trichterquerschnitt gemittelten Vertikalspannung σ_V angibt, d. h. $K^* = \sigma_W/\sigma_V$. Ohne auf technische Einzelheiten einzugehen, wird nachfolgend das Verfahren von Motzkus [17] zur Beschreibung der Spannungsverhältnisse im Trichter soweit dargestellt, wie es zur Ermittlung der hier benötigten Vertikalspannungen notwendig ist. Das Berechnungsmodell hat sich durch überprüfende Messungen/Praxisergebnisse als zur Beschreibung der Spannungen im Trichter-Füllzustand geeignet erwiesen, z. B. [18, 43].

Motzkus [17] unterscheidet die Betriebsfälle „Gleitbruch“ und „Materialbruch“. Beim Gleitbruch, der in steilen Trichtern auftritt, ist der Wandreibungswinkel φ_W vollständig mobilisiert, während das in flacheren Trichtern nicht mehr der Fall ist und sich dort der sogenannte Materialbruch einstellt. Der Grenzwinkel = Trichterneigungswinkel Θ_{Grenz} zwischen diesen beiden Bereichen wird durch

$$\Theta_{Grenz} = 90° - arcsin\left(\frac{\sin\varphi_W}{\sin\varphi_e}\right) \tag{4.53}$$

bestimmt. Die Spannungsverläufe über die Höhe des an seiner Oberkante mit einer Auflast σ_{auf} belasteten Trichters berechnen sich dann wie folgt:

$$\sigma_V = \frac{\varrho_b \cdot g \cdot (H_T - z)}{n-1} + \left\{\sigma_{auf} - \frac{\varrho_b \cdot g \cdot H_T}{n-1} \cdot\right\} \cdot \left(\frac{(H_T - z)}{H_T}\right)^n \quad \rightarrow \textit{für}:\ n \neq 1 \tag{4.54}$$

$$\sigma_V = \sigma_{auf} \cdot \frac{(H_T - z)}{H_T} + \varrho_b \cdot g \cdot (H_T - z) \cdot \ln\left(\frac{H_T}{H_T - z}\right) \quad \rightarrow \textit{für}:\ n = 1 \tag{4.55}$$

mit:

z - Koordinate in Richtung vertikal nach unten, beginnend am Eintritt in den Trichter,
H_T - Höhe des Trichters vom Eintritt bis zur gedachten Trichterspitze,
n - Exponent entsprechend nachfolgender Gleichungen.

Für den Gleitbruch, $\Theta \leq \Theta_{Grenz}$, gilt

$$n = (m+1) \cdot \mu_F \cdot \lambda_F \cdot \tan(90° - \Theta) \tag{4.56}$$

und für den Materialbruch, $\Theta > \Theta_{Grenz}$,

$$n = (m+1) \cdot \mu_{i,F} \cdot \lambda_{i,F} \cdot \tan(90° - \Theta) \tag{4.57}$$

mit:
Θ - aktueller Trichterneigungswinkel gegen die Vertikale,
$m = 0$ - keilförmiger Trichter = ebenes Fließprofil,
$m = 1$ - rotationssymmetrischer Trichter = axialsymmetrisches Fließprofil, sowie:

$$\lambda_F = \frac{\left[\tan(90° - \Theta) - \mu_{i,F}\right] - \mu_{i,F} \cdot \lambda_{i,F} \cdot \left[1 + \mu_{i,F}^2 - \left\{\tan(90° - \Theta) - \mu_{i,F}\right\}^2\right]}{\tan(90° - \Theta) \cdot \left[1 + \tan(90° - \Theta) \cdot \mu_{i,F}\right]} \tag{4.58}$$

$$\mu_F = \mu_{i,F} \cdot \frac{\lambda_{i,F}}{\lambda_F} \tag{4.59}$$

$$\lambda_{i,F} = \frac{\left(1 - sin^2\varphi_W\right) - \sqrt{\left(1 - sin^2\varphi_W\right) \cdot \left(sin^2\varphi_e - sin^2\varphi_W\right)}}{\left(1 + sin^2\varphi_W\right) + \sqrt{\left(1 - sin^2\varphi_W\right) \cdot \left(sin^2\varphi_e - sin^2\varphi_W\right)}} \tag{4.60}$$

$$\mu_{i,F} = \tan\varphi_W \tag{4.61}$$

Motzkus [17] ermittelte die vorstehenden Gleichungen unter Annahme unterschiedlichen Schüttgutverhaltens im Trichterwandbereich (→ elastisch, aktiv-plastisch) durch die Analyse Mohrscher Spannungskreise in Relation zu den zugehörigen Material- und Wandfließorten.

Zur Lösung der hier betrachteten Problemstellung (→ Vertikalspannungen auf eine Abzugsvorrichtung) brauchen mit den oben aufgeführten Gleichungen natürlich nur die Spannungen am Ein- und Austritt des jeweiligen Silobauelements ermittelt zu werden. Das gleiche gilt auch für den Entleerungszustand.

Die Box 4.3 enthält Berechnungsgleichungen mit denen die mittlere Vertikalspannung $\sigma_{V,\,out}$ im Austragsquerschnitt eines konvergenten Trichters bei vorliegendem Entleerungszustand (*EZ*) ermittelt werden kann. Diese in [44, 45] entwickelten analytischen Lösungen bauen auf der Annahme eines radialen Spannungsfelds [5] sowie Ergebnissen aus [46] auf. Die Vertikalspannung am Trichtereinlauf ist durch die Auflast = mittlere vertikale Austrittsspannung des vorgeschalteten Bauelements definiert.

Box 4.3 Entleerungszustand: Vertikalspannung im Auslaufquerschnitt eines konvergenten Kanals

Mittlere Vertikalspannung am Kanalaustritt:

$$\sigma_{V,out} = \varrho_b \cdot g \cdot B_K \cdot \left(\frac{4}{3}\right)^m \cdot \frac{1}{4 \cdot \tan\Theta} \cdot \left[\frac{2 \cdot \sigma_{W,out} \cdot (\tan\Theta + \tan\varphi_W)}{\varrho_b \cdot g \cdot B_K} - \frac{1}{1+m}\right] \tag{4.62}$$

mit:

Θ - aktueller Trichterneigungswinkel gegen die Vertikale,
B_K (D_K) - aktuelle Austragsbreite bzw. aktueller Austragsdurchmesser,
$m = 0$ - keilförmiger Trichter = ebenes Fließprofil,
$m = 1$ - rotationssymmetrischer Trichter = axialsymmetrisches Fließprofil.

$\sigma_{W,out}$ ist die Wandnormalspannung am Trichteraustritt, die mittels der Gleichungen

$$\sigma_{W,out} = \varrho_b \cdot g \cdot B_K \cdot \frac{Y \cdot [1 + \sin\varphi_e \cdot \cos(2\beta)]}{2 \cdot (X-1) \cdot \sin\Theta} \tag{4.63}$$

$$X = \frac{2^m \cdot \sin\varphi_e}{1 - \sin\varphi_e} \cdot \left[\frac{\sin(2\beta + \Theta)}{\sin\Theta} + 1\right] \tag{4.64}$$

$$Y = \frac{[2 \cdot \{1 - \cos(\beta + \Theta)\}]^m \cdot (\beta + \Theta)^{1-m} \cdot \sin\Theta + \sin\beta \cdot \sin^{1+m}(\beta + \Theta)}{(1 - \sin\varphi_e) \cdot \sin^{2+m}(\beta + \Theta)} \tag{4.65}$$

$$\beta = \frac{1}{2} \cdot \left[\varphi_W + arcsin\left(\frac{\sin\varphi_W}{\sin\varphi_e}\right)\right] \tag{4.66}$$

berechnet wird. Achtung: In den Term $(\beta + \Theta)^{1-m}$ in Gl. (4.65) müssen die Winkel β und Θ im Bogenmaß eingegeben werden.

Zusammenfassende Betrachtungen/Einführungen zu den Spannungsberechnungen sowohl für den Füll- als auch Entleerungszustand enthalten u. a. [18, 41, 46–48].

Die oben dargestellten Berechnungsansätze für Füll- und Entleerungszustand gelten exakt nur dann, wenn Silo und Austragsvorrichtung absolut starr miteinander verbunden sind. Ist z. B. die Abzugsvorrichtung elastisch, d. h. nachgebend relativ zum Silo angeordnet, so vergrößert sich bei Überschreitung eines bestimmten Füllstands im Behälter der Abstand Siloaustritt zu Abzugsvorrichtung und überführt dadurch das nachfließende Schüttgut im konvergenten Silobereich partiell vom aktiven in den passiven Spannungszustand. Dies verringert insgesamt die Vertikalspannung im Austrittsquerschnitt und damit die Antriebsleistung der Austragvorrichtung. Wenn das Silo nachgebend relativ zum fixierten Abzugsorgan ausgeführt ist, resultiert daraus eine Verdichtung des Schüttguts und somit eine erhöhte Antriebsleistung für das Austragsorgan. Untersuchungen hierzu finden sich u. a. in [18, 49, 50].

4.4.2 Vorgaben der Aufgabenstellung

Es sind die Ursachen der auftretenden Betriebsprobleme zu ermitteln und Vorschläge zu deren Beseitigung zu erarbeiten.

- Umgebungszustand: Temperatur: $T_0 = (10 - 30)\ °C$, Druck: $p_0 \cong 1{,}0\ bar$, relative Luftfeuchtigkeit: $\varphi \cong (40 - 80)\%$,
- Zwischenraum-/Lückengas im Schüttgut: Umgebungsluft,
- Betriebstemperatur = Kohletemperatur $T_S \cong T_0$,
- Lagerzeit ohne Schüttgutbewegung: Maximal: $\Delta t_{max} = 21\ Tage$, im Mittel: $\Delta t_{mit} = 9\ Tage$,
- Anlagenschema: Entsprechend Abb. 4.48, die eingetragenen Abmessungen sind in Tab. 4.3 zusammengestellt.
- Daten des vorhandenen Kohlesilos:
  Dieses ist in den Abb. 4.49a und 4.49b dargestellt. Es besteht aus Beton, der Konusbereich ist mittels „Kalen 1006", einem gleitfördernden und korrosionsfreien thermoplastischen Kunststoff, in Form von Platten ausgekleidet, die Siloschürze besteht aus Normalstahl St 1202, schwarz, gewalzt. Die geometrischen Abmessungen des Silos

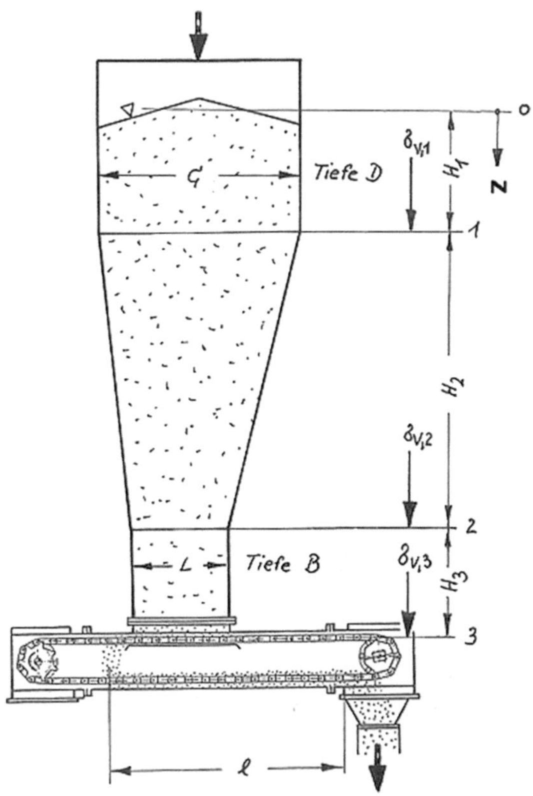

Abb. 4.48 Aufbau der Betriebsanlage, schematisch

Tab. 4.3 Wesentliche Abmessungen des Rohkohlesilos, vgl. Abb. 4.48, 4.49a und 4.49b

Größe	Einheit	Wert
Höhe H_1	[m]	4,0
Höhe H_2	[m]	11,75
Höhe H_3	[m]	4,0
Länge L	[m]	4,0
Länge ℓ	[m]	5,7
Länge C	[m]	6,8
Tiefe B	[m]	0,90
Tiefe D	[m]	8,2
Winkel Θ_{eben}	[°]	30,0
Winkel Θ_{in}	[°]	15,0
Winkel Θ_{out}	[°]	5,0

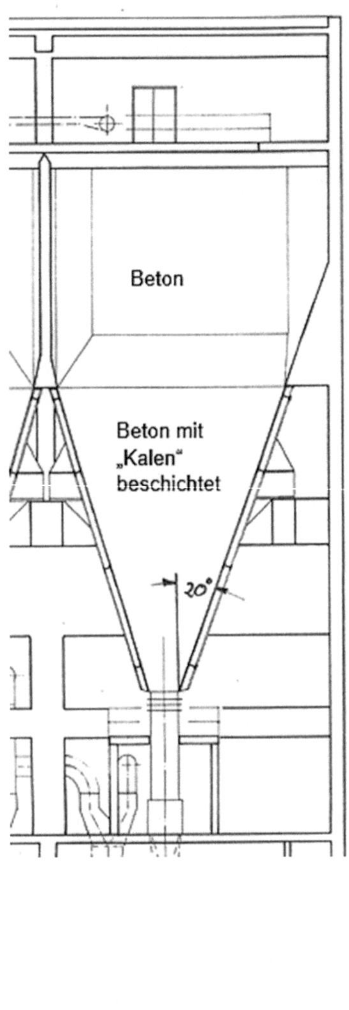

Abb. 4.49a Silogeometrie; der Trogkettenförderer transportiert senkrecht aus der Zeichenebene heraus

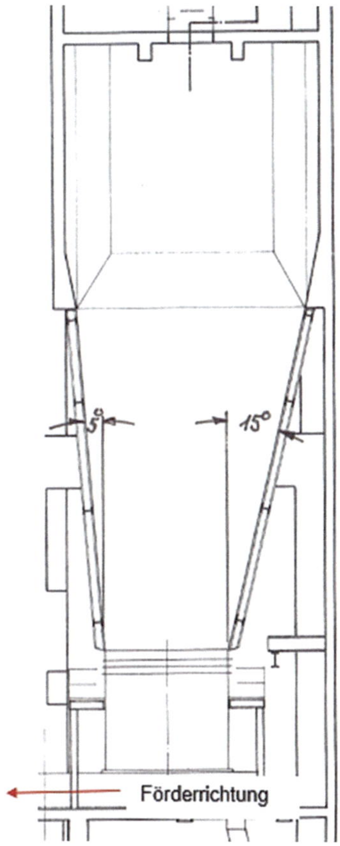

Abb. 4.49b Silogeometrie; der Trogkettenförderer transportiert in der Zeichenebene von rechts nach links

sind in der nachfolgenden Tab. 4.3 zusammengefasst. Im Bereich des Konus sind sogenannte Luftkanonen nachgerüstet worden (→ genaue Positionen und Größe sind unbekannt).

- Daten des Trogkettenförderers:
  Einlaufbreite $B = 0{,}90\ m$, Austragslänge $L_B = 4{,}0\ m$, somit: $L_B > 3 \cdot B = 3 \cdot 0{,}90\ m = 2{,}7$ $0\ m$ → im Silo stellt sich ein ebenes Fließprofil ein,

  Abstand Siloauslauf bis Oberkante der Mitnehmer des Förderers: $\Delta h_{S/F} = 0{,}25\ m = konst.$,

  am austragsseitigen Ende der Siloschürze ist ein handverstellbarer Schichthöhenregler installiert, Höhe der Mitnehmer/Kratzer des Förderers: $\Delta h_{TKZ} = 0{,}090\ m$,

  die Mitnehmer sind als unten offene Tröge ausgeführt, d. h. die Seitenwände bewegen sich mit dem Schüttgut mit. Somit entfällt u. a. die Reibungskraft $(2 \cdot F_h)$ auf die Seitenwände, Gl. (4.50), Abschn. 4.4.1.

- Schüttgutdaten:
  Es werden zwei Rohkohlen, die mit „RYD" und „MUR" bezeichnet sind, in unterschiedlichen Mischungsverhältnissen, vorzugsweise im Verhältnis 50 zu 50 M.-%, verfeuert,
  Korngrößenverteilungen: Diese werden durch die Partikeldurchmesser d_S bei den Rückständen $R = 95\ M. - \%\ /5\ M. - \%$ gekennzeichnet und liegen im Bereich von: RYD: 120 $\mu m/16\ mm$, MUR: 200 $\mu m/25\ mm$. Sie lassen sich in einem RRSB-Diagramm in guter Näherung durch Geraden mit den Neigungswinkeln $\alpha_{RRSB}(RYD) = 39°$ und $\alpha_{RRSB}(MUR) \cong 40°$ darstellen,
  Mediandurchmesser: $d_{S,\,50}(RYD) = 3{,}0\ mm$, $d_{S,50}(MUR) = 6{,}0\ mm$,
  Schüttdichten: $\varrho_{SS}(RYD) = 840\ kg/m^3$, $\varrho_{SS}(MUR) = 810\ kg/m^3$,
  Rütteldichten: $\varrho_{SR}(RYD) = 970\ kg/m^3$, $\varrho_{SR}(MUR) = 930\ kg/m^3$,
  Feuchtigkeits- = Wassergehalt: $w(RYD) = 11{,}50\ M. - \%$, $w(MUR) = 13{,}20\ M. - \%$,
- Die vom Kunden beigestellten Proben der Schüttgüter werden von diesem als repräsentativ bezeichnet. Alle aufgeführten Kenngrößen der Rohkohlen wurden durch eigene Messungen ermittelt.

4.4.3 Ergebnisse der durchgeführten Scherversuche

Die Messungen erfolgten mit einem Jenike-Translationsschergerät. Alle Materialfließorte wurden mit jeweils auf $d_S \leq 2{,}0\ mm$ abgesiebtem, die zugehörigen Wandfließorte sowohl mit auf $d_S \leq 1{,}0\ mm$ als auch $d_S \leq 3{,}15\ mm$ abgesiebtem Schüttgut durchgeführt. Letzteres um mögliche Korngrößeneinflüsse auf den Wandreibungswinkel φ_W abschätzen zu können. Die Abtrennung des Schüttgut-Grobanteils ist, wie bereits in Abschn. 4.3.4a dargestellt, aufgrund des begrenzten Scherwegs des Messgeräts erforderlich und führt auf eher konservative, d. h. sicherere, Auslegungen, vgl. auch Abb. 2.20 im Abschn. 2.2.1. Die untersuchten Siebdurchgänge $D = (1 - R)$ betragen: $D(RYD) \cong 40\ M. - \%$ und $D(MUR) \cong 25\ M. - \%$. Alle Messungen wurden bei einem Feuchtigkeitsgehalt von $w \cong 12{,}0\ M. - \%$ durchgeführt. Auf Abweichungen wird hingewiesen. Weil sich die hohe Produktfeuchtigkeit stärker auf den Feinanteil des Schüttguts als auf dessen Grobanteil auswirkt, erscheint die beschriebene Vorgehensweise als angemessen.

Anhand einiger orientierender und vergleichbarer Vorversuche wurde die Kohle „RYD" als die „schwierigere" der beiden Kohlen identifiziert, d. h. als dasjenige Produkt, welches bei gleicher Normalspannung die größere Scherspannung zum Einleiten des Fließens erfordert. Alle Materialfließorte wurden deshalb mit der Kohle RYD gemessen. Die Wandfließorte wurden jeweils für beide Kohlen ermittelt.

Da die prinzipielle Vorgehensweise bei den Messungen bereits im Berechnungsbeispiel 3, Abschn. 4.3, detailliert dargestellt wurde, werden nachfolgend nur die zusammengefassten Ergebnisse sowie einige Hinweise zur automatisierten Auswertung dargestellt.

Fließorte ohne Zeitverfestigung

Ohne Zeitverfestigung ($\Delta t_X \rightarrow 0$) wurden insgesamt drei Fließorte mit jeweils verschiedener Anscherlast aufgenommen. Deren Ergebnisse sind in Tab. 4.4 zusammengefasst. Der Feuchtigkeitsgehalt bei diesen Messungen betrug $w = 11{,}5\ M. - \%$. Die Fließfunktion FF_C verringert sich mit abnehmender Verdichtungsspannung σ_1 von $FF_C \cong 2{,}9$ auf 1,9, d. h. die untersuchte Kohle-Fraktion muss somit als kohäsiv bis sehr kohäsiv eingeordnet werden. Die locker geschüttete Schüttgutdichte dieser Fraktion beträgt $\varrho_{SS} = 640\ kg/m^3$.

Die Abhängigkeit $f_C(\sigma_1)$ ist beim vorliegenden Schüttgut linear und kann durch die Gleichung

$$f_C = a \cdot \sigma_1 + b \tag{4.67}$$

mit:

a - Steigung $\Delta f_C/\Delta\sigma_1$ der Geraden,

b - f_C-Wert am Ordinatenschnittpunkt der Kurve mit $\sigma_1 = 0$,

dargestellt werden. Es gilt: $a = 0{,}2421$, $b = 1330\ N/m^2$.

Fließorte mit Zeitverfestigung

Mit der Einstellung des Fließorts 2, vgl. Tab. 4.4, wurde das Verhalten der Kohle bei Lagerzeiten ohne Schüttgutbewegung von $\Delta t_x = 0\ h$, $5{,}5\ h$, $26\ h$, $53\ h$, $144\ h$ und $503\ h$ (=21 *Tage*) simuliert. Es wurde die Einpunktmethode angewendet, vgl. Abschn. 4.3.4. Während der Lagerung auf der Zeitverfestigungsbank, die das Schüttgut von der Umgebung isolieren soll, verringerte sich dessen Feuchtigkeitsgehalt trotzdem von anfangs $w = 11{,}5\ M. - \%$ auf $w = 8{,}3\ M. - \%$ nach $\Delta t_x = 503\ h$. Bei Anwendung der Einpunktmethode, d. h. einer Parallelverschiebung der Abhängigkeit $f_C(\sigma_1, \Delta t_x = 0)$ in einen Messpunkt $f_C(\sigma_1, \Delta t_x > 0)$, kann Gl. (4.67) wie folgt erweitert werden:

$$f_C = a \cdot \sigma_1 + b(\Delta t_x) \tag{4.68}$$

mit:

$b(\Delta t_x)$ - f_C-Wert am Ordinatenschnittpunkte mit $\sigma_1 = 0$ nach der Lagerzeit Δt_x.

Tab. 4.4 Ergebnisse der Scherversuche ohne Zeitverfestigung, $\Delta t_x = 0\ h$, Kohle RYD

Fließort	σ_1 $[N/m^2]$	f_C $[N/m^2]$	FF_C [1]	ϱ_b $[kg/m^3]$	φ_e [°]	φ_{SF} [°]	φ_{lin} [°]
1	12670	4410	2,87	828	45,5	40,0	37,0
2	7225	3000	2,41	789	45,0	39,0	33,5
3	4575	2450	1,87	755	46,5	39,0	29,5

Für $b(\Delta t_x)$ gilt:

$$b(\Delta t_x) = \left(f_C(\Delta t_X) - f_C(\Delta t_X = 0)\right) + b(\Delta t_X = 0) \tag{4.68a}$$

Gl. (4.68a) wird bei der jeweiligen (gemessenen) Verdichtungsspannung $\sigma_1(\Delta t_X)$ ausgewertet.

Die Ergebnisse der Messungen zur Zeitverfestigung an der untersuchten Kohlefraktion sind in Tab. 4.5 zusammengefasst. Abb. 4.50 zeigt die Verschlechterung des Fließverhaltens FF_C mit zunehmender Lagerzeit Δt_X anhand der Abhängigkeit $FF_C(\Delta t_X)$ bei der konstanten Verfestigungsspannung $\sigma_1 = 7225\ N/m^2$. Lagerzeiten $\Delta t_X \gtrsim 144\ h$ resultieren in einem FF_C-Wert ≤ 1, d. h. eine Schüttgutentnahme aus dem Silo ist nur noch mit mechani-

Tab. 4.5 Ergebnisse der Scherversuche mit Zeitverfestigung, $\Delta t_x \geq 0\ h$, $\sigma_1 = 7225\ N/m^2$, Schüttgutdaten $(\varrho_b, \varphi_e, \varphi_{SF}, \varphi_{lin})$ entsprechend Tab. 4.4, Fließort 2, Kohle RYD

Lagerzeit Δt_x $[h]$	f_C $[N/m^2]$	FF_C [1]	$w[M.-\%]$	$b(\Delta t_x)[N/m^2]$
0	3000	2,41	11,5	1330
5,5	3150	2,29	11,5	1400
26	3500	2,06	10,9	1760
53	4300	1,68	10,9	2545
144	7250	1,00	9,6	5500
503	8510	0,85	8,3	6800

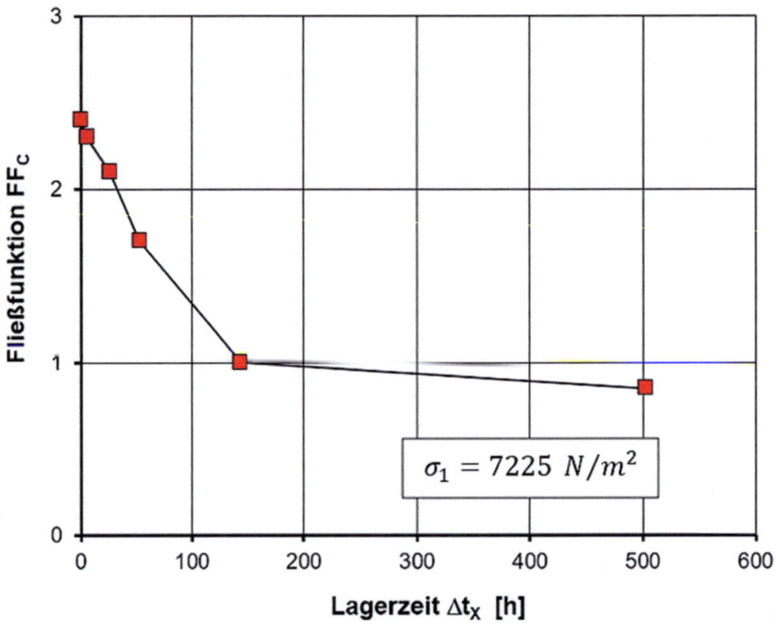

Abb. 4.50 Abhängigkeit $FF_c(\Delta t_X)$ bei der Verfestigungsspannung $\sigma_1 = 7225\ Pa$, Kohle RYD

schen Austragshilfen, z. B. mittels einer entlang der Konuswand umlaufenden Schnecke, sicher realisierbar [20], vgl. auch Gl. (2.2), Abschn. 2.2.2.

Wandreibungsmessungen

Es wurden Wandfließorte $\tau_W = \tau_W(\sigma_W)$ sowohl gegen Kalen 1006 (→ Kunststoffplatten) als auch gegen den Normalstahl St 1202, schwarz und gewalzt, gemessen. Um den möglichen Einfluss der Partikelgröße auf den Wandreibungswinkel φ_W abschätzen zu können, wurden von beiden Kohlesorten jeweils Fraktionen mit $d_S \leq 1{,}0\ mm$ und $d_S \leq 3{,}15\ mm$ mit Wassergehalten zwischen $w = (11{,}5 - 12{,}0\ )M. - \%$ präpariert und mit Wandnormalspannungen im Bereich von $\sigma_W \cong (1000 - 9000)\ N/m^2$ untersucht. Die resultierenden Kurven $\tau_W = \tau_W(\sigma_W)$ lassen sich mit hoher Genauigkeit als Geraden durch den Koordinatenursprung der entsprechenden (τ_W, σ_W)-Diagramme darstellen. Für die zugehörigen Wandreibungswinkel gilt somit $\varphi_W = konstant$. Die ermittelten φ_W-Werte sind in der Tab. 4.6 zusammengestellt.

Tab. 4.6 zeigt, dass der Wandreibungswinkel φ_W bei gleichem Wandwerkstoff mit gröber werdender Kohleprobe ansteigt. Einige Handversuche mit noch grobkörnigerem Schüttgut (→ Messung des Abrutschwinkels einer dünnen Schüttgutschicht (→ Einpartikellage) von einer geneigten Platte aus dem jeweiligen Wandmaterial) verdeutlichen, dass dadurch keine weitere Erhöhung von φ_W mehr zu erwarten ist. Die Werte $\varphi_W(d_S \leq 3{,}15\ mm)$ werden daher für die weitere Auslegung verwendet.

Die Wandreibungswinkel φ_W des Wandwerkstoffs Kalen 1006 sind bei allen Messungen um etwa $\Delta\varphi_W \cong (5 - 6)°$ kleiner als diejenigen des Normalstahls St 1202. Aus verfahrenstechnischer Sicht ist das von Vorteil, für die statische Auslegung eher nachteilig. Die Kohlesorten RYD und MUR verhalten sich bei den Messungen näherungsweise vergleichbar. Tendenziell sind die φ_W-Werte der Kohlesorte RYD geringfügig größer als diejenigen der Sorte MUR. Der Wandreibungswinkel φ_W des Kalen 1006 erhöht sich bei Wandnormalspannungen $\sigma_W \lesssim 2000\ N/m^2$ um maximal etwa $\Delta\varphi_W \cong 2°$ gegenüber dem konstanten Wert bei $\sigma_W \gtrsim 2000\ N/m^2$.

Tab. 4.6 Ergebnisse der Wandreibungsmessungen mit verschiedenen Wandwerkstoffen und Korngrößen der beiden Kohlesorten

Kohlesorte	Partikelgröße	Wandwerkstoff	Reibungswinkel φ_W
RYD	$d_S \leq 1{,}0\ mm$	St 1202	**21,5°**
		Kalen 1006	**16,2°**
RYD	$d_S \leq 3{,}15\ mm$	St 1202	**23,9°**
		Kalen 1006	**17,6°**
MUR	$d_S \leq 1{,}0\ mm$	St 1202	**21,2°**
		Kalen 1006	**16,4°**
MUR	$d_S \leq 3{,}15\ mm$	St 1202	**23,0**
		Kalen 1006	**16,8°**

4.4.4 Generelle Beurteilung des Systems

Nachstehend werden die oben beschriebenen Messergebnisse zur Analyse und Identifikation möglicher Ursachen der Probleme des vorliegenden Kohlesilo/Trogkettenförderer-Systems verwendet. Die Ermittlung der für den Antrieb des Trogkettenförderers notwendigen Antriebsleistung erfolgt im anschließenden Abschn. 4.4.5.

Massenfluss-/Kernfluss-Überprüfung

Die vorhandene Behältergeometrie kann als ebener Fließzustand behandelt werden, da die Voraussetzung $L > 3{,}0 \cdot B$ erfüllt ist ($\rightarrow L = 4{,}0\ m > 3 \cdot 0{,}9 = 2{,}7\ m$), d. h. der Einfluss der Stirnflächen wird vernachlässigt. Mit der vorgegebenen Trichterwandneigung $\Theta_{eben} = 20°$, vgl. Abb. 4.49a, und dem effektiven Reibungswinkel $\varphi_e = 46{,}0°$ aus Tab. 4.4, stellt sich somit dann Massenfluss ein, wenn die Bedingung „Wandreibungswinkel gegen den Trichterwerkstoff $\varphi_W < 30°$" eingehalten wird ($\rightarrow$ durchgezogene Linien in Abb. 4.51). Dieses ist sowohl für den Wandwerkstoff St 1202 als auch die Trichterauskleidung mit Kalen 1006 erfüllt, vgl. Tab. 4.6.

Prinzipiell sollte sich somit im existierenden Silosystem ein Massenfluss-Fließprofil einstellen können.

Die praktische Realisierung von Massenfluss setzt jedoch voraus, dass das Austragsorgan bzw. der Übergang Silo/Abzugsvorrichtung so gestaltet ist, dass Schüttgut gleichzeitig aus dem gesamten Auslaufquerschnitt abgezogen wird. Dabei ist es im Sinne der Massenflussdefinition nicht unbedingt notwendig, dass der Feststoff überall gleich schnell ausströmt, sondern vielmehr, dass er überall in Bewegung ist. Viele Austragsorgane neigen dazu, nur

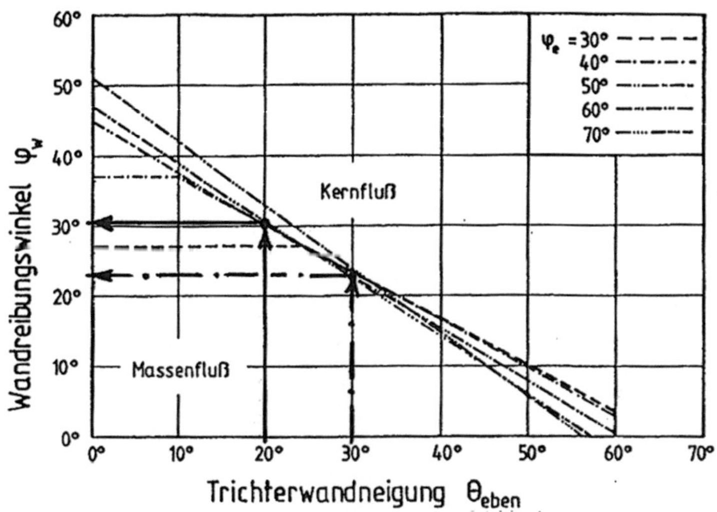

Abb. 4.51 Überprüfung auf Massen- oder Kernfluss, ebenes Fließprofil, Produkt: Kohle RYD

aus einem Teilbereich der Abzugsöffnung Schüttgut zu entnehmen. Der eingesetzte Trogkettenförderer zieht vorzugsweise das Produkt auf der Einlaufseite des Auslaufschlitzes ab. Die Kammern des Förderers füllen sich dort, so dass auf deren weiterem Weg kein Schüttgut mehr aufgenommen werden kann. Es bildet sich dann oberhalb der Auslaufseite ein ruhender Schüttgutbereich/eine Totzone aus, unter der der gefüllte Trogkettenförderer hindurch gezogen werden muss. Abb. 4.52 zeigt schematisch das sich ausbildende asymmetrische Kernflussprofil. Um einen Schüttgutabzug über den gesamten Auslaufquerschnitt zu realisieren, muss das jeweilige Abzugsorgan eine in Förderrichtung zunehmende Materialaufnahmefähigkeit aufweisen. Diese kann beim vorliegenden Trogkettenförderer durch diverse Maßnahmen, z. B. seitliche Leitbleche, realisiert werden, vgl. Abb. 4.57 Der existierende Trogkettenförderer weist **keine** in Förderrichtung zunehmende Austragskapazität auf: Konsequenz ist das in Abb. 4.52 schematisch dargestellte Kernflussprofil.

Ein weiterer Schwachpunkt der konstruktiven Ausführung des Kohlesilo/Trogkettenförderer-Systems ist eine am unteren Ende der auslaufseitigen Stirnfläche der Schürze entgegen der Abzugsrichtung angeordnete $\Theta = 30°$-Schräge, vgl. Abb. 4.53. Der Abb. 4.51, strichpunktierter Linienzug, kann unter der sehr vereinfachten Annahme eines ebenen Fließprofils entnommen werden, dass bei $\Theta = 30°$ und $\varphi_e = 46°$ ein Fließen entlang der Stirnwand nur bei Wandreibungswinkeln $\varphi_W \lesssim 23°$ stattfindet. Da die Schürze nicht mit

Abb. 4.52 Erwartete tote Schüttgutzone im Silo, schematisch

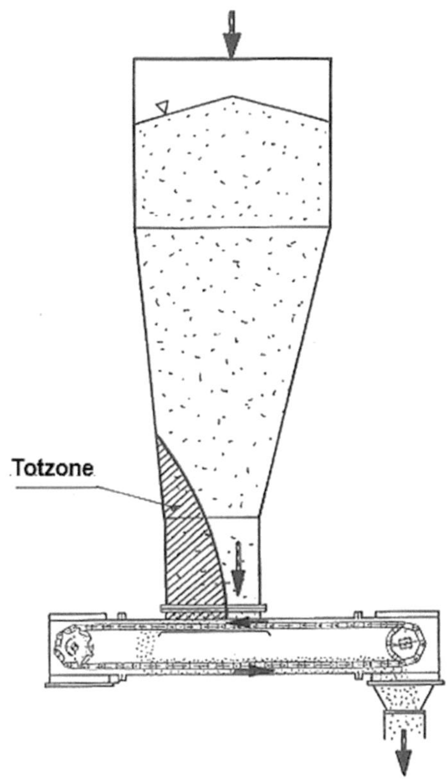

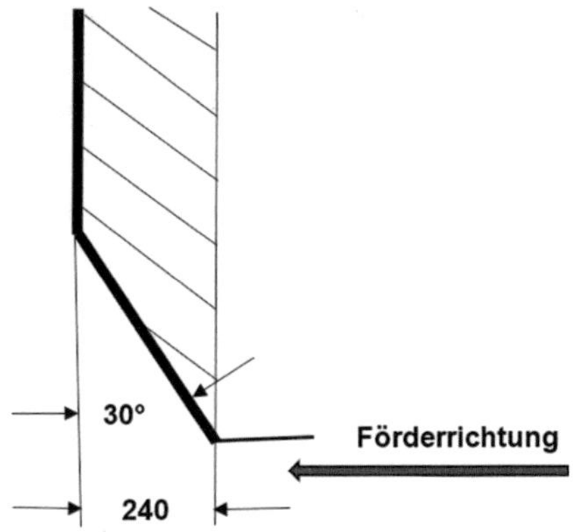

Abb. 4.53 Auslaufseitige Ausführung der Stirnseite der Siloschürze

Kalen 1006 ausgekleidet ist, sondern aus Normalstahl St 1202 besteht, d. h. $\varphi_W \gtrsim 23°$, muss in der Praxis auch bei einer mit zunehmender Austragskapazität in Förderrichtung gestalteten Abzugsvorrichtung mit einer toten Schüttgutzone oberhalb der Schrägen gerechnet werden. Zwischen dem fließenden Schüttgut und dem ruhenden Produkt agiert somit nicht der Wandreibungswinkel Feststoff-Normalstahl St 1202, sondern der deutlich größere innere Reibungswinkel $\varphi_{SF} \cong \varphi_e > \varphi_W$ des Schüttguts. Hinweise zu den Konsequenzen folgen in Abschn. 4.4.5.

Überprüfung auf Brückenbildung

Konvergenter Silotrichter: Nachfolgend werden unter der Annahme, dass sich im vorhandenen Silo Massenfluss einstellt, die für einen sicheren Schüttgutaustrag mindestens erforderlichen Breiten b^* des Auslaufschlitzes ermittelt. Die entsprechende, in Abschn. 4.3.5 dargestellte, grafische Berechnung kann durch eine numerische Ermittlung ersetzt werden, die die Erstellung von Auslegungsprogrammen ermöglicht. Im vorliegenden Fall folgen aus den Ergebnissen der durchgeführten Scherversuche zusätzlich zu den Gl. (4.67) und (4.68), die die Abhängigkeiten $f_C(\sigma_1)$ bei verschiedenen Lagerzeiten Δt_X beschreiben, die Zusammenhänge:

$$\varphi_e \cong 46° = konst. \tag{4.69}$$

$$\varrho_b = -1 \cdot 10^{-6} \frac{kg}{m^3}\left(\frac{m^2}{N}\right)^2 \cdot \sigma_1^2 + 0{,}0294 \frac{kg}{m^3}\left(\frac{m^2}{N}\right) \cdot \sigma_1 + 640{,}92 \frac{kg}{m^3} \tag{4.70}$$

Das Bestimmtheitsmaß der Schüttgutdichte-Korrelation beträgt $R^2 = 0{,}9984$. Gl. (4.70) berücksichtigt die Dichten der Tab. 4.4 sowie zusätzlich die locker geschüttete Schüttdichte $\varrho_b = \varrho_{SS} = 640\ kg/m^3$ des vorliegenden Produkts, der die Verdichtungsspannung $\sigma_1 = 0$ zugeordnet wird. Die Abhängigkeit der Auflagerspannung $\sigma_1' = \sigma_1'(\sigma_1)$ wird, vgl. Abschn. 4.3.5, Gl. (4.38), durch

$$\sigma_1' = \frac{\sigma_1}{ff_B}$$

beschrieben. Es wird zunächst der mit Kalen 1006 beschichtete Behältertrichter betrachtet. Für das vorliegende ebene Fließprofil ergeben sich mit den Randbedingungen

$$\Theta_{eben} = 20°,$$

$$\varphi_W \cong 18{,}0°,$$

$$\varphi_e \cong 46°$$

aus den Abb. 4.54 und 4.55 die Brückenbildungs-Fließfaktoren

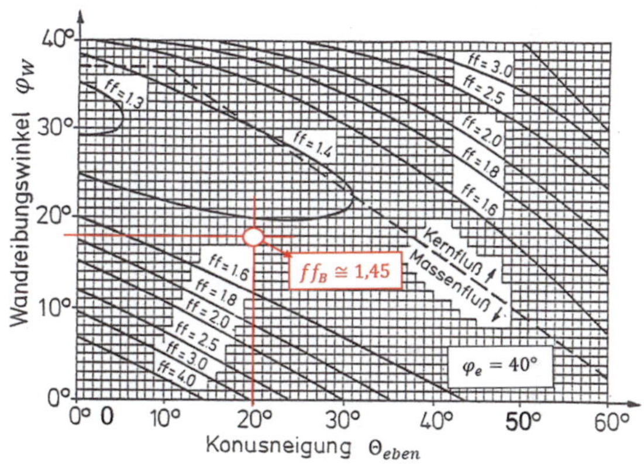

Abb. 4.54 Brückenbildungs-Fließfaktor ff_B bei ebenem Fließprofil und $\varphi_e = 40°$

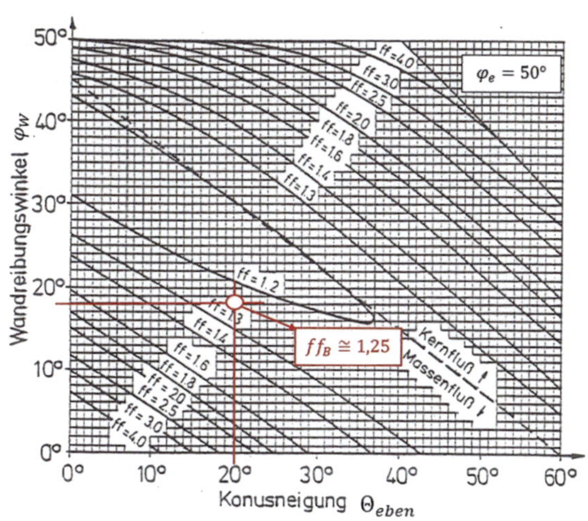

Abb. 4.55 Brückenbildungs-Fließfaktor ff_B bei ebenem Fließprofil und $\varphi_e = 50°$

$$ff_B\left(\varphi_e = 40°\right) \cong 1{,}45,$$
$$ff_B\left(\varphi_e = 50°\right) \cong 1{,}25.$$

Durch lineare Interpolation folgt aus diesen der ff_B-Wert für den aktuellen effektiven Reibungswinkel $\varphi_e = 46°$ zu

$$ff_B\left(\varphi_e = 46°\right) \cong 1{,}33$$

und somit

$$\sigma_1' = \frac{\sigma_1}{1{,}33} \tag{4.71}$$

Da φ_e hier eine Konstante unabhängig von der Verdichtungsspannung σ_1 ist, sind die ff_B-Werte für alle Lagerzeiten Δt_X identisch. Das vereinfacht die Auslegung. Im Falle $\varphi_e(\sigma_1)$ müsste für jedes Δt_X ein eigenes ff_B (iterativ) ermittelt werden.

Die eine Brückenbildung auslösenden kritischen Stoff-/Betriebsdaten ergeben sich für den Grenzfall

$$\sigma_1' = f_C \tag{4.72}$$

Gleichsetzung der Gl. (4.68) und (4.71), bzw. (4.38), unter Berücksichtigung von Gl. (4.72) führt auf die kritische Verdichtungsspannung

$$\sigma_1^*\left(\Delta t_X\right) = \frac{b\left(\Delta t_X\right) \cdot ff_B}{1 - a \cdot ff_b} \tag{4.73}$$

Mit dieser können die kritische einaxiale Druckfestigkeit des Schüttguts

$$f_C^*\left(\Delta t_X\right) = \frac{\sigma_1^*\left(\Delta t_X\right)}{ff_B} \tag{4.74}$$

sowie in gleicher Weise $\varrho_b^*\left(\Delta t_X\right)$ aus Gl. (4.70) und, falls erforderlich, $\varphi_e^*\left(\Delta t_X\right)$ ermittelt werden.

Im betrachteten Anwendungsfall berechnet sich aus Gl. (4.71) beispielsweise für eine Lagerzeit von $\Delta t_X \to 0\ h$, d. h. sofortigem Abzug nach dem Befüllen, mit $ff_B = 1{,}33$ aus Gl. (4.71) sowie a und $b(\Delta t_X)$ aus Tab. 4.5 der (kritische) σ_1^*-Wert

$$\sigma_1^*\left(\Delta t_X = 0\,h\right) = \frac{1330\,\frac{N}{m^2} \cdot 1{,}33}{1 - 0{,}2421 \cdot 1{,}33} = 2609\,\frac{N}{m^2}$$

Die korrespondierende Druckfestigkeit folgt aus Gl. (4.74) zu

$$f_C^*\left(\Delta t_X = 0\,h\right) = \frac{2609\,\dfrac{N}{m^2}}{1{,}33} = 1962\,\frac{N}{m^2}$$

die zugehörige Schüttgutdichte aus Gl. (4.70)

$$\begin{aligned}
&\varrho_b^*\left(\Delta t_X = 0\,h\right) \\
&= -1\cdot 10^{-6}\,\frac{kg}{m^3}\left(\frac{m^2}{N}\right)^2\cdot\left(2609\,\frac{N}{m^2}\right)^2 + 0{,}0294\,\frac{kg}{m^3}\left(\frac{m^2}{N}\right)\cdot 2609\,\frac{N}{m^2} + 640{,}92\,\frac{kg}{m^3} \\
&= 710{,}8\,\frac{kg}{m^3}
\end{aligned}$$

und der effektive Reibungswinkel aus Gl. (4.69)

$$\varphi_e^*\left(\Delta t_X = 0\,h\right) = \varphi_e \cong 46° \quad \rightarrow \quad \textit{hier keine Abhängigkeit von } \sigma_1$$

Die entsprechenden Kennwerte aller untersuchten Lagerzeiten Δt_X sind in der Tab. 4.7 mit den daraus resultierenden kritischen Brückenweiten b^* zusammengestellt. Die b^*-Werte wurden mittels Gl. (4.39), vgl. Abschn. 4.3.5, aus den kritischen Schüttgutdaten unter Berücksichtigung des Korrekturfaktors $H(\Theta)$ für die Silogeometrie berechnet. $H(\Theta)$ ist in Abb. 4.41 dargestellt und nimmt für ein Schlitzsilo mit der Trichterneigung $\Theta_{eben} = 20°$ den Wert $H(\Theta) = 1{,}1$ an. Für eine Lagerzeit von $\Delta t_X \rightarrow 0\,h$ folgt beispielhaft aus den oben berechneten Daten die kritische Brückenweite zu

$$b^*\left(\Delta t_X = 0\,h\right) = 1{,}1\cdot\frac{1962\,\dfrac{N}{m^2}}{9{,}81\,\dfrac{m}{s^2}\cdot 710{,}8\,\dfrac{kg}{m^3}} = 0{,}309\,m$$

Die ermittelte Abhängigkeit $b^*(\Delta t_X)$ ist grafisch in Abb. 4.56 dargestellt. Da die vorhandene Breite des Austragsschlitzes $B_K = 0{,}90\,m$ beträgt, für einen sicheren Schüttgutausfluss jedoch $B_K > b^*$ sein muss, folgt aus Abb. 4.56, dass es bei Lagerzeiten von $\Delta t_X \gtrsim 110\,h$ ($\rightarrow \gtrsim 5$ Tagen) oberhalb des Trichterauslaufs zur Brückenbildung kommen kann.

Tab. 4.7 Kritische Betriebsdaten und daraus resultierende kritische Brückenbreiten b^*

$\Delta t_X\,[h]$	$\sigma_1^*\,[N/m^2]$	$f_C^*\,[N/m^2]$	$\varrho_b^*\,[kg/m^3]$	$\varphi_e^*\,[°]$	$b^*\,[m]$
0	2609	1962	710,8	46	**0,309**
5,5	2746	2065	714,1	46	**0,324**
26	3452	2596	730,5	46	**0,398**
53	4992	3754	762,8	46	**0,552**
144	10789	8112	841,7	46	**1,082**
503	13339	10029	855,2	46	**1,315**

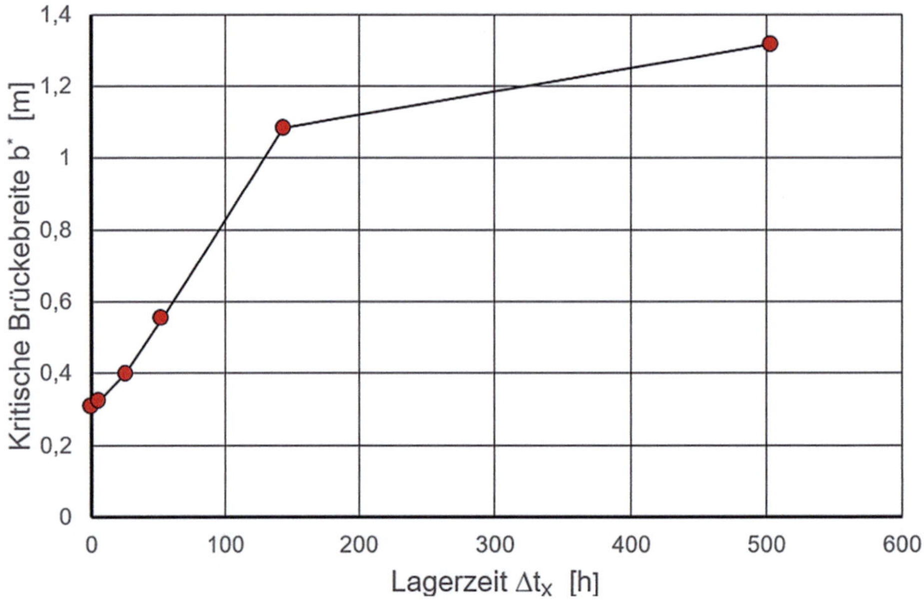

Abb. 4.56 Abhängigkeit der kritischen Brückenbreite b^* von der Lagerzeit Δt_X

Die vorstehende Betrachtung wurde mit den Schüttgutdichten ϱ_b^* der RYD-Kohlefraktion $d_S \leq 2{,}0\ mm$ durchgeführt. Diese sind geringer als diejenigen der originalen Rohkohle RYD, wie ein Vergleich der locker geschütteten Schüttdichten ϱ_{SS} zeigt:

$$Y = \frac{\varrho_{SS}\left(RYD, d_S \leq 2{,}0\,mm\right)}{\varrho_{SS}\left(RYD, Rohkohle\right)} = \frac{640\ kg/m^3}{840\ kg/m^3} \cong 0{,}76$$

Das hat Auswirkungen auf die mögliche Brückenweite. Unter Annahme eines gleichen Verdichtungs- und Festigkeitsverhaltens bei variabler Belastung der beiden – abgesiebter und originaler – RYD-Kohlen, kann mit Gl. (4.39) ein unterer Grenzwert für die aufgrund der höheren Schüttgutdichten geringeren kritischen Brückenweiten der RYD-Rohkohle abgeschätzt werden. Es gilt:

$$b^*\left(RYD, Rohkohle\right) = 0{,}76 \cdot b^*\left(RYD, d_S \leq 2{,}0\ mm\right)$$

Mit diesen Werten resultiert aus Abb. 4.56, dass es bei Lagerzeiten $\Delta t_X \gtrsim 200\ h$ ($\rightarrow \gtrsim 8{,}3$ Tagen) ohne Schüttgutbewegung zur Brückenbildung kommt. Diese Größenordnung wird durch Berichte des Betreibers nicht bestätigt. Brückenbildung trat deutlich früher, in wenigen Fällen bereits nach Wochenendstillständen, auf und war u. a. der Grund für die Installation der Luftkanonen. Ursache hierfür können z. B. überhöhte Wassergehalte des Schüttguts sein, da deren Eintrittswerte in das Silosystem nicht überwacht wurden.

Siloschürze Für die Siloschürze unterhalb des Trichterauslaufs müssen, da diese aus Normalstahl St 1202 besteht, also einen größeren Wandreibungswinkel von $\varphi_W \cong 24{,}0°$ und mit $\Theta_{eben} = 0°$ eine veränderte Wandneigung aufweist, die gleichen Untersuchungen wie für den Silotrichter durchgeführt werden. Der effektive Reibungswinkel beträgt weiterhin $\varphi_e = 46°$. Aus den Abb. 4.54 und 4.55 folgt der Brückenbildungs-Fließfaktor zu $ff_B = 1{,}45$ und aus Abb. 4.41 der Silogeometrie-Korrekturfaktur von $H(\Theta) = 1{,}0$. Eine Analyse der im vorangegangenen Abschnitt verwendeten Berechnungsansätze unter Berücksichtigung der veränderten Betriebsbedingungen führt auf kleinere kritische Brückenweiten für die Schürze als für den Trichter. Beispiel: Für $\Delta t_X = 0\ h$ gilt: $b^*_{Schürze} = 0{,}290\,m < b^*_{Trichter} = 0{,}309\,m$, für $\Delta t_X = 503\ h$: $b^*_{Schürze} = 1{,}247\,m < b^*_{Trichter} = 1{,}315\,m$. Kritisch für das Silosystem ist somit die Breite des Trichterauslaufs/der Siloschürze.

Anmerkung Das im vorstehenden Abschnitt (→ sowie auch im Berechnungsbeispiel 3) beschriebene Siloauslegungsverfahren nach Jenike kann relativ einfach als EDV- oder Exel-Auslegungsprogramm programmiert werden. Die hierzu erforderlichen Jenike-Arbeitsdiagramme liegen in der Literatur in Form mathematisch dargestellter Ausgleichkurven vor, vgl. z. B. [52]. Voraussetzung für die Anwendung eines solchen Programms ist natürlich weiterhin ein entsprechender Satz experimentell ermittelter Basismesswerte ($\rightarrow \varphi_W,\ f_C(\sigma_1),\ \varphi_e(\sigma_1), \varrho_b(\sigma_1),\ ggf \cdot auch\ der\ \Delta t_X - Abhängigkeit$) des jeweils vorliegenden Schüttguts. Es ist dabei problemlos möglich, nichtlineare Abhängigkeiten $f_C(\sigma_1)$ sowie Abhängigkeiten $\varphi_e(\sigma_1)$ einzuarbeiten. Ebenso können bei Kernflusssilos die zur Vermeidung von Schachtbildung erforderlichen kritischen Abmessungen (b^{**}, d^{**}) des Austragsquerschnitts berechnet werden.

4.4.5 Auslegung des Trogkettenförderers

Unter der Voraussetzung, dass sich im vorhandenen Silosystem der ursprünglich geplante Massenfluss einstellt, wird nachfolgend die notwendige Antriebsleistung P_{TKZ} des Trogkettenförderers ermittelt. Zu deren Berechnung sind u. a. die Größen der im Abzugsquerschnitt des Silos bzw. die an der Bodenplatte des Förderers wirkenden Vertikalspannungen $\sigma_{V,S}$ und $\sigma_{V,B}$ erforderlich, vgl. Abschn. 4.4.1 und Abb. 4.46. Da deren Höhendifferenz gering ist, werden beide für eine mittlere Höhe berechnet, d. h. es wird $\sigma_{V,S} \cong \sigma_{V,B}$ angesetzt. Zu ihrer Berechnung muss der Vertikalspannungsverlauf über die gesamte Höhe des Silosystems, beginnend an der freien Schüttgutoberfläche, bestimmt werden. Praktisch ist es hierbei jedoch nicht erforderlich, den detaillierten Spannungsverlauf entlang des Behälters, sondern nur die an den Geometrieübergängen des Silos wirkenden Spannungen zu ermitteln. Aktiver und passiver Spannungszustand werden nacheinander betrachtet. Die verwendeten Benennungen entsprechen denjenigen der Abb. 4.48.

a) Füllzustand = aktiver Spannungszustand (FZ)

Vertikalspannung in der Siloebene z_0

An der (eingeebneten) freien Schüttgutoberfläche beträgt die vertikale Schüttgutspannung

$$\sigma_{V,0} = 0$$

Vertikalspannung in der Siloebene z_1

Der Siloschuss besteht aus Beton. Die Zunahme von σ_V bis zur Tiefe $z = H_1$ ($\rightarrow \sigma_{V,1}$) kann mit dem Ansatz von Janssen, Gl. (4.27), Box 4.1, berechnet werden. Für diesen gilt mit den hier verwendeten Symbolen:

$$\sigma_{V,1} = \frac{\varrho_b \cdot g}{K \cdot \tan\varphi_W} \cdot \frac{A}{U} \cdot \left\{1 - exp\left(-K \cdot \tan\varphi_W \cdot \frac{U}{A} \cdot H_1\right)\right\}$$

mit:

$K = 1 - \sin\varphi_e = 1 - \sin 46° = 0{,}281 \quad \rightarrow$ Gl. (4.25),

$$\frac{A}{U} = \frac{C \cdot D}{2 \cdot (C + D)} = \frac{6{,}8\,m \cdot 8{,}2\,m}{2 \cdot (6{,}8\,m + 8{,}2\,m)} = 1{,}86\,m,$$

$\varphi_W = 24°$ → da φ_W gegen Beton nicht gemessen werden konnte, wird gegen den höchsten gemessenen $\varphi_W(St\ 1202)$-Normalstahlwert gerechnet,

$\varrho_b = \varrho_{S,R}(RYD) = 970\ kg/m^3$ → es wird hier die Rütteldichte der originalen RYD-Kohle verwendet,

$H_1 = 4{,}0\ m$ → vgl. Abb. 4.48, Tab. 4.3.

Aus Gl. (4.27) folgt mit diesen Daten:

$$\sigma_{V,1} = \frac{970\frac{kg}{m^3} \cdot 9{,}81\frac{m}{s^2}}{0{,}281 \cdot \tan 24°} \cdot 1{,}86\,m \cdot \left\{1 - exp\left(-\frac{0{,}281 \cdot \tan 24°}{1{,}86\,m} \cdot 4{,}0\,m\right)\right\} = 33372\frac{N}{m^2}$$

$\sigma_{V,1}$ ist die Auflast auf den Silotrichter.

Vertikalspannung in der Siloebene z_2

Der Trichter ist mit Kalen 1006 beschichtet ($\rightarrow \varphi_W = 18°$). Es wird der Berechnungsansatz nach Motzkus [17], vgl. Box 4.2, verwendet. Mit Gl. (4.53) muss zunächst entschieden werden, ob sich ein Gleit- oder Materialbruch einstellt. Es gilt:

$$\Theta_{Grenz} = 90° - arcsin\left(\frac{\sin\varphi_W}{\sin\varphi_e}\right) = 90° - arcsin\left(\frac{\sin 18°}{\sin 46°}\right) = 64{,}6° > \Theta_{eben} = 20° \rightarrow Gleitbruch$$

Es liegt ein Gleitbruch vor, bei dem das Schüttgut vollständig auf der Trichterwand abrutscht. Für den Exponenten „*n*“, vgl. Box 4.2, gilt somit die Gl. (4.56)

$$n = (m+1)\cdot\lambda_F\cdot\mu_F\cdot\tan(90° - \Theta_{eben})$$

mit:

$m = 0$ → ebenes Fließprofil,

$$\Theta_{eben} = 20°.$$

Es müssen für die Ermittlung von n zunächst λ_F, Gl. (4.58), μ_F, Gl. (4.59), sowie $\lambda_{i,F}$, Gl. (4.60), und $\mu_{i,F}$, Gl. (4.61) ermittelt werden. Mit den Werten für

$$sin^2\varphi_W = sin^2 18° = 0{,}0955,$$

$$sin^2\varphi_e = sin^2 46° = 0{,}5174,$$

$$\tan(90° - \Theta_{eben}) = \tan(90° - 20°) = 2{,}7475,$$

$$\mu_{i,F} = \tan\varphi_W = \tan 18° = 0{,}3249$$

folgt

$$\begin{aligned}\lambda_{i,F} &= \frac{(1 - sin^2\varphi_W) - \sqrt{(1 - sin^2\varphi_W)\cdot(sin^2\varphi_e - sin^2\varphi_W)}}{(1 + sin^2\varphi_W) + \sqrt{(1 - sin^2\varphi_W)\cdot(sin^2\varphi_e - sin^2\varphi_W)}}\\ &= \frac{(1 - 0{,}0955) - \sqrt{(1 - 0{,}0955)\cdot(0{,}5174 - 0{,}0955)}}{(1 + 0{,}0955) + \sqrt{(1 - 0{,}0955)\cdot(0{,}5174 - 0{,}0955)}}\\ &= 0{,}1674,\end{aligned}$$

$$\begin{aligned}\lambda_F &= \frac{[\tan(90° - \Theta) - \mu_{i,F}] - \mu_{i,F}\cdot\lambda_{i,F}\cdot\left[1 + \mu_{i,F}^2 - \{\tan(90° - \Theta) - \mu_{i,F}\}^2\right]}{\tan(90° - \Theta)\cdot[1 + \tan(90° - \Theta)\cdot\mu_{i,F}]}\\ &= \frac{[2{,}7475 - 0{,}3249] - 0{,}3249\cdot 0{,}1674\cdot\left[1 + 0{,}3249^2 - \{2{,}7475 - 0{,}3249\}^2\right]}{2{,}745 - [1 + 2{,}7475\cdot 0{,}3249]}\\ &= 0{,}5157,\end{aligned}$$

$$\mu_F = \mu_{i,F}\cdot\frac{\lambda_{i,F}}{\lambda_F} = 0{,}3249\cdot\frac{0{,}1674}{0{,}5157} = 0{,}1055$$

und somit

$$n = (m+1)\cdot\lambda_F\cdot\mu_F\cdot\tan(90° - \Theta_{eben}) = 0{,}5157\cdot 0{,}1055\cdot 2{,}7475 = 0{,}1495 \neq 1,$$

d. h. der Vertikalspannungsverlauf im Trichter muss mittels Gl. (4.54) berechnet werden. Mit den aktuell verwendeten Bezeichnungen gilt:

$$\sigma_{V,2} = \frac{\varrho_b \cdot g \cdot (H_T - H_2)}{n-1} + \left\{\sigma_{V,1} - \frac{\varrho_b \cdot g \cdot H_T}{n-1}\right\} \cdot \left(\frac{(H_T - H_2)}{H_T}\right)^n$$

mit:

$H_2 = 11{,}75\ m$ → Trichterhöhe = Höhendifferenz $(z_2 - z_1)$, vgl. Abb. 4.48, Tab. 4.3,

$H_T \cong 13{,}0\ m$ → Höhe des Trichters vom Eintritt bis zur gedachten Trichterspitze, asymmetrische Geometrie,

$\sigma_{V,1} = 33372\ N/m^2$ → Auflast durch den Siloschuss

$$\sigma_{V,2} = \frac{970\frac{kg}{m^3} \cdot 9{,}81\frac{m}{s^2} \cdot (13{,}0 - 11{,}75)\,m}{0{,}1495 - 1}$$

$$+ \left\{33372\frac{N}{m^2} - \frac{970\frac{kg}{m^3} \cdot 9{,}81\frac{m}{s^2} \cdot 13{,}0\,m}{0{,}1495 - 1}\right\} \cdot \left(\frac{(13{,}0\,m - 11{,}75\,m)}{13{,}0}\right)^{0{,}1495}$$

$$= 112015\frac{N}{m^2}$$

$\sigma_{V,2}$ ist die Auflast auf die Siloschürze.

Vertikalspannung in der Siloebene z_3

Da sowohl die Position des Schichthöhenbegrenzers als auch nachträgliche Veränderungen im Übergabebereich Silo/Trogkettenförderer vom Kunden nicht eindeutig definiert werden konnten und der Abstand zwischen Schürzenauslauf und Bodenplatte des Förderers gering ist, wird $\sigma_{V,3} = \sigma_{V,B} = \sigma_{V,S}$ gesetzt, vgl. Abb. 4.46. Die Siloschürze besteht aus Normalstahl *St* 1202, Es muss der Berechnungsansatz nach Janssen mit Auflast, Gl. (4.52), angesetzt werden. Mit den aktuellen Benennungen gilt:

$$\sigma_{V,3} = \frac{\varrho_b \cdot g}{K \cdot \tan\varphi_W}\frac{A}{U} + \left\{\sigma_{V,2} - \frac{\varrho_b \cdot g}{K \cdot \tan\varphi_W} \cdot \frac{A}{U}\right\} \cdot exp\left(-K \cdot \tan\varphi_W \cdot \frac{U}{A} \cdot H_3\right)$$

Mit

$$\frac{A}{U} = \frac{B \cdot L}{2 \cdot (B \cdot L)} = \frac{0{,}9\,m \cdot 4{,}0\,m}{2 \cdot (0{,}9\,m + 4{,}0\,m)} = 0{,}367\,m,$$

$$\varphi_W \cong 24{,}0°,$$

$$\sigma_{V,2} = 112015\ N/m^2,$$

$$H_3 = 4{,}0\,m$$

und den bekannten Werten $\varrho_b = 970\ kg/m^3$ und $K = 0{,}281$ folgt

$$\sigma_{V,3} = \frac{970\frac{kg}{m^3}\cdot 9{,}81\frac{m}{s^2}}{0{,}281\cdot\tan 24°}\cdot 0{,}367\,m$$
$$+\left\{112015\frac{N}{m^2} - \frac{970\frac{kg}{m^3}\cdot 9{,}81\frac{m}{s^2}}{0{,}281\cdot\tan 24°}\cdot 0{,}367\,m\right\}\cdot\exp\left(-\frac{0{,}281\cdot\tan 24°}{0{,}367}\cdot 4{,}0\,m\right)$$
$$= 49422\frac{N}{m^2}$$

Aufgrund des großen Verhältnisses der über die Wandreibung das Schüttgut abstützenden Fläche $(U \cdot H_3) = 39{,}2\ m^2$ zur Querschnittsfläche der Schürze $A = 3{,}6\ m^2$ und durch die durch die hohe Auflast $\sigma_{V,2}$ bedingte große Wandnormalspannung nimmt die Vertikalspannung σ_V entlang der Höhe der Siloschürze wieder ab: $(U \cdot H_3/A)_{Schürze} = 10{,}89$. Der entsprechende Wert des Siloschusses beträgt z. B. nur $(U \cdot H_1/A)_{Schuss} = 2{,}15$.

Zugkraft am Trogkettenförderer im Füllzustand

Zur Ermittlung der erforderlichen Zugkraft F_H an der Kette des vorliegenden Trogkettenförderers wird Gl. (4.47), Abschn. 4.4.1, verwendet. Mit den bereits angeführten Vereinfachungen (→ die Reibungskräfte auf die mitbewegten Seitenwände entfallen; es wird $\sigma_{V,S} = \sigma_{V,B} = \sigma_{V,3}$ gesetzt) und unter Berücksichtigung der Gl. (4.48–4.51) gilt:

$$\begin{aligned} F_H &= F_S + F_B + F_T + F_0 \\ &= \sigma_{V,3}\cdot L_B\cdot B\cdot\tan\varphi_{SF} + \sigma_{V,3}\cdot L_B\cdot B\cdot\tan\varphi_{W,B} + H\cdot g\cdot\varrho_b\cdot L_T\cdot B\cdot\tan\varphi_{W,B} + F_0 \end{aligned} \quad (4.75)$$

Mit

$\sigma_{V,3} = 49422\ N/m^2$	→ aktive Vertikalspannung,
$B = 0{,}9\ m$	→ Breite des Austragsschlitzes
$L_B = 4{,}0\ m$	→ Länge des Austragsschlitzes,
$H \cong 0{,}20\ m$	→ maximale Höhe der bewegten Schüttschicht, Kundenzeichnung,
$L_T \cong 6{,}0\ m$	→ Länge der Transportstrecke außerhalb der Siloabzugsöffnung, Kundenzeichnung,
$\varphi_{SF} = 40°$	→ innerer Reibungswinkel des Schüttguts beim stationären Fließen, vgl. Tab. 4.4,
$\varphi_{W,B} = 24°$	→ Wandreibungswinkel gegen die Bodenplatte, Stahl 1202,
$\varrho_b = \varrho_{SS} = 840\ kg/m^3$	→ Schüttgutdichte der bewegten Schüttschicht; es wird die lockere Schüttdichte der (schwereren) Rohkohle RYD verwendet,
F_0	→ Kraft F_0 zur Überwindung der Leerlaufverluste,

resultiert daraus

$$
\begin{aligned}
F_H &= F_H\left(FZ\right)\\
&= 49422\frac{N}{m^2}\cdot 4,0\,m\cdot 0,9\,m\cdot \tan 40° + 49422\frac{N}{m^2}\cdot 4,0\,m\cdot 0,9\,m\cdot \tan 24°\\
&\quad + 0,20\,m\cdot 9,81\frac{m}{s^2}\cdot 840\frac{kg}{m^3}\cdot 6,0\,m\cdot 0,9\,m\cdot \tan 24° + F_0\\
&= 149292\,N + 79215\,N + 3962\,N + F_0 = 232469\,N + F_0
\end{aligned}
$$

Aus den vorstehenden Einzelwerten ist ersichtlich, dass die Kraft F_S zur Abscherung des Schüttguts gegen dessen inneren Reibungswinkel, d. h. diejenige an der Kratzeroberkante, den wesentlichen Anteil an der gesamten Kettenzugkraft F_H liefert. Auf die Größe von F_0 wird in den nachfolgenden Abschnitten eingegangen. Die Zugkraft $F_H(FZ)$ tritt nur beim Abzug eines erstmalig befüllten bzw. beim Wiederanfahren eines vollständig entleerten und neu befüllten Silos auf. Eine Schüttgutentnahme aus dem gesamten Abzugsquerschnitt (→ Massenfluss) wird vorausgesetzt. $F_H(FZ)$ ist die dabei auftretende größte Zugkraft.

b) Entleerungszustand = partiell passiver Spannungszustand (EZ)

Im Entleerungszustand stellt sich im hier vorliegenden Silo nur im konvergenten Trichter ein passiver Spannungszustand ein. Das sogenannte radiale Spannungsfeld nimmt im austragsnahen Trichterteil linear bis zur gedachten Trichterspitze ab und ist unabhängig von den Spannungen im darüber angeordneten Siloschaft. Die Vertikalspannungen $\sigma_{V,0}$ und $\sigma_{V,1}$ sind somit mit denen des Füllzustands identisch. Die Vertikalspannung $\sigma_{V,2}$ am Trichteraustritt, die wiederum die neue Auflast der Bunkerschürze ist, kann mit den Gleichungen der Box 4.3 berechnet werden.

Mit den Werten

$$\varphi_W = 18°,$$

$$\varphi_e = 46°,$$

$$\varrho_b = 970\,kg/m^3,$$

$$\Theta = \Theta_{eben} = 20°,$$

$$B_K = B - 0,9\,m$$

folgt aus Gl. (4.66)

$$\beta = \frac{1}{2}\cdot\left[\varphi_W + arcsin\left(\frac{sin\ \varphi_W}{sin\ \varphi_e}\right)\right] = \frac{1}{2}\cdot\left[18° + arcsin\left(\frac{sin\ 18°}{sin\ 46°}\right)\right] = 21,72°$$

und unter Berücksichtigung von

$$m = 0$$

und

$$\left(\beta+\Theta_{eben}\right)=\left(21{,}72°+20°\right)=41{,}72°\overset{yields}{\rightarrow}0{,}7282\,rad$$

aus Gl. (4.65)

$$\begin{aligned}Y&=\frac{\left[2\cdot\left\{1-\cos\left(\beta+\Theta_{eben}\right)\right\}\right]^{0}\cdot\left(\beta+\Theta_{eben}\right)^{1-0}\cdot\sin\Theta_{eben}+\sin\beta\cdot\sin^{1+0}\left(\beta+\Theta_{eben}\right)}{\left(1-\sin\varphi_e\right)\cdot\sin^{2+0}\left(\beta+\Theta_{eben}\right)}\\&=\frac{\left(\beta+\Theta_{eben}\right)\cdot\sin\Theta_{eben}+\sin\beta\cdot\sin\left(\beta+\Theta_{eben}\right)}{\left(1-\sin\varphi_e\right)\cdot\sin^2\left(\beta+\Theta_{eben}\right)}\\&=\frac{0{,}7282\cdot\sin 20°+\sin 21{,}72°\cdot\sin 41{,}72°}{\left(1-\sin 46°\right)\cdot sin^2\,41{,}72°}=3{,}9851\end{aligned}$$

sowie aus den Gl. (4.64) und (4.63) die Werte für X und $\sigma_{W,\,out}$

$$X=\frac{\sin\varphi_e}{1-\sin\varphi_e}\cdot\left[\frac{\sin\left(2\beta+\Theta_{eben}\right)}{\sin\Theta_{eben}}+1\right]=\frac{\sin 46°}{1-\sin 46°}\cdot\left[\frac{\sin\left(2\cdot 21{,}72°+20°\right)}{\sin 20°}+1\right]=9{,}2660$$

$$\begin{aligned}\sigma_{W,out}&=\varrho_b\cdot g\cdot B\cdot\frac{Y\cdot\left[1+\sin\varphi_e\cdot\cos\left(2\beta\right)\right]}{2\cdot\left(X-1\right)\cdot\sin\Theta_{eben}}\\&=970\frac{kg}{m^3}\cdot 9{,}81\frac{m}{s^2}\cdot 0{,}90\,m\cdot\frac{3{,}9851}{2\cdot\left(9{,}2660-1\right)}\cdot\frac{1+\sin 46°\cdot\cos\left(2\cdot 21{,}72°\right)}{\sin 20°}=9189\frac{N}{m^2}\end{aligned}$$

Für die mit Gl. (4.62) berechnete Vertikalspannung $\sigma_{V,\,2}$ am Trichteraustritt resultiert dann:

$$\begin{aligned}\sigma_{V,2}&=\varrho_b\cdot g\cdot B\cdot\frac{1}{4\cdot\tan\Theta_{eben}}\cdot\left[\frac{2\cdot\sigma_{W,out}\cdot\left(\tan\Theta_{eben}+\tan\varphi_W\right)}{\varrho_b\cdot g\cdot B}-1\right]\\&=\frac{970\frac{kg}{m^3}\cdot 9{,}81\frac{m}{s^2}\cdot 0{,}90\,m}{4\cdot\tan 20°}\cdot\left[\frac{2\cdot 9189\frac{N}{m^2}\cdot\left(\tan 20°+\tan 18°\right)}{970\frac{kg}{m^3}\cdot 9{,}81\frac{m}{s^2}\cdot 0{,}90\,m}-1\right]=2814\frac{N}{m^2}\end{aligned}$$

$\sigma_{V,\,2}$ ist die Auflast auf die darunter angeordnete Siloschürze. In dieser stellt sich wieder ein aktiver Spannungszustand ein. Mit Gl. (4.52) folgt dann für die Vertikalspannung $\sigma_{V,3}$ im Entleerungszustand:

$$\begin{aligned}\sigma_{V,3}&=\frac{970\frac{kg}{m^3}\cdot 9{,}81\frac{m}{s^2}}{0{,}281\cdot\tan 24°}\cdot 0{,}367\,m+\left\{2814\frac{N}{m^2}-\frac{970\frac{kg}{m^3}\cdot 9{,}81\frac{m}{s^2}}{0{,}281\cdot\tan 24°}\cdot 0{,}367\,m\right\}\\&\cdot exp\left(-\frac{0{,}281\cdot\tan 24°}{0{,}367}\cdot 4{,}0\,m\right)=21495\frac{N}{m^2}\end{aligned}$$

Da die Auflast $\sigma_{V,2}$ relativ gering ist, steigt die Vertikalspannung zum Siloaustritt hin an.

Zugkraft am Trogkettenförderer im Entleerungszustand
Mit Gl. (4.75) gilt hier:

$$F_H = F_H(EZ)$$
$$= 21495\frac{N}{m^2}\cdot 4{,}0\,m\cdot 0{,}9\,m\cdot\tan 40° + 21495\frac{N}{m^2}\cdot 4{,}0\,m\cdot 0{,}9\,m\cdot\tan 24° +$$
$$0{,}20\,m\cdot 9{,}81\frac{m}{s^2}\cdot 840\frac{kg}{m^3}\cdot 6{,}0\,m\cdot 0{,}9\,m\cdot\tan 24° + F_0$$
$$= 64931\,N + 34453\,N + 3962\,N + F_0 = 103346\,N + F_0$$

Antriebsleistung Trogkettenförderer
Wie oben dargestellt, wird die Kettenzugkraft F_H in einen Anteil für den Schüttguttransport $F_{SG} = (F_S + F_B + F_T)$ und für den Leerlaufverlust F_0 aufgeteilt, vgl. Gl. (4.75). Die abzudeckende Antriebsleistung des Siloentnahme- und Transportsystems P_{TKZ} kann dann durch das Produkt aus Zugkraft F_H multipliziert mit der Kettengeschwindigkeit v_{TKZ} unter Berücksichtigung des Wirkungsgrads des Antriebsystems η_{ges} berechnet werden. Es gilt:

$$P_{TKZ} = \frac{F_H\cdot v_{TKZ}}{\eta_{ges}} = \frac{F_{SG}\cdot v_{TKZ}}{\eta_{ges}} + P_0 \tag{4.76}$$

Leerlaufleistung P_0 und Transport-/Kettengeschwindigkeit v_{TKZ} werden vom Kunden mit

$$P_0 \le 1{,}0\,kW,$$
$$v_{TKZ} = (0{,}05 - 0{,}10)\ m/s$$

angegeben. Der Wirkungsgrad des Antriebs wird mit

$$\eta_{ges} \cong 0{,}90$$

abgeschätzt. Mit diesen Daten können die erforderlichen Antriebsleistungen für den Füll- und den Entleerungszustand berechnet werden. Für den Füllzustand folgt

$$P_{TKZ}(FZ) = \frac{232469\,N\cdot 0{,}10\frac{m}{s}}{0{,}90}\cdot\frac{1\,kW}{1000\,W} + 1{,}0\,kW = 26{,}8\,kW$$

und den Entleerungszustand

$$P_{TKZ}(EZ) = \frac{103346\,N\cdot 0{,}10\frac{m}{s}}{0{,}90}\cdot\frac{1\,kW}{1000\,W} + 1{,}0\,kW = 12{,}5\,kW$$

Das sind die theoretisch jeweils erforderlichen **maximalen** Antriebsleistungen für die beiden Lastfälle. Installiert ist jedoch nur eine Motorleistung von $P_{TKZ}(ist) = 7{,}5\ kW$, d. h. der Antrieb des Trogkettenförderers ist definitiv zu schwach ausgelegt. Es ist zu erwarten, dass auch dessen Kette festigkeitsmäßig zu schwach dimensioniert ist (→ eine explizite Überprüfung war aufgrund fehlender Daten nicht möglich). Wahrscheinlich arbeitet die Anlage nur deshalb ohne dauernde Überlastungen bzw. Havarien, weil die Vertikalspannung $\sigma_{V,3}$ den Förderer nicht über den gesamten Schürzenquerschnitt $(L_B \cdot B)$ beansprucht. Bedingt durch die in Förderrichtung **nicht** zunehmende Austragskapazität des Abzugssystems, bildet sich oberhalb der Auslaufseite des TKZ eine bleibende Totzone und nach ca. $\Delta t_X \cong 110\ h$ eine sich auf den Konus- und Schürzenwänden und nicht auf dem Förderer abstützende Brücke aus, vgl. Abb. 4.52. Unter dieser läuft der gefüllte Trogkettenförderer hindurch: Der aktuelle Abzugsquerschnitt $\left(L_B^* \cdot B\right)$ ist somit kleiner als der nominale Schürzenquerschnitt $(L_B \cdot B)$. Hieraus folgt, dass die alleinige Erzeugung von Massenfluss die Überlastungsprobleme im vorliegenden Silo/Trogkettenförderer-System nur vergrößern würde.

4.4.6 Empfehlungen/Zusammenfassung

Das derzeit betriebene Kohlesilo/Trogkettenförderer-System ist nicht in der Lage, die vom Kunden geforderten Bedingungen Massenfluss und Lagerzeiten ohne Schüttgutbewegung bis ca. $\Delta t_{max} = 21\ Tage \cong 500\ h$ zu realisieren. Das Silo selbst ist ein Massenflusssilo, baut jedoch aufgrund der entlang des Entnahmewegs **nicht zunehmenden** Transportkapazität des Förderers auf dessen Austragsseite eine tote Zone auf, vgl. Abb. 4.52. Es verhält sich somit wie ein Kernflusssilo. Eine zunehmende Austragskapazität des TKZ im vorliegenden System würde erreicht, wenn der Übergang Silo/Trogkettenförderer entsprechend Abb. 4.57 gestaltet worden wäre. Diese Ausführung resultiert jedoch im vorliegenden Betriebsfall aufgrund der einlaufseitigen Schlitzbreite von $B^* = 600\ mm$ in einer verringerten Lagerzeit Δt_X ohne Schüttgutbewegung. Aus Abb. 4.56 lässt sich abschätzen, dass sich dann bereits nach $\Delta t_X \cong 60\ h$ eine Brücke in der Schürze bilden würde. Der Kunde bestätigt das: Ursprünglich waren Leitbleche ähnlich denen in Abb. 4.57 eingebaut, die aber aufgrund häufiger Brückenbildungsprobleme wieder entfernt wurden.

Die installierte Antriebsleistung des Trogkettenförderers ist absolut zu klein. Eine Reduzierung der TKZ-Belastung, d. h. des Antriebs und der Kette, könnte durch Verringerung der Länge des Austragsschlitzes, z. B. entsprechend Abb. 4.58, erreicht werden: Dort sind die stirnseitigen Trichterwände unter Einhaltung der vorhandenen Neigungswinkel bis zum Siloaustrag verlängert. Die resultierende Austragslänge beträgt $L^* \cong 2{,}86\ m$, ist jedoch für den vorhandenen Antrieb immer noch zu groß. Eine weitere Verkürzung der Schlitzlänge würde den Charakter des ebenen Fließprofils in Richtung Rotationssymmetrie mit entsprechend größeren Brückenweiten verändern, vgl. hierzu die Silogeometrie-Korrekturfaktoren $H(\Theta)$ in Abb. 4.41.

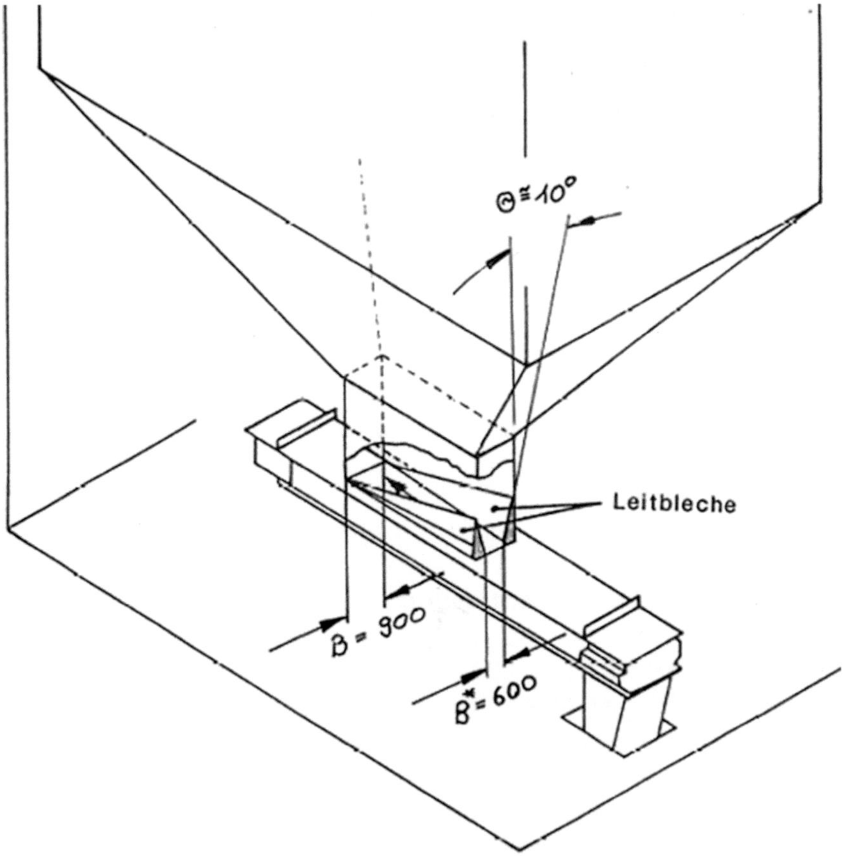

Abb. 4.57 Trogkettenförderer mit steigender Austragskapazität (in Anlehnung an [51]), Förderrichtung nach links

Abb. 4.58 Verkürzung der Abzugslänge

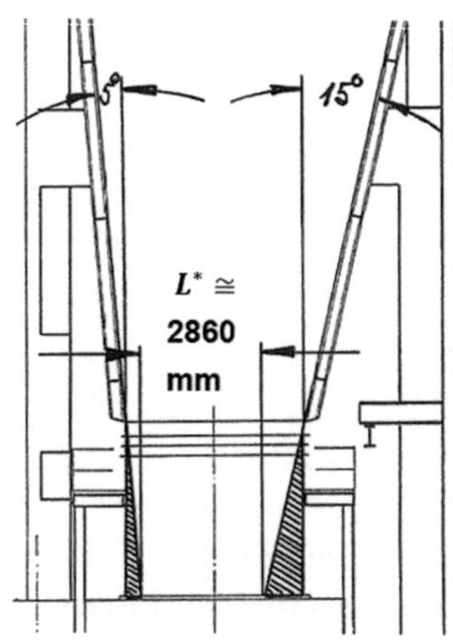

Der Betreiber kann durch logistische Maßnahmen den Betrieb der existierenden Anlage weniger störungsanfällig gestalten, z. B. die nachgeschaltete Mahlanlage (→ es sind mehrere parallele Systeme vorhanden) bereits kurz nach dem Beginn einer Siloneubefüllung starten, das Silo nur teilbefüllt betreiben usw. Der Einbau eines gleichgroßen Trogkettenförderers mit stärkerem Antrieb und stärkerer Kette würde die aus den unveränderten und zu kurzen Lagerzeiten Δt_X resultierende Problematik nicht verbessern.

Als radikale/sinnvollste Lösung bietet es sich an, das vorhandene Austragssystem durch eine breitere (→ und damit auch längere) Schürze und einen entsprechend angepassten Trogkettenförderer mit größerer Antriebsleistung und einem analog der Abb. 4.57 gestalteten Übergang Silo/Abzugsvorrichtung zu ersetzen. Hierzu sollte der Betreiber die für den Betrieb unbedingt notwendige maximale Lagerzeit ohne Schüttgutbewegung $\Delta t_{X,\,max}$ neu festlegen/überdenken. Die Auslegung des Systems kann dann mit den hier vorgestellten Schüttgutdaten und Berechnungsgleichungen erfolgen.

4.5 Berechnungsbeispiel 5: Projektierung einer Wirbelbett-Mischanlage

In zwei wechselweise betriebenen Wirbelbett-Batchmischern sollen jeweils $m_{CSt} = 30\ kg$ Calciumstearat homogen in $m_{PE} = 60000\ kg$ PE-Pulver eingemischt werden, d. h. der Gewichtsanteil des Calciumstearats in der Mischung beträgt $g_{CSt} = m_{CSt}/(m_{PE} + m_{CSt}) = 30\ kg/(60000 + 30)\ kg = 0{,}0005 = 0{,}050\ M. - \%$. Als Mischzeit stehen $\Delta t_M \leq 3{,}0\ h$ zur Verfügung.

In einem dem Mischprozess vorgeschalteten Arbeitsschritt sollen aus dem Vorprozess mitgeschleppte Lösungsmittelreste durch geeignete Spülung aus dem PE-Pulver ausgetrieben werden. Angaben zur Spüldauer sowie zu Art und Menge der auszutreibenden Lösungsmittel liegen nicht vor. Zur Spülung kann aufbereitete Umgebungsluft verwendet werden.

Eine 10 kg-Probe des PE-Pulvers sowie eine 1 kg-Probe des Calciumstearats sind der Anfrage beigefügt.

4.5.1 Theoretische Grundlagen

Dieser Abschnitt beschreibt die zur Charakterisierung von Wirbelschichten, der Mechanismen von Mischvorgängen in diesen und die zur Beurteilung der Mischergebnisse notwendigen Zusammenhänge.

Wirbelschicht- Kenngrößen

Nachfolgend werden, entsprechend der Problemstellung, nur Gas/Feststoff-Wirbelschichten betrachtet. Eine Übertragung der Ausführungen auf Flüssigkeit/Feststoff-Systeme ist unter Berücksichtigung des Einflusses der sehr viel größeren Dichten von Flüssigkeiten ($\varrho_{Fl} \gg \varrho_{Gas}$) auf einfache Weise möglich.

- **Druckverlust, minimale Fluidisationsgeschwindigkeit:** Um eine Wirbelschicht in einem Behälter zu erzeugen, muss das in diesem eingelagerte Schüttgut von unten nach oben mit einem derart großen Gasstrom durchströmt werden, dass dessen Druckverlust Δp_{WS} dem Nettogewicht der Schüttgutfüllung bezogen auf die Querschnittsfläche A_{WS} des Behälters entspricht. Unter Vernachlässigung der Dichte ϱ_F des Fluidisiergases (→ Auftrieb etc.) gilt somit:

$$-\Delta p_{WS} = \frac{\Delta m_S \cdot g}{A_{WS}} = H_{WS} \cdot g \cdot \left(1 - \varepsilon_{F,WS}\right) \cdot \varrho_S = H_{WS} \cdot g \cdot \varrho_{b,WS} \tag{4.77}$$

mit:

H_{WS} - aktuelle Höhe des Wirbelbetts,
$\varepsilon_{F,WS}$ - aktuelles relatives Lückenvolumen der Wirbelschicht,
$\varrho_{b,WS}$ - aktuelle Schüttgutdichte des Wirbelbetts.

Wird die zur Erzeugung der Druckdifferenz Δp_{WS} notwendige minimale Gas-Leerrohrgeschwindigkeit, die sogenannte Lockerungsgeschwindigkeit $v_{F,L}$, überschritten, bleibt $\Delta p_{WS} = konst.$ über den Existenzbereich der Wirbelschicht, vgl. Abb. 4.59. $v_{F,L}$ ist formal als Schnittpunkt der Schüttungs- mit der Wirbelbettkennlinie definiert und kann mittels des Ansatzes nach Ergun [6], Gl. (4.3), Abschn. 4.2.1, unter Gleichsetzung von $-(dp_R/dL_R) = -(\Delta p_{WS}/H_{WS}) = g \cdot (1 - \varepsilon_{F,WS}) \cdot \varrho_S$ berechnet werden. $H_{WS} = H_L$ ist hier die Betthöhe der Schüttung am Lockerungspunkt H_L, d. h. die eingeebnete Schütthöhe im Behälter, und $\varepsilon_{F,WS}$ das korrespondierende relative Lückenvolumen $\varepsilon_{F,L} \cong \varepsilon_{F,SS}$. Hieraus folgt:

$$v_{F,L} = 42{,}9 \cdot \frac{1 - \varepsilon_{F,L}}{\left(\psi \cdot d_{S,SD}\right)} \cdot \frac{\eta_F}{\varrho_F} \cdot \left(\sqrt{1 + \frac{g}{3214} \cdot \frac{\varepsilon_{F,L}^3}{\left(1 - \varepsilon_{F,L}\right)^2} \cdot \left(\psi \cdot d_{S,SD}\right)^3 \cdot \frac{\left(\varrho_S - \varrho_F\right) \cdot \varrho_F}{\eta_F^2}} - 1 \right) \tag{4.78}$$

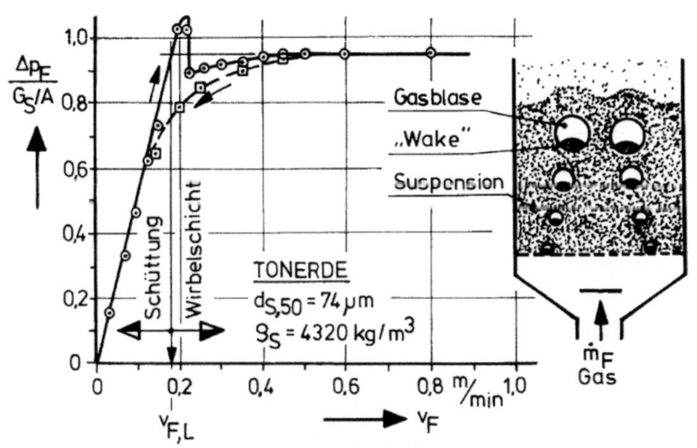

Abb. 4.59 Fluidisierung einer Feststoffschüttung, Fluidisiergas: Luft

Schüttungs- und Wirbelbettkennlinie können, wie in Abb. 4.59 dargestellt, mit ansteigender und/oder abfallender Gasgeschwindigkeit v_F vermessen werden. Beim Durchlaufen der Kurve mit zunehmender Gasgeschwindigkeit stellt sich am Übergang der Schüttung zur Wirbelschicht ein Druckpeak ein, der zur Überwindung der zwischenpartikularen Kräfte erforderlich ist. Bei Messung in umgekehrter Richtung entfällt dieser. Lockerungsgeschwindigkeiten $v_{F.L}$ werden deshalb üblicherweise mit sich verringernder Gasgeschwindigkeit ermittelt.

Die Lockerungsgeschwindigkeit $v_{F,L}$ ist, je nach aktueller Partikelgröße, in unterschiedlicher Weise vom Systemdruck p_X (→ gemessen am Boden der Wirbelschicht) und der Systemtemperatur T_X abhängig. Abb. 4.60 und 4.61 zeigen dies beispielhaft. Alle Kurven wurden mit der Ergun-Gleichung berechnet und beschreiben das real gemessene Wirbelbettverhalten auch bei variierendem Fluidisiergas korrekt [7].

- **Blasenbildungsgeschwindigkeit $v_{F,B}$:** Im Abschn. 2.2.1 ist dargestellt, dass das Fluidisiergas sich je nach vorliegender Korngröße/Korngrößenverteilung des Schüttguts bei Überschreitung einer kritischen Gas-Leerrohrgeschwindigkeit $v_{F,B}$ in eine Suspensions- und eine Blasenphase aufteilt. Basierend auf den unterschiedlichen Ausprägungen der Blasenphase wurde das dort beschriebene Geldart-Diagramm entwickelt [53]. Die zur Blasenbildung erforderliche Gasgeschwindigkeit berechnet sich nach [54, 55] aus:

$$v_{F,B} = 2{,}07 \cdot \exp\left(0{,}716 \cdot g\left(45\,\mu m\right)\right) \cdot \frac{d_{S,50} \cdot \varrho_F^{0,06}}{\eta_F^{0,347}} \geq v_{F,L} \tag{4.79}$$

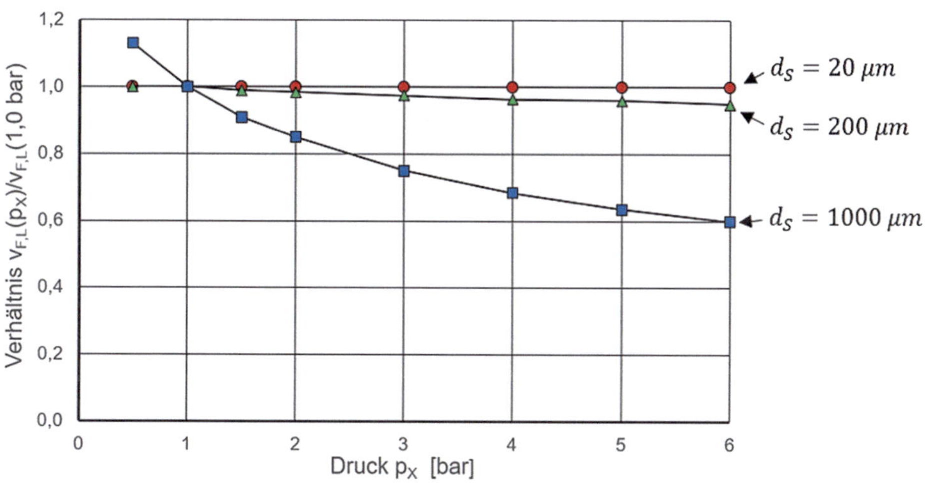

Abb. 4.60 Abhängigkeit der Lockerungsgeschwindigkeit $v_{F,L}$ von Druck und Partikelgröße bei $T = 20\,°C$, Gas = Luft

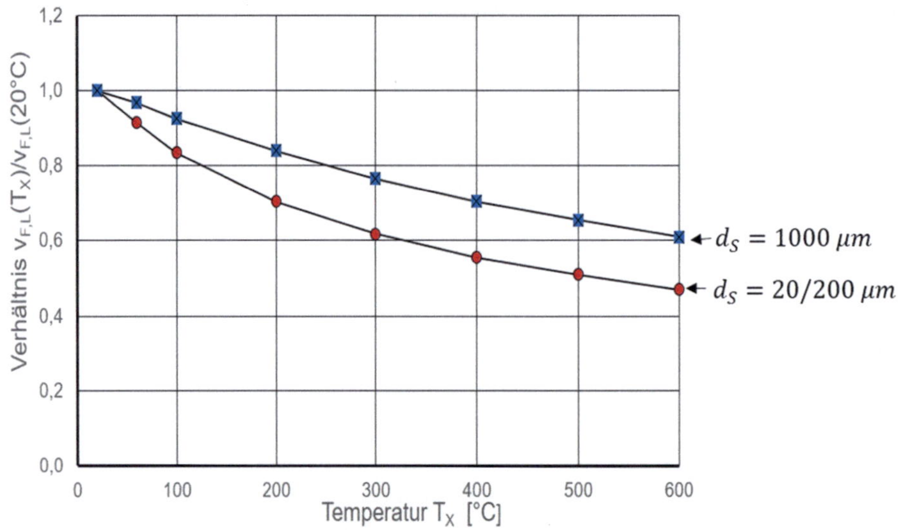

Abb. 4.61 Abhängigkeit der Lockerungsgeschwindigkeit $v_{F,L}$ von Temperatur und Partikelgröße bei $p = 1{,}0\ bar$, Gas = Luft

mit:

$g(45\ \mu m)$ - Gewichtsanteil der Partikelfraktion mit $d_S < 45\ \mu m$,

$vF,B\ [m/s]$ - wenn: $d_{S,50}\ [m]$, $\varrho_F\ [kg/m^3]$, $\eta_F\ [Pa \cdot s]$.

Gas/Feststoff-Wirbelschichten mit Betriebsgeschwindigkeiten $v_F \geq v_{F,B}$ weisen somit einen heterogenen, solche mit $v_F < v_{F,B}$ hingegen einen homogenen Fluidisierungszustand auf. Schüttgüter mit Korngrößen $d_S \lesssim 20\ \mu m$ sind i. Allg. extrem kohäsiv, lassen sich ohne mechanische Unterstützung nicht/kaum fluidisieren und bilden ohne diese Hilfsmittel stabile Kanäle, „Rattenlöcher" usw. speziell im Wandbereich aus. Durch diese strömt das Gas ohne die benachbarten Bettbereich zu fluidisieren.

- **Bettausdehnung/-expansion H_{WS}/H_L:** Für den **homogenen** Fluidisierungszustand folgt die aktuelle Betthöhe bei unterschiedlichen Betriebsgeschwindigkeiten v_F aufgrund der konstanten Bettmasse Δm_S zu

$$H_{WS} = H_L \cdot \frac{\left(1-\varepsilon_{F,L}\right)}{\left(1-\varepsilon_{F,WS}\right)} \tag{4.80}$$

Das relative Lückenvolumen $\varepsilon_{F,WS}$ im homogen expandierten Zustand kann mit der Richardson/Zaki-Gleichung [56, 57]

$$\frac{v_F}{w_T} = \varepsilon_{F,WS}{}^{n} \tag{4.81}$$

mit:
w_T - Sinkgeschwindigkeit der Einzelpartikel
n - Exponent mit den von der Reynoldszahl Re_T abhängigen Werten der Tab. 4.8.

abgeschätzt werden. Die Einzelpartikel-Sinkgeschwindigkeit w_T berechnet sich mit ausreichender Genauigkeit mit der über den Bereich $Re_T < 3 \cdot 10^5$ geschlossen lösbaren Gleichung [58]

$$\mathrm{Re}_T = 18 \cdot \left(\sqrt{1 + \frac{1}{9} \cdot \sqrt{Ar}} - 1 \right)^2 \tag{4.82}$$

mit:
$Re_T = d_S \cdot w_T \cdot \varrho_F / \eta_F$ - Reynolds-Zahl der Sinkgeschwindigkeit,
$Ar = d_S^3 \cdot g \cdot \varrho_F \cdot \left(\varrho_S - \varrho_F \right) / \eta_F^2$ - Archimedes-Zahl.

Voraussetzung für die Anwendung der Gl. (4.81) ist eine über die Betthöhe H_{WS} konstante Gasgeschwindigkeit v_F, die aber nicht gegeben ist, da das kompressible Gas mit größer werdendem H_{WS} aufgrund der damit anwachsenden Druckdifferenz Δp_{WS} zunehmend stärker expandiert, vgl. Abb. 4.62. Behelfsweise kann v_F geeignet gemittelt werden.

Aufgrund der deutlich schneller als das Suspensionsgas strömenden Blasenphase und ihrer, verglichen mit der Suspensionsphase, somit geringeren Verweilzeit im Wirbelbett, ist die Bettausdehnung bei **heterogenem** Fluidisationszustand kleiner als beim homogenen (→ das augenblicklich im Bett befindliche Gasvolumen ist kleiner). Betthöhenberechnungen unter Annahme einer homogenen Fluidisation liegen daher auf der sicheren Seite. Ansätze zur Ermittlung des Ausdehnungsverhaltens heterogener, blasenbildender Wirbelschichten enthalten u. a. [59–62].

In Wirbelbettanlagen mit Betthöhen von einigen Metern und mehr, wie sie z. B. zum Homogenisieren oder Vermischen größerer Schüttgutmengen eingesetzt werden, ist der Druck des Fluidisiergases oberhalb des Verteilerbodens p_{in} deutlich größer als derjenige an der freien Bettoberfläche p_{out}, d. h. es kommt zu einer stärkeren Expansion des Gases entlang der Betthöhe. Diese resultiert in einer gleichgerichteten Veränderung = Zunahme des relativen Lückenvolumens $\varepsilon_{F,WS}$. Abb. 4.62 zeigt diese Expansion beispiel-

Tab. 4.8 Exponenten der Richardson/Zaki-Gleichung

Exponent n	Reynoldszahl $Re_T = d_S \cdot w_T \cdot \varrho_F/\eta_F$
4,65	<0,2
$4{,}35 \cdot \mathrm{Re}_T^{-0{,}03}$	≥0,2 – 1,0
$4{,}45 \cdot \mathrm{Re}_T^{-0{,}3}$	≥1,0 – 500
2,39	≥500

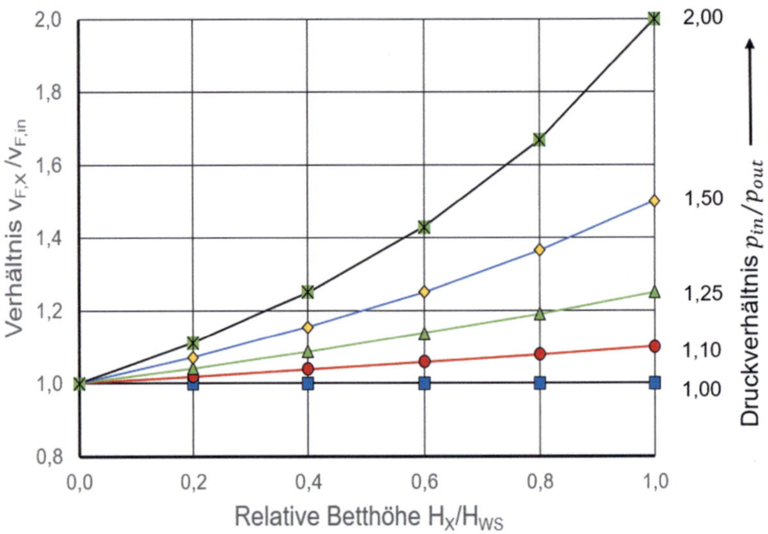

Abb. 4.62 Gasexpansion entlang der Wirbelbetthöhe

haft für verschiedene Druckverhältnisse (p_{in}/p_{out}). Grundlage der Rechnungen ist eine lineare Druckabnahme von p_{in} auf p_{out}, d. h. ein hydrostatischer Spannungszustand, wie er in der Praxis an gut durchfluidisierten Wirbelschichten auch gemessen wird (→ „flüssigkeitsähnliches“ Verhalten des Bettes).

- **Schüttgutaustrag:** Bei vorgegebenem Schüttgut werden mit zunehmender Steigerung der Fluidisiergasgeschwindigkeit nacheinander die vorstehend beschriebenen Betriebszustände und danach diejenigen der *„turbulent fluidization“* und *„fast fluidization“* durchlaufen. Im Bereich der *turbulent fluidization* kommt es zu einer Dämpfung der auf den aktuellen mittleren Bettdruckverlust bezogenen und durch Blasenbildung verursachten relativen Druckfluktuationen. Visuelle Beobachtungen verdeutlichen, dass die hohen Gasgeschwindigkeiten einen Zerfall großer Gasblasen und *slugs* in kleinere Blasen verursachen, dass Gasblasen in gestreckte Gasräume deformiert werden und sich Partikelcluster und -strähnen ausbilden. Der Bereich der *fast fluidization* wird bei Überschreitung der sogenannten Transportgeschwindigkeit $v_{F,tr}$ erreicht, die mit der empirischen Gleichung

$$Re_{tr} = \frac{v_{F,tr} \cdot d_S \cdot \varrho_F}{\eta_F} = 2{,}28 \cdot Ar^{0{,}419} \tag{4.83}$$

abgeschätzt werden kann [63, 64]. Es kommt jetzt zu einem extrem starken Anstieg des mit dem Fluidisiergas aus dem Bett ausgetragenen Feststoffmassenstroms. Ohne ein geeignetes Feststoff-Rückführsystem zum Fußpunkt des Reaktors würde das zu einer weitestgehenden Entleerung des Betts und damit zu instabilem Betrieb führen. Systeme mit Feststoffrückführung werden als zirkulierende Wirbelschichten bezeichnet.

Innerhalb des Wirbelbetts werden die einzelnen Schüttgutpartikeln im Mittel mit der wahren Gasgeschwindigkeit $u_{F,WS} = v_F/\varepsilon_{F,WS}$, im Freiraum oberhalb des Betts jedoch mit der kleineren Gasgeschwindigkeit $u_{F,frei} = v_F$ angeströmt ($\rightarrow \varepsilon_{F,frei} \cong 1{,}0$). Teilchen im Bett mit Sinkgeschwindigkeiten $w_T > u_{F,WS}$ separieren bei länger andauernder Fluidisation in Richtung Gasverteilerboden, solche mit $w_T < u_{F,WS}$ in Richtung Bettoberfläche. Es findet somit, je nach vorliegendem Produkt, eine Entmischung nach Korngröße, Korndichte oder Kornform statt, die mit zunehmender Fluidisationsdauer ausgeprägter wird (→ Behinderung durch umgebende Partikel). Einzelpartikel, die in den Freiraum ausgetragen werden und deren Sinkgeschwindigkeit $w_T > v_F$ ist, fallen wieder ins Bett zurück, alle anderen verlassen den Freiraum mit dem Fluidisiergas (→ Voraussetzung: Reaktordurchmesser $D_{WS} = konst.$).

Bei höheren Gasgeschwindigkeiten und/oder blasenbildenden Wirbelschichten werden keine isolierten Einzelpartikel, sondern strähnen- und ballenförmige Schüttgutansammlungen (→ z. B. der im „*wake*" einer Blase mitgeschleppte Feststoff, vgl. Abb. 4.59) aus dem Bett in den Freiraum ausgeworfen. Deren „scheinbare" Sinkgeschwindigkeit ist deutlich größer als diejenige der Einzelpartikeln und führt i. Allg. zu einem Zurückfallen ins Wirbelbett, bevor sie sich wieder in einzelne Teilchen aufgelöst haben. Bildet man mit den Gl. (4.83) und (4.82) das Verhältnis der Transport- zur Einzelpartikel-Sinkgeschwindigkeit $v_{F,tr}/w_T$, so wird ersichtlich, dass z. B. die Austragsgeschwindigkeit feinkönigerer Feststoffpartikeln aus einem Wirbelbettreaktor ein Vielfaches der zugehörigen Einzelpartikel-Sinkgeschwindigkeit beträgt, während diejenige grobkörnigerer Partikel etwa deren Sinkgeschwindigkeit entspricht. Der Übergang liegt im Bereich der Archimedeszahl $Ar \cong 1 \cdot 10^4$. Ein physikalisch begründetes Modell enthält u. a. [65]. Auf weitere Einzelheiten wird bei der Anlagenauslegung eingegangen.

- **Scale-up:** Die sich in einem Wirbelbett einstellenden Strömungsformen werden wesentlich durch den aktuellen Bettdurchmesser D_{WS} und das Verhältnis Bettdurchmesser zu Betthöhe D_{WS}/H_{WS} bestimmt. Kleine Durchmesser D_{WS} und große Verhältnisse D_{WS}/H_{WS} resultieren z. B. in Zuständen, in denen Gasblasen/*slugs* den gesamten Reaktorquerschnitt ausfüllen und sich stoßende Wirbelschichten ausbilden. Systematische Untersuchungen in [65] zeigen, dass für ein sicheres *scale-up* von Untersuchungen an Wirbelbetten auf Betriebsanlagen die notwendigen Messungen an Versuchswirbelschichten mit einem Durchmesser $D_{WS} \gtrsim 500\ mm$ durchgeführt werden sollten.

Mischen in Wirbelschichten

Den Ausführungen des vorangegangenen Abschnitts ist zu entnehmen, dass die zu vermischenden Schüttgüter (→ oder das hinsichtlich einer bestimmten Eigenschaft zu homogenisierende Produkt) enge und identische Korngrößenverteilungen und etwa gleiche Partikeldichten und -formen aufweisen müssen, um Entmischungen durch die auf die einzelnen Partikeln einwirkenden unterschiedlichen Umströmungskräfte zu vermeiden. Abb. 2.28 zeigt beispielhaft die Entmischung einer Kraftwerksasche mit breiter Kornverteilung nach einer Fluidisationsdauer von ca. 10 Minuten (→ Bettdurchmesser

D_{WS} = 300 *mm*, Betthöhe $H_{WS} \cong 1{,}0\ m$). Es können also nur ähnliche Produkte in Wirbelbetten vermischt werden. Die Separation der einzelnen Komponenten kann i. Allg. durch hohe Betriebsgeschwindigkeiten hinausgezögert werden.

Nachfolgend wird beispielhaft die Vermischung von zwei Komponenten q und p betrachtet, wobei der Massenanteil der Komponente $g_q \ll g_p$ sein soll. Der Sollwert der Komponente q in der Mischung $\mu_q = m_q/(m_q + m_p)$ sei durch die Aufgabenstellung vorgegeben.

- **Mischeffekte:** Die Vermischung in einer homogen expandierenden Wirbelschicht erfolgt durch **Dispersion**, d. h. durch zufällige Platzwechsel der infolge der Fluidisation um ihre Ruhelage frei beweglichen Einzelpartikel. Das ist ein lokaler Vorgang mit begrenzter Reichweite, da es nur zu einem Austausch mit benachbarten Partikelbereichen kommt (→ Mikrovermischung). Dementsprechend führt das zu extrem langen Mischzeiten $\Delta t_{M,D}$, um z. B. eine in einer bestimmten Höhe des Wirbelbetts eingelegte Schicht der Komponente q in der Gesamtmasse von $(q + p)$ zu verteilen.

  In heterogenen, blasenbildenden Wirbelschichten überlagert sich der Dispersion eine großräumige Vermischung durch **konvektiven Schüttguttransport**. Die einzelnen Gasblasen transportieren in ihrem *wake*, vgl. Abb. 4.59, Schüttgut vom Verteilerboden aus axial in Richtung Bettoberfläche, vgl. Abb. 4.53, und verdrängen gleichzeitig radial Schüttgut an ihrer Vorderfront, d. h. es kommt zur Bewegung größerer Partikelbereiche relativ zueinander (→ Makrovermischung), die wiederum dispers weiter vermischt werden. Abb. 4.63 zeigt die sich innerhalb eines Wirbelbetts mit dem Durchmesser $D_{WS} \cong 1{,}0\ m$ ausbildende Strömungsstruktur [66]. In Wirbelschichten mit noch größeren Durchmessern kann es zur parallelen Ausbildung mehrerer der in Abb. 4.63 dargestellten Zellstrukturen kommen. Die für eine vorgegebene Aufgabenstellung erforderliche Mischzeit $\Delta t_{M,K}$ verkürzt sich signifikant gegenüber derjenigen $\Delta t_{M,D}$ bei alleiniger Dispersion.

  Wie die Geldart-Klassifikation, vgl. Abschn. 2.2.1, verdeutlicht, ist der Beginn der Blasenbildung und die sich jeweils ausbildende Blasengröße von der Art des Schüttguts (→ Korngröße, Korngrößenverteilung, Dichte usw.) abhängig. Da die Mischwirkung von Blasen kleiner Größe, wie z. B. bei den häufig in Wirbelbettmischern behandelten Schüttgütern der Gruppe A, gering ist und zu verlängerten Mischzeiten führt, wird in der Praxis die Mischwirkung von Fließbetten **durch externe Maßnahmen intensiviert**. Das erfolgt i. Allg. durch unterschiedliche Ausführungsformen der Belüftungsböden. Weil für die vorliegende Aufgabenstellung ein sogenanntes Quadrantensystem eingesetzt werden soll, wird dieses beschrieben: Der Gasverteilerboden wird bezüglich der Gaszufuhr in vier Quadranten unterteilt. Jeweils drei dieser Quadranten werden gleichzeitig durch einen Gasstrom oberhalb der Lockerungsgeschwindigkeit $v_{F,L}$ fluidisiert (→ Inaktivbelüftung), während der verbleibende Quadrant mit einer deutlich höheren Gasgeschwindigkeit beaufschlagt wird (→ Aktivbelüftung). In vorgewählten Zeitabständen wird die Aktivbelüftung auf einen anderen Quadranten umgeschaltet, d. h. dieser läuft

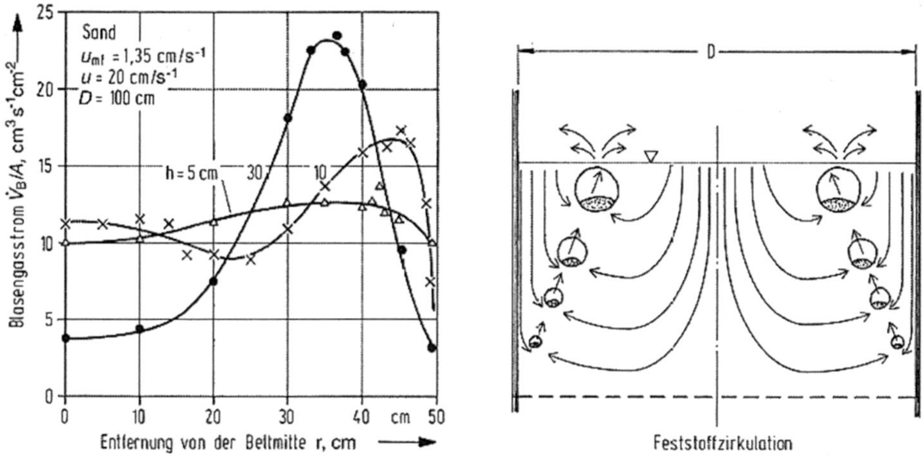

Abb. 4.63 Blasengasverteilung entlang der Wirbelbetthöhe H_{WS} nach [66, 67]

systematisch um. Durch die Aktivbelüftung (→ eigentlich Aktivbegasung) wird der jeweilige Quadrant stärker aufgelockert, damit bilden sich Scherflächen zwischen den Aktiv-/Inaktivzonen aus, über die Schüttgut vom Inaktiv- zum Aktivbereich ausgetauscht wird. Insgesamt erzwingt das Belüftungssystem einen großräumigen Feststoffumlauf. Andere Ausführungsvarianten arbeiten nach vergleichbaren Prinzipien.

- **Scale-up von Versuchs- auf Betriebsanlagen:** Voraussetzung zur Auslegung einer Betriebsanlage sind i. Allg. entsprechende Voruntersuchungen an einer Versuchs-/Technikumsanlage. In dieser wird die Aufgabenstellung mit den vorgegebenen Randbedingungen, z. B. dem Tracergehalt g_q, der Ausgangslage der kennzeichnenden Komponente q usw., abgebildet und untersucht und die unter verschiedenen Betriebsbedingungen, z. B. variabler Fluidisiergasgeschwindigkeit, unterschiedlichen Begasungszeiten der Aktiv-/Inaktivquadranten usw., für die Erfüllung der gestellten Anforderungen notwendige Mischzeit $\Delta t_{M,V}$ ermittelt. Um $\Delta t_{M,V}$ auf die Mischzeit $\Delta t_{M,B}$ der größeren Betriebsanlage hochzurechnen sind geeignete Scale-up-Ansätze erforderlich. Diese können auf theoretischen Modellen, in der Praxis aber auch auf empirischen Erfahrungen basieren.

a) Praxismodell Hier wird angenommen, dass folgende Regel erfüllt sein muss:

$$\left(\frac{Gesamtes\ Gasvolumen\ während\ des\ Mischprozesses\ \Delta V_F}{Volumen\ des\ Misch-/Schüttguts\ \Delta V_{WS}}\right) = konst. \qquad (4.84)$$

d. h. jedes Schüttgutelement in der Betriebsanlage B muss das gleiche Gasvolumen wie in der Versuchsanlage V gesehen/erfahren haben. Hieraus resultiert:

$$\left(\frac{\overline{v}_F \cdot \Delta t_M}{H_{SS}}\right)_B = \left(\frac{\overline{v}_F \cdot \Delta t_M}{H_{SS}}\right)_V \qquad (4.85)$$

mit:

$\overline{v}_F = \left(v_{F,in} + v_{F,out}\right)/2$ - mittlere Fluidisiergasgeschwindigkeit entlang der Betthöhe.

Für die Mischzeit der Betriebsanlage folgt somit

$$\Delta t_{M,B} = \frac{\overline{v}_{F,V}}{\overline{v}_{F,B}} \cdot \frac{H_{SS,B}}{H_{SS,V}} \cdot \Delta t_{M,V} \tag{4.86}$$

Hierbei muss die Einstellung der Fluidisierungsparameter in Versuchs- und Betriebsanlage weitestgehend identisch sein.

b) Theorieansatz Ausgehend von einer dispersen (→ diffusionsähnlichen) Ausbreitung der Tracersubstanz q wird zu deren Berechnung ein Ansatz analog zum 2. Fick'schen Gesetz verwendet [68]. Wie oben dargestellt, wird die Dispersion in der Praxis jedoch durch konvektive Transporte überlagert. Um diese zu berücksichtigen, wird der Dispersionskoeffizient pauschal durch einen alle weiteren Effekte erfassenden **axialen** Mischkoeffizienten M ersetzt. Man erhält damit:

$$\frac{\partial g_q}{\partial t_M} = M \cdot \frac{\partial^2 g_q}{\partial H^2} \tag{4.87}$$

mit:

t_M - Mischdauer,
H - Koordinate entlang der Wirbelbetthöhe.

Gl. (4.87) beschreibt die Änderungen von g_q in Abhängigkeit von der Mischdauer t_M und der Höhenposition H entlang der Wirbelschicht.

Wendet man dieses eindimensionale Mischmodell mit einigen Vereinfachungen auf die axiale Vermischung in einem Wirbelbettmischer an, so ergibt sich für eine Anfangsverteilung der (kleineren) Komponente q, die als Schicht auf der freien Oberfläche oder am Boden der Wirbelschicht angeordnet ist, die einfache Lösung, z. B. [69]:

$$V_q = \frac{\sigma_q}{\mu_q} = \sqrt{2} \cdot exp\left(-\pi^2 \cdot \frac{M \cdot t_M}{H^2}\right) \tag{4.88}$$

mit:

V_q - Variationskoeffizient der Mischung,
σ_q - Standardabweichung von q in der Grundgesamtheit,
μ_q - vorgegebener Sollwert der Komponente q.

Mit Gl. (4.88) gilt für gleiche Endmischgüten V_q im Betrieb und Versuch:

$$\left(\frac{M \cdot t_M}{H_{SS}^2}\right)_B = \left(\frac{M \cdot t_M}{H_{SS}^2}\right)_V \tag{4.89}$$

Wie im Rahmen der späteren Anlagenauslegung gezeigt wird, ist die Annahme identischer Mischkoeffizienten M_V und M_B für Versuchs- und Betriebsanlage falsch: Der Mischkoeffizient M ist nicht nur von der mittleren Gasgeschwindigkeit $\overline{v}_F$ im Bett sondern auch von der Schüttgut-Füllhöhe H_{SS} im Mischer, d. h. von dessen Größe, abhängig [70].

Statistische Grundlagen

Um Mischversuche auszuwerten und deren Ergebnisse quantitativ zu beurteilen, ist die Anwendung statistischer Methoden erforderlich. Bei Aufgabenstellungen aus der Mischtechnik ist der Sollwert $\mu_q = m_q/(m_q + m_p)$ der Tracersubstanz q üblicherweise vorgegeben. Hiervon wird nachfolgend ausgegangen.

- **Varianz, Standardabweichung:** Durch systematische Entnahme gleichgroßer Proben aus dem Endprodukt und deren Analyse können die Abweichungen von der geforderten Konzentration μ_q zusammenfassend durch die empirische Varianz/Streuung s^2 bzw. deren Standardabweichung $s = \left|\sqrt{s^2}\right|$ charakterisiert werden. Es gilt.

$$s = \sqrt{\frac{1}{z} \cdot \sum_{i=1}^{z} \left(g_{q,i} - \mu_q\right)^2} \tag{4.90}$$

mit:

z - Anzahl der Proben,

$g_{q,i}$ - Messwerte.

Das Verhältnis V = *Standardabweichung s/Erwartungswert* μ_q beschreibt die relative Abweichung vom Mittel-/Sollwert. Es wird als Variationskoeffizient bezeichnet und häufig in Prozentwerten angegeben.

Anmerkung Ist der Sollwert μ_q unbekannt, wie es z. B. bei der Homogenisierung einer Schüttguteigenschaft vorkommt, muss μ_q durch den arithmetischen Mittelwert der Probenkonzentrationen ersetzt werden:

$$\overline{g}_q = \frac{1}{z} \cdot \sum_{i=1}^{z} g_{q,i} \tag{4.91}$$

Für die Standardabweichung gilt dann:

$$s = \sqrt{\frac{1}{z-1} \cdot \sum_{i=1}^{z} \left(g_{q,i} - \overline{g}_q\right)^2} \tag{4.92}$$

- **Konfidenzintervall:** Die empirische Varianz s^2 ist ein erwartungstreuer Schätzwert für die tatsächliche Varianz σ^2 der Grundgesamtheit. Mit zunehmender Probenzahl z nähern sich die tatsächliche Streuung σ^2 und die gemessene Streuung s^2 einander immer mehr an. Sind die Zufallswerte $g_{q,i}$ normalverteilt (→ zentraler Grenzwertsatz), so kann mittels der sogenannten Chi-Quadrat-Verteilung χ^2 für eine vorgegebene statistische

Sicherheit P der Verlauf des Konfidenz-/Vertrauensintervalls in Abhängigkeit vom Freiheitsgrad F berechnet werden. Bei vorgegebenem Mittelwert μ_q entspricht der Freiheitsgrad F der Anzahl der Proben, d. h. $F = z$, liegt jedoch nur der empirische Mittelwert $\bar{g}_q$ vor, so gilt $F = (z - 1)$. Einzelheiten sind u. a. den Arbeiten [71–74] zu entnehmen.

Das beidseitige Vertrauensintervall folgt bei vorgegebenem Mittelwert μ_q und einer vorgegebenen statistischen Sicherheit P aus

$$\sqrt{\frac{z}{\chi_o^2}} \leq \frac{\sigma}{s} \leq \sqrt{\frac{z}{\chi_u^2}} \tag{4.93}$$

mit:

χ_o^2 - Chi-Quadrat-Wert für $(1 + P)/2$

χ_u^2 - Chi-Quadrat-Wert für $(1 - P)/2$

und ist beispielhaft für $P = 0{,}95$ (=95 %) in Abb. 4.64 dargestellt. Die zugehörigen Chi-Quadrat-Werte χ^2 für andere statistische Sicherheiten können der Literatur, z. B. [71, 72, 75], entnommen werden. Aus der Vergrößerung des Stichprobenumfangs, d. h. der Anzahl z der Proben, resultiert eine höhere Genauigkeit der statistischen Aussage. Dem steht jedoch der zunehmende Aufwand für die Probenanalyse entgegen.

Im Zusammenhang mit Mischaufgaben interessiert i. Allg. nur der untere Grenzwert von (σ/s), da mit diesem gewährleistet ist, dass die Abweichung s von σ immer kleiner als ein vorgegebener Wert bleibt. Es gilt somit:

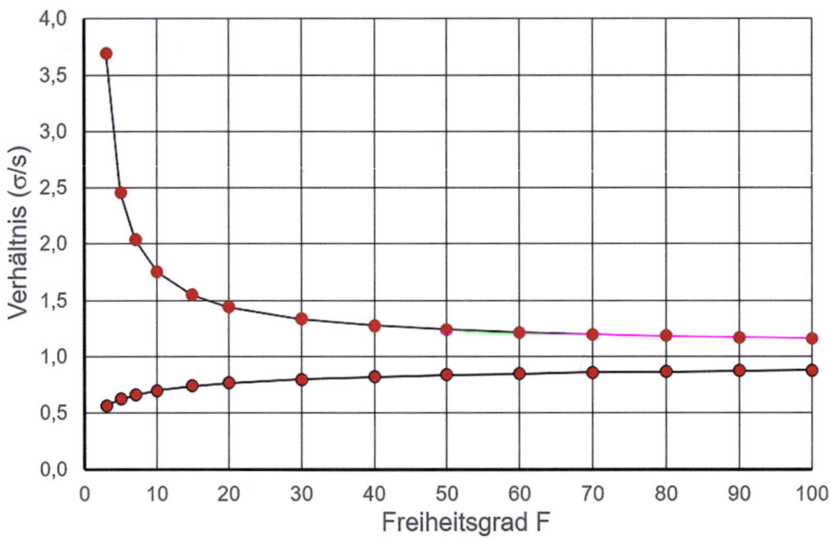

Abb. 4.64 Abhängigkeit des Verhältnisses σ/s vom Freiheitsgrad $F = z$ für eine statistische Sicherheit $P = 95$ %

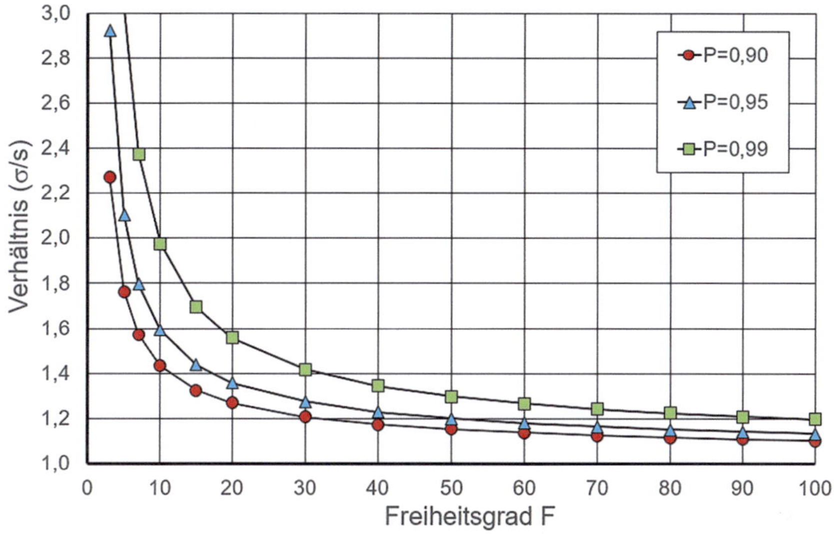

Abb. 4.65 Abhängigkeit des Verhältnisses σ/s vom Freiheitsgrad $F = z$ für unterschiedliche einseitige statistische Sicherheiten P

$$\frac{\sigma}{s} \leq \sqrt{\frac{z}{\chi_u^2}} \tag{4.94}$$

Abb. 4.65 zeigt die Auswertung der Gl. (4.94) für verschiedene (einseitige) statistische Sicherheiten P in Abhängigkeit vom Freiheitsgrad $F = z$, d. h. μ_q ist vorgegeben.

Aus Abb. 4.65 ist ersichtlich, dass bei vorgegebener Probenzahl z die obere Grenze des Vertrauensintervalls mit zunehmender statistischer Sicherheit P größer wird. Beispiel: Für $z = F = 20$ und $P = 0{,}95$ kann die Standardabweichung σ der Grundgesamtheit den etwa 1,36-fachen Wert der empirischen Standardabweichung s annehmen.

- **Zeitlicher Mischungsverlauf, Zufallsmischung, Analysenungenauigkeit:** Abb. 4.66 zeigt qualitativ den Verlauf der durch die Streuung σ^2 der Grundgesamtheit gekennzeichneten Mischgüte als Funktion der Mischdauer t_M. Die Mischgüte ist logarithmisch, die Mischzeit linear aufgetragen, d. h. $\sigma^2(t_M)$ folgt im linear abfallenden Kurvenast einer e-Funktion. Bei der Vermischung eines Gases oder einer Flüssigkeit wäre dieser Vorgang bis in den molekularen Bereich hinein möglich (→ rote Kurve in Abb. 4.66 mit $\sigma_E \to 0$). Werden hingegen freifließende Schüttgüter, d. h. Teilchensysteme mit hoher Einzelpartikelbeweglichkeit und nur geringen zwischenpartikularen Wechselwirkungen, ohne jede Entmischungsneigung betrachtet, stellt sich aufgrund der endlichen Korngrößen als Endzustand eine vollständige Zufallsmischung mit der Streuung $\sigma_E^2 = \sigma_Z^2$ ein. Diese stochastische Homogenität kann für 2-Komponenten-Mischungen (q,p) z. B. mittels eines Ansatzes nach Stange [75, 76] berechnet werden:

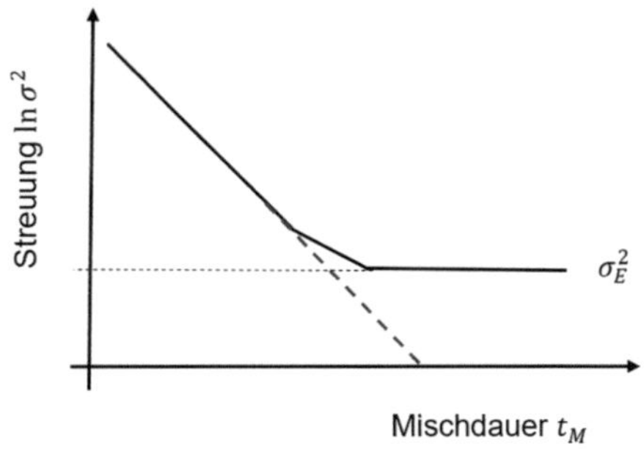

Abb. 4.66 Mischgüteverlauf = Varianz σ^2 in Abhängigkeit von der Mischzeit t_M

$$\sigma_Z^2 = \frac{\mu_q \cdot (1-\mu_q)}{\Delta m_{Probe}} \cdot \left[\mu_q \cdot m_q \cdot \left(1 + \left\{ \frac{\sigma_{m,q}}{m_q} \right\}^2 \right) + (1-\mu_q) \cdot m_p \cdot \left(1 + \left\{ \frac{\sigma_{m,p}}{m_p} \right\}^2 \right) \right] \quad (4.95)$$

mit:

Δm_{Probe}	- Probenmasse,
μ_q	- Soll-/Mittelwert der kennzeichnenden Tracersubstanz,
m_q, m_p	- mittlere Einzelkornmassen der beiden Mischungskomponenten,
$\sigma_{m,q}$, $\sigma_{m,p}$	- Standardabweichungen der Einzelkornmassen von m_q bzw. m_p

Gl. (4.95) lässt sich auf diverse Sonderfälle vereinfachen, z. B. wenn beide Komponenten aus Körnern jeweils gleichen Durchmessers bestehen, vgl. [72, 75].

Liegen entmischende Schüttgüter vor, dann steigt die Kurve $\sigma^2(t_M)$ nach Durchlaufen eines Minimums aufgrund einsetzender Entmischung wieder auf einen Wert $\sigma_E^2 > \sigma_Z^2$ an oder pendelt um diesen herum. σ_E^2 kann in diesem Fall nur experimentell ermittelt werden.

Die beobachtete Streuung σ^2 einer Mischung freifließender, nicht separierender Schüttgüter setzt sich somit aus derjenigen der Wirkung des eigentlichen Mischers σ_M^2 und derjenigen der Zufallsmischung σ_Z^2 zusammen. Beiden überlagert sich die Varianz/die Ungenauigkeit σ_A^2 der praktischen Messung. σ_A^2 beinhaltet nicht nur den Fehler des Analysengeräts (→ für dieses liegen i. Allg. belastbare Streuungsdaten vor), sondern auch die Fehler bei Probennahme und -aufbereitung, die häufig unbekannt sind und durch sorgfältiges Arbeiten minimiert werden müssen. Es gilt somit:

$$\sigma^2 = \sigma_M^2 + \sigma_Z^2 + \sigma_A^2 \quad (4.96)$$

Die Einflussnahme des Mischers beschränkt sich allein auf die Verringerung der Varianz $\sigma_M^2 \geq \sigma_Z^2$. Für aussagefähige Mischergebnisse muss des Weiteren ein $\sigma_A^2 \ll \left(\sigma_M^2 + \sigma_Z^2\right)$ realisiert werden. In Kundengesprächen bzw. Garantiezusagen müssen die angeführten Sachverhalte unbedingt berücksichtigt werden.

- **Probengröße:** Gl. (4.95) verdeutlicht, dass die Größe der Streuung der Abhängigkeit $\sigma_Z^2 \propto 1/\Delta m_{Probe}$ folgt. Dies gilt allgemein: Je größer Δm_{Probe} umso kleiner ist σ^2 und umgekehrt, d. h. für ein zu garantierendes/gewünschtes Mischergebnis σ^2 muss auch die zugehörige Probengröße Δm_{Probe} eindeutig definiert sein. Δm_{Probe} muss dabei so groß sein, dass von der jeweiligen Tracersubstanz eine ausreichend sicher zu messende Menge enthalten ist. Zu große Proben „vergleichmäßigen" die Mischung, während zu kleine Proben die Anforderungen an die Mischgüte verschärfen.

4.5.2 Problemanalyse

Ergänzend zur oben dargestellten grundsätzlichen Aufgabenstellung wird diese nachfolgend in Zusammenarbeit mit dem Kunden detaillierter analysiert. Dargestellt werden hier im Wesentlichen nur die für die eigentliche Mischerauslegung relevanten Fakten.

Abklärung der Aufgabenstellung

- Die Mischerbehälter sollen gleichzeitig als Pufferbehälter für die vorgeschaltete PE-Pulver-Produktion dienen.
- Die Zuführung des PE-Pulvers zu den Mischern soll mittels einer pneumatischen Förderung von einem Zwischenbehälter aus erfolgen, dem die verschiedenen PE-Produktionslinien das Pulver zuführen. Maximaler Befüllungsmassenstrom der Mischer: $\dot{m}_{zu,\max} = 15\ t/h$; daraus die minimale Befüllungszeit: $\Delta t_{zu,\ min} \cong 60\ t/15\ t/h = 4{,}0\ h$; Schüttguttemperatur: $T_{PE,\ zu} \leq 50\ °C$.
- Entleerung der Mischer in untergebaute Endproduktsilos. Abtransport mittels Luftförderrinnen. Abzugsmassenstrom: $\dot{m}_{ab} = 120\ t/h$; daraus die Entleerungszeit: $\Delta t_{ab} \cong 60\ t/120\ t/h = 0{,}5\ h$.
- Das Austreiben der Lösungsmittelreste muss *vor* Zugabe des Calciumstearats erfolgen. Hierzu ist eine Dauerspülung während der Mischerbefüllung ausreichend. Das Ca-Stearat darf erst nach Abschluss der Spülung auf die Oberfläche des Wirbelbetts aufgelegt werden.
- Aus der Lösungsmittelabtreibung resultieren keine speziellen sicherheitstechnischen Auflagen/Probleme, z. B. hinsichtlich Explosionsschutz. Als Spülgas kann gefilterte Umgebungsluft verwendet werden.
- Eine Abtrennung der Lösungsmittel aus dem Spülgas, z. B. durch eine Gaswäsche, ist nicht Bestandteil der Anfrage und erfolgt durch den Auftraggeber/Betreiber.
- Der Staubgehalt aller die Mischanlage verlassenden Abgasströme soll $\leq 10\ mg/m^3\ Gas$ betragen.
- Als Mischgüte/Mischgenauigkeit ist zu garantieren, dass der aus der Wirkung des Mischers resultierende Calciumstearatgehalt σ_M der Grundgesamtheit mit einer (einseitigen) statistischen Sicherheit von $P = 99\ \%$ den Sollwert $\mu_{CSt} = g_{cSt}$ um nicht mehr als maximal +10 % überschreitet, d. h. es gilt: $g_{CSt,\ max} = \mu_{CSt} + \sigma_M \leq 1{,}1 \cdot \mu_{CSt}$.
- Der Ca-Stearatgehalt der an der Betriebsanlage gezogenen Materialproben wird mittels Röntgenfluoreszenzanalyse bestimmt. Der Variationskoeffizient des Analysenfehlers σ_A/μ_{CSt} des hierfür vom Kunden verwendeten Messgeräts wird mit $\sigma_A/\mu_{CSt} = 0{,}03$ an-

gegeben. Mischergebnisse der vom Anbieter der Mischanlage durchgeführten Technikumsversuche sollen mit dem gleichen Gerät beim Kunden analysiert werden. Der Kunde fordert hierzu Proben der Größe $\Delta m_{Probe} = 50\ g$, die gleichmäßig verteilt während der Entleerung des Mischers entnommen werden sollen. Die Garantiemessungen an der Betriebsanlage sollen in gleicher Weise mit demselben Gerät durchgeführt werden.

- Die eingesetzten Druckerzeuger müssen absolut ölfrei betrieben werden. Die Temperatur der austretenden Gase muss auf $T_F \leq 50\ °C$ heruntergekühlt werden.

Beurteilung der Schüttgüter
Diese Beurteilung basiert auf Laboruntersuchungen beim Anbieter sowie vom Kunden beigestellten Daten.

- **PE-Pulver:** An der zur Verfügung gestellten Materialprobe wurden bei einer Feuchtigkeit von $w = 0{,}10\ M. - \%$ folgende Schüttgutkennwerte ermittelt:
  - Siebrückstand $R(d_S)$ beim Korndurchmesser d_S:
    $R(0{,}20\ mm) = 6{,}78\ M. - \%$,
    $R(0{,}16\ mm) = 20{,}43\ M. - \%$,
    $R(0{,}09\ mm) = 71{,}93\ M. - \%$,
    $R(0{,}063\ mm) = 87{,}58\ M. - \%$,
  - Mediandurchmesser: $d_{S,50} = d_S(R = 50\ M. - \%) = 120\ \mu m$ (→ kann nach Kundenangabe im Produkt zwischen $d_{S,50} = (85 - 125)\ \mu m$ variieren),
  - Partikeldurchmesser beim Rückstand $R = 36{,}8\ M. \%$: $d_S^{'} = 127\ \mu m$,
  - Steigungswinkel der RRSB-Geraden: $\alpha_{RRSB} = 72{,}0°$,
  - Materialdichte: $\varrho_S = 970\ kg/m^3$,
  - lockere Schüttdichte: $\varrho_{SS} = 450\ kg/m^3$ (→ kann nach Kundenangabe im Produkt zwischen $\varrho_{SS} = (450 - 510)\ kg/m^3$ variieren),
  - Rütteldichte: $\varrho_{SR} = 480\ kg/m^3$,
  - das PE-Pulver rieselt, jedoch verhakt es sich im festgerüttelten Zustand, so dass sich Klumpen ausbilden,
  - PE-Pulver ist gut fluidisierbar; Blasenbildung setzt erst deutlich oberhalb der Lockerungs-geschwindigkeit ein; die Blasengröße ist im Durchmesser nach oben begrenzt; es handelt sich um ein Gruppe A- Material nach Geldart, vgl. Abb. 2.5,
  - das Schüttgut neigt zu sehr starker elektrostatischer Aufladung (→ Erdung usw.).
- **Calciumstearat:** In Tab. 4.9 sind relevante Kenndaten des Ca-Stearats zusammengestellt: Ca-Stearat ist als ein Gruppe C-Material nach Geldart extrem kohäsiv und für eine alleinige Behandlung/Vermischung in Wirbelschichten ungeeignet.

Tab. 4.9 Kenngrößen des Calciumstearats

Chemische Formel	$C_{36}H_{70}CaO_4$
Molekulargewicht	$M_{CSt} = 607{,}04\ g/mol$
Schmelzbereich	$T_{Fu} = (147 - 149)\ °C$
Mittlerer Partikeldurchmesser	$d_{S,50} \cong 5\ \mu m$ (→ Agglomeratbildung)
Partikeldichte	$\varrho_S \cong 1250\ kg/m^3$
Schüttdichte	$\varrho_{SS} \cong 250\ kg/m^3$
Verhalten	Farbloses fettiges Pulver. Außer in heißen chlorierten und aromatischen Kohlenwasserstoffen und Ölen praktisch unlöslich

Bewertung der Aufgabenstellung

- Für die hier geforderte Batchgröße kommen nur pneumatische Wirbelbettmischer in Frage, bzw. sind bereits gebaut worden. Der oftmals vorteilhafte Einsatz kontinuierlicher Mischer (→ hier z. B. eines Puffer-/Spülsilos mit nachgeschaltetem kontinuierlichem mechanischem Mischer) scheitert im vorliegenden Einsatzfall u. a. an der extrem kleinen Ca-Stearat-Dosiermenge.
- Das PE-Pulver ist als Gruppe A- Material für eine Wirbelbettvermischung bestens geeignet.
- Eine direkte Einmischung des Ca-Stearats in die PE-Grundmasse ist auf Grund der sehr verschiedenen Eigenschaften und des daraus resultierenden unterschiedlichen Bewegungsverhaltens beider Komponenten (→ u. a. Gefahr systematischer Entmischung durch selektiven konvektiven Transport, des Ausblasens des Ca-Stearats durch das Fluidisiergas aus dem Mischer, der örtlichen Verklumpung durch die großen Kohäsions- und Adhäsionskräfte des Ca-Stearats usw.) sowie der extrem geringen einzuarbeitenden Stearatmenge (→ verlängerte Mischdauer) nicht möglich.
- Um das Ca-Stearat homogen in der PE-Grundmasse verteilen zu können, ist zunächst die Herstellung eines sogenannten *Mastermix* erforderlich, der dann mit der PE-Grundmasse vermischt wird. Hierzu muss das gesamte Ca-Stearat in einem dem eigentlichen Mischprozess vorgeschalteten mechanischen Zwangsmischer derart in eine Teilmenge des PE-Pulvers eingearbeitet werden, dass es vollständig an dessen Oberfläche angelagert wird. Der Mastermix weist dann etwa die gleichen Transporteigenschaften bzw. das gleiche Bewegungsverhalten wie das PE-Pulver auf. Die Größe des Mastermix muss durch Versuche ermittelt werden.
- Der Mastermix muss auf die Oberfläche der Mischerfüllung aufgelegt werden (→ das Abtreiben der Lösungsmittelreste muss abgeschlossen sein). Dies wirkt sich mischzeitverlängernd aus, vgl. z. B. [76].
- Das Abtreiben der Lösungsmittelreste kann durch eine Permanentbelüftung während der Mischerbefüllung erfolgen. Hierfür stehen $\Delta t_{zu,\,min} = 4{,}0\ h$ zur Verfügung. Kürzere Spülzeiten sind durch eine gegenüber dem Füllbeginn verzögerte Zuschaltung des Spülgases möglich (→ kundenseitige/innerbetriebliche Optimierung).

- Der Spülgasstrom sollte mit einer Betriebsgeschwindigkeit v_F *unterhalb* der Wirbelpunkts-/Lockerungsgeschwindigkeit $v_{F,L}$ ausgelegt werden. Folgende Gründe sprechen hierfür:
  a) Aufgrund der relativ hohen Schüttgutsäule und des daraus resultierenden großen Durchströmungswiderstands findet zwangsläufig eine gleichmäßige Verteilung des Spülgasstromes über den Mischerquerschnitt statt. Die Randgängigkeit ist bei dem vorliegenden Schüttgut vernachlässigbar klein.
  b) Bei einer Durchströmung oberhalb der Lockerungsgeschwindigkeit würde auf Grund der einsetzenden Blasenbildung der Blasenanteil des Spülgases für den Spülvorgang nicht genutzt werden.
  c) Dauerbelüftung mit Gasgeschwindigkeiten oberhalb des Wirbelpunkts erhöht die Wahrscheinlichkeit einer Schüttgutentmischung.
  d) Ein kleinerer Spülgasstrom reduziert den Energiebedarf und die Investitionskosten des erforderlichen Druckerzeugers.
- Der Fluidisierboden des Mischers wird zur Erzeugung einer großräumigen Feststoffzirkulation in unterschiedlich stark belüftete Sektionen unterteilt (→ beim vorliegenden Gruppe A-Material nach Geldart ist die Blasengröße und damit deren Mischwirkung begrenzt und muss unterstützt werden). Gewählt: Vier gleichgroße Quadranten von denen jeweils drei „inaktiv" (→ niedriger spezifischer Gasstrom) und eine Sektion in vorgegebenen Zeitschritten umlaufend „aktiv" (→ hoher spezifischer Gasstrom) fluidisiert wird.
- Als Grundlage für die Mischerauslegung, insbesondere hinsichtlich der einzuhaltenden Mischzeit, sind *scale up*-fähige Technikumsversuche mit den originalen Schüttgütern in einem Wirbelschichtmischer erforderlich.

4.5.3 Problembearbeitung

Nachfolgend werden die für eine seriöse Auslegung der Mischanlage erforderlichen Untersuchungen dargestellt.

Anlagenaufbau

Abb. 4.67 zeigt das auf Basis der vorangegangenen Analyse konzipierte Verfahrensfließbild. Die Förderung zu den Mischern wird als pneumatische Druckgefäßförderung ausgeführt. Anordnung des Druckgefäßes auf Wägezellen. Die Verwiegung/Mengenregelung des in die Wirbelbettmischer sowie den Vorlagebehälter des mechanischen Mischers eingefüllten PE-Pulvers wird über die Druckgefäß-Wägezellen kontrolliert. Der Mastermix und seine Verteilung über die Oberfläche des Mischerbetts erfolgt ebenfalls mittels einer pneumatischen Förderung an deren Ende eine umlaufende Verteilereinrichtung angeordnet ist. Entleerung der Mischer mittels Luftförderrinnen.

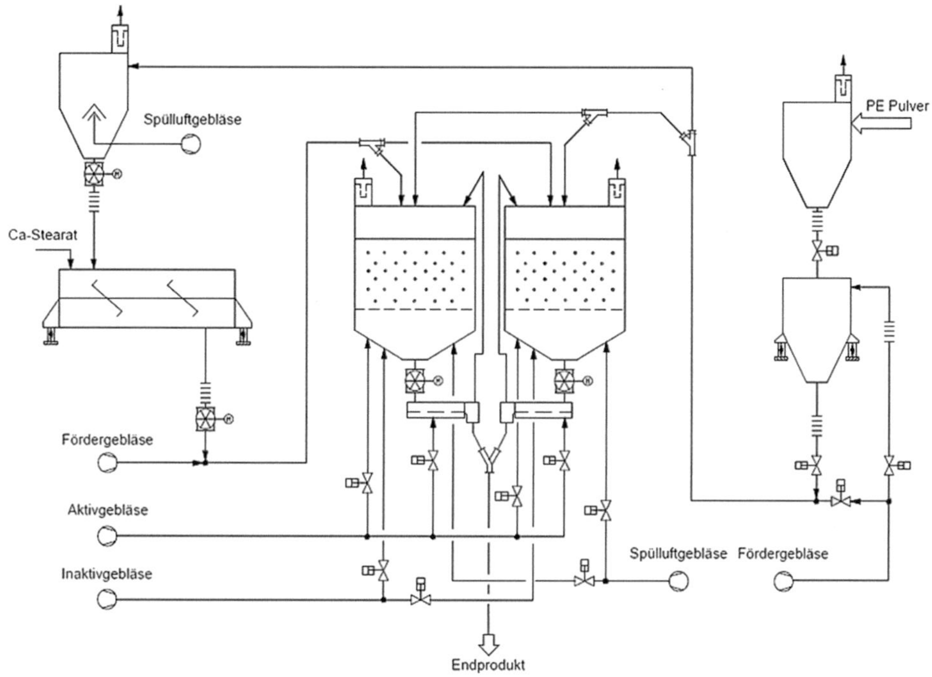

Abb. 4.67 Flussdiagramm der geplanten Anlage

Größe des Mastermix

Das Ca-Stearat soll vollständig an der Oberfläche des PE-Pulvers im Mastermix angelagert sein. Die hierfür notwendige Mindestmenge des PE-Pulvers und damit die Mindestgröße des Mastermix kann wie folgt abgeschätzt werden: Die Anzahl N_{CSt} der kugelförmigen Partikeln mit dem Durchmesser d_{CSt}, die als Monoschicht an die Oberfläche einer kugelförmigen Trägerpartikel mit dem Durchmesser D_{PE} angelagert werden können, berechnet sich mit dem Gesamtdurchmesser der am Umfang der PE-Kugel kontaktierenden Stearatpartikeln (D_{PE} + d_{CSt}) sowie einer Flächenbelegung d_{CSt}^2 je Partikel zu $N_{CSt} = \pi \cdot \left(D_{PE} + d_{CSt}\right)^2 / d_{CSt}^2 = \pi \cdot \left(D_{PE} / d_{CSt} + 1\right)^2$. Das ist eine grobe Näherung, da u. a. die räumliche Anordnung der angelagerten Teilchen unberücksichtigt bleibt. Eine genauere Lösung wurde in [77] entwickelt. Dort gilt:

$$N_{CSt} = \frac{2 \cdot \pi}{\sqrt{3}} \cdot \left(\frac{\frac{D_{PE}}{d_{CSt}} + 1}{\lambda} \right)^2 \tag{4.97}$$

mit:

$\lambda = 1$ - systematische hexagonale Anordnung der d_{CSt}-Partikeln auf der PE-Kugel,
$\lambda = 4/3$ - ideal zufällige Anordnung der d_{CSt}-Partikeln.

Für das Massenverhältnis des angelagerten Ca-Stearats zum PE-Pulver folgt dann:

$$\frac{m_{CSt}}{m_{PE}} = \frac{N_{CSt} \cdot \frac{\pi}{6} \cdot d_{CSt}^3 \cdot \varrho_{CSt}}{\frac{\pi}{6} \cdot D_{PE}^3 \cdot \varrho_{PE}} = N_{CSt} \cdot \left(\frac{d_{CSt}}{D_{PE}} \right)^3 \cdot \frac{\varrho_{CSt}}{\varrho_{PE}} \tag{4.98}$$

Um eine vorgegebene Feingutmenge m_{CSt} am PE-Pulver anlagern zu können, ist somit die Trägermaterialmasse

$$m_{PE} \geq \frac{m_{CSt}}{N_{CSt}} \cdot \left(\frac{D_{PE}}{d_{CSt}} \right)^3 \cdot \frac{\varrho_{PE}}{\varrho_{CSt}} \tag{4.99}$$

erforderlich. Mit den Werten

$$D_{PE} = 120\,\mu m,$$

$$d_{CSt} = 5\,\mu m,$$

$$\lambda = 4/3 \rightarrow \text{ideal zufällige Stearatanordnung},$$

$$\varrho_{PE} = \varrho_S \cong 970\ kg/m^3,$$

$$\varrho_{CSt} = \varrho_S \cong 1250\ kg/m^3,$$

$$m_{CSt} = 30\ kg$$

folgt aus Gl. (4.97)

$$N_{CSt} = \frac{2 \cdot \pi}{\sqrt{3}} \cdot \left(\frac{\frac{120\,\mu m}{5\,\mu m} + 1}{4/3} \right)^2 = 1275 \frac{Ca - Stearatpartikel}{PE - Partikel}$$

sowie aus Gl. (4.99)

$$m_{PE} \geq \frac{30\,kg}{1275} \cdot \left(\frac{120\,\mu m}{5\,\mu m} \right)^3 \cdot \frac{970 \frac{kg}{m^3}}{1250 \frac{kg}{m^3}} = 252{,}4\,kg$$

Der Ca-Stearatgehalt im Mastermix muss somit der Bedingung

$$g_{CSt,MM} = \left(\frac{m_{CSt}}{m_{PE} + m_{CSt}} \right)_{MM} \leq \frac{30\,kg}{30\,kg + 252,4\,kg} = 0,106 \frac{kg\,Ca - Stearat}{kg\,Mischung}$$

genügen. Mittels eines Labor-Pflugscharmischers wurden verschiedene PE/Ca-Stearat-Mischungen mit Ca-Stearatgehalten $g_{CSt,\,MM} \leq 10,6\,M. - \%$ hergestellt und hinsichtlich ihres Fluidisier- und Handhabungsverhaltens untersucht. Die Ergebnisse zeigen, dass PE/Ca-Stearat-Mischungen mit $g_{CSt,\,MM} \lesssim 9,5\,M. - \%$ sich dem reinen PE-Pulver vergleichbar verhalten. Darauf basierend wurde die Größe des Mastermix mit $m_{MM} = m_{PE} + m_{CSt} = 300\,kg + 30\,kg = 330\,kg$ festgelegt, d. h. der Massenanteil des Ca-Stearats beträgt $\mathbf{g_{CSt,MM} = 0,0909 \equiv 9,09}$ $\boldsymbol{M. - \%}$.

Mastermix-Mischversuche
Untersuchungen mit einem Pflugscharmischer technischer Größe zeigen, dass in einem solchen mechanischen Mischer innerhalb $\Delta t_M \leq 4,0\,min$ eine Mastermix-Mischung mit stochastischer Homogenität hergestellt werden kann.

Messung von Wirbelbettkenngrößen
Hier sind insbesondere die Gasgeschwindigkeit am Lockerungspunkt $v_{F,L}$, die Blasenbildungsgeschwindigkeit $v_{F,B}$, das zugehörige Ausdehnungs- und Fluidisierverhalten des Wirbelbetts zu ermitteln sowie im Hinblick auf ein Scale-up deren Übereinstimmung mit der Theorie zu überprüfen und diese ggf. an die Messwerte anzupassen.

Die an einer Modellwirbelschicht aus Glas mit dem Innendurchmesser $D_{WS} = 300\,mm$ ermittelte Fluidisierungskennlinie des PE-Pulvers ist in der Abb. 4.68 dargestellt. Auf die Darstellung der ca. 25 Messpunkte wird aus Gründen der Übersichtlichkeit verzichtet. Randbedingungen: Durchströmung mit Umgebungsluft, Gas- = Schüttguttemperatur $T_F = T_S \cong 20\,°C$, relative Luftfeuchtigkeit: $\varphi \cong 55\,\%$, Betthöhe: $H_{SS}/D_{WS} = 1,50$. Fluidisation setzt bei $v_{F,L} \cong 0,42\,m/min$ ein. Intensive und für eine Vermischung ausreichende Schüttgutbewegung ist ab $v_F \cong 1,50\,m/min$ vorhanden. Bettausdehnung bei $v_F \cong 1,50\,m/min$: $H_{WS}/H_L \cong 1,12$. Blasenbildung ist ab $v_{F,B} \cong 0,90\,m/min$ zu beobachten. Beim ersten Anfahren nach der Befüllung der $\varnothing 300\,mm$-Wirbelschicht wird zunächst die gesamte Schüttgutsäule als Einheit angehoben, zerfällt dann aber schnell. Dieser Effekt tritt bei erneutem Wiederanfahren nicht mehr auf. Die Schüttgutdichte nach Beendigung der Fluidisation beträgt: $\varrho_{b,L} = 435\,kg/m^3 \rightarrow$ lockerste Packung.

Theoretisch kann die Lockerungsgeschwindigkeit $v_{F,L}$ mit Gl. (4.78) berechnet werden. Deutlich genauer ist es jedoch, Gl. (4.78) durch Ermittlung eines kennzeichnenden

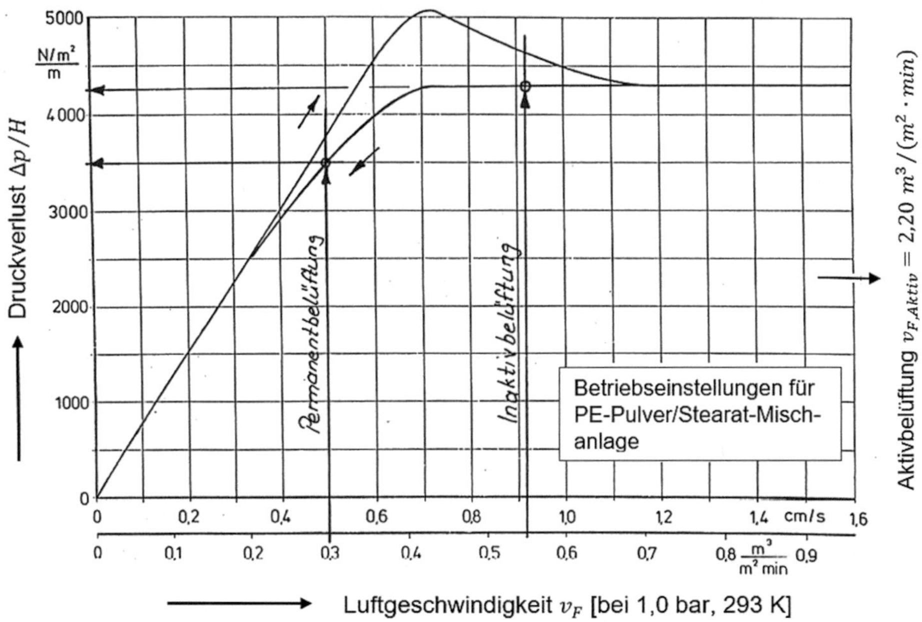

Abb. 4.68 Fluidisierungskennlinie und Betriebseinstellungen des PE-Pulvers

Partikeldurchmessers $d^*_{S,SD} = \psi \cdot d_{S,SD}$ an die vorhandenen Messergebnisse anzupassen. Dies kann durch Umstellung der Gl. (4.78) erfolgen und führt auf Gl. (4.100):

$$d^*_{S,SD} = 0{,}875 \cdot \frac{\varrho_F}{\varrho_S - \varrho_F} \cdot \frac{v^2_{F,L}}{\varepsilon^3_L \cdot g} \cdot \left(1 + \sqrt{1 + 195{,}92 \cdot \frac{\varrho_S - \varrho_F}{\varrho^2_F} \cdot \frac{(1-\varepsilon_L) \cdot \varepsilon^3_L \cdot \eta_F \cdot g}{v^3_{F,L}}} \right) \qquad (4.100)$$

Mit den nachstehenden Betriebsdaten

$v_{F,L} = 0{,}42\ m/min = 0{,}0070\ m/s$ - gemessene Lockerungsgeschwindigkeit,

$\varrho_F = 1{,}20\ kg/m^3$ - Luft bei Versuchsbedingungen,

$\varrho_S = \varrho_{PE} \cong 970\ kg/m^3$, $\eta_F = 18{,}42 \cdot 10^{-6} Pa \cdot s$ - dynamische Viskosität, Luft bei Versuchsbedingungen,

$\varrho_{b,L} = 435\ kg/m^3$ - Schüttdichte am Lockerungspunkt = lockerste Packung,

$\varepsilon_L = 1 - \varrho_{b,L}/\varrho_{PE} = 1 - 435\ kg/m^3/970\ kg/m^3 = 0{,}5515$ - relatives Lückenvolumen am Lockerungspunkt,

$g = 9{,}81\ m/s^2$ - Erdbeschleunigung,

und der zulässigen Vereinfachung $(\varrho_S - \varrho_F) = \varrho_S$ resultiert aus Gl. (4.100) der kennzeichnende Partikeldurchmesser

$$d_{S,SD}^{*} = 0{,}875 \cdot \frac{1{,}2\frac{kg}{m^3}}{970\frac{kg}{m^3}} \cdot \frac{\left(0{,}0070\frac{m}{s}\right)^2}{0{,}5515^3 \cdot 9{,}81\frac{m}{s^2}}$$

$$\cdot \left(1 + \sqrt{1 + 195{,}92 \cdot \frac{970\frac{kg}{m^3}}{\left(1{,}2\frac{kg}{m^3}\right)^2} \cdot \frac{(1-0{,}5515) \cdot 0{,}5515^3 \cdot 18{,}42 \cdot 10^{-6}\frac{kg}{m \cdot s} \cdot 9{,}81\frac{m}{s^2}}{\left(0{,}0070\frac{m}{s}\right)^3}}\right)$$

$$= 73{,}75 \cdot 10^{-6}\,m \cong \mathbf{74\,\mu m}$$

Der auf den Mediandurchmesser $d_{S,50} = d_S(R = 50\,M. - \%) = 120\,\mu m$ des PE-Pulvers bezogene Formfaktor $\psi_{S,50}$ beträgt somit

$$\psi_{S,50} = \frac{d_{S,SD}^{*}}{d_{S,50}} = \frac{74\,\mu m}{120\,\mu m} \cong 0{,}62$$

Er erlaubt Umrechnungen auf andere Betriebszustände bzw. Korngrößenveränderungen.

Die Gasgeschwindigkeit $v_{F,B}$, bei der **Blasenbildung** einsetzt, kann mit Gl. (4.79) abgeschätzt werden (→ unter Berücksichtigung der dort angegebenen Einheiten). Mit

$$d_{S,50} = 120 \cdot 10^{-6}\,m,$$

$g(45\,\mu m) \cong 0{,}04$ → entsprechend $4\,M. - \%$, vgl. PE-Kornverteilung
sowie den bereits oben angeführten Größen folgt:

$$v_{F,B} = 2{,}07 \cdot \exp(0{,}716 \cdot 0{,}04) \cdot \frac{120 \cdot 10^{-6}\,m \cdot \left(1{,}20\frac{kg}{m^3}\right)^{0{,}06}}{\left(18{,}42 \cdot 10^{-6}\,Pa \cdot s\right)^{0{,}347}} = 1{,}1358 \cdot 10^{-2}\,\frac{m}{s} \cong \mathbf{0{,}70\,\frac{m}{min}}$$

Dieser Wert ist kleiner als der beobachtete Wert, wobei zu berücksichtigen ist, dass die optische Beobachtung einer Wirbelschicht auch nur ausreichend große Blasen an der Bettoberfläche detektieren kann.

Die vorstehenden Messergebnisse zeigen die aufgrund der speziellen Partikelgrößenverteilung verursachten Abweichungen von der Theorie, die beim Scale-up berücksichtigt werden müssen. Messungen liefern somit belastbarere Ergebnisse als rein theoretische Ansätze und sind zu bevorzugen.

Basierend auf den obigen Betrachtungen können, in Verbindung mit den beim Anbieter vorliegenden Erfahrungen, für die durchzuführenden Technikums-Mischversuche folgende Festlegungen getroffen werden, vgl. hierzu Abb. 4.68:

Permanentbelüftung zur Spülung

- Leerrohr-Gasgeschwindigkeit: $v_{F,Sp} = 0{,}30\ m/min$,
- Druckverlust: $-\Delta p_{Sp}/H_{SS} = 3500\ Pa/m\ Schütthöhe$.

Belüftung beim Mischen

- Gasgeschwindigkeit Inaktivbelüftung: $v_{F,IA} = 0{,}55\ m/min$,
- Gasgeschwindigkeit Aktivbelüftung: $v_{F\,A} = 2{,}20\ m/min$,
- Mittlerer spezifischer Gasstrom: $v_F^* = 1/4 \cdot v_{F,A} + 3/4 \cdot v_{F,IA} = 0{,}963\, m^3/\left(m^2 \cdot min\right)$,
- Druckverlust: $-\Delta p_{WS}/H_{WS} \cong 4300\ Pa/m\ Wirbelbetthöhe$,
  → erste Geschwindigkeitseinstellung für die nachfolgenden Wirbelbett-Mischversuche.
- Bei den hier durchgeführten Messungen gilt aufgrund der geringen Betthöhe: $v_{F,in} \cong v_{F,out}$, d. h. die Gasgeschwindigkeiten am Boden und an der Oberfläche der Wirbelschicht sind näherungsweise identisch.

Wirbelbett-Mischversuche

- Die Untersuchungen werden an einem Technikumsmischer aus Plexiglas mit dem Innendurchmesser $D_{WS,V} = 0{,}750\ m$ und einer Höhe von $H_{M,V} = 2{,}20\ m$ durchgeführt. Da $D_{WS,V} = 0{,}750\ m > 0{,}50\ m$ ist, treten keine Maßstabseffekte auf. Diese sind hier somit weitestgehend ausgeschlossen. Die Mischerbodenfläche $A_{WS,V} = 0{,}442\ m^2$ ist in vier gleichgroße Quadranten unterteilt, von denen, wie oben dargestellt, jeweils drei inaktiv und einer aktiv belüftet wird. Der Aktivquadrant wird von einem Zeitwerk gesteuert und läuft um, d. h. nach vorwählbaren Zeitschritten wechselt er auf einen bisher inaktiven Quadranten über. Die Belüftungsfläche des Bodens ist zum Mittenaustrag hin um einige Grad geneigt.
- In der Praxis hat sich ein Verhältnis der geschütteten Mischerfüllhöhe zum Mischerdurch-messer von $H_{SS}/D_{WS} \cong (1{,}0 - 1{,}5)$ als wirtschaftlich optimaler Kompromiss zur Minimierung der Summe aus Investitionskosten ($\propto D_{WS}$) und Energiekosten ($\propto H_{SS}$) herauskristallisiert. Mit

$$m_{PE} = \frac{\pi}{4} \cdot D_{WS}^2 \cdot H_{SS} \cdot \varrho_{SS} = \left(1{,}0 - 1{,}5\right) \cdot \frac{\pi}{4} \cdot D_{WS}^3 \cdot \varrho_{SS} \tag{4.101}$$

sowie $m_{PE} = 60000\ kg$ und $\varrho_{SS} = 450\ kg/m^3$ führt das im vorliegenden Betriebsfall auf

$$D_{WS} = \left(\frac{m_{PE}}{\left(1{,}0 - 1{,}5\right) \cdot \frac{\pi}{4} \cdot \varrho_{SS}} \right)^{1/3} = \left(\frac{60000\, kg}{\left(1{,}0 - 1{,}5\right) \cdot \frac{\pi}{4} \cdot 450 \frac{kg}{m^3}} \right)^{1/3} \cong \left(4{,}8 - 5{,}5\right) m$$

Vom Kunden wird aus Platzgründen ein Mischerdurchmesser $D_{WS} \leq 5{,}0\ m$ gefordert. Da beim Anbieter durchkonstruierte Standard-Bodendurchmesser von $D_{WS} = \cdots/4{,}5\ m/5{,}5\ m/\cdots$ vorliegen, wird ein Durchmesser von

$$\boldsymbol{D_{WS} = 4{,}5\, m}$$

gewählt. Für die geschüttete Betthöhe im Betriebsmischer resultiert daraus:

$$H_{SS} = \frac{4}{\pi} \cdot \frac{m_{PE}}{\varrho_{SS} \cdot D_{WS}^2} = \frac{4}{\pi} \cdot \frac{60000\,kg}{450\,\frac{kg}{m^3} \cdot (4{,}5\,m)^2} = 8{,}38\,m$$

und für das Höhen-/Durchmesser-Verhältnis

$$\frac{H_{SS}}{D_{WS}} = \frac{8{,}38\,m}{4{,}5\,m} = 1{,}86$$

Mit diesem Wert folgt aus Gl. (4.101) die Füllmasse für die Wirbelbett-Mischversuche zu

$$m_{S,V} = \left(\frac{H_{SS}}{D_{WS}}\right) \cdot \frac{\pi}{4} \cdot D_{WS,V}^3 \cdot \varrho_{SS} = 1{,}86 \cdot \frac{\pi}{4} \cdot (0{,}750\,m)^3 \cdot 450\,\frac{kg}{m^3} \cong 277\,kg$$

sowie die korrespondierende geschüttete Betthöhe zu

$$H_{SS,V} = \frac{m_{S,V}}{A_{WS,V} \cdot \varrho_{SS}} = \frac{277\,kg}{0{,}442\,m^2 \cdot 450\,\frac{kg}{m^3}} = 1{,}393\,m$$

Bei den vorstehenden Betrachtungen wurde, da $m_{CSt} \ll m_{PE}$ ist, das Volumen des Ca-Stearats zunächst vernachlässigt.

- Die Massenanteile der einzelnen Komponenten bei den Mischversuchen werden genau wie die in der geplanten Betriebsanlage eingestellt, d. h.:
  - es wird ein Mastermix mit $g_{CSt,\,MM} = 0{,}0909$ *kg* Ca-Stearat/*kg* MM-Mischung hergestellt,
  - der Mastermix wird auf die Oberfläche des PE-Pulvers im Versuchsmischer aufgelegt,
  - es werden insgesamt $g_{CSt} = 0{,}0005$ *kg* Ca-Stearat/*kg* Mischerinhalt eingemischt.
- Hieraus folgt für die Versuchseinstellungen:
  Einzumischende Ca-Stearatmasse: $m_{CSt,\,V} = g_{CSt} \cdot m_{S,\,V} = 0{,}0005 \cdot 277\,kg = 0{,}1385\,kg$; damit besteht der Mischerinhalt aus $m_{PE,\,V} = 276{,}8615\,kg$ PE-Pulver und $m_{CSt,\,V} = 0{,}1385\,kg$ Ca-Stearat.
  Masse des Mastermix: $m_{S,MM,V} = m_{CSt,V}/g_{CSt,MM} = 0{,}1385\,kg/0{,}0909 = 1{,}5236\,kg$; dieser besteht somit aus $m_{PE,MM,V} = 1{,}3851\,kg$ PE-Pulver und $m_{CSt,V} = 0{,}1385\,kg$ Ca-Stearat.
- Mit diesen, zugegebenermaßen übergenauen und praktisch nur schwierig zu realisierenden, Mischungszusammensetzungen wurden drei Mischversuche mit den oben definierten Betriebsgeschwindigkeiten ($v_{F,IA}, v_{F,A}$), aber jeweils unterschiedlichen Mischzeiten $\Delta t_{M,V}$, durchgeführt. Die Fluidisationsgeschwindigkeiten ($v_{F,IA}, v_{F,A}$) wurden dabei an der Bettoberfläche eingestellt. Da das Druck- und damit auch das Gasgeschwindigkeitsverhältnis mit

$$\frac{p_{in}}{p_{out}} = \frac{p_0 + \left(\frac{-\Delta p_{WS}}{H_{WS}}\right) \cdot H_{SS,V}}{p_0} = \frac{1 \cdot 10^5\, Pa + 4300 \frac{Pa}{m} \cdot 1{,}393\, m}{1 \cdot 10^5\, Pa} = 1{,}060 = \frac{v_{F,out}}{v_{F,in}}$$

gering ist, ist das zulässig.

- Die Mastermix-Mischungen wurden mittels eines Labor-Pflugscharmischers hergestellt.
- Alle Versuche wurden in Anwesenheit des Kunden durchgeführt.
- Bei dem für die Einstellung und Auslegung der Betriebsanlage selektierten Versuch erfolgte die Fluidisierung derart, dass der Aktivquadrant insgesamt drei vollständige Umläufe im Uhrzeigersinn durchführte. Eingestellte Taktzeiten:
  2 Umläufe über die 4 Quadranten mit je 2 min Aktivbelüftung,
  1 Umlauf über die 4 Quadranten mit je 1 min Aktivbelüftung.
  Die gesamte Mischdauer betrug somit $\Delta t_{M,V} = 20\ min$.
- Beim Entleeren des Mischers wurden in etwa gleichen Zeitabständen Proben gezogen Verlangte Probenzahl: $z > 10$. Der Ca-Stearatgehalt der Proben wird beim Kunden mittels Röntgenfluoreszensanalyse ermittelt. Abgeforderte Probengröße: $m_{Probe} = 50\ g$.
- Betriebsdaten während des Mischversuchs:
  Bei vorsichtigem zentralen Befüllen des Mischerbehälters bildet sich ein Schüttkegel $\alpha_{SS} < 5°$ aus. Die Bettausdehnung beträgt, unabhängig davon ob aktiv oder inaktiv belüftet wird, einheitlich $H_{WS}/H_L \cong 1{,}20$, d. h. es findet entlang der Betthöhe ein Gasaustausch zwischen den Aktiv-/Inaktiv-Quadranten statt. Das Gleiche gilt für den Bettdruckverlust. Das Verhältnis FQ des real gemessenen Bettdruckverlusts Δp_{WS} zum theoretisch erforderlichen Druckverlust $\Delta p_{WS,th} = \Delta m_S \cdot g/A_R$ beträgt $FQ = 0{,}99$, d. h. gute/vollständige Fluidisation, vgl. Abschn. 2.2.4. Die durch die durchsichtige Außenwand des Mischers zu beobachtende wandnahe Schüttgutbewegung weist im Mittel eine Abwärtsbewegung von $u_S = (1{,}0 - 1{,}5)\ cm/s = (0{,}6 - 0{,}9)\ m/min$ auf. Die Schüttdichte im Versuchsmischer wurde mit $\varrho_{SS,V} = 517\ kg/m^3$ ermittelt. Das Zeitintervall, welches das Fluidisiergas nach seinem Einschalten benötigt, um die Bettoberfläche zu durchbrechen, beträgt ca. 10 s. Nach Abstellen der Fluidisation entlüftet die Mischung schnell und ohne jede Kraterbildung an der Bettoberfläche. Die Schüttgutmischung zeigt eine außerordentlich gute Fließ- bzw. Rieselfähigkeit. Materialabsperrorgane sind unbedingt auf dieses Verhalten abzustimmen, z. B. sollten keine Flachabsperrschieber eingesetzt werden.

Auswertung der Wirbelbett-Mischversuche

Die Mischergebnisse des oben beschriebenen und für die Einstellung der Betriebsanlage selektierten Versuchs sind in Abb. 4.69 zusammengestellt. Aus diesen Messwerten folgt:

Anzahl der Proben: **12**

Probenmasse: **50 g**

Erwarteter Stearat-Gehalt: **ca. 0,05 Massen-%**

Meßverfahren: **Röntgenfluoreszensanalyse**

Ergebnisse:

Proben-Nr.	Ca-Stearat gehalt (M-%9)
1	0,050
2	0,052
3	0,050
4	0,052
5	0,047
6	0,048
7	0,048
8	0,047
9	0,053
10	0,052
11	0,051
12	0,047

Abb. 4.69 Analysenergebnisse des für eine Übertragung auf die Betriebsanlage geplanten Mischversuchs, Kundenmessung

Gemessener mittlerer Stearatgehalt, Gl. (4.91):

$$\overline{g}_{CSt,V} = \frac{1}{z_V} \cdot \sum_{i=1}^{z} g_{CSt,i} = 0{,}0498\,M.-\% \text{ , } mit:\ z_V = Anzahl\,der\,Messwerte$$

Dieser stimmt im Rahmen der Probennahme mit dem vorgegebenen und eingestellten Sollwert $\mu_{CSt} = g_{CSt} = 0{,}050\ M. - \%$ überein (→ eine genauere Analyse ist mittels der Student-/t-Verteilung [71, 72, 75] möglich, im vorliegenden Fall aber nicht erforderlich). Hieraus folgt, dass das Ca-Stearat durch den $\Delta t_{M,V} = 20\ min$ dauernden Mischprozess offensichtlich nicht aus dem Wirbelbett ausgeblasen wird.

Gemessene Varianz s_V^2 bzw. Standardabweichung $s_V = \left|\sqrt{s_V^2}\right|$, Gl. (4.90):

$$s_V = \sqrt{\frac{1}{z_V} \cdot \sum_{i=1}^{z} \left(g_{CSt,i} - \mu_{CSt}\right)^2} = 0{,}00218\,M.-\%$$

Der gemessene Variationskoeffizient beträgt somit:

$$V_V = \frac{s_V}{\mu_{CSt}} = \frac{0{,}00218\,M.-\%}{0{,}050\,M.-\%} \cdot 100\ \% = 4{,}358\ \%$$

Die gemessene empirische Varianz s_V^2 setzt sich entsprechend Gl. (4.96) additiv aus den nachstehenden Anteilen zusammen:

- Varianz σ_A^2 der Mess-/Analysenungenauigkeit: Gemäß Kundenvorgabe beträgt deren Wert

$$\sigma_A^2 = \left[\left(\frac{\sigma_A}{\mu_{CSt}}\right) \cdot \mu_{CSt}\right]^2 = \left[0{,}03 \cdot 0{,}050\,M.-\%\right]^2 = \left(0{,}00150\,M.-\%\right)^2$$

- Varianz σ_Z^2 der Zufallsschwankungen: Hier wird üblicherweise und mit ausreichender Genauigkeit die Varianz der stochastischen Homogenität, Gl. (4.95), angesetzt. Da vom Kunden nicht mitgeteilt werden konnte, welcher Anteil der 50 g-Probenmassen für die Röntgenfluoreszensanalyse verwendet wurde, kann kein Wert für das probengrößenabhängige σ_Z ermittelt werden. Bei der Berechnung des für die Mischerbeurteilung relevanten s_M wird σ_Z deshalb nicht berücksichtigt. Das Ergebnis liegt dann auf der „sicheren" Seite, d. h. der Mischer wird eher zu ungünstig beurteilt.

Für die vom Mischer beeinflussbare Varianz s_M^2 bzw. Standardabweichung s_M folgt dann mit den vorstehenden Daten aus Gl. (4.96):

$$\boldsymbol{s_{M,V}} = \sqrt{s_V^2 - \sigma_A^2} = \sqrt{\left(0{,}00218\,M.-\%\right)^2 - \left(0{,}00150\,M.-\%\right)^2} = \mathbf{0{,}00158}\,\boldsymbol{M}.-\%$$

In der geplanten Betriebsanlage darf der auf die Grundgesamtheit bezogene Ca-Stearatgehalt σ_M mit einer (einseitigen) statistischen Sicherheit von $P = 99\ \%$ den Sollwert μ_{CSt} um nicht mehr als $V = +\sigma_M/\mu_{CSt} = 0{,}10 \equiv 10\ \%$ überschreiten. Es ist nun zu überprüfen, ob die gemessene Standardabweichung $s_{M,V}$ diese Bedingung erfüllt.

Mittels Gl. (4.94) kann für $P = 99\ \%$ und $F = z_V = 12$ unter Zuhilfenahme entsprechender χ^2-Tabellen das Verhältnis $(\sigma/s)_V = 1{,}833$ ermittelt werden, vgl. Abb. 4.65. Mit diesem Wert folgt

$$\frac{\sigma_{M,V}}{\mu_{CSt}} = 1{,}833 \cdot \frac{s_{M,V}}{\mu_{CSt}} = 1{,}833 \cdot \frac{0{,}00158\,M.-\%}{0{,}050\,M.-\%} = 0{,}0579 \equiv 5{,}79\ \%$$

und somit

$$\frac{\boldsymbol{\sigma_{M,V}}}{\boldsymbol{\mu_{CSt}}} = \mathbf{5{,}79}\ \% < \frac{\boldsymbol{\sigma_M}}{\boldsymbol{\mu_{CSt}}} = \mathbf{10}\ \%$$

Die Versuchsergebnisse erfüllen somit die Vorgaben des Kunden.

4.5.4 Auslegung des Betriebsmischers

Nachfolgend die Anpassung der Betriebsauslegung an die vorliegenden Versuchsergebnisse.

Bettdruckverlust, Gasgeschwindigkeiten

Der Durchmesser des Betriebsmischers wurde oben bereits mit $D_{WS} = 4{,}5\ m$ festgelegt. Die geschüttete Betthöhe H_{SS} im Mischer bei der gemessenen Schüttdichte $\varrho_{SS} = 450\ kg/m^3$ beträgt $H_{SS} = 8{,}38\ m$. Aufgrund dessen stellt sich entsprechend der Gl. (2.8) und (4.77) eine Druckdifferenz über das Wirbelbett von

$$\begin{aligned}-\Delta p_{WS,B} &= FQ \cdot \frac{\Delta m_S \cdot g}{A_{WS}} = FQ \cdot H_{SS} \cdot g \cdot \varrho_{SS} = \left(\frac{-\Delta p_{WS}}{H_{SS}}\right) \cdot H_{SS} \\ &= 4300\ \text{Pa/m} \cdot 8{,}38\ \text{m} = 36034\ \text{Pa} \equiv 0{,}360\ \text{bar}\end{aligned}$$

ein. Eine Rechnung mit $FQ = 1$ ergibt $(-\Delta p_{WS}) = 0{,}367\ bar$. Da bei jedem Mischzyklus dem Mischer immer die gleiche Schüttgutmasse Δm_S zudosiert wird, bleibt Δp_{WS} auch bei den vom Kunden avisierten möglichen Veränderungen der Schüttdichte, $\varrho_{SS} = (450 - 510)\ kg/m^3$, konstant, lediglich die resultierenden Betthöhen verändern sich.

Bei einem Absolutdruck von $p_{out} = 1{,}0\ bar(abs.)$ an der Wirbelbettoberfläche beträgt der Gasdruck direkt oberhalb des Wirbelbettbodens $p_{in} = p_{out} + (-\Delta p_{WS}) = 1{,}0\ bar + 0{,}360\ bar = 1{,}360\ bar(abs.)$. Konsequenz: Starke Zunahme der Gasgeschwindigkeit v_F entlang der Wirbelbetthöhe, vgl. Abb. 4.62. Wenn in der Betriebsanlage, wie bei den vorangegangenen Mischversuchen, als kennzeichnende Betriebsgeschwindigkeit die Gasgeschwindigkeit $v_{F,out}$ an der Bettoberfläche verwendet werden soll, muss überprüft werden, ob dann auch am Wirbelbettboden ausreichend hohe Geschwindigkeiten für den Mischprozess vorliegen. Mit dem idealen Gasgesetz folgt generell

$$v_{F,in} = v_{F,out} \cdot \frac{p_{out}}{p_{in}}$$

und damit für die kleinere (→ kritischere) Inaktivgeschwindigkeit

$$v_{F,IA,in} = v_{F,IA,out} \cdot \frac{p_{out}}{p_{in}} = 0{,}55 \frac{m}{s} \cdot \frac{1{,}00\ bar}{1{,}360\ bar} = 0{,}404 \frac{m}{s}$$

Diese ist geringer als die in den Voruntersuchungen gemessene Lockerungsgeschwindigkeit $v_{F,L} = 0{,}42\ m/min$ und muss somit erhöht werden. Bevor die Gasgeschwindigkeiten neu festgelegt werden, muss gleichzeitig überprüft werden, welchen Einfluss der erhöhte Bodendruck p_{in} und die gegenüber den Versuchsbedingungen $T_{S,V} = 20\ °C$ ggf. erhöhte Schüttguttemperatur $T_S \leq 50\ °C$ auf die Fluidisierbedingungen hat. Dies erfolgt anhand der Gl. (4.78) sowie der Abb. 4.60 und 4.61. Diese verdeutlichen, dass im vorliegenden

Fall kein Druckeinfluss vorhanden ist und dass durch eine auf $T_S = 50$ °C erhöhte Betriebstemperatur die Lockerungsgeschwindigkeit auf das $v_{F,L} \cong 0{,}93$-fache des Werts bei 20 °C reduziert werden kann. Auf Basis dieser Analyse, den praktischen Beobachtungen während der Fluidisier- und Mischversuche sowie vorliegenden Firmenerfahrungen mit derartigen Anlagen, werden folgende Gasgeschwindigkeiten für die Betriebsanlage festgelegt:

$$v_{F,IA,in} = 0{,}50 \frac{m}{min} \quad \rightarrow \quad daraus: \; v_{F,IA,out} = \frac{p_{in}}{p_{out}} \cdot v_{F,IA,in} = \frac{1{,}360\,bar}{1{,}00\,bar} \cdot 0{,}50 \frac{m}{min} = 0{,}68 \frac{m}{min}$$

$$v_{F,A,in} = 1{,}78 \frac{m}{min} \quad \rightarrow \quad daraus: \; v_{F,A,out} = \frac{p_{in}}{p_{out}} \cdot v_{F,A,in} = \frac{1{,}360\,bar}{1{,}00\,bar} \cdot 1{,}78 \frac{m}{min} = 2{,}42 \frac{m}{min}$$

Der mittlere spezifische Gasstrom $v_F^* = 1/4 \cdot \overline{v}_{F,A} + 3/4 \cdot \overline{v}_{F,IA}$ beträgt somit

$$\begin{aligned} v_{F,B}^* &= \frac{1}{4} \cdot \left[\frac{1}{2} \cdot \left(v_{F,A,in} + v_{F,A,out} \right) \right] + \frac{3}{4} \cdot \left[\frac{1}{2} \cdot \left(v_{F,IA,in} + v_{F,IA,out} \right) \right] \\ &= \frac{1}{8} \cdot \left(1{,}78 \frac{m}{min} + 2{,}42 \frac{m}{min} \right) + \frac{3}{8} \cdot \left(0{,}50 \frac{m}{min} + 0{,}68 \frac{m}{min} \right) = 0{,}968 \frac{m}{min} \end{aligned}$$

Scale-up der erforderlichen Mischdauer

Wird das in Abschn. 4.5.1 dargestellte Praxismodell angesetzt, gilt mit Gl. (4.85) für die erforderliche Mischzeit

$$\Delta t_{M,B} = \frac{v_{F,V}^*}{v_{F,B}^*} \cdot \frac{H_{SS,B}}{H_{SS,V}} \cdot \Delta t_{M,V} = \frac{0{,}963 \frac{m}{min}}{0{,}968 \frac{m}{min}} \cdot \frac{8{,}38\,m}{1{,}393\,m} \cdot 20\,min$$

$$= 119{,}7\,min \equiv 1{,}99\,h < 3{,}0\,h\,verfügbar$$

Die Anwendung des reinen Dispersionsansatzes nach Gl. (4.89) mit $M_B = M_V$ führt auf eine Mischdauer von

$$\Delta t_{M,B} = \frac{H_{SS,B}^2}{H_{SS,V}^2} \cdot \Delta t_{M,V} = \left(\frac{8{,}38\,m}{1{,}393\,m} \right)^2 \cdot 20\,min = 723{,}8\,min \equiv 12{,}06\,h$$

Dieser Wert ist unrealistisch lang. Untersuchungen in [70] zeigen, dass der Mischkoeffizient M von der mittleren Gasgeschwindigkeit v_F^* und der Füllhöhe H_{SS} des Mischers abhängig und deshalb in Versuchs- und Betriebsanlage unterschiedlich groß ist. In [70] wird der Ansatz

$$M \propto \left(\frac{v_F^*}{v_{F,L}} - 1 \right) \cdot \left(\frac{v_F^*}{v_{F,L}} \right)^{0{,}375} \cdot H_{SS}^{1{,}2} \tag{4.102}$$

vorgeschlagen. Diesen in Gl. (4.89) eingeführt und nach der Mischzeit $\Delta t_{M,B}$ der Betriebsanlage aufgelöst, führt auf

$$\Delta t_{M,B} = \frac{\left(\frac{v_F^*}{v_{F,L}} - 1\right)_V \cdot \left(\frac{v_F^*}{v_{F,L}}\right)_V^{0,375}}{\left(\frac{v_F^*}{v_{F,L}} - 1\right)_B \cdot \left(\frac{v_F^*}{v_{F,L}}\right)_B^{0,375}} \cdot \left(\frac{H_{SS,B}}{H_{SS,V}}\right)^{0,8} \cdot \Delta t_{M,V} \qquad (4.103)$$

Im vorliegenden Fall ist mit $v_{F,V}^* = 0{,}963\ m/min,\ v_{F,B}^* = 0{,}968\ m/min$ und $v_{F,L} = 0{,}420\ m/min$ die Größe des Bruchs auf der rechten Seite der Gl. (4.103) etwa gleich eins. Somit folgt:

$$\Delta t_{M,B} \cong \left(\frac{8{,}38\,m}{1{,}393\,m}\right)^{0,8} \cdot 20\ min = 84{,}1\ min \equiv 1{,}40\ h < 3{,}0\ h\ verfügbar$$

Dieser Wert bestätigt das Praxismodell.

Als Betriebseinstellung des Mischers wird festgelegt:

2 Umläufe über die 4 Quadranten mit je 12,0 min Aktivbelüftung,

1 Umlauf über die 4 Quadranten mit je 7,0 min Aktivbelüftung.

Die gesamte Mischdauer beträgt somit $\Delta t_{M,B} = 124\ min$.

Die vorstehend genannten Einstellwerte können, z. B. im Hinblick auf Mischeroptimierungen, über den Bedienerbildschirm der Anlage problemlos verändert werden.

Weitere Betriebsdaten/-einstellungen

Diese werden hier nur kurz angedeutet, da es sich um übliche Standardauslegungen handelt.

- Höhe des Mischreaktors: Das Wirbelbett dehnt sich im Betrieb um den Faktor $(H_{WS}/H_{SS}) = 1{,}20$ auf $H_{WS} = 1{,}20 \cdot H_{SS} = 1{,}20 \cdot 8{,}38\ m \cong 10{,}0\ m$ aus. Als Freiraum oberhalb der Bettoberfläche sollten weitere ca. 2,0 m zum Abzug des Belüftungsgases zum Filter veranschlagt werden. Die Gesamthöhe des Oberraums des Mischers beträgt somit $H_{ges} \cong 12{,}0\ m$.
- Bei der Auslegung der erforderlichen Druckerzeuger für Aktiv-, Inaktiv- und Spülluft müssen neben dem Wirbelbettdruckverlust Δp_{WS} zusätzlich die Verluste des Gasverteilerbodens, des zu- und abführenden Rohrleitungssystems und insbesondere der in diesem installierten Stell- und Regelorgane sowie Durchflussmessgeräte berücksichtigt werden. Letztere werden häufig nicht angemessen berücksichtigt.
- Die Ermittlung der Kenndaten der Schüttgüter und auch die Mischversuche wurden bei $T_S = T_{PE} = 20\ °C$ durchgeführt. Ebenso basiert die vorstehende Auslegung auf diesem Temperaturwert. Möglich sind aber Schüttguttemperaturen bis $T_{PE,max} = 50\ °C$. Tritt dieser Fall ein, erhöhen sich die Betriebsgasgeschwindigkeiten um den Faktor $(T_{PE,max}/T_{PE}) = 323\ K/293\ K = 1{,}10$. Das intensiviert den Mischvorgang; Einstellungs-

änderungen sind nicht notwendig. Hinweis: Die Gastemperatur T_F stellt sich nach Eintritt in das hier vorliegende feinkörnige Wirbelbett aufgrund des großen Massenunterschieds fast schlagartig auf die Feststofftemperatur T_S ein.

4.5.5 Ergänzende Hinweise

- In dem in Abb. 4.67 dargestellten Fließbild des Gesamtprozesses sind Änderungen möglich. Im Hinblick auf den eigentlichen Mischprozess könnten z. B. die beiden zur Aktiv-/Inaktivfluidisation eingesetzten Druckerzeuger durch einen einzigen ersetzt werden. Das würde ggf. die Druckerzeugerkosten reduzieren, führt aber zu einem erhöhten Mess- und Regelaufwand in den beiden Leitungen nach der Fluidisiergasaufteilung zu den Aktiv-/Inaktivquadranten. Durch die regelmäßigen Umschaltungen aktiv/inaktiv sind zudem Instabilitäten/größere Ungenauigkeiten der Mess- und Regeleinrichtungen möglich.
- Um ein Gefühl für den energetischen Aufwand des Mischens in einem Wirbelbett zu vermitteln, wird nachfolgend der spezifische, d. h. auf die Masseneinheit $m_S \cong m_{PE}$ bezogene, Energieeinsatz des vorliegenden Mischers unter idealisierten Bedingungen ermittelt. Idealisiert meint, dass nur der Mischer allein ohne periphere Zu- und Abführorgane, Leitungen usw. betrachtet wird.

  Es wird eine polytrope Gasverdichtung mit einem Polytropenexponent n und der daraus resultierenden Verdichtungsleistung P_V zugrunde gelegt. Der Ansaugzustand wird mit $T_0 = 20\ °C$ und $p_0 = 1{,}0\ bar$ festgelegt Für die spezifische Mischarbeit gilt dann nach einigen Zwischenrechnungen:

$$\frac{W_M}{m_S} = \frac{P_V \cdot \Delta t_M}{m_S} = \frac{v_{F,0} \cdot \Delta t_M}{H_{SS}} \cdot \frac{\varrho_{F,0}}{\varrho_{SS}} \cdot \frac{n}{n-1} \cdot R_F \cdot T_0 \cdot \left(\left(\frac{p_M}{p_0} \right)^{\frac{n-1}{n}} - 1 \right) \tag{4.104}$$

Mit den Betriebsdaten des vorliegenden Mischers (→ Auslegung für $T_S = T_F = 20\ °C$)

- $v_{F,0} \cong v^*_{F,out,B} = 1/4 \cdot v_{F,A,out,B} + 3/4 \cdot v_{F,IA,out,B} = 1/4 \cdot 2{,}42\ m/min + 3/4 \cdot 0{,}68\ m/min = 1{,}115\ m/min,$
- $H_{SS} = H_{SS,B} = 8{,}38\ m,$
- $\Delta t_M = \Delta t_{M,B} = 124\ min$,
- $\varrho_{F,0} = \varrho_{F,out,B} = 1{,}20\ kg/m^3,$
- $\varrho_{SS} = \varrho_{SS,PE} = 450\ kg/m^3,$
- $n = 1{,}30,$
- $R_F = 287{,}1\ J/(kg \cdot K)$, spezifische Gaskonstante Luft,
- $T_0 = T_{F,out,B} = 293\ K,$
- $p_0 = p_{F,out,B} = 1{,}0\ bar,$
- $p_M = p_0 + (\Delta p_{WS,B} + \Delta p_{Boden}) \cong p_0 + 1{,}1 \cdot \Delta p_{WS,B} = (1{,}0 + 1{,}1 \cdot 0{,}360)\ bar \cong 1{,}40\ bar$

folgt aus Gl. (4.104):

$$\frac{W_M}{m_S} = \frac{1{,}115 \dfrac{m}{min} \cdot 124\,min}{8{,}38\,m} \cdot \frac{1{,}20 \dfrac{kg}{m^3}}{450 \dfrac{kg}{m^3}} \cdot \frac{1{,}3}{1{,}3-1} \cdot 287{,}1 \frac{Nm}{kg \cdot K} \cdot 293\,K \cdot \left(\left(\frac{1{,}40\,bar}{1{,}0\,bar} \right)^{\frac{1{,}3-1}{1{,}3}} - 1 \right)$$

$$= 1294{,}9 \frac{Nm}{Kg} \equiv 0{,}3597 \frac{kWh}{t}$$

Dieser Wert liegt im unteren Bereich der für chargenweise arbeitende Wirbelbettmischer bekannten Energiebedarfszahlen, vgl. z. B. [78].

4.6 Berechnungsbeispiel 6: Auslegung und energetische Optimierung einer pneumatischen Förderung

Ein spezielles, fein aufgemahlenes Metallerz (ME) soll mit einem Massenstrom von $\dot{m}_S = 25\ t/h$ über eine Entfernung von $L_R = 250\ m$ pneumatisch von einem Lagersilo zu einem Vorlagebehälter transportiert werden. Die Anlage ist zu dimensionieren und energetisch zu optimieren.

Eine 10 kg-Probe des ME-Pulvers ist der Anfrage beigefügt. Für ggf. notwendige Förderversuche kann eine entsprechend große Produktmenge zur Verfügung gestellt werden.

4.6.1 Theoretische Grundlagen

Nachfolgend werden die für eine Anlagenauslegung wesentlichen Gesichtspunkte pneumatischer Fördersysteme vorgestellt. Da es sich bei der geplanten Anlage um eine Druckförderanlage handelt, konzentriert sich die Betrachtung auf diesen Anlagentyp. Die Kenntnis des Abschn. 2.3.2, in dem wesentliche Schüttguteinflüsse auf das pneumatische Förderverhalten dargestellt sind, wird vorausgesetzt. Für eine weitere Vertiefung der Thematik sind u. a. [3, 79–81] geeignet.

Es gelten folgende Festlegungen: Mit „u" werden wahre Geschwindigkeiten, mit „v" sogenannte Leerrohrgeschwindigkeiten bezeichnet. Für die Gasphase in pneumatischen Förderleitungen gilt dann z. B. $v_F = \varepsilon_F \cdot u_F$, mit ε_F = relatives Lückenvolumen des Gases. Da ε_F in solchen Systemen i. Allg. Werte $\varepsilon_F \gtrsim 0{,}95$ aufweist, kann mit vertretbarer Genauigkeit $v_F = u_F$ gesetzt werden. Bei Versuchsauswertungen wird üblicherweise immer mit dieser Annahme gearbeitet.

Es werden des Weiteren nur konventionelle Förderungen, d. h. Förderungen durch normale Rohre ohne Unterstützung durch eine zusätzliche Gaseingabe entlang der Förderstrecke aus innen- oder außenliegenden Bypassleitungen, betrachtet.

Grundsätzliches

Bei der pneumatischen Förderung handelt es sich um den Transport von inkompressiblem körnigem Feststoff, $d_{S,50} \cong (1\ \mu m \cdots 20\ mm)$, mittels eines kompressiblen Transportgases durch Rohrleitungen, d. h. um eine kompressible Zweiphasenströmung. Bisher gebaute Anlagen realisieren Förderentfernungen und Schüttgutmassenströme bis $L_R \lesssim 3500\ m$ sowie $\dot{m}_S \lesssim 600\ t/h$ je Leitung. Man unterscheidet grundsätzlich zwischen Druck- und Saugförderanlagen. Diese differieren durch die unterschiedliche Anordnung des Druckerzeugers sowie der Feststoffschleuse im Prozess und der Größe der nutzbaren Leitungsdruckdifferenz Δp_R, die bei Saugförderungen auf ca. 0,5 *bar*, bei Druckförderungen nur durch die Eignung der gewählten Feststoffschleuse nach oben limitiert ist. Abb. 4.70 vergleicht beide Prinzipien [82].

Eine weitere Unterscheidung ist diejenige in Dicht- und Dünnstromförderungen, die durch die Höhe der Beladung $\mu = \dot{m}_S / \dot{m}_F$ des Fördergases mit Feststoff sehr „vage" definiert ist. Förderungen mit Beladungen $\mu \gtrsim 30$ bezogen auf eine Referenzlänge von

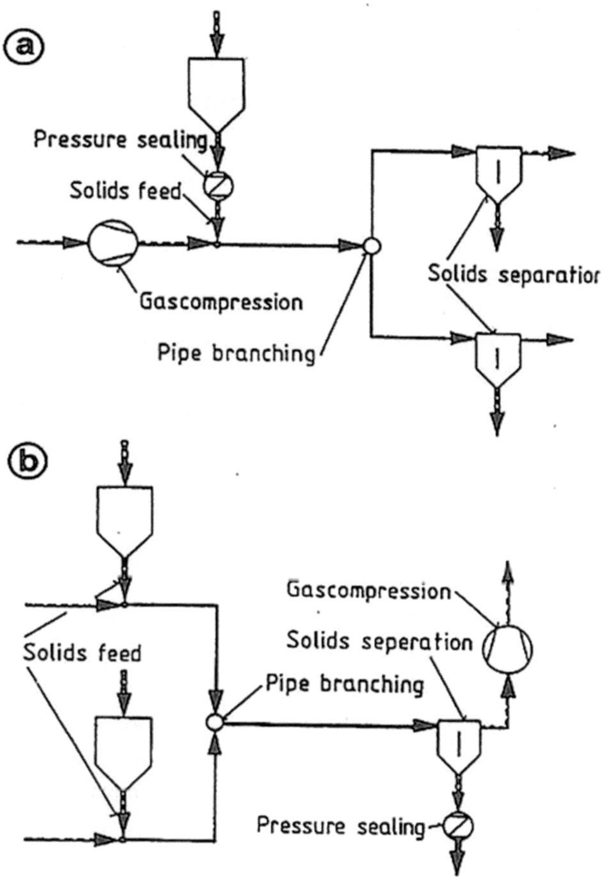

Abb. 4.70 Schaltungsvarianten pneumatischer Förderanlagen: **a**) Druckförderung, **b**) Saugförderung

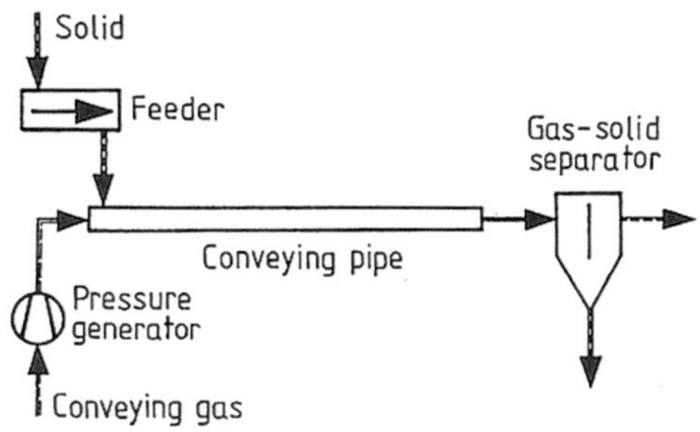

Abb. 4.71 Prinzipieller Aufbau einer pneumatischen Druckförderanlage

$L_R \cong 100\ m$ werden der Dichtstromförderung, geringere der Flugförderung zugerechnet. Der Leistungsbedarf von Dichtstromförderungen ist i. Allg. deutlich kleiner als derjenige von Dünnstrom- = Flugförderungen. Dies trifft speziell beim Transport feinkörniger Schüttgüter der Geldart-Gruppe A und des angrenzenden Gruppe C-Bereichs zu, vgl. den linken schraffierten Bereich der Abb. 2.16. Einzelheiten hierzu enthalten [3, 83].

Der Förderprozess einer Druckförderung, vgl. Abb. 4.71, setzt sich aus den folgenden Teilschritten und erforderlichen Komponenten zusammen:

- Einschleusung des Feststoffs in den Fördergasstrom, Abdichtung des Überdrucks in der Förderleitung mittels Zellenrad-, Druckgefäß-,Schneckenschleuse usw.,
- Transport durch das i. Allg. kreisrunde Förderrohr, Bereitstellung des Fördergasstroms durch Gebläse, Verdichter, Druckluftnetz usw.,
- Abscheidung des Feststoffs aus dem Fördergas durch Zyklonabscheider, Gewebefilter usw. Diese Trennung ist bei einer direkten Reaktor- oder Brennerbeschickung i. Allg. nicht erforderlich.

Wie bereits im Förderdiagramm Abb. 2.15 und den Kommentaren zu Abb. 2.16, Abschn. 2.3.2, dargestellt, bilden sich, je nach gewählter Fördergasgeschwindigkeit v_F und den Kenngrößen des vorliegenden Schüttguts, in der Förderstrecke unterschiedliche Strömungsformen aus. Deren Einflüsse bzw. Auswirkungen müssen im Hinblick auf die vorliegende Aufgabenstellung unbedingt berücksichtigt werden. Aufgrund der Gasexpansion zum Förderleitungsende hin, ändern sich diese zusätzlich entlang der Förderstrecke.

Grundlegend für die betriebssichere Auslegung einer pneumatischen Förderanlage ist die Dimensionierung der eigentlichen Förderstrecke. Hierzu müssen zum einen die Fördergas-Grenzgeschwindigkeit $v_{F.in,min}$ oberhalb derer eine Förderung überhaupt erst möglich ist und zum anderen der für den Transport erforderliche Leitungsdruckverlust Δp_R bekannt sein. Des Weiteren muss eine für das aktuelle Schüttgut und die gewählten Betriebsbedingungen geeignete Schüttgutschleuse selektiert und dimensioniert werden.

Minimale Fördergasgeschwindigkeit

Kurve C in Abb. 2.15 beschreibt die für einen pneumatischen Transport absolut minimalen Fördergasgeschwindigkeiten $v_{F,min}$. Kritisch ist hierbei die jeweilige Gasgeschwindigkeit am Leitungsanfang, da diese, bei korrekter Anlagenauslegung, die kleinste Gasgeschwindigkeit entlang der Förderstrecke ist [3, 84]. Sie wird im Folgenden als $v_{F,in,min}$ bezeichnet und kann mittels horizontaler Schnitte $\Delta p_R = konst.$ durch das Standard-Förderdiagramm, Abb. 2.15, ermittelt werden, d. h. man greift für einen gewählten Leitungsdruckverlust Δp_R die zugehörigen Gasgeschwindigkeiten v_F und Feststoffmassenströme $\dot{m}_S$ aus dem Diagramm ab, rechnet v_F in $v_{F,in}$ um und trägt $v_{F,in}$ gegen $\dot{m}_S$ für unterschiedliche $\Delta p_R = konst.$ auf, vgl. Abb. 4.72. Die Extrapolation der unteren Äste der einzelnen Druckverlustkurven auf die Ordinate der Abb. 4.72, d. h. auf $\dot{m}_S = 0$, liefert die zugehörigen Minimalgeschwindigkeiten $v_{F,in,min}$. Ein Förderbetrieb mit Gasanfangsgeschwindigkeiten $v_{F,in} \leq v_{F,in,min}$ ist somit physikalisch nicht möglich.

Die Auftragung der Förderkennlinien entsprechend Abb. 4.72 ist die bei der Untersuchung von Druckgefäßförderungen übliche Darstellungsweise: Sukzessive Einstellung verschiedener Fördergasströme v_F bei jeweils konstantem Behälterdruck ≅ Förderdruck p_{in} und Messung der korrespondierenden Feststoffmassenströme $\dot{m}_S$. Abb. 4.73 zeigt derartige Messserien an zwei Förderleitungen gleicher Länge L_R und parallelem Leitungsverlauf aber unterschiedlichen Leitungsdurchmessern D_R. Es sind Druck- und Durchmessereinflüsse auf $v_{F,in,min}$ erkennbar. Weitergehende Untersuchungen führen auf eine Abhängigkeit $v_{F,in,min}(D_R, p_{in})$. Hierbei ist p_{in} der Absolutdruck am Förderleitungsanfang [3, 84]. Da für den Antrieb des Schüttguts die Größe der Gasdichte ϱ_F wesentlich ist und diese über das ideale Gasgesetz an den lokalen Druck gekoppelt ist, bietet sich ein korri-

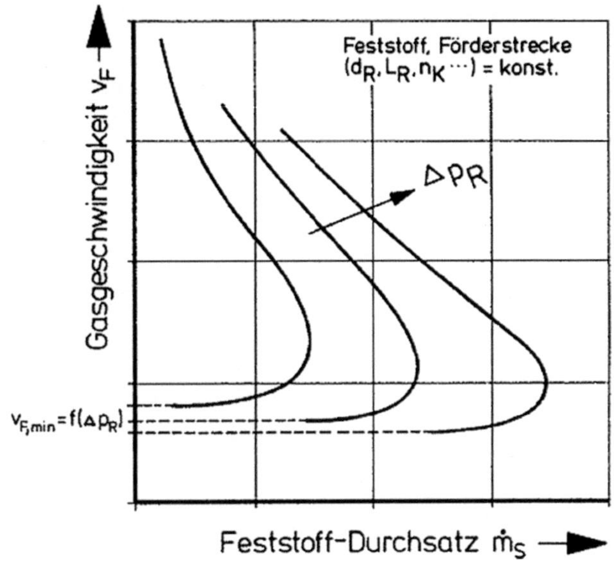

Abb. 4.72 Förderdiagramm $v_{F,\min} = f(\dot{m}_S, \Delta p_R)$, schematisch

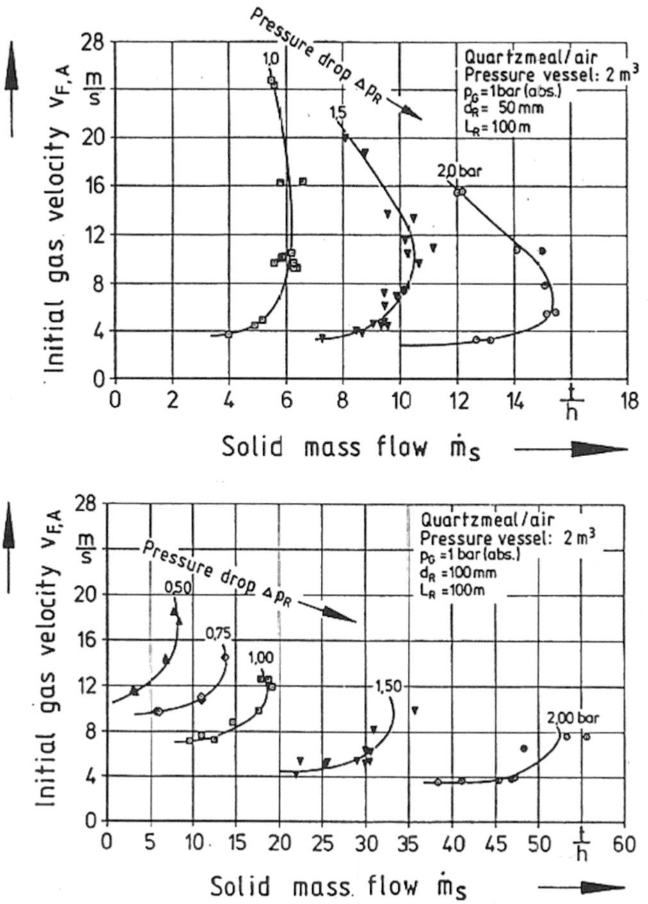

Abb. 4.73 Förderdiagramm $v_{F,in} = f\left(\dot{m}_S, \Delta p_R\right)$: Quarzmehl mit Luft, $d_{S,50} = 29\ \mu m$, $\varrho_S = 2610\ kg/m^3$, $D_R = 50\ mm$ *(oben)*/100 *mm (unten)*, $L_R = 100\ m$, $p_{out} = 1{,}0\ bar$

gierter Ansatz der Form $v_{F,in,min}(D_R, \varrho_{F,in})$ zur Beschreibung an. Hierzu wird der feststoffspezifische Potenzansatz, Gl. (4.105), verwendet:

$$v_{F,in,\min} = K_v \cdot \frac{D_R^k}{\varrho_F^\ell} = K_v \cdot \frac{D_R^k}{p_{in}^\ell} \cdot \left(R_F \cdot T_{in}\right)^\ell = \left[K_v \cdot \left(\frac{p_0}{\varrho_{F,0} \cdot T_0}\right)^\ell\right] \cdot D_R^k \cdot \left(\frac{T_{in}}{p_{in}}\right)^\ell \quad (4.105)$$

mit:

K_v, k, ℓ	- feststoffspezifische Konstanten/Exponenten,
R_F	- spezifische Gaskonstante,
T_{in}	- Gastemperatur am Leitungsanfang ≅ Mischtemperatur,
$\varrho_{F,0}$, p_0, T_0	- Gasdichte, Druck, Temperatur beim Referenzzustand „0“.

Er erlaubt u. a. Umrechnungen auf andere Gase und Betriebstemperaturen, die von denen der jeweiligen Versuchsbedingungen abweichen, und hat sich in der Praxis bewährt. Bisher gemessene Exponenten (→ von ca. 50 unterschiedlichen Schüttgütern) liegen zwischen $k = (0 - 0{,}80)$ und $\ell = (0 - 1{,}30)$. Bei feinkörnigen Schüttgütern geringer Kohäsivität und hohem Gashaltevermögen gilt $k \to 0$, bei grobkörnigen Schüttgütern mit geringem Gashaltevermögen jedoch $\ell \to 0$. Weitere Einzelheiten und Beispiele enthalten [3, 84].

Aufgrund der bei diversen Feststoffschleusen auftretenden und durch Verschleiß zeitlich veränderlichen Leckagegasströme sowie der mit zunehmender Annäherung an die Fördergrenze $v_{F,in,min}$ stärker pulsierenden Schüttgutströme [85] und beginnender Feststoffablagerung muss die Betriebsgrenze $v_{F,in;B}$ bei praktischen Anlagenauslegungen entsprechend höher gewählt werden. Es gilt: $v_{F,in;B} \geq v_{F,in,min} + (1{,}0 - 2{,}0)\ m/s$. In der Literatur wird die Betriebsgrenze $v_{F,in,\,B}$ häufig als Stopfgrenze bezeichnet. Für feinkörnige Schüttgüter mit $d_{S,50} \lesssim 100\ \mu m$, wie im vorliegenden Betriebsfall, wird in [86] der Berechnungsansatz

$$v_{F,in\,B} \cong v_{F,stopf} = 0{,}25 \cdot \frac{\sqrt{g \cdot D_R}}{\sqrt{\varrho_{F.in} / \varrho_{b,Str}}} \quad \rightarrow \quad mit:\ \mu \cdot \frac{\varrho_{F.in}}{\varrho_{b,Str}} < 0{,}75 \tag{4.106}$$

vorgeschlagen.

Da eine axiale Schüttgutbewegung erst oberhalb von $v_{F,in,min}$ einsetzt, erlaubt Gl. (4.105) eine Abschätzung des Feststoff/Gas-Schlupfs C_h, d. h. des Verhältnisses der wahren Feststoffgeschwindigkeit u_S zur wahren Gasgeschwindigkeit u_F, entlang horizontaler Förderstrecken:

$$C_h = \frac{u_S}{u_F} = \frac{\left(v_F - v_{F,in,\min}\right) / \varepsilon_F}{v_F / \varepsilon_F} \cong 1 - \frac{v_{F,in,\min}}{v_F} \tag{4.107}$$

Der vorgestellte Minimalgeschwindigkeitsansatz wird auch bei der Staffelung von Förderleitungen angewendet und hat sich dort ebenfalls bewährt [3, 87], siehe unten.

Förderleitungsdruckverlust

Es wird zunächst das in der Industrie üblicherweise verwendete λ_S-Berechnungsmodell dargestellt. Hinweise auf alternative Ansätze folgen.

Der gesamte Druckverlust einer aus horizontalen und vertikalen Rohrabschnitten sowie Umlenkungen, Weichen usw. bestehenden Förderstrecke setzt sich additiv aus den Anteilen

$$\begin{aligned}\Delta p_R = \sum\nolimits_{i=1}^{n} \Delta p_i = \Delta p_{S,R,h} & \left(\text{Feststoffreibung horizontal}\right) + \\ \Delta p_{S,R,v} & \left(\text{Feststoffreibung vertikal}\right) + \\ \Delta p_{S,H} & \left(\text{Feststoffhub}\right) + \\ \Delta p_{S,B} & \left(\text{Feststoffbeschleunigung am Leitungsanfang}\right) + \\ \sum \Delta p_{S,U} & \left(\text{Summe der Feststoffumlenkungen}\right) + \\ \Delta p_F & \left(\text{Fördergas}\right)\end{aligned} \tag{4.108}$$

zusammen. Für die einzelnen Terme gilt, vgl. z. B. [3]:

- **Feststoffreibung, horizontales gerades Rohr:** Für eine inkompressible Förderung im Beharrungszustand folgt aus einer Kräftebilanz am Feststoff in Analogie zur Einphasenströmung:

$$-\Delta p_{S,R,h} = \varepsilon_F \cdot \lambda_{S,h} \cdot \mu \cdot \frac{\Delta L_R}{D_R} \cdot \frac{\varrho_F}{2} \cdot u_F^2 \cong \lambda_{S,h} \cdot \mu \cdot \frac{\Delta L_R}{D_R} \cdot \frac{\varrho_F}{2} \cdot v_F^2 \tag{4.109}$$

mit dem Gesamt-Widerstandsbeiwert

$$\lambda_{S,h} = C_h \cdot \lambda_{\text{Stoß}} + \frac{2 \cdot \beta_R}{C_h \cdot Fr_R} \tag{4.109a}$$

Dieser setzt sich additiv aus einem Partikel/Rohrwand- sowie Partikel/Partikel-Stoßanteil $\lambda_{Stoß}$ und einem Wandreibungsanteil β_R durch den sich am Rohrboden bzw. den Wänden abstützenden gleitenden Feststoffanteil zusammen.
Es bedeuten:

$C_h = u_S/u_F$	- Schlupf, Feststoff/Gas-Geschwindigkeitsverhältnis, vgl. Gl. (4.106),
$\mu = \dot{m}_S / \dot{m}_F$	- Beladung,
$Fr_R = u_F^2 / \left(g \cdot D_R\right)$	- Rohr-Froudezahl $\propto \left(\mathit{Massenträgheitskraft}\ F_T / \mathit{Schwerkraft}\ F_G\right)$,
$g = 9{,}81\ m/s^2$	- Gravitationsbeschleunigung.

Liegen ausgeprägte Dünnstrom- oder Dichtstromförderungen vor, dann gilt:

Dünnstrom-/Flugförderung:	$(C_h \cdot \lambda_{Stoß}) \gg (2 \cdot \beta_R/C_h \cdot Fr_R)$
Dichtstromförderung:	$(2 \cdot \beta_R/C_h \cdot Fr_R) \gg (C_h \cdot \lambda_{Stoß})$

Die $\lambda_{S,h}$-Werte werden in Versuchen durch Messungen an kurzen Rohrabschnitten ΔL_R mit entsprechend langen Vor- und Nachlaufstrecken, in denen ein ungestörtes inkompressibles Verhalten angesetzt werden kann, ermittelt und als Funktion der Fr_R-Zahl dargestellt, vgl. Gl. (4.109a). Hierbei ist eine Unterteilung in die Anteile $\lambda_{Stoß}$ und

β_R messtechnisch kaum möglich. In der Praxis wird üblicherweise nur der Gesamtwert von $\lambda_{S,h}$ ermittelt. Messungen zeigen, dass $\lambda_{S,h}$ nicht nur von der Fr_R-Zahl abhängt (→ $\lambda_{S,h}$ verringert sich mit zunehmender Fr_R-Zahl und läuft bei hohem Fr_R in den Grenzwert ($C_h \cdot \lambda_{Stoß}$) ein), sondern, insbesondere bei feinkörnigen Schüttgütern, auch durch die Beladung μ beeinflusst wird (→ $\lambda_{S,h}$ nimmt bei konstantem Fr_R mit zunehmender Beladung μ geringere Werte an), vgl. Abb. 4.83.

In der Literatur werden eine Reihe empirisch ermittelter $\lambda_S(Fr_R, \mu, \cdots)$-Gleichungen mitgeteilt, z. B. in [88, 89], die entweder nur feststoffspezifisch oder aber für mehr oder weniger genau beschriebener Materialklassen ermittelt wurden. Bei Nutzung dieser Daten muss unbedingt auf eine ausreichende Vergleichbarkeit mit der eigenen Aufgabenstellung geachtet werden. Die zu erwartenden Fehler wachsen mit breiter definierter Materialklasse.

- **Feststoffreibung, vertikales gerades Rohr:** Der Berechnungsansatz für $\Delta p_{S,R,v}$ ist identisch mit demjenigen der Gl. (4.109). Da in Vertikalstrecken im wesentlichen nur Stoßverluste $\lambda_{Stoß}$ und keine Gleitreibungsverluste β_R auftreten, folgt aus Gl. (4.109a):

$$\lambda_{S,v} \cong C_v \cdot \lambda_{Stoß} \tag{4.110}$$

Das Feststoff/Gas-Geschwindigkeitsverhältnis in vertikalen Leitungen berechnet sich für Dünnstrom-/Flugförderungen mit

$$C_v \cong 1 - \frac{w_T}{v_F} \tag{4.111}$$

und dasjenige für Dichtstromförderungen mit

$$C_v \cong 1 - \frac{v_{F,tr}}{v_F} \tag{4.112}$$

Die Einzelpartikel-Sinkgeschwindigkeit w_T kann mit Gl. (4.82), die entsprechende Transportgeschwindigkeit $v_{F,tr}$ mit Gl. (4.83) ermittelt werden.

Ein Vergleich der Widerstandsbeiwerte gleich langer und unter identischen Bedingungen betriebener gerader vertikaler und horizontaler Förderstrecken führt mit $C = C_h = C_v$ auf

$$\frac{\lambda_{S,v}}{\lambda_{S,h}} = \frac{1}{1 + \dfrac{2 \cdot \beta_R}{C^2 \cdot \lambda_{Stoß} \cdot Fr_R}} \tag{4.113}$$

Dieses Widerstandsverhältnis läuft mit größer werdendem Fr_R erwartungsgemäß gegen den Grenzwert $\lambda_{S,v}/\lambda_{S,h} = 1$ (→ Flugförderung) und stellt sich bei Fr_R-Zahlen im Dichtstromförderbereich auf Werte in der Größenordnung von $\lambda_{S,v}/\lambda_{S,h} \cong 0{,}5$ ein. Die systematische Auswertung der Messergebnisse praktisch untersuchter vertikaler und horizontaler Dichtstromförderungen, u. a. aus [90], führt auf ein Widerstandsverhältnis von $\lambda_{S,v}/\lambda_{S,h}$ = (0,45 – 0,50) und bestätigt die obige Abschätzung. Der Reibungsdruckverlust einer vertikalen Dichtstromförderstrecke kann somit wie derjenige einer unter identischen Randbedingungen betriebenen gleichlangen Horizontalstrecke und einem etwa halb so großen Widerstandsbeiwert ermittelt werden, d. h.:

$$\Delta p_{S,R,v} \cong \frac{1}{2} \cdot \Delta p_{S,R,h} \quad \rightarrow \quad \textit{Dichtstromförderung} \tag{4.114}$$

$\lambda_{S,v}$ wird in gleicher Weise wie $\lambda_{S,h}$ ermittelt, allerdings muss der über das betrachtete Rohrelement gemessene Druckverlust um den zusätzlichen Hubdruckverlust verringert werden (→ siehe unten).

- **Feststoffhub:** Das Gewicht ($\Delta m_S \cdot g$) der sich augenblicklich im vertikalen Förderrohr befindlichen Feststoffmasse Δm_S muss von der Druckdifferenzkraft ($-\Delta p_{S,H} \cdot A_R$) getragen werden. Hieraus folgt mit

$$\Delta m_S = \dot{m}_S \cdot \overline{\Delta t_{S,H}} = \dot{m}_S \cdot \frac{\Delta H_R}{\overline{u}_S} = \dot{m}_S \cdot \frac{\Delta H_R}{\overline{C}_v \cdot \overline{u}_F} = \dot{m}_S \cdot \frac{\Delta H_R \cdot \overline{\varepsilon}_F}{\overline{C}_v \cdot \overline{v}_F}$$

sowie $\overline{\varepsilon}_F \rightarrow 1$ und $A_R = \dot{m}_F / \left(\overline{\varrho}_F \cdot \overline{v}_F\right)$

$$-\Delta p_{S,H} \cong \frac{g}{\overline{C}_v} \cdot \frac{\dot{m}_S \cdot \Delta H_R}{A_R \cdot \overline{v}_F} = \frac{g}{\overline{C}_v} \cdot \mu \cdot \overline{\varrho}_F \cdot \Delta H_R \tag{4.115}$$

mit:

$\overline{u}_S, \overline{u}_F, \overline{v}_F$	- mittlere wahre Feststoff-, mittlere wahre Gasgeschwindigkeit, mittlere Gas-Leerrohrgeschwindigkeit in der Vertikalstrecke,
$\overline{\varrho}_F$	- mittlere Gasdichte in der Vertikalstrecke,
$\overline{\varepsilon}_F, \overline{\Delta t_{S,H}}$	- mittleres Lückenvolumen, mittlere Feststoffverweilzeit in der Vertikalstrecke.

- **Feststoff-Anfangsbeschleunigung:** Der mit der axialen Geschwindigkeit $u_{S,0} = 0$ in die Förderleitung eintretende Feststoff muss auf seine stationäre Beharrungsgeschwindigkeit $u_{S,in} = C_{in} \cdot u_{F,in}$ beschleunigt werden. Anwendung des Impulssatzes

$$-\Delta p_{S,B} \cdot A_R = \dot{m}_S \cdot \Delta u_S \tag{4.116}$$

sowie

$$\Delta u_S = \left(u_{S,in} - u_{S,0}\right) = u_{S,in} = C_{in} \cdot u_{F,in} = C_{in} \cdot \frac{v_{F,in}}{\varepsilon_{F,in}} \cong C_{in} \cdot v_{F,in}$$

resultiert in

$$-\Delta p_{S,B} \cong C_{in} \cdot \frac{\dot{m}_S \cdot v_{F,in}}{A_R} = C_{in} \cdot \mu \cdot \varrho_{F,in} \cdot v_{F,in}^2 \tag{4.117}$$

mit:

$\varepsilon_{F,in}$, C_{in} - Kenngrößen am Ende der Beschleunigungsstrecke.

- **Feststoffumlenkung:** Ändert der Feststoffstrom seine Strömungsrichtung kommt es, insbesondere bei feinkörnigen Schüttgütern, aufgrund der Trägheit der Partikeln und den auf diese einwirkenden Zentrifugalkräften zu einer fast vollständigen Entmischung von Gas und Feststoff. Der gegen die Außenseite des Umlenkers gedrückte Feststoff wird durch die erhöhte Wandreibung auf $u_{S,out}$ abgebremst und muss hinter der Umlenkung wieder auf seine ursprüngliche Beharrungsgeschwindigkeit $u_{S,in}$ beschleunigt werden. Die erneute Anwendung des Impulssatzes, Gl. (4.116), führt mit

$$\Delta u_S = \left(u_{S,in} - u_{S,out}\right) = \left(\frac{\Delta u_S}{u_{S,in}}\right) \cdot u_{S,in} = K_U \cdot C_{U,in} \cdot u_{F.in} = K_U \cdot C_{U,in} \cdot \frac{v_{F,in}}{\varepsilon_{F.in}}$$

und der relativen Abbremsung des Feststoffs im Krümmer

$$K_U = \frac{\Delta u_S}{u_{S,in}} = \frac{u_{S,in} - u_{S,out}}{u_{S,in}} = 1 - \frac{u_{S,out}}{u_{S,in}} \tag{4.118}$$

sowie $\varepsilon_{F.in} \to 1$ auf

$$-\Delta p_{S,U} \cong K_U \cdot C_{U,in} \cdot \frac{\dot{m}_S \cdot v_{F,in}}{A_R} = K_U \cdot C_{U,in} \cdot \mu \cdot \varrho_{F,in} \cdot v_F^2 \tag{4.119}$$

In Gl. (4.119) wird implizit vorausgesetzt, dass der Feststoff hinter der Umlenkung auf die gleiche Geschwindigkeit $u_{S,in}$ wie vor der Umlenkung beschleunigt werden muss. Bei Umlenkerkombinationen ohne zwischengeschaltete Wiederbeschleunigungsstrecken wird der Feststoff weiter abgebremst, was zu Förderproblemen und/oder erhöhtem Druckverlust führen kann.

Die Größe der relativen Feststoffabbremsung K_U hängt u. a. von der Bauart der Umlenkung (→ Rohrbogen, Umlenktopf, T-Bend usw.) sowie deren räumlicher Anordnung, z. B. in der Horizontalen, horizontal in die Vertikale aufwärts usw., ab. Für die K_U-Werte von Rohrbögen mit beliebigen Umlenkwinkeln α_U in der horizontalen Ebene folgt unter Berücksichtigung der Definitionsgleichung (4.118) aus einer Kräftebilanz am Feststoff [3]

$$K_U = 1 - exp\left(-\frac{\alpha_U}{180°} \cdot \pi \cdot \beta_R\right) \tag{4.120}$$

In der Praxis wird Gl. (4.120) in Verbindung mit Gl. (4.119) häufig zur Berechnung des Druckverlusts beliebiger räumlicher Krümmeranordnungen verwendet. Wird z. B. feinkörniges Schüttgut durch ($\alpha_U = 90°$)-Rohrbögen gefördert, kann in Gl. (4.119) der Wert $(K_U \cdot C_{U,in})_{RB90°} \cong 0{,}35$, verwendet werden, für den sogenannten Vortex-Umlenker liefert $(K_U \cdot C_{U,in})_{Vortex} \cong 0{,}434$ gute Ergebnisse. Weitere Einzelheiten, u. a. zu alternativen Berechnungsansätzen, speziellen Ausführungsformen von Umlenkern und deren Verschleiß, enthalten [3, 91–94].

- **Druckverlust Fördergas:** Da das Fördergas selbst an der Rohrwand reibt, ggf. Einbauten durchströmt, umgelenkt sowie beschleunigt und gehoben werden muss, resultiert daraus als Eigendruckverlust

$$-\Delta p_F = \left(\lambda_F \cdot \frac{\Delta L_R}{D_R} + \sum_i \xi_i \right) \cdot \frac{\varrho_F}{2} \cdot u_F^2 + \left| \Delta p_{F,B} \right| + \left| \Delta p_{F,H} \right| \tag{4.121}$$

Der Anteil des Gases am Gesamtdruckverlust der Zweiphasenströmung Feststoff/Gas ist bei Dichtstromförderungen i. Allg. vernachlässigbar klein und muss nur bei Flugförderungen geringer Beladung μ berücksichtigt werden. Gl. (4.121) setzt des Weiteren voraus, dass sich das Fördergas so verhält, als sei der Feststoff nicht vorhanden. Dies ist natürlich nicht der Fall: Die Anwesenheit der Schüttgutpartikel verändert das Strömungsprofil und damit den Druckverlust.

Zur Ermittlung des Druckverlaufs und damit des Gas- und Feststoffgeschwindigkeitsprofils entlang der Förderstrecke L_R mit dem vorstehend beschriebenen Δp_R-Modell wird L_R in entsprechend kurze ΔL_R-Abschnitte und Rohrelemente unterteilt. Diese werden, i. Allg. vom Leitungsende her, da dort der Gegendruck p_{out} vorgegeben und die zugehörige Gasgeschwindigkeit $v_{F,out}$ relativ frei wählbar ist, elementweise mit den oben angegebenen Gleichungen berechnet. Die kontinuierlichen Verläufe von (p, v_F, u_S) werden somit durch Treppenzüge angenähert. Je kleiner deren Sprünge/die ΔL_R-Längenabschnitte sind, umso genauer ist die Berechnung und umso größer der Rechenaufwand. Eine derartige Anlagenauslegung ist für einen konkreten Einsatzfall detailliert in [3, Kapitel 9] dargestellt.

Alternativer Berechnungsansatz

In [3, 95] wird ein Modell vorgestellt, mit dem der Gesamtdruckverlust Δp_R einer Referenzförderstrecke $L_{R,Ref}$ mit definiertem Verlauf direkt auf beliebige andere geometrisch ähnliche Förderleitungen L_R übertragen werden kann. Dies erfolgt mittels des Potenzansatzes

$$\Delta p_R = K_R \left(\Delta v_{F,in} \right) \cdot \frac{\dot{m}_S^X \cdot L_R}{D_R^Y} \tag{4.122}$$

der sich theoretisch mit $X = 1$ und $Y = 2$ *bzw.* 3 für Dichtstrom- bzw. Dünnstromförderungen aus dem oben beschriebenen λ_S-Ansatz ergibt. $K_R(\Delta v_{F,in})$ ist eine Widerstandsfunktion die mit der kennzeichnenden Gasgeschwindigkeit

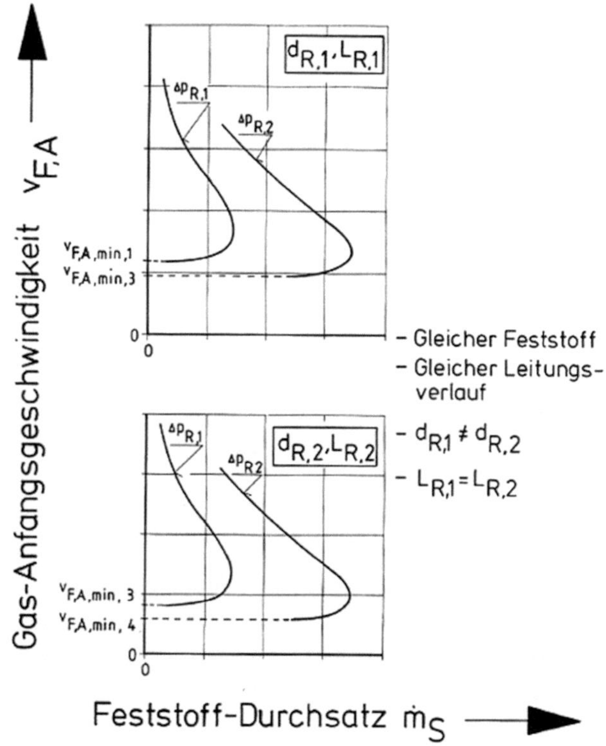

Abb. 4.74 Notwendiger Versuchsaufwand zur Bestimmung der Gl. (4.122)

$$\Delta v_{F,in} = v_{F,in} - v_{F,in,\min} \propto u_S \tag{4.123}$$

gebildet wird. $K_R(\Delta v_{F,in})$, X, Y und das durch Gl. (4.105) definierte $v_{F,in,min}$ müssen jeweils feststoffspezifisch experimentell ermittelt werden. Das macht Förderversuche an mindestens zwei parallelen gleichlangen Leitungen mit sehr unterschiedlichen Rohrdurchmessern D_R und dort die Messung von jeweils zwei sich im Druck signifikant unterscheidenden Förderkennlinien $\Delta p_R = konst.$ erforderlich, vgl. hierzu Abb. 4.74.

Bisher gemessene Exponenten liegen im Bereich $X \cong (0{,}6 - 0{,}8)$ und $Y \cong (1{,}2 - 2{,}8)$, d. h. X ist näherungsweise unabhängig von der Art des Feststoffs, Y jedoch extrem feststoffspezifisch. Aus diesen Werten folgt mit (4.122)

$$\dot{m}_S \propto D_R^{Y/X} = D_R^{(1{,}7-4{,}0)} \tag{4.124}$$

Gl. (4.124) verdeutlicht, dass der Feststoffmassenstrom $\dot{m}_S$ bei gleichen Betriebsbedingungen ($\rightarrow \Delta p_R$, $L_R = konst.$) je nach Art des Schüttguts proportional zur ersten bis zweiten Potenz des Förderrohrquerschnitts $\left(\propto D_R^2\right)$ variieren kann. Die Kenntnis des Durchmesserexponenten Y ist somit eine für die Anlagenauslegung entscheidende Größe. Abb. 4.75 zeigt beispielhaft die mit Braunkohlenstaub gemessene Abhängigkeit der Widerstandsfunktion $K_R(\Delta v_{F,in})$ von der kennzeichnenden Gasgeschwindigkeit $\Delta v_{F,in}$. Jedes Schüttgut wird durch nur eine einzige Kurve beschrieben.

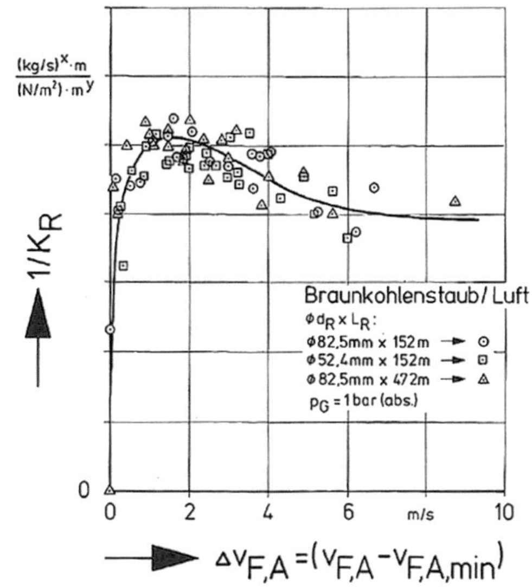

Abb. 4.75 Abhängigkeit $(1/K_R) = f(\Delta v_{F,in})$, Braunkohlenstaub mit den Kenndaten $d_{S,50} \cong 49\ \mu m$, $\varrho_{SS} \cong 500\ kg/m^3$

Vorgehensweise bei der Anwendung des Modells auf eine auszulegende Förderstrecke:

1. Festlegung eines Abstands $\Delta v_{F,in}$ zur aktuellen Fördergrenze $v_{F,in,min}$. Dies erfolgt ohne Kenntnis der sich später einstellenden Grenzgeschwindigkeit $v_{F,in,min}$.
2. Ermittlung des korrespondierenden $K_R(\Delta v_{F,in})$-Werts aus dem Widerstandsdiagramm des zu fördernden Feststoffs, vgl. Abb. 4.75.
3. Je nach vorgegebener Aufgabenstellung kann nun der Druckverlust Δp_R oder der Förderrohrdurchmesser D_R mittels Gl. (4.122) berechnet werden.
4. Anpassung des Druckverlusts des Referenzleitungsverlaufs an denjenigen der aktuellen Förderstrecke, d. h. Korrektur des Druckverlusts bei vom Referenzverlauf abweichender Anzahl der Umlenkungen und/oder von Vertikalabschnitten mittels der Gl. (4.115, 4.119, ⋯). Diese Korrekturen sind i. Allg. gering.
5. Mit nun bekanntem D_R und Δp_R sowie gegebenem Gegendruck p_{out} wird nun mit Gl. (4.105) die aktuelle Minimalgeschwindigkeit $v_{F,in,min}$ ermittelt.
6. $(v_{F,in,min} + \Delta v_{F,in}) = v_{F,in}$ liefert die aktuelle Fördergas-Anfangsgeschwindigkeit mit der über die Kontinuitätsgleichung $\dot{m}_F = \pi/4 \cdot D_R^2 \cdot \varrho_{F,in} \cdot v_{F,in}$ der für die Förderung erforderliche Gasmassenstrom berechnet wird.

Eine iterative Vorgehensweise wie beim λ_S-Berechnungsmodell ist hier nicht erforderlich. Wegen $\Delta v_{F,in} \propto u_{S,in}$ ist nicht die Geschwindigkeit des Gases, sondern, wie zu erwarten, diejenige des Feststoffs für den Druckverlust verantwortlich.

Staffelung von Förderleitungen

Große Förderdruckdifferenzen Δp_R führen in Förderleitungen mit konstantem Durchmesser D_R zu einer starken Gasexpansion, d. h. zu hohen Gas- und Feststoffgeschwindigkeiten in Richtung Förderrohrende. Diese wiederum resultieren in

- einem Anstieg des Leistungsbedarfs der Anlage,
- erhöhtem Förderleitungsverschleiß,
- stärkerer Beanspruchung des Förderguts und somit zu mehr Kornbruch und Kornabrieb.

Förderleitungen werden deshalb gestaffelt, d. h. ihr Durchmesser wird in Förderrichtung sukzessive vergrößert.

Eine gestaffelte Förderleitung kann vereinfachend als rückwirkungsfreie Reihenschaltung von Einzelrohren behandelt werden. An jedem Staffelrohranfang „i" muss somit die aktuelle Gasgeschwindigkeit $v_{F,i}$ größer als die mit dem lokalen Druck p_i und dem zugehörigen Rohrdurchmesser D_i berechnete Minimalgeschwindigkeit $v_{F,i,min}$, vgl. Gl. (4.105), des vorliegenden Schüttguts eingestellt werden [87]. Die Staffelrohrauslegung mit Gl. (4.105) berücksichtigt die speziellen (gemessenen) Eigenschaften des jeweiligen Feststoffs und beinhaltet die beiden grundsätzlichen in der Literatur empfohlenen Staffelungskriterien. In [96] wird z. B. für feinkörnige Schüttgüter und höhere Beladungen vorgeschlagen, den Rohrdurchmesser derart zu vergrößern, dass am Staffelrohranfang ein kritischer dynamischer Druck $p_{dyn,krit}$ nicht unterschritten wird. Hieraus folgt:

$$p_{dyn,krit} = \frac{\varrho_{F,krit}}{2} \cdot v_{F,krit}^2 \quad \rightarrow \quad v_{F,krit} \geq K_{dyn} \cdot \frac{D_i^0}{\varrho_{F,i}^{0,5}} \quad \rightarrow \quad k = 0,\ \ell = 0{,}5 \qquad (4.125)$$

Bei grobkörnigen Feststoffen/Granulaten darf, so empfiehlt [97], am Staffelrohreintritt eine kritische Froude-Zahl nicht unterschritten werden, d. h.

$$Fr_{krit} = \frac{v_{F,krit}^2}{g \cdot D_R} \quad \rightarrow \quad v_{F,krit} \geq K_{Fr} \cdot \frac{D_i^{0,5}}{\varrho_{F,i}^0} \quad \rightarrow \quad k = 0{,}5,\ \ell = 0 \qquad (4.126)$$

Die in den Erläuterungen zur Gl. (4.105) aufgeführten Exponenten (k, ℓ) stimmen mit denjenigen der vorstehend betrachteten Materialklassen, Gl. (4.125, 4.126), deren Grenzen in den angeführten Originalarbeiten nicht genau festgelegt sind, überein, d. h. es gilt $v_{F,krit} = v_{F,i,min}$. Der Minimalgeschwindigkeitsansatz ist somit die universelle Methode zur Staffelung von Förderleitungen. Weitere Einzelheiten und Ausführungsbeispiele können [3, 87] entnommen werden.

Erforderlicher Energiebedarf

Die für den Betrieb einer pneumatischen Förderanlage notwendige Leistung P setzt sich aus den Leistungsaufnahmen des Druckerzeugers P_V, der Feststoffschleuse P_{Sch} und des Entstaubungssystems P_{Est} zusammen:

$$P = P_V + P_{Sch} + P_{Est} \qquad (4.127)$$

P_{Est} ist i. Allg. sehr klein gegenüber P_V, während P_{Sch} bei einigen Schleusentypen, z. B. hochtourig laufenden Schneckenschleusen, erhebliche Werte annehmen kann, ansonsten aber im Verhältnis zu P_V ebenfalls gering ist. Die eigentliche Transportenergie wird dem System mit dem Fördergas, d. h. mit dem um den Wirkungsgrad η_V des Druckerzeugers verminderten Anteil von P_V, zugeführt. Hier gilt der Zusammenhang

$$P_V = P_V\left(\Delta p_R, \dot{V}_{F,V}\right) \propto \beta_R \cdot \dot{m}_S \cdot g \cdot L_R \tag{4.128}$$

β_R ist dabei ein summarischer Gesamtwiderstandsbeiwert. Durch Bezug auf die insgesamt erforderliche Antriebsleistung P können unterschiedliche Leistungskennziffern zur Beurteilung der jeweils vorliegenden Förderanlage gebildet werden. In der Praxis hat sich der auf eine Referenzlänge $\Delta L_R = 100\ m$ bezogene spezifische Leistungsbedarf

$$P_{spez} = \frac{P}{\dot{m}_S \cdot \Delta L_R} \left[\frac{kWh}{t \cdot 100\,m}\right] \tag{4.129}$$

mit den oben angegebenen Einheiten durchgesetzt. Für diesen ergeben sich Werte in der Größenordnung von 1. Wird allein der Leistungsbedarf P_V der eigentlichen Förderstrecke betrachtet, so folgt mit $\eta_V = 1$, einem Polytropenexponenten $n = 1{,}3$ und $p_{out} \cong p_0$ = Ansaugzustand des Druckerzeugers, die für Vergleiche gut geeignete theoretische spezifische Druckerzeugerleistung

$$P_{th,spez} = \frac{P_V}{\dot{m}_S \cdot L_R} = \frac{1}{\mu \cdot L_R} \cdot \frac{p_{out}}{\varrho_{F,out}} \cdot \frac{n}{n-1} \cdot \left(\left(\frac{p_{in}}{p_{out}}\right)^{\frac{n-1}{n}} - 1\right) \tag{4.130}$$

Für die Referenzlänge $\Delta L_R = 100\ m$ gilt dann: $L_R = k_R \cdot \Delta L_R$, d. h. L_R setzt sich aus k_R Stücken von 100 m Länge zusammen.

Gl. (4.130) verdeutlicht, dass ein minimaler spezifischer Energiebedarf sich dann einstellt, wenn die Beladung μ maximal wird. Die Positionen der maximalen Beladungen bei unterschiedlichen Förderdruckdifferenzen Δp_R ergeben sich im Förderdiagramm, vgl. Abb. 4.76, als Berührungspunkte der Tangenten vom Koordinatenursprung an die einzelnen Δp_R-Kennlinien (→ blaue Geraden, Ordinate $v_{F,in} \propto \dot{m}_F$, Abszisse $\dot{m}_S$, Verhältnis $\dot{m}_F / \dot{m}_S = 1/\mu$).

Entlang der Verbindungslinie der Beladungsmaxima μ_{max} (→ rote Kurve) stellt sich der beim betrachteten Förderdruck jeweils minimaler Energiebedarf P_V ein. Sowohl in Richtung größerer als auch kleinerer Gasgeschwindigkeiten $v_{F,in}$, d. h. mit zunehmendem Abstand von der μ_{max}-Kurve, erhöhen sich die P_V-Werte kontinuierlich. Bei einer Anlagenauslegung ist zu berücksichtigen, dass natürlich nur solche μ_{max}-Betriebspunkte genutzt werden dürfen, deren Gasanfangsgeschwindigkeit $v_{F,in}$ oberhalb der Betriebs-/Stopfgrenze $v_{F,in,B}$ liegen. Dies beschränkt den Spielraum für energetische Optimierungen.

In [3, 98–100] werden die oben angedeuteten Zusammenhänge weiter vertieft und an konkreten Beispielen erläutert.

Schüttgutschleusen, Sonstiges

Hierauf wird bei der eigentlichen Anlagenauslegung eingegangen.

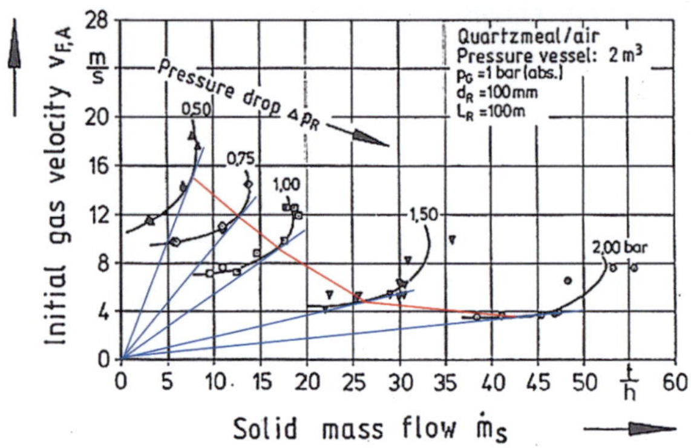

Abb. 4.76 Ermittlung der maximalen Beladungen μ bei unterschiedlichen Druckdifferenzen Δp_R an der Förderleitung = Betriebspunkte mit minimalen Leistungsbedarf P_V

4.6.2 Vorgaben der Aufgabenstellung

Das aus einer Mahlanlage kommende, feinkörnig aufgemahlene und in einem Silo zwischengelagerte Metallerz mit einer Temperatur zwischen $T_S = (20 - 60)\ °C$ soll pneumatisch mittels verdichteter Umgebungsluft vom Mahlanlagensilo zum Vorlagebehälter der nachfolgenden Verarbeitungsanlage transportiert werden. Es gilt: Gegendruck $p_{out} \cong$ Umgebungsdruck p_0. Der maximal erforderliche Massenstrom beträgt $\dot{m}_S = 25\ t/h$, die gesamte Förderentfernung $L_R = 250\ m$. Aus dem Vorlagebehälter wird das Schüttgut anschließend dosiert der Verarbeitungsanlage zugeführt. Mahlanlagensilo und Vorlagebehälter sind vorhanden und weisen beide derzeit ein Nutzvolumen von ca. 100 m^3 auf. Spätere Silovergrößerungen sind geplant. In der Anfrage wird von folgendem Förderstreckenverlauf ausgegangen: Hinter dem Austrag aus der Feststoffschleuse folgt eine Horizontalstrecke von $\Delta L_1 = 10\ m$; danach eine $\Delta H_R = 10\ m$ hohe Vertikalstrecke auf eine vorhandene Rohrtrasse; der Rest der Förderleitung, $\Delta L_2 = 230\ m$, verläuft auf diesem Level horizontal weiter. Die Gesamtzahl der 90°-Umlenkungen beträgt $N_U = 8$.

Da der Transport vom Mahlanlagensilo zum Anlagenvorbehälter keinen Einfluss auf die nachgeschaltete Verarbeitungsanlage hat (→ Entkoppelung durch den Vorlagebehälter), also auch intermittierend erfolgen kann, favorisiert der Kunde eine Druckgefäßförderung. Begründung: Bei dem Metallerz handelt es sich um ein extrem abrasives Schüttgut. Es liegen diesbezüglich positive betriebsinterne Erfahrungen mit Druckgefäßförderungen vergleichbarer Metallerze vor. Des Weiteren wird eine energieminimale Förderung, d. h., sofern möglich, eine Dichtstromförderung gewünscht. Zur Reduzierung des Förderleitungsverschleißes soll die Gasgeschwindigkeit entlang der Transportstrecke den Wert von $v_F = 20\ m/s$ nicht überschreiten.

Der Kunde beantwortet Nachfragen zu den vorhandenen Mahlgut- und Vorlagebehältern wie folgt:

- Beim Mahlgutsilo handelt es sich definitiv um ein Massenflusssilo; Auslegungsrechnungen nach Jenike und Betriebserfahrungen bestätigen das für vergleichbare Produkte. Dies sichert einen störungsfreien kontinuierlichen und definierten Zulauf zur Schleuse,

- die Füllstandsmesser des Empfangssilos müssen hinsichtlich eines Druckgefäßeinsatzes derart angeordnet sein, dass nach einem Vollsignal mindestens noch die restliche, im Grenzfall die komplette Druckgefäßcharge, aufgenommen werden kann. Dies ist gemäß Kundenaussage gewährleistet.

4.6.3 Ergebnisse durchgeführter Schüttgutuntersuchungen

Den Abb. 4.77a–4.77d sind die Ergebnisse der Prüfprotokolluntersuchungen zu entnehmen, die an dem vom Kunden zur Verfügung gestellten und als repräsentativ bezeichneten Metallerzproben ermittelt wurden.

Bei dem vorliegenden, aufgemahlenen Metallerz mit den Kenndaten ($d_{S,50}$ = $20\,\mu m, \varrho_S = 4750\,kg/m^3$) handelt sich nach der formalen Geldart-Klassifikation um ein Schüttgut an der Grenze der Gruppen A und C, vgl. Abschn. 2.2.1, Abb. 2.5, also um ein Schüttgut von dem ggf. Fließprobleme zu erwarten sind. Im Hinblick auf eine pneumatische Förderung dieses Produkts verdeutlicht seine Lage im linken schraffierten Bereich des erweiterten Geldart-Diagramms, Abb. 2.16, dass mit ihm eine Dichtstromförderung möglich sein sollte.

Der Vergleich der Entlüftungszeiten „ungerührt" und „gerührt" in den Abb. 4.77b und 4.77c lässt, erkennen, dass das Metallerz, wenn es intensiv mit der Gasphase vermischt wird, sich über längere Zeit flüssigkeitsähnlich verhält $\left(\rightarrow \Delta\tau_E\left(gerührt\right) = 46\,s = 2{,}3 \cdot \Delta\tau_E\left(ungerührt\right) \rightarrow 2{,}3 \cdot 20\,s = 46\,s\right)$. Bei ungerührter Belüftung kommt es zu einer anfänglichen Pfropfenbildung und dann zur Ausbildung von Totzonen in der Schüttung. Hieraus folgt, dass durch die intensive Vermischung von Fördergas und Schüttgut am Förderleitungsanfang das Metallerz in einen fördertechnisch vorteilhaften Zustand überführt wird, bei dem es über einen großen Bereich bzw. die ganze Förderstrecke anhaltend aufgelockert/fluidisiert bleibt. Problematischer hingegen ist das Anfahren, d. h. das in Bewegung bringen des Metallerzes aus dem vorgeschalteten Anlagenbereich durch die jeweilige Feststoffschleuse in die Förderleitung. Hier muss sowohl mit Anbackungen als auch Austrags- und Fließproblemen gerechnet werden, die mittels einer entsprechenden Gestaltung oder Einplanung geeigneter Hilfsmittel, hier z. B. durch eine Massenflussauslegung der Vorbehälter, eine Konusbelüftung des Druckgefäßes usw., verhindert werden kann. Diese Notwendigkeit wird durch die Schüttgutkennziffern FF_C und R_C aus Abschn. 2.2 bestärkt: Die empirische Fließfunktion nach Jenike, Gl. (2.3, 2.4), führt mit den Messwerten des Prüfprotokolls auf

$$FF_C \propto \left(\tan\alpha_{RRSB} \cdot \sqrt{\frac{d'_S}{\mu m}}\right) = \left(\tan 63° \cdot \sqrt{\frac{25\,\mu m}{\mu m}}\right) = 9{,}81 \quad \rightarrow \quad kohäsiv$$

Die Kompressibilität nach Carr, Gl. (2.5, 2.6), auf

$$R_C = \frac{\varrho_{SR} - \varrho_{SS}}{\varrho_{SR}} = \frac{\left(2730 - 2070\right)\,kg/m^3}{2730\,kg/m^3} = 0{,}242 \quad \rightarrow \quad kohäsiv$$

Der Abb. 4.77d ist zu entnehmen, dass das Metallerz auf einer Wirbelschichtrinne mit sehr geringem Neigungswinkel α_{Rinne} problemlos und entmischungsfrei transportiert werden

Verteiler
Hilgraf
Th.Möller

Staub - Prüfprotokoll I

CLAUDIUS PETERS TECHNOLOGIES

Materialname	Metallerz		
Zusatzbezeichnung		**Prüf-Nr.:**	
Chem. Bezeichnung		Sachbearb.:	
Firma, Werk, Anlage		Datum:	18.06.03
Auftraggeber, -Nr.		Prüfer:	Gehle
Kennwort		Kom.-Nr.:	01-1/141.258/692

				d[mm]	R[%]	d[mm]	R[%]
Materialfeuchtigkeit		**0.05**	%	Siebmaschine Alpine			
Trockenschrank	25h	**106**	°C				
Schüttdichte		**2.07***	kg/ dm³	Rückstand R (mm) nach DIN 4188			
Rütteldichte		**2.73**	kg/ dm³	d[mm]	R[%]	d[mm]	R[%]
Rohdichte (spez. Dichte)		**4.75**	kg/ dm³	16		0.315	
Schüttwinkel		**50.3**	°	10		0.2	
Max. Korn		**95**	µm	6.3		0.16	
Mittl. Korn ∅ d_{50} Medianwert		**20**	µm	3.15		0.125	
Mittl. Korn ∅ d′		**25**	µm	2.0		0.09	**0.04**
RRSB Gerade α		**63.0**	°	1.0		0.063	**0.44**
Kornform		**1,2,3,4,5****		0.6		0.045	**3.98**
Blainezahl	ε = 0.47	**2407**	cm²/g	0.5		0.032	**19.64**

Bemerkungen: * Brikettiert stark, durch Klopfen lösbar.
23°C / 57% ** Überwiegend 1 und 2.
Grobe Feuchte + 0.02% bei 24°C / 59% rel. Luftfeuchtigkeit / 141 Stunden

RRSB-Körnungsnetz

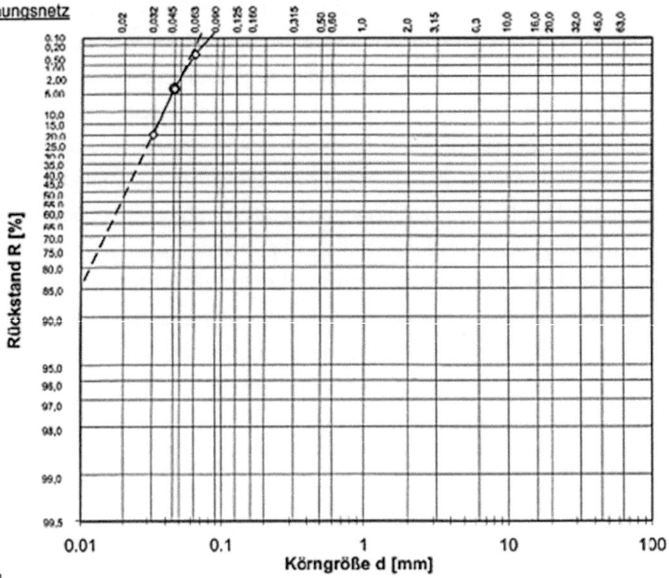

LANGLEY
A Langley Holdings Company

Blatt 1 von 4 Blatt

Abb. 4.77a Staubprüfprotokoll Metallerz, Blatt 1

Verteiler
Hilgraf
Th.Möller

Staub - Prüfprotokoll II - ungerührt

CLAUDIUS PETERS
TECHNOLOGIES

Materialname	Metallerz
Zusatzbezeichnung	
Chem. Bezeichnung	
Firma, Werk, Anlage	
Auftraggeber, -Nr.	
Kennwort	

Prüf-Nr.:
Sachbearb.:
Datum:
Prüfer: Gehle
Kom.-Nr.: 01-1/141.258/692

Materialdruck	2.0	kg/ dm²	H_1 ungerührt	141	mm
spezifischer Luftvolumenstrom	4.0	m³/m²min	H_0	113	mm
max. Bodendruck	15.8	mbar			
Dichte im belüfteten Zustand ρ_1	1.42	kg/ dm³	Bodendruck/ Materialdruck	0.79	
Dichte im entlüfteten Zustand ρ_0	1.77	kg/ dm³	H_1 / H_0	1.25	
Entlüftungszeit	20	s			

Bemerkungen: Starke Pfropfenbildung beim Start, gute Materialbettbewegung, starke Blasenbildung, ein toter Bereich.

Entlüftungsverhalten

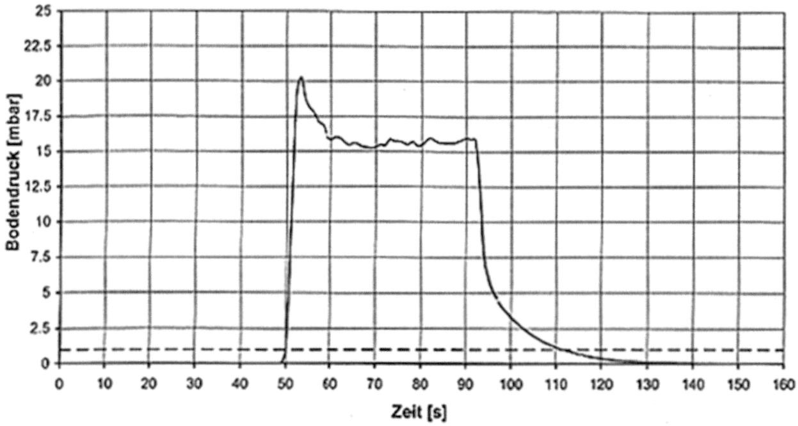

Datum/ Zeit der Messung: 18.06.03 13:19:40

LANGLEY
A Langley Holdings Company

Blatt 2 von 4 Blatt

Abb. 4.77b Staubprüfprotokoll Metallerz, Blatt 2

Verteiler
Hilgraf
Th.Möller

Staub - Prüfprotokoll II - gerührt

CLAUDIUS PETERS TECHNOLOGIES

Materialname	Metallerz	**Prüf-Nr.:**	
Zusatzbezeichnung		Sachbearb.:	
Chem. Bezeichnung		Datum:	
Firma, Werk, Anlage		Prüfer:	Gehle
Auftraggeber, -Nr.		Kom.-Nr.:	01-1/141.258/692
Kennwort			

Materialdruck	**2.0**	kg/ dm²	H_1	gerührt	**171**	mm
spezifischer Luftvolumenstrom	**4.0**	m³/m²min	H_0		**122**	mm
max. Bodendruck	**18.2**	mbar				
Dichte im belüfteten Zustand ρ_1	**1.17**	kg/ dm³	Bodendruck/ Materialdruck		**0.91**	
Dichte im entlüfteten Zustand ρ_0	**1.64**	kg/ dm³	H_1 / H_0		**1.40**	
Entlüftungszeit	**46**	s				

Bemerkungen: Gute Materialbettbewegung, starke Blasenbildung, Haarrißbildung.

Entlüftungsverhalten

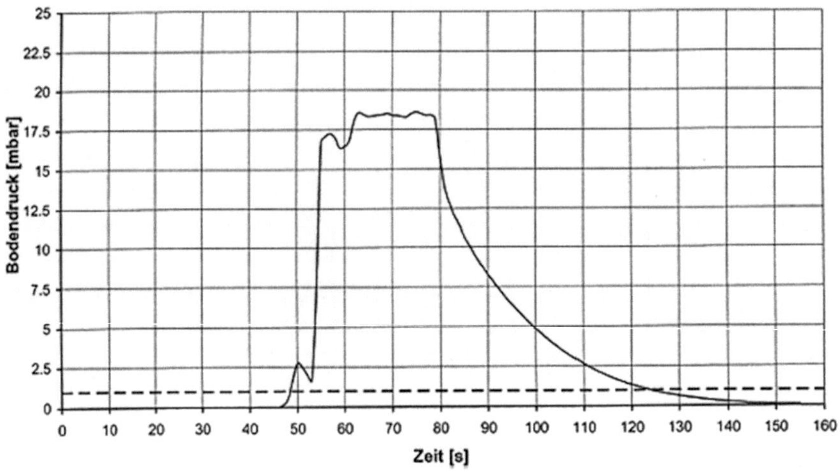

Datum/ Zeit der Messung: 18.06.03 13:22:40

LANGLEY
A Langley Holdings Company

Blatt 3 von 4 Blatt

Abb. 4.77c Staubprüfprotokoll Metallerz, Blatt 3

Verteiler
Hilgraf
Th.Möller

Staub - Prüfprotokoll III

CLAUDIUS PETERS TECHNOLOGIES

Materialname	Metallerz
Zusatzbezeichnung	
Chem. Bezeichnung	
Firma, Werk, Anlage	
Auftraggeber, -Nr.	
Kennwort	

Prüf-Nr.:
Sachbearb.:
Datum:
Prüfer: Gehle
Kom.-Nr.: 01-1/141.258/692

Auslaufversuch

Spez. Luftmenge durch Gewebe	[m³/m²min]	1.0	1.5	2.0	2.5	3.0	4.0	5.0
Statischer Druck unter Gewebe	[mbar]	25.0	36.4	48.6	60.8	73.1		
Auslaufwinkel bei langs. Öffnen der Klappe	[°]	1.5	1.1	1.0	0.9	0.9		

Praxisempfehlung □
Spez. Luftmenge 1.5 m³/m²min Rinnenneigung 2.5 °

Bemerkungen:

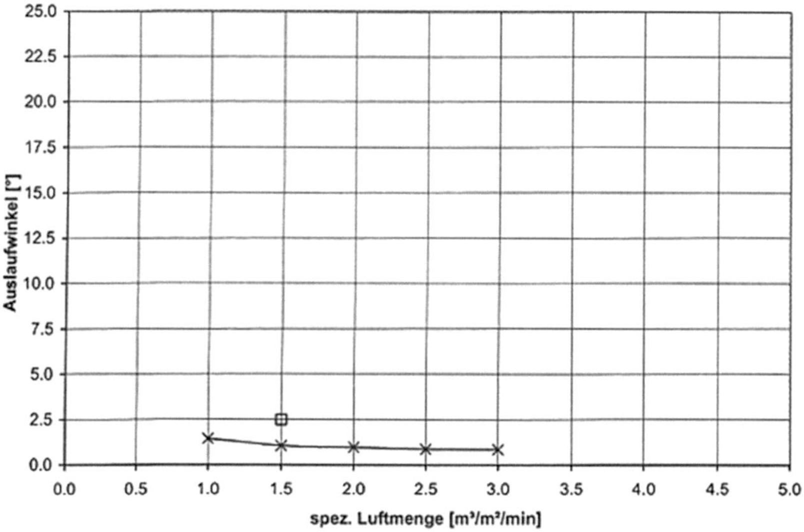

LANGLEY
A Langley Holdings Company

Blatt 4 von 4 Blatt

Abb. 4.77d Staubprüfprotokoll Metallerz, Blatt 4

kann. Auf den Eintrag von Gas reagiert das Schüttgut im Hinblick auf die gestellte Förderaufgabe sensibel, insgesamt aber positiv/unterstützend.

Wie vom Kunden mitgeteilt, ist das vorliegende Metallerz als sehr abrasiv einzustufen: Dies folgt auch aus den unter dem Mikroskop bestimmten Kornformen, vgl. Abb. 4.77a, bei denen es sich überwiegend um scharfkantige quader- und prismenförmige Partikel handelt, und aus Härtemessungen, die auf eine Vickershärte der Schüttgutteilchen von $H_P \gtrsim 6{,}5\ kN/mm^2$ hindeuten. Zum Vergleich: Normaler Baustahl weist eine Vickershärte von $H_W \cong 1{,}3\ kN/mm^2$ auf. Aufgrund des Härteverhältnis $H_P/H_W \gtrsim 5$ ist somit sogenannter Hochlageverschleiß zu erwarten, vgl. Abschn. 2.7.

4.6.4 Ergebnisse durchgeführter Förderversuche

Das pneumatische Förderverhalten des Metallerzes mit den in der Abb. 4.77 dargestellten Prüfprotokoll-Kenngrößen wurde im Technikum des Anbieters untersucht. Die Versuche wurden in Anwesenheit des Kunden durchgeführt.

Versuchsaufbau/-technik

Sender ist ein den Feststoff nach unten austragendes Druckgefäß mit einem nutzbaren Füllvolumen von $V_{B,N} = 2{,}0\ m^3$, Empfangsbehälter ein auf Gewichtsmessdosen angeordnetes Silo von maximal ca. 4,0 m^3 Inhalt oberhalb des Senders. Das Druckgefäß entspannt über ein separates Entlüftungsventil in den Empfangsbehälter und ist zur Förderleitung hin durch eine Absperrarmatur verschließbar. Ein dem Empfangssilo nachgeschaltetes Ge-

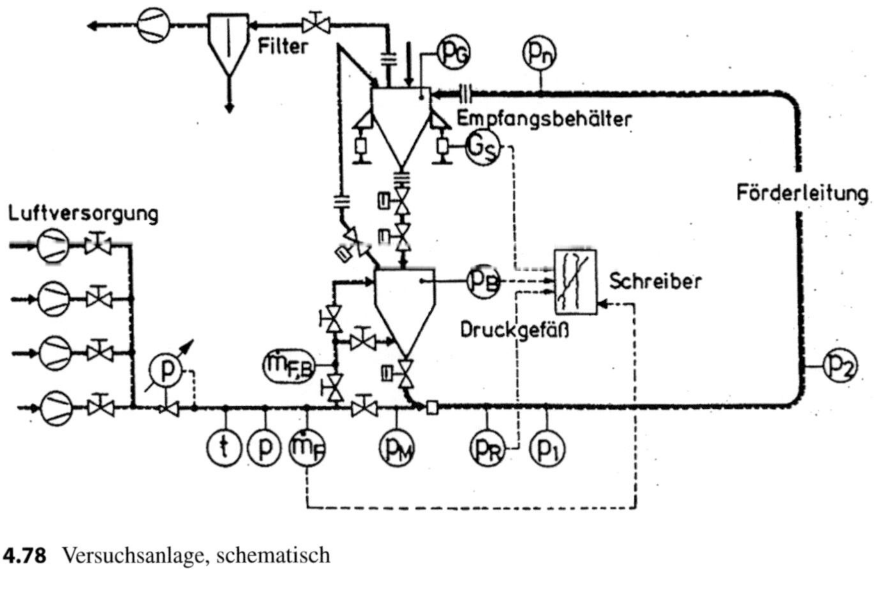

Abb. 4.78 Versuchsanlage, schematisch

webefilter entstaubt die Abluft. Das dort abgeschiedene Feingut wird periodisch in den Förderkreislauf zurückgeführt. Abb. 4.78 zeigt schematisch den Aufbau der Versuchsanlage.

Der von einer Verdichterstation mit vorwählbarem Druck p_V bereitgestellte Gesamtgasstrom $\dot{m}_{F,V}$ wird in den dem Druckgefäß zugeführten Anteil $\dot{m}_{F,B}$ und einen weiteren der Förderleitung hinter dem Sender direkt zugegebenen Teilstrom $\left(\dot{m}_{F,V} - \dot{m}_{F,B}\right)$ aufgeteilt. Diese Aufteilung ist veränderbar/einstellbar. Der Gasstrom $\dot{m}_{F,B}$ wird im vorliegenden Fall (→ kohäsives Schüttgut) weiter in einen Anteil zum Gefäßkonus, der einen störungsfreien und kontrollierten Feststoffausfluss aus dem Druckgefäß unterstützt, und einen Anteil zum Senderkopf aufgeteilt. Die Konusbegasung ist bei dem vorliegenden Produkt unbedingt erforderlich.

Als Messgrößen wurden während der Versuche der Druck p_B im Sender, der Druck am Förderleitungsanfang p_{in} (=p_R), der Gesamtgasstrom $\dot{V}_{F,V}\left(\rightarrow \dot{m}_{F,V}\right)$, die Änderung des Feststoffgewichts $G_S\left(\rightarrow \dot{m}_S\right)$ im Empfangsbehälter kontinuierlich und die Temperaturen von Gas T_F und Feststoff T_S sowie der Gegendruck p_{out} (=p_G), die relative Luftfeuchtigkeit φ_0, die Umgebungstemperatur T_0 manuell aufgezeichnet. Zur Absicherung wurde zusätzlich die Gewichtsabnahme des Druckgefäßes während des Förderprozesses kontinuierlich gemessen (→ Anordnung des Druckgefäßes auf Wägezellen, in Abb. 4.78 nicht dargestellt). Die Drücke p_i, $i = 1 \cdots n$, die u. a. zur Bestimmung der Geschwindigkeitsabhängigkeit der lokalen λ_S-Werte erforderlich sind, konnten aus betriebsinternen Gründen nicht aufgenommen werden.

Die Messwertaufnahme und -speicherung erfolgt vollautomatisch mittels eines rechnergestützten Erfassungssystems zur Verarbeitung analoger und digitaler Messgrößen. Die zugehörige Software erlaubt die Auswertung, Bearbeitung, Visualisierung und Archivierung der Messdaten. Die Anlage wurde während der Versuche im halbautomatischen Betrieb gefahren.

Untersuchte Förderstrecke

Die Messungen wurden an der nachfolgend beschriebenen Förderleitung durchgeführt:

• Rohrinnendurchmesser:	$D_R = 82{,}5\ mm$,
• Gesamtlänge:	$L_R = 152\ m$,
• enthaltene vertikale Höhe:	$\Delta H_R = 6\ m \rightarrow 1$ Höhenabschnitt,
• Höhe beginnt nach:	$\Delta L_1 = 4\ m$,
• Anzahl 90°-Umlenkungen:	$N_U = 7$,
• Radius der 90°-Bögen:	$R_U = 1{,}5\ m$.

Zur Absicherung wurden einige ergänzende Versuche an einer Leitung mit $D_R = 52{,}4\ mm$ durchgeführt, die gleichlang und parallel zur oben beschriebenen Förderstrecke verläuft.

Versuchsdurchführung

Der in den Empfangsbehälter oberhalb des Druckgefäßes eingefüllte Feststoff wird in den Sender abgelassen und dieser dann auf einen vorgewählten Druck p_B aufgeladen. Ein hinsichtlich Druck p und Menge $\dot{m}_F$ voreingestellter Gasstrom wird durch Öffnen und/oder Nachjustieren entsprechender Ventile in einem bestimmten Verhältnis auf die Gaszufuhr/Mischdüse am Förderleitungsanfang und den Sender aufgeteilt. Die zu Förderbeginn einregulierte Betriebseinstellung bleibt während der Entleerungszeit des Druckgefäßes (= Förderzeit) unverändert erhalten. Abfallender Druck im Sendebehälter zeigt an, dass kein Schüttgut mehr im Sender ist. Der dem Druckgefäß zugeführte Teilgasstrom $\dot{m}_{F,B}$ wird auf die Förderleitung/Mischdüse umgeschaltet, die Schüttgutauslassarmatur geschlossen und der Sender über sein Entlüftungsventil auf den Umgebungsdruck entspannt. Die Gaszufuhr kann abgeschaltet oder ein weiterer Förderzyklus durch erneute Befüllung des Senders eingeleitet werden, vgl. Abb. 4.78.

Der Feststoffaustrag aus dem Sender erfolgt mechanisch undosiert und wird lediglich durch die vorgewählten Werte des Gasdurchsatzes und des Ladedrucks sowie die Gasaufteilung auf Förderleitung/Mischdüse und Druckgefäß bestimmt. Der Feststoffdurchsatz $\dot{m}_S$ wird somit als abhängige Variable gemessen. Förderdrücke und Gasdurchsätze werden systematisch variiert und dabei die Fördergasgeschwindigkeiten am Leitungsanfang bei jeweils konstantem Förderleitungsdruckverlust Δp_R stufenweise bis zur Betriebs-/Stopfgrenze $v_{F,in\,B}$ verringert. Als nutzbare Messzeit steht der Zeitraum für den Austrag von ca. 2/3 des im Sender befindlichen Schüttgutvolumens zur Verfügung.

Zur Ermittlung von Veränderungen des Förderverhaltens des Schüttguts, z. B. durch Kornbruch/-abrieb, Feingutaustrag über das Filter, werden diesem zwischen den einzelnen Förderzyklen repräsentative Proben entnommen und analysiert. Falls erforderlich wird das umgeförderte Schüttgutinventar ganz oder teilweise gegen frisches Produkt ausgetauscht.

Das vorliegende Metallerz wurde mit angesaugter Umgebungsluft gefördert. Mittlerer Umgebungszustand während der Versuche: Temperatur $T_0 \cong 20$ °C, relative Luftfeuchtigkeit $\varphi_0 \cong 55$ %; somit: Schüttguttemperatur $T_S \cong 20$ °C.

Versuchsauswertung

Die im Folgenden mitgeteilten Versuchsergebnisse basieren auf der Auswertung der stationären Förderphasen der einzelnen Versuche. Der Feststoffdurchsatz $\dot{m}_S$ wird als Steigung des entsprechenden Bereichs der $\dot{m}_S(t)$-Kurven des jeweiligen Messstreifens, vgl. z. B. Abb. 4.79, bestimmt, d. h.

$$\dot{m}_S = \frac{\Delta m_S}{\Delta t} \tag{4.131}$$

mit:

Δm_S - Massen- = Gewichtszunahme im Empfangsbehälter bzw. Massenabnahme im Sender während des Zeitraums Δt.

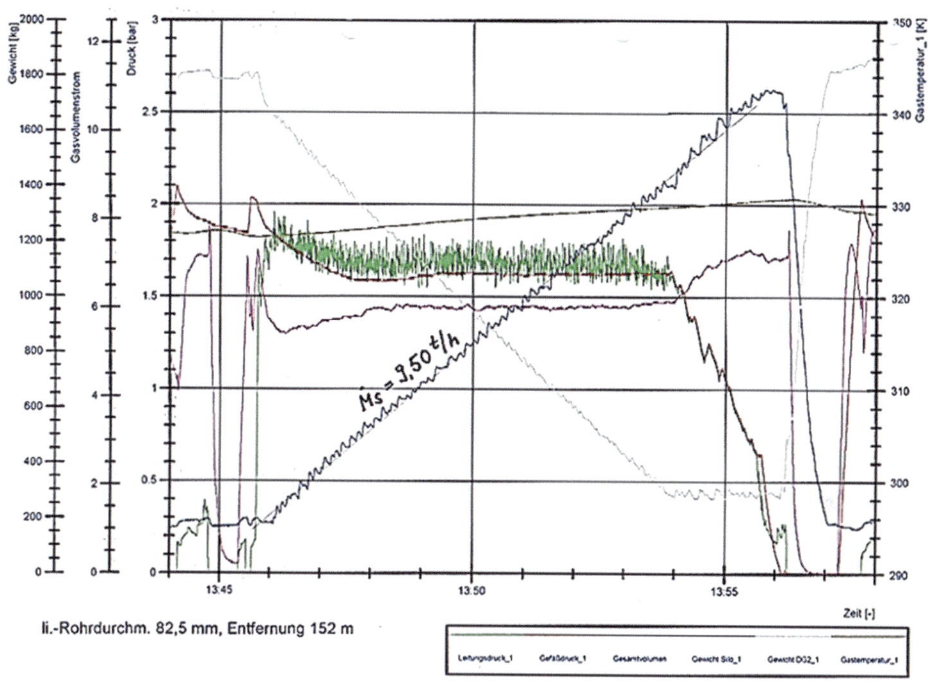

Abb. 4.79 Beispiel für einen Messstreifen: Grüne Kurve = Druck am Förderleitungsanfang; weitere Erläuterungen im Text

Anhand der Gewichtskurven in Abb. 4.79 ist ersichtlich, dass der Schüttgutaustrag aus dem Druckgefäß deutlich geringere Fluktuationen als der in den Empfangsbehälter eintretende Massenstrom aufweist.

Ein Anteil des dem Fördersystem zugeführten Gesamtgasstroms $\dot{m}_{F,V}$ dient dazu, den aus dem Druckgefäß ausgetragenen Feststoffvolumenstrom $\dot{V}_S = \dot{m}_S / \varrho_S$ zu ersetzen und den Druck p_B im Sender während der Förderung konstant zu halten. Der verbleibende Gasstrom

$$\dot{m}_{F,R} = \dot{m}_{F,V} - \frac{\dot{m}_S}{\varrho_S} \cdot \varrho_{F,B} \tag{4.132}$$

mit:

$\varrho_{F,B}$ - Gasdichte beim Senderdruck p_B,

durchläuft mit dem Feststoff das Förderrohr und ist das eigentliche Fördergas. Die mit Gl. (4.132) ermittelten Gasströme werden der Berechnung der Fördergasgeschwindigkeiten

$$v_{F,i} = \frac{\dot{m}_{F,R}}{\frac{\pi}{4} \cdot D_R^2 \cdot \varrho_{F,i}} \tag{4.133}$$

mit:

$\varrho_{F,i}$ - lokale Gasdichte,

und der Gas/Feststoff-Beladungen

$$\mu = \frac{\dot{m}_S}{\dot{m}_{F,R}} \tag{4.134}$$

zugrunde gelegt. Bei den Gasgeschwindigkeiten handelt es sich somit um Leerrohrgeschwindigkeiten. Als Referenztemperatur für Berechnungen innerhalb des Förderrohrs wird die Feststofftemperatur T_S verwendet, die näherungsweise identisch mit der Mischtemperatur T_M von Feststoff und Fördergas ist und sich beim vorliegenden feinkörnigen Produkt fast schlagartig am Leitungsanfang einstellt. Der Druck am Förderleitungsende betrug während der Versuche $p_{out} \cong 1{,}0\ bar$.

Da bei den hier durchgeführten Versuchen nur die Drücke am Leitungsanfang p_{in} und -ende p_{out} gemessen wurden, können aus den vorliegenden Messdaten lediglich mittlere Widerstandsbeiwerte λ_{tot} für jeweils die gesamte Förderleitung berechnet werden. Hierzu wird diese wie eine durchgehend horizontale Strecke behandelt. Aus der Kombination der entsprechenden Terme der Gl. (4.109) und (4.121) folgt

$$\begin{aligned} |\Delta p_R| &= (p_{in} - p_{out}) = (\lambda_F + \lambda_S \cdot \mu) \cdot \frac{L_R}{D_R} \cdot \frac{\bar{\varrho}_F}{2} \cdot \bar{v}_F^2 \\ &= \lambda_{tot} \cdot \mu \cdot \frac{L_R}{D_R} \cdot \frac{\bar{\varrho}_F}{2} \cdot \bar{v}_F^2 = \frac{2}{\pi} \cdot \lambda_{tot} \cdot \dot{m}_S \cdot \frac{L_R}{D_R^3} \cdot \bar{v}_F \end{aligned} \tag{4.135}$$

mit:

$\lambda_{tot} = \lambda_F/\mu + \lambda_S \rightarrow \lambda_{tot} \cdot \mu = \lambda_F + \lambda_S \cdot \mu$ - mittlerer Widerstandsbeiwert des Gas/Feststoffgemischs,

$\bar{v}_F = \sqrt{v_{F,in} \cdot v_{F,out}}$ - Referenzgasgeschwindigkeit, berechnet als geometrischer Mittelwert aus Leitungseintritts- und -austrittsgeschwindigkeit.

Umstellung der Gl. (4.135) ergibt den Widerstandsbeiwert

$$\lambda_{tot} = \frac{\pi}{2} \cdot \frac{|\Delta p_R| \cdot D_R^3}{\dot{m}_S \cdot L_R \cdot \bar{v}_F} \tag{4.135a}$$

Gl. (4.135) wertet die Messdaten unter Annahme einer inkompressiblen Gas/Feststoff-Strömung aus. Eine kompressible Betrachtung ist ebenfalls möglich, resultiert aber in erheblich komplizierteren Gleichungen. Solange das spätere Scale-up auf die Betriebsanlage ebenfalls mit dem inkompressiblen Ansatz durchgeführt wird, ist der daraus resultierende Fehler jedoch vertretbar gering.

Als Kenngröße für die energetische Beurteilung einer Förderung wird der spezifische theoretische Leistungsbedarf nach Gl. (4.130) verwendet. Erweiterungen auf den Gesamtenergiebedarf, u. a. durch Berücksichtigung der Gasdruckverluste zwischen Druckerzeuger und Feststoffschleuse und des Wirkungsgrads des Druckerzeugers, sind auf einfache Weise möglich. Die tatsächlichen Leistungsbedarfszahlen können z. B. Unterlagen bzw. Anfragen beim gewünschten Druckerzeugerhersteller entnommen werden.

Versuchsergebnisse

Nachstehend werden die wesentlichen Versuchsergebnisse im Überblick dargestellt und aufgezeigt, wie diese auf die auszulegende Betriebsanlage übertragen werden können. Abb. 4.80 zeigt beispielhaft einen Ausschnitt aus den Versuchsprotokollen.

- **Förderkennlinien:** Abb. 4.81 zeigt die mit dem Metallerz an der Förderstrecke D_R x L_R = 82,5 *mm* x 152 *m* gemessene Abhängigkeit des Feststoffmassenstroms $\dot{m}_S$ von der Anfangsgeschwindigkeit $v_{F,in}$ ($\equiv v_{F,A}$) des Fördergases und der Druckdifferenz $|\Delta p_R|$ an der Leitung. Die genannten Druckdifferenzen $|\Delta p_R|$ sind die Mittelwerte der jeweiligen Versuchsserien, Abweichungen bis ±0,15 *bar* von diesen sind möglich. Die dazu korrespondierenden Beladungen liegen im Bereich von $\mu \cong (4 - 30)$ kg_S/kg_F, anwachsend mit abnehmender Gasgeschwindigkeit $v_{F,in}$ und größer werdendem Druckverlust $|\Delta p_R|$. Die Kurvenverläufe/Abhängigkeiten der Abb. 4.81 sind typisch auch für andere Schüttgüter.

  Die eingetragene Betriebsgrenze $v_{F,in,B}$ beschreibt den Verlauf der für einen stabilen Förderbetrieb (→ beim Kunden) zulässigen kleinsten Fördergas-Anfangsgeschwindigkeit. Sie basiert objektiv auf einem im Rahmen der Versuche festgelegten Maximalwert der den Messstreifen zu entnehmenden und auf ihren aktuellen Mittelwert bezogenen Förderdruckfluktuationen, vgl. Abb. 4.79, und den subjektiven Erfahrungen des Versuchsleiters.

Vers.-Nr.		210703-04-01	210703-04-02	210703-05-01	210703-05-02	240703-01-01	240703-01-04
Druck im Druckgefäß	[bar ü]	1,68	1,80	1,70	1,70	1,82	1,61
Rückdruck	[bar ü]	1,73	1,85	1,77	1,75	1,75	1,70
Temperatur	[K]	298	298	298	298	298	298
Gesamtgasmenge	[Nm³/min]	11,5	10,2	10,3	9,3	5,3	6,0
Gesamtgasmenge	[kg/h]	892,2	791,3	799,1	721,5	411,2	465,5
Feststoffdurchsatz	[t/h]	9,2	12,0	11,2	11,2	11,1	9,5
Fördergasmenge	[kg/h]	886,0	782,9	791,5	714,0	403,4	459,3
th. Gasgesch.Leitg.Anfg.	[m/s]	14,4	12,2	12,6	11,5	6,5	7,5
th. Gasgesch.Leitg.Ende	[m/s]	39,4	34,8	35,2	31,7	17,9	20,4
Beladung	[kgS/kgF]	10,4	15,3	14,2	15,7	27,5	20,6
F-Faktor	[---]	1528	1857	1815	1829	1816	1592

Abb. 4.80 Ausschnitt aus den Versuchsprotokollen, Leitung D_R x L_R = 82,5 *mm* x 152 *m*

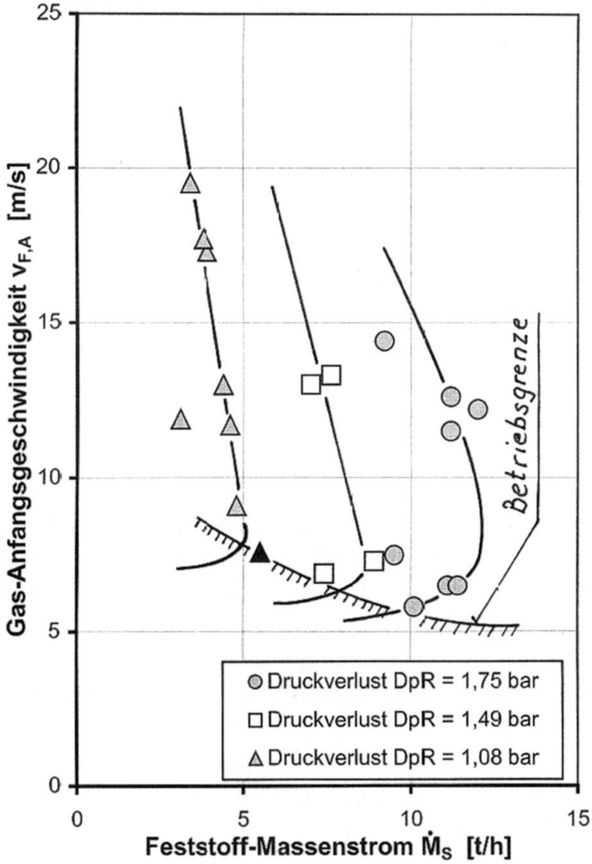

Abb. 4.81 Förderdiagramm Metallerz, $D_R \ x \ L_R = 82{,}5 \ mm \ x \ 152 \ m$

- **Minimale Betriebsgeschwindigkeit** $v_{F,in,B}$**:** Ein Vergleich der Förderdaten der nahe bzw. an der Betriebsgrenze $v_{F,in,B}$ liegenden Messpunkte mit der Gl. (4.106) zeigt, dass diese den Verlauf der Messergebnisse gut beschreibt, wenn die Konstante 0,25 durch den Wert 0,275 ersetzt wird, vgl. hierzu Abb. 4.82. Die dort dargestellte Grenzkurve wurde mit den Werten: Strähnendichte $\varrho_{b,Str} = 0{,}90 \cdot \varrho_{SS} = 0{,}90 \cdot 2070 \ kg/m^3 = 1853 \ kg/m^3$, Gasdichte am Leitungseintritt $\varrho_{F,in} = \varrho_{F,0} \cdot T_0/T_S \cdot p_{in}/p_0 = 1{,}20 \ kg/m^3 \cdot 293 \ K/293 \ K \cdot p_{in}/1{,}0 \ bar$, hier mit $T_0 = T_S$, Rohrdurchmesser $D_R = 0{,}0825 \ m$ ermittelt. Da Gl. (4.106) auf einem dimensionsanalytischen Ansatz basiert ($\rightarrow Fr_R(\varrho_{b,Str}/\varrho_{F,in})$), ist sie für ein sicheres Scale-up der Gasgeschwindigkeit $v_{F,in,B}$ auf die Bedingungen in der Betriebsanlage geeignet. Verwendet wird hierzu die entsprechend korrigierte Gl. (4.136):

$$v_{F,in,B} > 0{,}275 \cdot \sqrt{g \cdot D_R \cdot \frac{0{,}90 \cdot \varrho_{SS}}{\varrho_{F,0} \cdot \frac{T_0}{T_S} \cdot \frac{p_{in}}{p_0}}} \qquad (4.136)$$

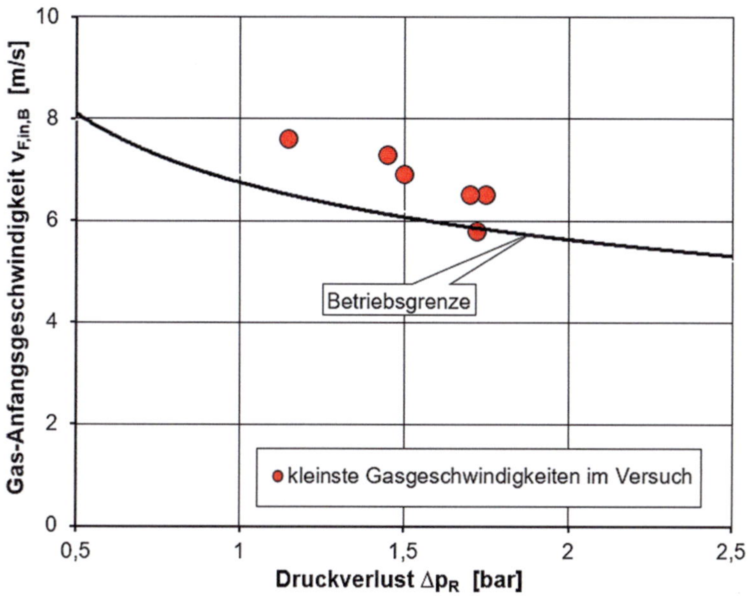

Abb. 4.82 Verlauf der minimalen Betriebsgeschwindigkeit $v_{F,in,B}$ nach Gl. (4.136) für den Leitungsdurchmesser $D_R = 82{,}5\ mm$

Ein Vergleich der Betriebsgrenzen in den Abb. 4.81 und 4.82 zeigt, dass die Versuchsdurchführenden, Abb. 4.81, die Werte für $v_{F,in,B}$ etwas höher ansetzen als die (korrigierte) Theorie. Das ist bei der Auslegung der Betriebsanlage mit zu berücksichtigen.

- **Widerstandsbeiwerte λ_{tot}:** Die λ_{tot}-Werte wurden mittels der Gl. (4.135a) aus den vorliegenden Messergebnissen zurückgerechnet und sind in Abb. 4.83 dargestellt. Eingetragene Trendlinien verdeutlichen ihren prinzipiellen Verlauf. Die Froude-Zahl Fr_R wird mit der geometrisch gemittelten Gasgeschwindigkeit $\overline{v}_F$ gebildet. Somit gilt:

$$Fr_R = \frac{v_{F,in} \cdot v_{F,out}}{g \cdot D_R} \tag{4.137}$$

Zur Vereinfachung der Handhabung bei der Auslegung der Betriebsanlage werden die Messdaten aus Abb. 4.83 zu einer Gleichung zusammengefasst. Die λ_{tot}-Verläufe bei jeweils gegebener Beladung μ können durch Potenzfunktionen der Form

$$\lambda_{tot} = \frac{a(\mu)}{Fr_R^{n(\mu)}} \tag{4.138}$$

beschrieben werden. Aus den vorliegenden Messungen folgt für

$$a(\mu) = 0{,}022 \cdot \mu^{1{,}5946} \tag{4.138a}$$

und für

$$n(\mu) = 0{,}151 \cdot \mu^{0{,}5785} \quad \rightarrow \quad n(\mu) \leq 1 \tag{4.138b}$$

Hieraus resultiert als Gesamtgleichung für den untersuchten Messbereich:

$$\lambda_{tot} = \frac{0{,}022 \cdot \mu^{1{,}5946}}{Fr_R^{0{,}151 \cdot \mu^{0{,}5785}}} \tag{4.138c}$$

Die Bedingung $n(\mu) \leq 1$ folgt aus der Beobachtung, dass $n(\mu)$, d. h. der Exponent der Fr_R-Zahl, bei hohen Beladungen μ in den Wert 1 einläuft ($\rightarrow$ in der vorliegenden Untersuchung ab $\mu \gtrsim 26$). Dieser Sachverhalt wird durch in der Literatur veröffentlichte Untersuchungen zur Dichtstromförderung feinkörniger Schüttgüter bestätigt, vgl. z. B. [88]. Abb. 4.84 zeigt einen Vergleich der gemessenen und mit Gl. (4.138c) berechneten λ_{tot}-Werte. Die an der Leitung D_R *x* L_R = 52,4 *mm x* 152 *m* ermittelten λ_{tot}-Werte ordnen sich ohne signifikante Abweichungen in die Abb. 4.84 ein. Mit λ_{tot} werden die Rückwirkungen der suspendierten Schüttgutpartikeln auf die Gasströmung berücksichtigt.

- **Druckabhängigkeit des Feststoffdurchsatzes:** Die Abhängigkeit $\Delta p_R\left(\dot{m}_S, v_{F,in} = konst.\right)$ ist beispielhaft für eine Gasgeschwindigkeit am Förderleitungseintritt von $v_{F,\,in} \cong 7{,}2\ m/s$ in Abb. 4.85 aufgetragen und kann durch den Potenzansatz

$$\left|\Delta p_R\right| \propto \dot{m}_S^{0{,}741} \quad \rightarrow \quad bzw. \quad \dot{m}_S \propto \left|\Delta p_R\right|^{1{,}349} \tag{4.139a,b}$$

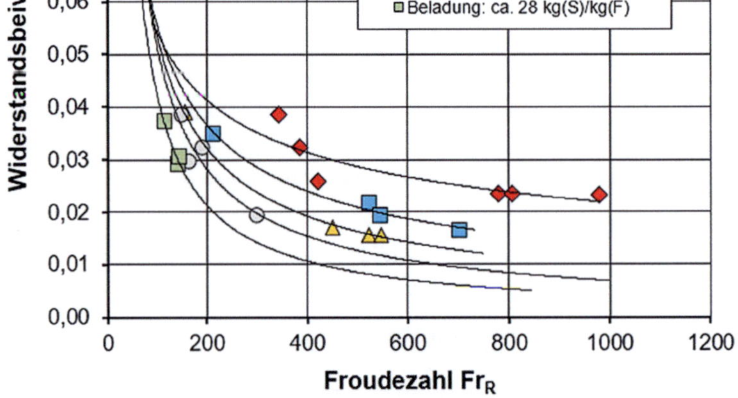

Abb. 4.83 Gemessene Widerstandsbeiwerte $\lambda_{tot}(Fr_R, \mu)$, Rohrwerkstoff = Normalstahl

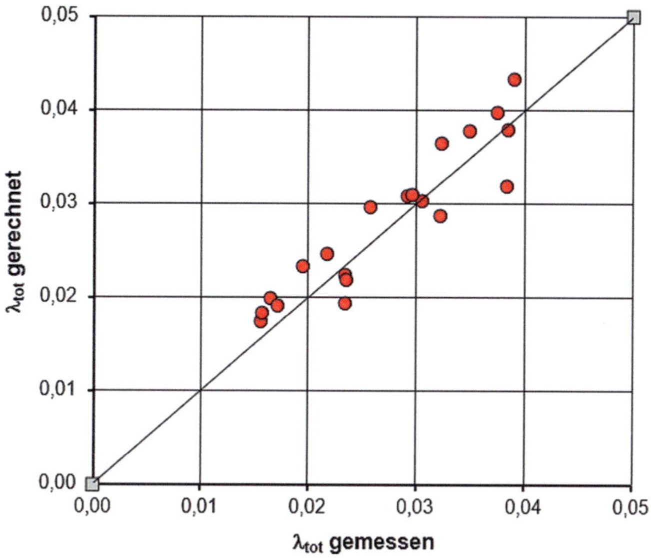

Abb. 4.84 Vergleich der gemessenen und mit Gl. (4.138c) berechneten λ_{tot}-Werte

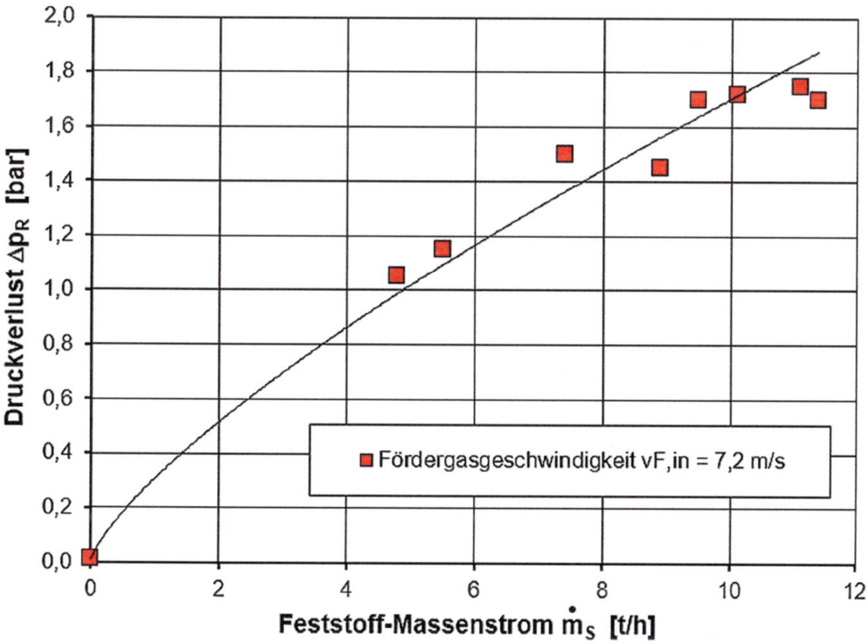

Abb. 4.85 Abhängigkeit des Feststoffmassenstroms $\dot{m}_S$ vom Druckverlust Δp_R bei $v_{F,in} \cong 7{,}2\ m/s$

beschrieben werden, d. h. der Durchsatz $\dot{m}_S$ wächst bei gegebenem $v_{F,in}$ überproportional mit der an der Förderleitung anliegenden Druckdifferenz Δp_R. Für den Exponenten x des Massenstroms in der Gl. (4.139a) wurden für viele Schüttgüter und über größere Gasgeschwindigkeitsbereiche $v_{F,in}$ Werte der Größenordnung $x \cong 0{,}7$ gefunden [95]. Auf diesen Zusammenhang wird noch eingegangen.

- **Eignung des Druckgefäßes/Schleusenauswahl:** Das Druckgefäß hat sich zum Eintrag des untersuchten Metallerzes in pneumatische Förderstrecken als stabil und sehr gut geeignet erwiesen. Aufgrund seiner Produkteigenschaften, u. a. der großen Produktdichten und der Tendenz zu hohem Verschleiß, sollten für das Metallerz jedoch nur Druckgefäße mit ausreichend belüftetem Schüttgutaustrag nach unten (→ bottom discharge) eingesetzt werden. Nachteilig beim intermittierend arbeitenden Druckgefäß ist, dass zur Kompensierung der Totzeiten (→ Befüllung, Bespannung und Entspannen des Senders) der Feststoffdurchsatz $\dot{m}_{S,för}$ während der eigentlichen Förderphase größer als der nominale Auslegungsdurchsatz $\dot{m}_S$ sein muss. Es gilt:

$$\dot{m}_{S,för} = f_Q \cdot \dot{m}_S \tag{4.139}$$

Der sogenannte Zuschlagsfaktor $f_Q \geq 1$ ist abhängig von der aktuellen Druckgefäßschaltung (→ Einzelgefäß, 2 Gefäße wechselweise parallel, 2 Gefäße in Reihe usw.) und kann i. Allg. nicht vorausberechnet sondern muss iterativ ermittelt werden. Der mögliche Förderdruck p_{in} ist bei Druckgefäßsendern im Prinzip nach oben unbegrenzt [3]. Das erlaubt hohe Beladungen, führt auf kleine Rohrdurchmesser usw.

Als alternative Feststoffschleusen kommen für den vorliegenden Einsatzfall nur sogenannte Schneckenschleusen (→ hochtourig laufende Pressschnecken) [3, 101] und spezielle hochverschleißfeste Zellenradschleusen (→ Hochdruckschleusen) [3] in Frage. Beide Systeme sind bei extrem abrasiven Produkten hinsichtlich des Förderdrucks auf $p_{in} \lesssim (1{,}0-1{,}2)\,bar(ü.)$ begrenzt, arbeiten aber kontinuierlich und benötigen eine deutliche geringere Einbauhöhe als entsprechende Druckgefäße. Beim Einsatz einer Schneckenschleuse muss deren relativ große Antriebsleistung zusätzlich berücksichtigt werden.

Zur Absicherung der Kundenmeinung wurden diesem die oben angeführten alternativen Ausführungsvarianten mit ihren Vor- und Nachteilen anhand eines konkreten Auslegungsbeispiels (→ vergleichbar der vorliegenden Aufgabenstellung) inklusive der jeweiligen Investitionskosten in einer Präsentation dargestellt. Entscheidung: Ausrüstung der geplanten Förderanlage mit einem Einzeldruckgefäß.

4.6.5 Auslegung der Förderanlage

Der Betrieb der geplanten Förderanlage ist durch die Bedingungen $v_{F,in} \geq v_{F,in,B}$ und $v_{F,out} \leq 20\ m/s$ eingeschränkt. Für die untere Betriebsgrenze wird hier als Kompromiss zwischen Theorie (→Gl. (4.136), Abb. 4.82) und Praxis (→Abb. 4.81) der Ansatz

$$v^*_{F,in,B} \geq v_{F,in,B} + 1{,}0\frac{m}{s} \quad \rightarrow \quad v_{F,in,B}\ nach\ Gl.(4.136) \tag{4.140}$$

verwendet.

Zur Ermittlung des gesamten für den Förderprozess erforderlichen Energiebedarfs wird für die Zuführung zum und für die Verteilung des Fördergases am Druckgefäßsender eine Druckdifferenz von $|\Delta p_{zu}| = 0{,}40\ bar$ eingeplant.

Bei der Druckgefäßförderung muss zwischen dem Leistungsbedarf $P_{V,för}$ während der eigentlichen Förderphase des Senders $\Delta t_{för} = \Delta t_{Ch}/f_Q$, Δt_{Ch}= Chargendauer, und einem über den gesamten Förderzyklus bzw. Δt_{Ch} gemittelten Leistungsbedarf $\overline{P}_V$ unterschieden werden. $P_{V,för}$ ist dabei der dominierende Größtwert für den der Druckerzeuger ausgelegt werden muss. Da im $\overline{P}_V$ -Wert Zeiten mit geringerem Leistungsbedarf enthalten sind, gilt: $P_{V,för} > \overline{P}_V$. Die Ermittlung von $\overline{P}_V$ erfordert die genaue Kenntnis/Aufschlüsselung des Druckgefäßzyklus [3]. Zur energetischen Beurteilung von Druckgefäßförderungen ist es zunächst ausreichend, deren Leistungsbedarfe $P_{V,för}$ zu vergleichen. Für diese gilt mit $p_V = p_{in} + |\Delta p_{zu}|$, $p_{out} = p_0$, $\varrho_{F,out} = \varrho_{F,0}$ und Berücksichtigung der Gl. (4.132) sowie einem Wirkungsgrad des Druckerzeugers von $\eta_V \cong 0{,}70$:

$$P_{V,för} = \left(\dot{m}_{F,R} + \frac{\dot{m}_{S,för}}{\varrho_S} \cdot \varrho_{F,B}\right) \cdot \frac{p_0}{\varrho_{F,0}} \cdot \frac{n}{n-1} \cdot \left(\left(\frac{p_V}{p_0}\right)^{\frac{n-1}{n}} - 1\right) \cdot \frac{1}{\eta_V} \tag{4.141}$$

Ein Vergleich der Konstruktion zur Ermittlung maximaler Beladungen bei unterschiedlichen Druckdifferenzen Δp_R in Abb. 4.76 mit den Geschwindigkeiten der in Abb. 4.81 eingetragenen Betriebsgrenze verdeutlicht, dass die mit dem vorliegenden Produkt realisierbaren energetisch optimalen Gasgeschwindigkeiten am Leitungsanfang mit denjenigen der Betriebsgrenze identisch sind. Für diese wird $v^*_{F,in,B}$ entsprechend Gl. (4.140) verwendet.

Die Leitungsverläufe der beiden Versuchs- und der geplanten Betriebsstrecke sind weitestgehend ähnlich. Spezielle Korrekturen bei der Druckverlustberechnung sind somit nicht erforderlich. Alle Berechnungen werden mit $T_S = T_M = 20\ °C \equiv 293\ K$ durchgeführt, da dies bei vorgegebener Anfangsgeschwindigkeit $v_{F,in}$ auf den größten bereitzustellenden Gasstrom $\dot{m}_{F,R}$ führt.

Es ist der Einsatz nahtloser Normalstahlrohre mit einer Wanddicke von $\Delta s_W = 6{,}3\ mm$ (→ hoher Verschleiß durch das Schüttgut erwartet) geplant. Werden geschweißte Stahlrohre verwendet, dann sind nur längsnahtgeschweißte Rohre zulässig. Deren Naht sollte in den horizontalen Förderabschnitten im oberen Scheitelpunkt des Rohres angeordnet sein. Spiralgeschweißte Rohre sind aufgrund ihres i. Allg. höheren Widerstandsbeiwerts und größerer Rückwirkungen auf die Gas/Feststoff-Strömung zu vermeiden.

- **Größe des Druckgefäßes:** Bei vorgegebener Chargenzahl/Zeiteinheit $\dot{N}_{Ch} = \Delta N_{Ch} / \Delta t$, i. Allg. als *Chargen/h* definiert, berechnet sich das Nettovolumen = nutzbares Schüttgutfüllvolumen eines Einzelgefäßes zu

$$V_{B,netto} = \frac{\dot{m}_S}{\varrho_{b,B} \cdot \dot{N}_{Ch}} \quad \rightarrow \quad mit: \dot{N}_{Ch} \leq \dot{N}_{Ch,max} \tag{4.142}$$

mit:

$\varrho_{b,B}$: - Schüttgutdichte im Druckgefäß nach dessen Befüllung → für feinkörnige Produkte gilt: $\varrho_{b,B} \cong 0{,}90 \cdot \varrho_{SS}$.

Geeignete Behältergrößen werden der Baureihe des Anbieters entnommen. Die maximale Chargenzahl/Zeiteinheit $\dot{N}_{Ch,max}$ ist eine herstellerspezifische Kenngröße, die u. a. die Abrasivität des Schüttguts, den Förderdruck, das Förderverfahren und die Sendergröße selbst berücksichtigt. Im hier betrachteten Einsatzfall gilt mit $\dot{N}_{Ch} = 10\ Chargen/h$

$$V_{B,netto} = \frac{\dot{m}_S}{0{,}90 \cdot \varrho_{SS} \cdot \dot{N}_{Ch}} = \frac{25000 \frac{kg}{h}}{0{,}90 \cdot 2070 \frac{kg}{m^3} \cdot 10 \frac{1}{h}} = 1{,}34\, m^3$$

Da keine baulichen Beschränkungen bestehen, wird ein Standard-Druckgefäß der Größe

$$V_{B,netto} = 2{,}0\, m^3 \quad \rightarrow \quad mit: \dot{N}_{Ch} = 6{,}71 \frac{Chargen}{h}, \quad \Delta t_{Ch} = 8{,}94 \frac{min}{Charge}$$

gewählt. Die geringere Schaltzahl $\dot{N}_{Ch}$ reduziert den Verschleiß an den durch das Schüttgut hochbeanspruchten Einlass-, Auslass- und Entspannungsarmaturen des Senders und verringert auch den Zuschlagsfaktor

$$f_Q = \frac{\dot{m}_S}{\dot{m}_{S,för}} = \frac{\Delta t_{Ch}}{\Delta t_{för}} = \frac{\Delta t_{Ch}}{\Delta t_{Ch} - \Delta t_{tot}} \tag{4.143}$$

da der Totzeitanteil Δt_{tot} der gesamten Chargenzeit Δt_{Ch} reduziert und damit die eigentliche Förderzeit $\Delta t_{för}$ verlängert wird. f_Q kann erst nach Auslegung der Anlage, d. h. nach Kenntnis des Gasdurchsatzes, des Förderdrucks usw., rückgerechnet und ggf. korrigiert werden, vgl. hierzu [3, dort Kapitel 7.1 sowie das Berechnungsbeispiel in Kapitel 9]. Aufgrund vorliegender Erfahrungen wird im vorliegenden Einsatzfall von einem Zuschlagsfaktor von $f_Q = 1{,}30$ ausgegangen. Der Schüttgutmassenstrom während der Förderphase der Betriebsanlage beträgt somit

$$\dot{m}_{S,för} = f_Q \cdot \dot{m}_S = 1{,}30 \cdot 25{,}0 \frac{t}{h} = 32{,}5 \frac{t}{h}$$

- **Abschätzung eines Förderrohrdurchmessers:** Mit Gl. (4.135)

$$|\Delta p_R| = \frac{2}{\pi} \cdot \lambda_{tot} \cdot \dot{m}_{S,för} \cdot \frac{L_R}{D_R^3} \cdot \overline{v}_F$$

kann durch Vergleich der Versuchsdaten mit denjenigen der Betriebsanlage deren möglicher Förderrohrdurchmesser abgeschätzt werden. Hierbei wird angenommen, dass die $(\lambda_{tot}, \overline{v}_F)$-Werte des für die Hochrechnung ausgewählten Versuchs auch für die Betriebsanlage gültig sind. Dies ist eine grobe Näherung, da der veränderte Rohrdurchmesser der Großanlage die Fr_R-Zahl und die größere Förderentfernung die Beladung μ in Gl. (4.138c) und damit auch den Widerstandsbeiwert λ_{tot} verändern.

Als Referenz (Index V) wird der Förderversuch 240703-01-04, vgl. Abb. 4.80, angezogen:

• Druckdifferenz Förderleitung:	$\lvert\Delta p_R\rvert_V = 1{,}70\ bar$,
• Leitungslänge:	$L_{R,V} = 152\ m$,
• Leitungsdurchmesser:	$D_{R,V} = 82{,}5\ mm$,
• Feststoffdurchsatz:	$\dot{m}_{S,V} = 9{,}5\ t/h$,
• Gaseintrittsgeschwindigkeit:	$v_{F,in,V} = 7{,}5\ m/s$,
• Gasaustrittsgeschwindigkeit:	$v_{F,out,V} = 20{,}4\ m/s$,

Mit den Betriebsdaten der Großanlage (Index B)

• Druckdifferenz Förderleitung:	$\lvert\Delta p_R\rvert_B \cong 1{,}70\ bar$, angenommener Wert,
• Leitungslänge:	$L_{R,B} = 250\ m$,
• Feststoffdurchsatz:	$\dot{m}_{S,för,B} = 32{,}5\ t/h$,
• Gaseintrittsgeschwindigkeit:	$v_{F,in,B} \cong 7{,}5\ m/s$,
• Gasaustrittsgeschwindigkeit:	$v_{F,out,B} \cong 20{,}4\ m/s$,

folgt dann durch Vergleich der zugehörigen Gl. (4.135) der Förderohrdurchmesser der Betriebsanlage. Es gilt.

$$D_{R,B} = D_{R,V} \cdot \sqrt[3]{\frac{\dot{m}_{S,för,B}}{\dot{m}_{S,V}} \cdot \frac{L_{R,B}}{L_{R,V}}} = 82{,}5\,mm \cdot \sqrt[3]{\frac{32{,}5\,t/h}{9{,}5\,t/h} \cdot \frac{250\,m}{152\,m}} = 146{,}7\,mm$$

Da Rohrnormen auf den Rohraußendurchmessern basieren, führt das bei einer Wanddicke von $\Delta s_W = 6{,}3\ mm$ auf einen Außendurchmesser von 159,3 *mm*. Es wird der nächst größere Vorzugsdurchmesser ∅168,3 *x* 6,3 *mm* (→ kostengünstiger, international verfügbarer Rohrdurchmesser) mit $\boldsymbol{D_{R,B}}$ **= 155,7 *mm*** für eine erste genauere Druckverlustberechnung gewählt.

- **Druckverlustberechnung** Diese muss iterativ durchgeführt werden. Ausgehend von einem Förderrohr-Innendurchmesser, hier $D_R = 155{,}7\ mm$, wird ein Druckverlust $|\Delta p_R|$ geschätzt und mit diesem eine Gasgeschwindigkeit $v_{F,in} = v^*_{F,in,B}$ am Leitungsanfang berechnet. Mit Hilfe des geschätzten $|\Delta p_R|$ können $v_{F,out}$, der erforderliche Fördergasstrom $\dot{m}_{F,R}$, die Beladung $\mu_{för}$, die Froudezahl Fr_R und der Widerstandsbeiwert λ_{tot} ermittelt werden. Diese Daten erlauben die Berechnung eines korrigierten Druckverlusts $|\Delta p_R|_{kor}$, der mit dem vorab geschätzten Wert $|\Delta p_R|$ verglichen wird. Dieser Vorgang muss solange wiederholt werden, bis im Rahmen einer festgelegten Genauigkeit $|\Delta p_R|_{kor} \cong |\Delta p_R|$ gilt.

Im vorliegenden Betriebsfall wird aufgrund der obigen Ausführungen der Leitungsdruckverlust mit $|\Delta p_R| \cong 2{,}00\ bar$ abgeschätzt, d. h. $p_{in} = 3{,}0\ bar$, $p_{out} = p_0 = 1{,}0\ bar$. Aus den Gl. (4.136) und (4.140) folgt daraus mit $(0{,}90 \cdot \varrho_{SS}) = 1853\ kg/m^3$ und $\varrho_{F,0} \cdot (T_0/T_S) = 1{,}20\ kg/m^3$

$$v_{F,in} = v^*_{F,in,B} = 0{,}275 \cdot \sqrt{g \cdot D_R \cdot \frac{0{,}90 \cdot \varrho_{SS}}{\varrho_{F,0} \cdot \frac{T_0}{T_S} \cdot \frac{p_{in}}{p_0}}} + 1{,}0\frac{m}{s}$$

$$= 0{,}275 \cdot \sqrt{9{,}81\frac{m}{s^2} \cdot 0{,}1557\,m \cdot \frac{1853\,kg/m^3}{1{,}20\frac{kg}{m^3} \cdot \frac{3{,}0\,bar}{1{,}0\,bar}}} + 1{,}0\frac{m}{s} = 8{,}71\frac{m}{s}$$

Hieraus resultiert als Gasgeschwindigkeit am Leitungsende:

$$v_{F,out} = v_{F,in} \cdot \frac{p_{in}}{p_{out}} = 8{,}71\frac{m}{s} \cdot \frac{3{,}0\ bar}{1{,}0\ bar} = 26{,}13\ \frac{m}{s}$$

Der notwendige Fördergasmassenstrom errechnet sich zu:

$$\dot{m}_{F,R} = \frac{\pi}{4} \cdot D_R^2 \cdot \varrho_{F,0} \cdot v_{F,out} = \frac{\pi}{4} \cdot \left(0{,}1557\,m\right)^2 \cdot 1{,}20\frac{kg}{m^3} \cdot 26{,}13\frac{m}{s} \cdot 3600\frac{s}{h} = 2149{,}3\frac{kg}{h}$$

Für die Beladung der Förderung folgt daraus:

$$\mu_{för} = \frac{\dot{m}_{S,för}}{\dot{m}_{F,R}} = \frac{32500\frac{kg}{h}}{2149{,}3\frac{kg}{h}} = 15{,}12\frac{kg_S}{kg_F}$$

Die Froudezahl, Gl. (4.137), beträgt somit

$$Fr_R = \frac{v_{F,in} \cdot v_{F,out}}{g \cdot D_R} = \frac{8{,}71\frac{m}{s} \cdot 26{,}13\frac{m}{s}}{9{,}81\frac{m}{s^2} \cdot 0{,}1557\,m} = 149{,}0$$

und der mit Gl. (4.138c) berechnete Widerstandsbeiwert

$$\lambda_{tot} = \frac{0{,}022 \cdot \mu^{1{,}5946}}{Fr_R^{0{,}151 \cdot \mu^{0{,}5785}}} = \frac{0{,}022 \cdot 15{,}12^{1{,}5946}}{149{,}0^{0{,}151 \cdot 15{,}12^{0{,}5785}}} = 0{,}0441$$

Gl. (4.135) liefert den korrigierten Druckverlust

$$\begin{aligned} |\Delta p_R|_{kor} &= \frac{2}{\pi} \cdot \lambda_{tot} \cdot \dot{m}_{S,för} \cdot \frac{L_R}{D_R^3} \cdot \overline{v}_F \\ &= \frac{2}{\pi} \cdot 0{,}0441 \cdot \frac{32500\ kg/h}{3600\ s/h} \cdot \frac{250\,m}{(0{,}1557\,m)^3} \cdot \sqrt{8{,}71\frac{m}{s} \cdot 26{,}13\frac{m}{s}} \\ &= 253251{,}2\,Pa \equiv 2{,}533\,bar \end{aligned}$$

Wiederholtes Einsetzen des jeweils ermittelten $|\Delta p_R|_{kor}$ als neuen Schätz-/Startwert in den dargestellten Rechengang, führt auf die in Tab. 4.10 zusammengefassten Ergebnisse der Iteration. Nach drei Iterationsschritten beträgt der relative Fehler $(|\Delta p_R|_{kor} - |\Delta p_R|)/|\Delta p_R| \cong 0{,}53\ \%$. Die Iteration wird abgebrochen. Alle für die Auslegung relevanten Daten sind fett hinterlegt.

Die vom Kunden verlangte maximale Gasgeschwindigkeit $v_{F,out} \leq 20{,}0\ m/s$ wird entlang des Förderrohrs $D_R = 155{,}7\ mm$ deutlich überschritten. Um die Bedingung $v_{F,out} \leq 20{,}0\ m/s$ einzuhalten, muss die betrachtete Leitung entweder gestaffelt werden oder es muss alternativ ein größerer ungestaffelter Rohrdurchmesser D_R eingesetzt werden. Nachfolgend werden beide Fälle betrachtet.

- **Staffelung des Förderrohrs D_R = 155,7 *mm*:** Es wird von einer (näherungsweise) linearen Druckabnahme $p_X(L_R)$ entlang der Förderstrecke L_R ausgegangen, d. h.

$$p_X = p_{in} - \frac{|\Delta p_R|}{L_R} \cdot L_X = p_{out} + \frac{|\Delta p_R|}{L_R} \cdot (L_R - L_X) \tag{4.144}$$

Tab. 4.10 Iterationsverlauf, Förderrohr D_R = 155,7 *mm*, ungestaffelt

Umlauf	[*Nr.*]	1	2	3
$\|\Delta p_R\|$	[*bar*]	2,00	2,533	2,628
$v_{F,in}$	[*m/s*]	8,71	8,11	**8,01**
$v_{F,out}$	[*m/s*]	26,13	28,64	**29,01**
$\dot{m}_{F,R}$	[*kg/h*]	2149,3	2355,4	**2390,8**
$\mu_{för}$	[kg_S/kg_F]	15,12	13,80	**13,59**
Fr_R	[1]	149,0	152,0	**152,5**
λ_{tot}	[1]	0,0441	0,0453	**0,0455**
$\|\Delta p_R\|_{kor}$	[*bar*]	2,533	2,628	**2,642**

Die Gasgeschwindigkeit $v_{F,X}$ an der Stelle L_X beträgt dann

$$v_{F,X} = v_{F,in} \cdot \frac{p_{in}}{p_X} = v_{F,in} \cdot \frac{p_{in}}{p_{in} - \frac{|\Delta p_R|}{L_R} \cdot L_X}$$

Für eine vorgegebene Gasgeschwindigkeit $v_{F,X}$, an der die Leitung gestaffelt/erweitert werden soll, berechnet sich die korrespondierende Rohrlänge zu

$$L_X = \frac{L_R}{|\Delta p_R|} \cdot p_{in} \cdot \left(1 - \frac{v_{F,in}}{v_{F,X}}\right) \tag{4.145}$$

Im vorliegenden Einsatzfall wird $v_{F,X} = 18{,}00\ m/s$ gewählt (→ Sicherheitsabstand zu den verlangten $v_F \leq 20{,}0\ m/s$). Somit gilt für L_X bzw. p_X:

$$L_X = \frac{250\,m}{2{,}642\,\text{bar}} \cdot 3{,}642\,\text{bar} \cdot \left(1 - \frac{8{,}01\,m/s}{18{,}00\,m/s}\right) \cong 191\,m$$

$$p_X = 3{,}642\,\text{bar} - \frac{2{,}642\,\text{bar}}{250\,m} \cdot 191\,m = 1{,}624\,bar$$

Nach $L_X \cong 191\ m$ muss der vorhandene Leitungsdurchmesser $D_R = 155{,}7\ mm$ vergrößert werden, um die Gasgeschwindigkeit unter dem vorgegebenen Maximalwert zu halten. Hierbei sind Rohrerweiterungen direkt vor oder hinter Umlenkungen zu vermeiden. Das nächst größere Vorzugsrohr hat die Abmessungen Ø219,1 x 6,3 mm, d. h. $D_{R,X} = 206{,}5\ mm$. Der Einsatz dieses Rohrs würde zu einer (theoretischen) Gasgeschwindigkeit von $v_{F,in,2} = v_{F,X} \cdot (D_R/D_{R,X})^2 = 18{,}00\ m/s \cdot (155{,}7\ mm/206{,}5\ mm)^2 = 10{,}23 m/s$ am nachfolgenden Staffelrohranfang 2 führen. Aufgrund praktischer Erfahrungen ist ein derartiger Geschwindigkeitseinbruch zu groß: Es kommt zu ausgeprägter Gas/Feststoff-Entmischung, zu Pulsationen und ggf. zur Leitungsverstopfung. Generell muss am jeweiligen Staffelrohranfang die Bedingung $v_{F,X} \geq v^*_{F,in,B,X}$ erfüllt sein. $v^*_{F,in,B,X}$, Gl. (4.140), beschreibt hierbei die mit p_X gebildete lokale Betriebsgrenze. Für den Rohrdurchmesser $D_{R,X} = 206{,}5\ mm$ gilt am Staffelpunkt:

$$v^*_{F,in,B,X} = 0{,}275 \cdot \sqrt{9{,}81\frac{m}{s} \cdot 0{,}2065\,m \cdot \frac{1853\,kg/m^3}{1{,}20\frac{kg}{m^3} \cdot \frac{1{,}624\,bar}{1{,}0\,bar}}} + 1{,}0\frac{m}{s}$$

$$= 13{,}07\frac{m}{s} > v_{F,in,2} = 10{,}23\frac{m}{s}$$

Der Durchmesser des Rohrs $D_{R,X} = D_{R,2} = 206{,}5\ mm$ ist also auch unter diesem Gesichtspunkt zu groß und damit ungeeignet.

Verfügbar ist als Zwischengröße das (kostenintensivere) Rohr 193,7 x 6,3 mm, $D_{R,X} = 181{,}1\ mm$. Bei diesem Rohr beträgt die Gasgeschwindigkeit am Staffelrohranfang

$v_{F,in,2} = v_{F,X} \cdot (D_R/D_{R,X})^2 = 18{,}00\ m/s \cdot (155{,}7\ mm/181{,}1\ mm)^2 = 13{,}30\ m/s$ und die zugehörige lokale Betriebsgrenze

$$v^*_{F,in,B,X} = 0{,}275 \cdot \sqrt{9{,}81\frac{m}{s} \cdot 0{,}1811\,m \cdot \frac{1853\,kg/m^3}{1{,}20\frac{kg}{m^3} \cdot \frac{1{,}624\,bar}{1{,}0\,bar}}} + 1{,}0\frac{m}{s} = 12{,}30\frac{m}{s}$$

Für das relativ gut fluidisierbare und langsam entlüftende Metallerz, vgl. Abb. 4.77c und 4.77d, ist der sich an der Staffelstelle einstellende Gasgeschwindigkeitsabfall noch problemlos. Der Rohrdurchmesser $D_{R,X} = D_{R,2} = 181{,}1\ mm$ wird eingesetzt. Die Gasgeschwindigkeit am Förderleitungsende beträgt: $v_{F,out,\,2} = v_{F,in,2} \cdot p_{in,2}/p_{out,\,2} = v_{F,in,2} \cdot p_X/p_0 = 13{,}30\ m/s \cdot 1{,}624\ bar/1{,}00\ bar = 21{,}55\ m/s$. Nach Rücksprache mit dem Kunden kann auf ein weiteres Staffelrohr verzichtet werden.

Es ist ersichtlich, dass die vorstehend dimensionierte Staffelung von einem hinsichtlich des gewählten Staffelrohrdurchmessers $D_{R,x}$ und der Lage L_X des Staffelpunkts unbeeinflussten Gesamtdruckverlust Δp_R der Förderstrecke ausgeht. Das ist eine Annahme, die für 2-fach gestaffelte Leitungen näherungsweise zutrifft, vgl. [3, 87], nicht aber für größere Staffelrohranzahlen. Um die genaue Druckdifferenz und die genaue Position des Staffelpunkts zu ermitteln, muss die vorliegende Leitung wie eine Reihenschaltung zweier Einzelrohre behandelt werden, d. h.

$$\left|\Delta p_R\right| = \frac{2}{\pi} \cdot \dot{m}_{S,för}\left(\lambda_{tot,1} \cdot \frac{L_{R,1}}{D^3_{R,1}} \cdot \sqrt{v_{F,in,1} \cdot v_{F,out,1}} + \lambda_{tot,2} \cdot \frac{L_{R,2}}{D^3_{R,2}} \cdot \sqrt{v_{F,in,2} \cdot v_{F,out,2}}\right) \tag{4.146}$$

Es sind folgende Daten bekannt: Gas- und Feststoffmassenstrom $\dot{m}_{F,R}$ und $\dot{m}_{S,för}$, somit die Beladung $\mu_{för}$ die Staffelrohrdurchmesser $D_{R,1}$ und $D_{R,2}$, die Gasgeschwindigkeit $v_{F,out,1} = v_{F,X}$ am Ende des ersten Staffelrohrs, die Gasgeschwindigkeit $v_{F,in,2} = v_{F,X} \cdot (D_R/D_{R,X})^2$ am Anfang des zweiten Staffelrohrs, die Gasgeschwindigkeit am Ende der Förderleitung $v_{F,out,2} = \dot{m}_{F,R}/\left(\pi/4 \cdot D^2_{R,2} \cdot \varrho_{F,0}\right)$ und damit das Druckverhältnis $p_{in,2}/p_{out,2} = p_X/p_0 = v_{F,X}/v_{F,\,out,2}$. Hieraus folgt der Druckverlust $|\Delta p_{R,2}| = (p_X - p_0)$ des zweiten Staffelrohrs. Aus diesem kann bei Kenntnis der λ_{tot}-Abhängigkeit eine genauere Lage des Staffelpunkts L_X mittels der Gl. (4.135) ermittelt werden. Im vorliegenden Fall gilt mit den Gl. (4.137), (4.135a) und (4.138c):

$$Fr_{R,2} = \frac{v_{F,in,2} \cdot v_{F,out,2}}{g \cdot D_{R,2}} = \frac{13{,}30\frac{m}{s} \cdot 21{,}55\frac{m}{s}}{9{,}81\frac{m}{s^2} \cdot 0{,}1811\,m} = 161{,}3$$

$$\lambda_{tot,2} = \frac{0{,}022 \cdot \mu^{1{,}5946}}{Fr_R^{0{,}151 \cdot \mu^{0{,}5785}}} = \frac{0{,}022 \cdot 13{,}59^{1{,}5946}}{161{,}3^{0{,}151 \cdot 13{,}59^{0{,}5785}}} = 0{,}0438$$

$$\left|\Delta p_{R,2}\right| = \left(p_X - p_0\right) = p_0 \cdot \left(\frac{v_{F,out,2}}{v_{F,in,2}} - 1\right) = 1{,}0\,bar \cdot \left(\frac{21{,}55\frac{m}{s}}{13{,}30\frac{m}{s}} - 1\right) = 0{,}620\,bar$$

$$L_{R,2} = \frac{\left|\Delta p_{R,2}\right| \cdot D_{R,2}^3}{\frac{2}{\pi} \cdot \dot{m}_{S,för} \cdot \lambda_{tot,2} \cdot \sqrt{v_{F,in,2} \cdot v_{F,out,2}}}$$

$$= \frac{0{,}620 \cdot 10^5\,N/m^2 \cdot \left(0{,}1811\,m\right)^3}{\frac{2}{\pi} \cdot \frac{32500\,kg/h}{3600\,s/h} \cdot 0{,}0438 \cdot \sqrt{13{,}30\,m/s \cdot 21{,}55\,m/s}} = 86{,}4\,m$$

Die Länge des Staffelrohr 1 beträgt somit $L_{R,1} = (L_R - L_{R,2}) = (250 - 86{,}4)\ m = 163{,}6\ m$. Dessen Druckverlust $\Delta p_{R,1}$ kann nur bei Kenntnis der Gaseintrittsgeschwindigkeit $v_{F,in,1}$ ermittelt werden. Da diese aber noch nicht genau bekannt ist, muss iterativ vorgegangen werden. Startwert: $v_{F,in,} = 8{,}01 m/s$ → dieser entspricht dem im vorhergehenden Abschnitt ermittelten Wert. Hieraus folgt

$$Fr_{R,1} = \frac{v_{F,in,1} \cdot v_{F,out,1}}{g \cdot D_{R,1}} = \frac{8{,}01\frac{m}{s} \cdot 18{,}00\frac{m}{s}}{9{,}81\frac{m}{s^2} \cdot 0{,}1557\,m} = 94{,}4$$

$$\lambda_{tot,1} = \frac{0{,}022 \cdot \mu^{1{,}5946}}{Fr_R^{0{,}151 \cdot \mu^{0{,}5785}}} = \frac{0{,}022 \cdot 13{,}59^{1{,}5946}}{94{,}4^{0{,}151 \cdot 13{,}59^{0{,}5785}}} = 0{,}0631$$

$$\left|\Delta p_{R,1}\right| = \frac{2}{\pi} \cdot \lambda_{tot} \cdot \dot{m}_{S,för} \cdot \frac{L_{R,1}}{D_R^3} \cdot \overline{v}_F$$

$$= \frac{2}{\pi} \cdot 0{,}0631 \cdot \frac{32500\,kg/h}{3600\,s/h} \cdot \frac{163{,}6\,m}{\left(0{,}1557\,m\right)^3} \cdot \sqrt{8{,}01\frac{m}{s} \cdot 18{,}00\frac{m}{s}}$$

$$= 188738{,}0\,Pa \equiv 1{,}887\,bar$$

und somit:

$$\left(v_{F,in,1}\right)_{kor} = v_{F,out,1} \cdot \frac{p_{out,1}}{p_{in,1}} = 18{,}00\frac{m}{s} \cdot \frac{1{,}620\,bar}{\left(1{,}887 + 0{,}620 + 1{,}00\right)bar} = 8{,}31\frac{m}{s}$$

Wird die Iteration mit $(v_{F,in,1})_{kor} = 8{,}31 m/s$ weitergeführt, so resultiert daraus der Druckverlust $|\Delta p_{R,1}| = 1{,}875\ bar$ und die Gaseintrittsgeschwindigkeit $v_{F,in,1} = 8{,}34\ m/s$. Die Iteration kann aufgrund des geringen Fehlers mit diesen Werten abgebrochen werden. Kontrolle der Betriebsgrenze: Mit $p_{in,1} = (1{,}875 + 0{,}620 + 1{,}00)\ bar = 3{,}495\ bar$ folgt aus Gl. (4.136):

$$v^*_{F,in,B,1} = 0{,}275 \cdot \sqrt{9{,}81\frac{m}{s^2} \cdot 0{,}1557\,m \cdot \frac{1853\,kg/m^3}{1{,}20\frac{kg}{m^3} \cdot \frac{3{,}495\,bar}{1{,}0\,bar}}} + 1{,}0\frac{m}{s} = 8{,}14\frac{m}{s} < v_{F,in,1}$$

Da $v_{F,\,in,\,1}$ nahe der Betriebsgrenze $v^*_{F,in,B}$ liegt, ist ein energieminimaler Feststofftransport gewährleistet. Der Druckverlust der gesamten gestaffelten Förderleitung beträgt $|\Delta p_R| = 2{,}495\ bar$. Eine Zusammenstellung der Ergebnisse enthält Tab. 4.11.

- **Alternatives Förderrohr 206,5 *mm*:** Es soll das nächst größere Vorzugsrohr mit den Abmessungen ∅219,1 *x* 6,3 *mm*, entsprechend $D_R = 206{,}5\ mm$, ohne Staffelung eingesetzt werden. Die Berechnung läuft analog derjenigen für das ungestaffelte Rohr $D_R = 155{,}7\ mm$ ab. In Tab. 4.12 ist die erforderliche Iteration dargestellt. Um die Randbedingungen der Aufgabenstellung, das sind $v_{F,in} \cong v^*_{F,in,B}$ als untere Betriebsgrenze und $v_{F,\mathrm{out}} \leq 20 m/s$ als verschleißmindernde Vorgabe des Kunden, zu erfüllen, muss, wie Tab. 4.12 verdeutlicht, auch dieses Förderrohr gestaffelt werden.

Tab. 4.11 Betriebsdaten der von $D_{R,1} = 155{,}7\ mm$ auf $D_{R,2} = 181{,}1\ mm$ gestaffelten Förderleitung

$v_{F,in,1}$	$[m/s]$	8,34
$v_{F,out,1}$	$[m/s]$	18,00
$v_{F,in,2}$	$[m/s]$	13,30
$v_{F,out,2}$	$[m/s]$	21,55
$L_{R,1}$	[m]	163,6
$L_{R,2}$	[m]	86,4
$\Delta p_{R,1}$	[bar]	1,875
$\Delta p_{R,2}$	[bar]	0,620
Δp_R	[bar]	2,495
$\dot{m}_{F,R}$	$[kg/h]$	2390,8
$\mu_{för}$	$[kg_S/kg_F]$	13,59
$v^*_{F,in,B,1}$	$[m/s]$	8,14

Tab. 4.12 Iterationsverlauf, Förderrohr $D_R = 206{,}5\ mm$, ungestaffelt

Umlauf	$[Nr.]$	1	2	3
$\lvert\Delta p_R\rvert$	$[bar]$	0,450	1,395	1,400
$v_{F,in}$	$[m/s]$	13,77	10,94	**10,93**
$v_{F,out}$	$[m/s]$	19,97	26,20	**26,23**
$\dot{m}_{F,R}$	$[kg/h]$	2889,4	3790,7	**3794,6**
$\mu_{för}$	$[kg_S/kg_F]$	11,25	8,57	**8,56**
Fr_R	[1]	135,8	141,5	**141,5**
λ_{tot}	[1]	0,0516	0,0507	**0,0507**
$\lvert\Delta p_R\rvert_{kor}$	$[bar]$	1,395	1,400	**1,400**

Tab. 4.13 Betriebsdaten der gestaffelten Förderleitung $D_{R,1} = 206{,}5\ mm/D_{R,2} = 231{,}9\ mm$

$v_{F,in,1}$	$[m/s]$	10,96
$v_{F,out,1}$	$[m/s]$	18,00
$v_{F,in,2}$	$[m/s]$	14,27
$v_{F,out,2}$	$[m/s]$	20,00
$L_{R,1}$	[m]	154,9
$L_{R,2}$	[m]	95,1
$\Delta p_{R,1}$	[bar]	0,899
$\Delta p_{R,2}$	[bar]	0,401
Δp_R	[bar]	1,300
$\dot{m}_{F,R}$	$[kg/h]$	3649,3
$\mu_{för}$	$[kg_S/kg_F]$	8,91
$v^*_{F,in,B,1}$	$[m/s]$	11,14

Für die Rohrerweiterung wird ein Rohr ∅244,5 x 6,3 mm, $D_R = 231{,}9\ mm$, verwendet. Gestaffelt wird wieder bei der Gasgeschwindigkeit $v_{F,X} = v_{F,out,1} = 18{,}00\ m/s$, die Geschwindigkeit am Leitungsende soll $v_{F,out,2} = 20{,}00\ m/s$ betragen. Die Leitung wird als Reihenschaltung zweier Einzelrohre, vgl. Gl. (4.146), behandelt und, wie bereits oben dargestellt, berechnet. Tab. 4.13 fasst die Ergebnisse zusammen. Hier ist $v_{F,in,1} = 10{,}96\ m/s$ geringfügig kleiner als $v^*_{F,in,B,1} = 11{,}14\ m/s$, insgesamt erscheint das jedoch als vertretbar.

Zur Veranschaulichung der Zusammenhänge sind in Abb. 4.86 schematisch die oben beschriebenen Vorgehensweisen bei der Staffelung der Förderstrecke ∅155,7 mm x 250 m dargestellt. Kurve 1a beschreibt den idealisierten, d. h. linearisierten, Verlauf der Gasgeschwindigkeit $v_{F,X}(L_X)$ entlang der noch ungestaffelten Förderleitung $D_R = 155{,}7\ mm$ und Kurve 1b denjenigen des zugehörigen Drucks $p_X(L_X)$ (→ hier aufgetragen als Überdruck gegenüber der Umgebung/dem Leitungsende). Kurve 1c stellt die entsprechende Abhängigkeit der Gasgeschwindigkeit $v_{F,X}(L_X)$ bei einer Staffelung von $D_{R,1} = 155{,}7\ mm$ auf $D_{R,2} = 181{,}1\ mm$ bei einem gegenüber der ungestaffelten Leitung unverändert angenommenen Druckverlauf $p_X(L_X)$ dar. Die Berechnung der Staffelung als Reihenschaltung zweier rückwirkungsfreier Rohre $D_{R,1} = 155{,}7\ mm/D_{R,2} = 181{,}1\ mm$ führt auf das Gasgeschwindigkeitsprofil der Kurve 2a und ein Druckprofil entsprechend Kurve 2b. Es ist ersichtlich, dass sich bei vorgegebener Beladung μ aufgrund der größeren Froudezahl $Fr_{R,2}$ im zweiten (hinteren) Staffelrohr ein kleinerer Widerstandsbeiwert $\lambda_{tot,2}$ und damit ein geringerer Druckverlust $|\Delta p_{R,2}|$ einstellt als im ungestaffelten Fall, während sich im ersten (vorderen) Staffelrohr die umgekehrten Verhältnisse ergeben. Der Druckverlust $|\Delta p_R|$ der hier einmal erweiterten Förderstrecke ist geringfügig kleiner als derjenige der ungestaffelten Leitung. Bei einer Rohrstaffelung mit einer größeren Anzahl von Rohren vergrößert sich dieser Vorteil erheblich und zwar vorzugsweise im Bereich der Dichtstrom-/Langsamförderung, vgl.

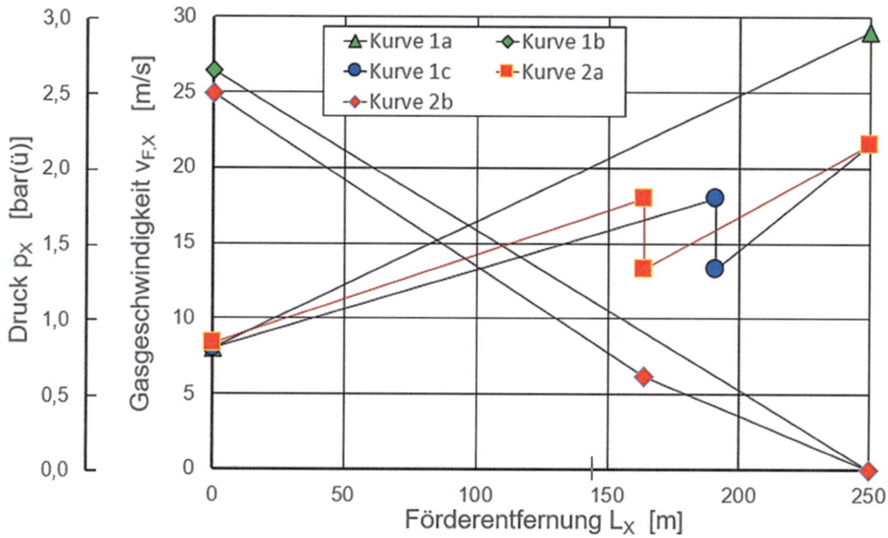

Abb. 4.86 Staffelung der Förderleitung $D_{R,1} = 155{,}7\ mm/D_{R,2} = 181{,}1\ mm$, Erläuterungen im Text

hierzu [87]. Die Wahl des Berechnungsverfahrens kann, wie aus Abb. 4.86 ersichtlich ist, die Lage des Staffelpunkts signifikant verändern.

Generell ist zu beachten, dass die (idealisierten) Gasgeschwindigkeiten $v_{F,in,i}$ an den jeweiligen Staffelrohranfängen die oben beschriebenen Grenzgeschwindigkeiten, u. a. $v^*_{F,in,B,i}$ oder $v_{F,in,B,i}$ nach Gl. (4.140) bzw. Gl. (4.136) oder $v_{F,in,\ min\ ,\ i}$ entsprechend Gl. (4.105), nicht unterschreiten dürfen. Voraussetzung für die Auslegung einer Staffelung als Reihenschaltung ist des Weiteren die Eignung der zugehörigen λ_S- bzw. λ_{tot}-Widerstandsbeiwerte. Diese sollten bevorzugt an, von vor- und nachgeschalteten Rohrstrecken unbeeinflussten, horizontalen Rohrabschnitten ermittelt werden. Die Leitungsberechnung kann dann mit dem im Abschn. 4.6.1 beschriebenen, die Förderstrecke elementweise betrachtenden, Rechenmodell durchgeführt werden. Der im gleichen Abschnitt dargestellte alternative Ansatz bietet weitere Vereinfachungen [95]. Beide erfordern die systematische Messung der zugehörigen Widerstandsbeiwerte und die Ermittlung der korrespondierenden Grenzgeschwindigkeiten. Folge ist, dass eine wirtschaftliche Anlagenberechnung nur durch den Einsatz umfangreicher, i. Allg. herstellerspezifischer, Rechenprogramme möglich ist.

- **Leistungsbedarf $P_{V,för}$:**

Dieser wird mit Gl. (4.141) berechnet. Der Druck im Sender wird dabei mit $p_B = p_{in} + 0{,}10\ bar$ angesetzt (→ erforderlich zum Schüttgutaustrag aus dem Druckgefäß). Ansonsten gelten die bereits oben mitgeteilten Bedingungen $p_V = p_R + |\Delta p_{zu}|$, $|\Delta p_{zu}| = 0{,}40\ bar$, $p_{out} = p_0$, $\varrho_{F,out} = \varrho_{F,0}$, $n = 1{,}3$ und $\eta_V \cong 0{,}70$.

a) Gestaffelte Förderleitung $D_{R,1}$ **= 155,7** *mm*/$D_{R,2}$ **= 181,1** *mm* Mit den Werten $p_R = 3{,}495$ bar und $\dot{m}_{F,R} = 2390{,}8\ kg/h$ aus Tab. 4.11 folgt mit

$$\frac{\dot{m}_{S,för}}{\varrho_S}\cdot\varrho_{F,B} = \frac{\dot{m}_{S,för}}{\varrho_S}\cdot\varrho_{F,0}\cdot\frac{p_B}{p_0} = \frac{32500\,\frac{kg}{h}}{4750\,\frac{kg}{m^3}}\cdot 1{,}20\,\frac{kg}{m^3}\cdot\frac{(3{,}495+0{,}10)\,bar}{1{,}0\,bar} = 29{,}5\,\frac{kg}{h}$$

der Gasmassenstrom

$$\dot{m}_{F,V} = \dot{m}_{F,R} + \frac{\dot{m}_{S,för}}{\varrho_S}\cdot\varrho_{F,B} = (2390{,}8+29{,}5)\,\frac{kg}{h} = 2420{,}3\,\frac{kg}{h}$$

und mit

$$p_V = p_R + |\Delta p_{zu}| = (3{,}495+0{,}40)\,bar = 3{,}895\,bar$$

der Verdichtungsdruck des Druckerzeugers. Hieraus resultiert für den Leistungsbedarf:

$$P_{V,för} = \dot{m}_{F,V}\cdot\frac{p_0}{\varrho_{F,0}}\cdot\frac{n}{n-1}\cdot\left(\left(\frac{p_V}{p_0}\right)^{\frac{n-1}{n}}-1\right)\cdot\frac{1}{\eta_V}$$

$$= \frac{2420{,}3\,\frac{kg}{h}}{3600\,\frac{s}{h}}\cdot\frac{100000\,\frac{N}{m^2}}{1{,}20\,\frac{kg}{m^3}}\cdot\frac{1{,}3}{1{,}3-1}\cdot\left(\left(\frac{3{,}895\,bar}{1{,}0\,bar}\right)^{\frac{1{,}3-1}{1{,}3}}-1\right)\cdot\frac{1}{0{,}70}$$

$$= 127833{,}2\,W \equiv 127{,}8\,kW$$

b) Gestaffelte Förderleitung $D_{R,1}$ **= 206,5** *mm*/$D_{R,2}$ **= 231,9** *mm***:** Die hier relevanten Werte sind $p_R = 2{,}300$ bar und $\dot{m}_{F,R} = 3649{,}3\ kg/h$, vgl. Tab. 4.13. Mit diesen gilt:

$$\frac{\dot{m}_{S,för}}{\varrho_S}\cdot\varrho_{F,B} = \frac{\dot{m}_{S,för}}{\varrho_S}\cdot\varrho_{F,0}\cdot\frac{p_B}{p_0} = \frac{32500\,\frac{kg}{h}}{4750\,\frac{kg}{m^3}}\cdot 1{,}20\,\frac{kg}{m^3}\cdot\frac{(2{,}300+0{,}10)\,bar}{1{,}0\,bar} = 19{,}7\,\frac{kg}{h}$$

$$\dot{m}_{F,V} = \dot{m}_{F,R} + \frac{m_{S,för}}{\varrho_S}\cdot\varrho_{F,B} = (3649{,}9+19{,}7)\,\frac{kg}{h} = 3669{,}6\,\frac{kg}{h}$$

$$p_V = p_R + |\Delta p_{zu}| = (2{,}300+0{,}40)\,bar = 2{,}700\,bar$$

$$P_{V,för} = \frac{3669{,}6\,\frac{kg}{h}}{3600\,\frac{s}{h}}\cdot\frac{100000\,\frac{N}{m^2}}{1{,}20\,\frac{kg}{m^3}}\cdot\frac{1{,}3}{1{,}3-1}\cdot\left(\left(\frac{2{,}700\,bar}{1{,}0\,bar}\right)^{\frac{1{,}3-1}{1{,}3}}-1\right)\cdot\frac{1}{0{,}70}$$

$$= 135462{,}6\,W \equiv 135{,}5\,kW$$

Die Kontrolle dieser Leistungsbedarfszahlen anhand der Angebote/Unterlagen verschiedener Hersteller trockenlaufender/ölfrei verdichtender Druckerzeuger (→ Kundenanforderung) liefert die mittleren Leistungswerte:

a) $\boldsymbol{D_R = 155{,}7\ mm/181{,}1\ mm}$: $P_{V,för} \cong 138\,kW$, daraus $\eta_V \cong 0{,}65$
b) $\boldsymbol{D_R = 206{,}5\ mm/231{,}9\ mm}$: $P_{V,för} \cong 130\,kW$, daraus $\eta_V \cong 0{,}73$

Offensichtlich verringern sich die Wirkungsgrade der selektierten Schraubenverdichter mit zunehmendem Verdichtungsverhältnis (p_V/p_0). Da der Leistungsbedarf $P_{V,för}$ der beiden untersuchten Betriebsvarianten näherungsweise vergleichbar ist, jedoch der am Ende der Förderstrecke vom mitgeführten Feststoff zu reinigende Gasvolumenstrom $\dot{m}_{F,V}\ /\ \varrho_{F,0}$ bei Ausführung a) deutlich kleiner als bei b) ist, bevorzugt der Kunde die Lösung a). Diese erlaubt die Nutzung des auf dem Empfangsbehälter bereits vorhandenen Filtersystems und verbessert damit die Wirtschaftlichkeit des Gesamtprojekts.

Auf Wunsch des Kunden wurde noch eine gestaffelte Rohrleitungsausführung mit einem Anfangsrohrdurchmesser ∅139,7 *x* 6,3 *mm*, $D_{R,1} = 127{,}1\ mm$, untersucht. Diese erfordert ebenfalls mindestens eine Rohrerweiterung um die vorgegebenen Betriebsbedingungen einzuhalten. Gewählt wird der Staffelrohrdurchmesser $D_{R,2} = 155{,}7\ mm$. Tab. 4.14 fasst die Ergebnisse zusammen. Der Druckverlust der Förderstrecke beträgt $\Delta p_R = 3{,}409\ bar$, der erforderliche Maximaldruck des Druckerzeugers während der Förderphase $p_V = p_R + |\Delta p_{zu}| = (3{,}409 + 1{,}0)\ bar + 0{,}40\ bar = 4{,}809\ bar > 4{,}50\ bar$. Es ist somit ein 2-stufiger Verdichter erforderlich, den der Kunde jedoch, u. a. aus Kostengründen, ablehnt. Durch die beschriebene Leitungsausführung verringert sich der Fördergasstrom auf $\dot{m}_{F,R} = 1645{,}1\ kg/h$ und der Leistungsbedarf $P_{V,för}$ liegt um ca. 10 kW unter den Werten, die für die oben bereits dargestellten Ausführungsvarianten a) und b) ermittelt wurden.

Tab. 4.14 Betriebsdaten der gestaffelten Förderleitung $D_{R,1} = 127{,}1\ mm/D_{R,2} = 155{,}7\ mm$

$v_{F,in,1}$	$[m/s]$	6,81
$v_{F,out,1}$	$[m/s]$	18,00
$v_{F,in,2}$	$[m/s]$	12,00
$v_{F,out,2}$	$[m/s]$	20,00
$L_{R,1}$	[m]	169,5
$L_{R,2}$	[m]	80,5
$\Delta p_{R,1}$	[bar]	2,742
$\Delta p_{R,}$	[bar]	0,667
Δp_R	[bar]	3,409
$\dot{m}_{F,R}$	$[kg/h]$	1645,1
$\mu_{för}$	$[kg_S/kg_F]$	19,76
$v^*_{F,in,B,1}$	$[m/s]$	6,75

Weitergehende Analysen in Richtung größerer Rohrdurchmesser D_R und somit geringerer Förderdruckdifferenzen Δp_R wurden aufgrund der zu erwartenden und unerwünscht großen Fördergasmengen nicht durchgeführt.

- **Weitere Berechnungen:** Beim Einsatz einer kontinuierlich zuführenden Schüttgutschleuse für die vorliegende Aufgabenstellung, z. B. eines Zellenrads oder einer Schneckenschleuse, wäre die Auslegung der eigentlichen Förderstrecke durch die vorstehenden Berechnungen weitestgehend abgeschlossen. Es gilt dann: $\dot{m}_S = \dot{m}_{S,för}$, d. h. $f_Q = 1$, und damit $\overline{P}_V = P_{V,för}$ usw. Beim diskontinuierlich arbeitenden Druckgefäß muss jetzt allerdings noch überprüft werden, ob der eingangs geschätzte Zuschlagsfaktor f_Q korrekt gewählt wurde.

  Da es im vorliegenden Beispiel primär um die Darstellung der Dimensionierung der pneumatischen Förderleitung geht, wird aus Gründen der Übersichtlichkeit auf die (iterative) Überprüfung des Zuschlagsfaktors f_Q verzichtet und diese hier nur kurz verbal beschrieben. Einzelheiten sowie die erforderlichen Berechnungsgleichungen sind [3, Kapitel 7.1 und Kapitel 9] zu entnehmen und dort detailliert beschrieben.

  Zunächst muss die sich real einstellende Chargenzeit Δt^*_{Ch} überprüft werden. Diese setzt sich, wie in Abb. 4.87 dargestellt, additiv aus den Zeiten Δt_i der einzelnen Arbeitsschritte des Druckgefäßes zusammen: Δt_1 = Befüllen des Senders mit Schüttgut, Δt_2 = Bespannen des Senders auf den Förderdruck, $\Delta t_3 = \Delta t_{för}$ = Entleerung des Senders, Δt_4 = teilweiser Abbau des Senderdrucks durch die Förderleitung, Δt_5 = Abbau des Restdrucks im zur Förderleitung hin abgedichteten Sender (→ Auslassventil geschlossen) durch das Entspannungsventil des Druckgefäßes. Ist $\Delta t^*_{Ch} > \Delta t_{Ch}$, d. h. grösser als die maximal verfügbare Chargenzeit Δt_{Ch}, dann muss der gewählte Zuschlagsfaktor f_Q erhöht werden. Das führt zu einem größeren Feststoffmassenstrom $\dot{m}_{S,för}$, somit einer verringerten Entleerungszeit $\Delta t_3 = \Delta t_{för}$ des Senders und damit einer kleineren Chargenzeit Δt^*_{Ch}, vgl. Gl. (4.143). Im Falle $\Delta t^*_{Ch} < \Delta t_{Ch}$ kann f_Q verkleinert werden, was in einem geringeren Massenstrom $\dot{m}_{S,för}$ und einer längeren Chargenzeit Δt^*_{Ch} resultiert. Nach jeder Veränderung des Zuschlagsfaktors f_Q muss die betrachtete Förderstrecke mit dem korrigierten Feststoffmassenstrom $\dot{m}_{S,för}$ neu berechnet werden. Dies solange, bis die gewünschte Übereinstimmung zwischen Δt^*_{Ch} und Δt_{Ch} erreicht ist. Üblicherweise wird für den Volllastbetrieb ein Wert $\Delta t^*_{Ch} \cong 0{,}95 \cdot \Delta t_{Ch}$ angestrebt, d. h. es werden $(1-0{,}95)=0{,}05 \equiv 5\,\%$ Zeitreserven eingeplant.

  Der über die Chargenzeit Δt_{Ch} gemittelte und vom Betreiber zu bezahlende Leistungsbedarf $\overline{P}_V$ berechnet sich zu

$$\overline{P}_V = \sum \left(\frac{\Delta t_i}{\Delta t_{Ch}} \cdot P_{V,i} \right) \tag{4.147}$$

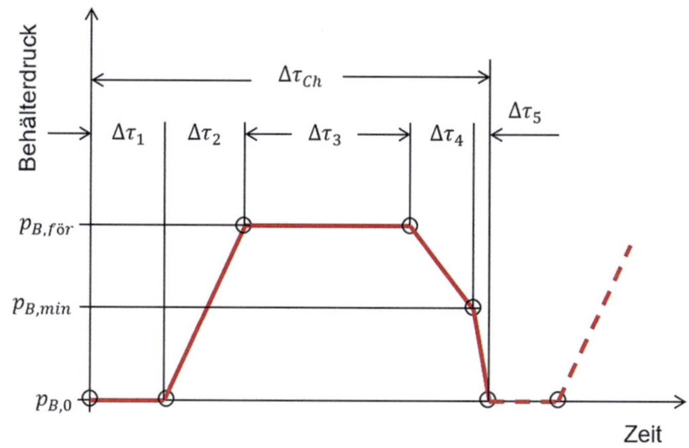

Abb. 4.87 Chargenablauf eines Einzeldruckgefäßes

mit:

$P_{V,i}$ - Leistungsaufnahme des Druckerzeugers während des Arbeitsschritts „i"

Die Größe der einzelnen $P_{V,i}$-Werte ist u. a. vom gewählten Druckerzeugertyp abhängig. Einzelheiten zur Auslegung der erforderlichen Filter/Abscheider zur Feststoffabtrennung aus dem Förder gas/Abgas sind u. a. [102, 103] zu entnehmen. Bei Druckgefäßsendern muss hier ein sogenannter Endschwall berücksichtigt werden [3].

4.6.6 Empfehlungen/Zusammenfassung

Das vorliegende Metallerz weist, offensichtlich aufgrund seiner relativ großen Materialdichte $\varrho_S \cong 4750\ kg/m^3$ und der daraus resultierenden hohen Schüttdichte $\varrho_{SS} \cong 2070\ kg/m^3$, eine starke Abhängigkeit der minimalen Betriebsgeschwindigkeit $v_{F,in,B}$ von der Größe des Förderdrucks p_{in} auf. Diese ist ausgeprägter als bei spezifisch leichteren Produkten mit vergleichbarer Korngrößenverteilung. Beispielsweise können diverse Mineralien, u. a. Flugaschen mit Dichten von $\varrho_S \cong 2200\ kg/m^3$ und $\varrho_{SS} \lesssim 750\ kg/m^3$, über den gesamten beim Metallerz untersuchten Druckbereich p_{in} mit Gasgeschwindigkeiten von $v_{F,in} \cong (3{,}0 - 5{,}0)\ m/s$ stabil pneumatisch gefördert werden. Zusammen mit der vom Kunden aus Verschleißgründen geforderten Begrenzung der Gasgeschwindigkeit entlang der Förderstrecke auf $v_F \lesssim 20\ m/s$ führt die Abhängigkeit $v_{F,in,B}(p_i)$ im vorliegenden Einsatzfall auf ein stark eingeschränktes Auslegungsfeld. Dieses wird durch die nur begrenzt verfügbaren Förderrohrdurchmesser D_R zusätzlich limitiert. Hieraus und der aufgrund erster Berechnungen erkennbaren Möglichkeit, ein vorhandenes Empfangsfilter verwenden zu können (→ Ausschluss größerer Leitungsdurchmesser), resultieren die im verbleibenden Auslegungsfeld annähernd identischen Antriebsleistungen $P_{V,för}$. Im Prinzip ist der Kunde von der ursprünglich vorgesehenen energetischen Optimierung auf eine Gesamtkostenminimierung übergegangen.

Grundsätzlich muss bei Anwendung des λ_s-Modells noch einmal auf die korrekte Ermittlung der Widerstandsbeiwerte $\lambda_s(Fr_R, \mu, \cdots)$ hingewiesen werden. Diese sollten an ungestörten geraden horizontalen Förderrohrabschnitten ermittelt werden. λ_s- oder λ_{tot}-Werte, die lediglich auf dem gemessenen Gesamtdruckverlust einer Versuchsförderstrecke basieren, können nur bei geometrisch identischem Förderleitungsverlauf direkt auf die Betriebsanlage übertragen werden. In diesem Sinne sind z. B. die Ergebnisse der oben durchgeführten Staffelungsberechnungen nur mit eingeschränkter Genauigkeit verwendbar, da zwar die Verläufe der Gesamtleitungen von Versuchs- und Betriebsanlage einander ähnlich sind, aber diejenigen der verschiedenen Staffelrohre von den Messbedingungen für λ_{tot} abweichen.

Literatur

1. Fuller, W.B.; Thompson S.E.: The laws of proportioning concrete. Transactions of the American Society of Civil Engineers **33**, 222–298 (1907)
2. Hilgraf, P.: Basis principles of wear protection technology for bulk materials, part 1 and 2. ZKG Int. **62**(10), 53–63 und **62**(11), 56–72 (2009)
3. Hilgraf, P.: Pneumatische Förderung – Grundlagen, Auslegung und Betrieb von Anlagen. Springer Vieweg, Berlin (2019)
4. Jenike, A.W.: Storage and flow of solids. Bull. No. 123, Utrah Engng. Exp. Station, Univ. of Utah, Salt Lake City (1964)
5. Jenike, A.W.: Gravity flow of bulk solids. Bull. No. 108, Utah Engng. Exp. Station, Univ. of Utah, Salt Lake City (1961)
6. Ergun, S.: Fluid flow through packed columns. Chem. Engng. Progr. **48**(2), 89–94 (1952)
7. Werther, J.: Strömungsmechanische Grundlagen der Wirbelschichttechnik. Chem.-Ing.-Tech. **49**(3), 193–202 (1977
8. Yoon, S.M., Kunii, D.: Gas flow and pressure drop through moving beds. Ind. Eng. Chem. Process. Des. Dev. **9**(4), 559–565 (1970)
9. Beek, W.J., Muttzall, K.M.K., van Heuven, J.W.: Transport Phenomena, 2 John Wiley & Sons, Chichester (1999)
10. VDI-Gesellschaft Verfahrenstechnik und Chemieingenieurwesen (Hrsg.): VDi-Wärmeatlas, 10. Aufl. Springer (2006)
11. FEM-Dokument 2582: Allgemeine Schüttguteigenschaften hinsichtlich der Klassifizierung und der Symbolisierung. Ausgabe D (1984), VDMA-Fachgemeinschaft Fördertechnik, Frankfurt
12. Molerus, O.: Schüttgutmechanik. Springer, Berlin (1985)
13. Tomas, J.: Modellierung des Fließverhaltens von Schüttgütern auf der Grundlage der Wechselwirkungskräfte zwischen den Partikeln und Anwendung bei der Auslegung von Bunkeranlagen. Dissertation B, TU Bergakademie, Freiberg (1991)
14. Kezdi, A.: Grundlagen einer allgemeinen Bodenphysik. Z. Ver. Dt. Ing. **108**(5), 161–166 (1966)
15. Janssen, H.A.: Versuche über Getreidedruck in Silozellen. Z. Ver. Dt. Ing. **39**, 1045–1049 (1895)
16. Kwade, A, Schulze, D, Schwedes J.: Die direkte Messung des Horizontallastverhältnisses. Beton- und Stahlbetonbau **89**, 58–63 (1994) und **89**, 117–119 (1994)
17. Motzkus, U.: Belastung von Silоböden und Auslauftrichtern durch körnige Schüttgüter. Dissertation, TU Braunschweig, Braunschweig (1974)

18. Schulze, D.: Untersuchungen zur gegenseitigen Beeinflussung von Silo und Austragsorgan. Dissertation, TU Braunschweig, Braunschweig (1991)
19. Schulze, D.: Pulver und Schüttgüter: Fließeigenschaften und Handhabung. Springer, Berlin (2006)
20. Hilgraf, P.: Silos und Bunker – Schüttgutbehälter kostengünstig und funktionssicher auslegen und betreiben. Technische Akademie Wuppertal, Altdorf (2014). Lehrgangshandbuch zum gleichnamigen Seminar
21. Schwedes, J., Wilms, H., Schulze, D. Heinrici, H.: Lagern und Fließen von Schüttgütern. Lehrgangshandbuch zum 7. Hochschulkurs des Inst. für mech. Verfahrenstech. der TU Braunschweig, Braunschweig (1989)
22. Läpple, V.: Einführung in die Festigkeitslehre. Springer Vieweg, Wiesbaden (2016)
23. Hilgraf, P., Hilck, A.: Functioning and process engineering design of large aerated silos. Cem. Int. **7**(1), 42–60 (2009)
24. Wilms, H.: Spannungsberechnung in Silos mit der Charakteristikenmethode. Dissertation, TU Braunschweig, Braunschweig (1984)
25. Wilms, H.: Spannungsberechnung mit der Charakteristikenmethode. Aufbereitungs-Technik **25**(11), 623–633 (1984)
26. Johanson, J.R., Jenike, A.W.: Stress and velocity fields in gravity flow of bulk solids. Bull. No. 116, Utah Engng. Exp. Station, Univ. of Utah, Salt Lake City (1962)
27. Schulze, D.: Entwicklung und Anwendung eines neuartigen Ringschergerätes. Aufbereitungs-Technik **35**(10), 524–535 (1994)
28. Kurz, H.P.: Messung von Schüttguteigenschaften am Schergerät nach Jenike. Verfahrenstechnik **10**(2), 68–72 (1979)
29. Hilgraf, P., Kleibs, R.: Schüttguteigenschaften und Lagerzeit als Einflussgrößen bei der Auswahl des Silierungskonzeptes von Flugaschen. VGB Kraftwerkstechnik **6**, 479–486 (1990)
30. Jöhnk, H.: Reduzierung von Erschütterungen beim Abzug aus Klinkersilos. ZKG Int. **38**, 657–659 (1985)
31. Roberts, A.W.: Mechanics of self excited dynamic loads in bins and silos. Proc. Int. Symp. Reliable flow of particulate solids II, Oslo, 983–1004 (1993)
32. Johanson, J.R.: Effekt on initial pressure on flowability of bins. ASME-Publ., No. 68-MH-9
33. Roberts, A.W., Arnold, P.C., Mc Lean, A.G., Scott, O.J.: The design of gravity storage systems for bulk solids. Mech. Engng. Trans., IE Aust. ME **7** (3), 81–95 (1982)
34. Wanjie, H., Xin, G., Xiaolei, G., Zhenghua, D., Haifeng, L., Lijiao, Z., Jinchao, Z., Yanjun, X.: Discharge characteristics of cohesive fine coal from aerated hopper. Powder Technol. **194**, 126–131 (2009)
35. Gu, Z.H., Arnold, P.C., McLean, A.G.: Simplified model for predicting the particle flowrate from mass flow bins. Powder Technol. **74**, 153–158 (1993)
36. Nedderman, R.M., Tüzün, U., Thorpe, R.B.: The effect interstitial air pressure gradients on the discharge from bins. Powder Technol. **35**, 69–81 (1983)
37. Schwedes, J.: Fließverhalten von Schüttgütern in Bunkern. Verlag Chemie, Weinheim (1968)
38. Beverloo, W.A., Leninger, H.A., van de Velde, J.: The flow of granular solids through orifices. Chem. Engng. Sci. **15**, 260–269 (1961)
39. Johanson, J.R.: The placement of inserts to correct flow in bins. Powder Technol. **1**, 328–333 (1967/68)
40. Johanson, J.R., Kleysteuber, W.K.: Flow corrective inserts in bins. Chem. Engng. Prog. **62**, 79–83 (1966)
41. Strusch, J.: Wandnormalspannungen in einem Silo mit Einbau und Kräfte auf Einbauten. Dissertation, TU Braunschweig, Braunschweig (1996)

42. Schulze, D.: Austragsorgane und Austragshilfen. Vortrags- und Diskussionstagung „Agglomerations- und Schüttguttechnik“, GVC VDI-Gesellschaft Verfahrenstechnik und Chemieingenieurwesen, Baden-Baden, 25./26. November 1991, Preprints, S. 139–166
43. Schulze, D., Schwedes, J.: An examination of initial stresses in hoppers. Chem. Eng. Sci. **49**(13), 2047–2058 (1994)
44. Arnold, P.C., McLean, A.G., Roberts, A.W.: Bulk Solids: Storage, Flow and Handling. Tunra/University of Newcastle, Callaghan, 2 (1982)
45. Arnold, P.C., Mclean, A.G.: Improved analytical flow factors for mass flow hoppers. Powder Technol. **15**, 279–281 (1976)
46. Enstad, G.G.: A novel theory of the arching and doming in mass flow hoppers. Dissertation, The Chr. Michelsen Inst., Bergen (1981)
47. Jochem, K.: Belüftung als Austraghilfe für Silos. Dissertation, TU Braunschweig, Braunschweig (1997)
48. Benink, E.J.: Flow and Stress Analysis of Cohesionsless Bulk Materials in Silos Related to Codes. Dissertation, University Twente, Enschede (1989)
49. Manjunath, K.S.: Interactive Roles of Wall Pressures and Feeder Loads in Hopper/Feeder-Systems. Ph.D. Thesis, University of Newcastle, Callaghan (1986)
50. Manjunath, K.S., Roberts, A.W.: Wall pressure-feeder load interactions in mass flow hopper/feeder combinations, part 1 and 2. Bulk Solids Handl. **6**(4), 769–775 (1986) and **6**(5), 903–911 (1986)
51. Meyer, H.-J.: Experiences with coal bunkers and coal feeders. Bulk Solids Handl. **9**, 27–31 (1989)
52. Oko, C.O.C, Diemuodeke, E.O., Akilande, I.S.: Design of hoppers using spreadsheet. Res. Agr. Eng. **56**(2), 53–58 (2010)
53. Geldart, D.: Types of gas fluidization. Powder Technol. **7**, 285–292 (1973)
54. Abrahamsen, A.R., Geldart, D.: Behavior of gas fluidized beds of fine powders, part 1: homogeneous expansion. Powder Technol. **26**, 35–46 (1980)
55. Geldart, D. Gas Fluidization Technology. John Wiley & Sons, Chichester (1986)
56. Richardson, J.F., Zaki, W.M.: Sedimentation and fluidisation: part 1. Trans. Inst. Chem. Engr. **32**, 35–53 (1954)
57. Coulson, J.M., Richardson, J.F.: Chemical Engineering, 2, 2, Pergamon Press, Oxford (1968)
58. Martin, H.: Wärme- und Stoffübertragung in der Wirbelschicht. Chem.-Ing.-Tech. **52**(3), 199–209 (1980)
59. Rowe, P.N.: Estimation of solids circulation rate in a bubbling fluidised bed. Chem. Eng. Sci. **28**, 980–981 (1973)
60. Clift, R., Grace, J.R.: On the two-phase theory of fluidization. Chem. Eng. Sci. **29**, 327–334 (1974)
61. Rhodes, M.: Introduction to Particle Technology. John Wiley & Sons, Chichester (1998)
62. Uhlemann, H., Mörl, L.: Wirbelschicht-Sprühgranulation. Springer-Verlag, Berlin (2000)
63. Bi, H.T., Fan, L.-S.: Regime transitions in gas-solid circulating fluidized beds. AIChE Annual Meeting, Los Angeles. Paper #101e., 17–22 (1991)
64. Fan, L.-S., Zhu, C.: Principles of Gas-Solid Flows. Cambridge University Press, New York (1998)
65. Demmich, J., Bohnet, M.: Feststoffaustrag aus Wirbelschichten. vt-verfahrenstechnik **12**(7), 430–435 (1978)
66. Werther, J.: Zur Maßstabsvergrößerung von Gas-Feststoff-Wirbelschichten. Aufbereitungs-Technik **15**(12), 670–677 (1974)
67. Molerus, O.: Fluid-Feststoff-Strömungen. Springer, Berlin (1982)
68. Crank, J.: The Mathematics of Diffusion. Oxford University Press, Oxford (1979)
69. Müller, W.: Methoden und derzeitiger Kenntnisstand für Auslegungen beim Mischen von Feststoffen. Chem.-Ing.-Tech. **53**(11), 831–844 (1981)

70. Müller, W.: Zur Maßstabsvergrößerung beim Feststoffmischen. Aufbereitungs-Technik **32**(9), 495–503 (1991)
71. Kreyszig, E.: Statistische Methoden und ihre Anwendung, 7. Auflage. Vandenhoeck & Ruprecht, Göttingen (1998)
72. Bosch, K: Angewandte mathematische Statistik. Vieweg, Wiesbaden, 1976
73. Sommer, K.: Probennahme von Pulvern und körnigen Massengütern. Springer-Verlag, Berlin (1979)
74. Löffler, F., Raasch, J.: Grundlagen der mechanischen Verfahrenstechnik. Vieweg, Wiesbaden (1992)
75. Stange, K.: Angewandte Statistik, Teil 1. Springer-Verlag, Berlin (1970)
76. Stange, K.: Die Mischgüte einer Zufallsmischung als Grundlage zur Beurteilung von Mischversuchen. Chem.-Ing.-Tech. **26**(6), 331–337 (1954)
77. Alonso, M., Satoh, M., Miyanami, K.: The effect of random positioning on the packing of particles adhering to the surface of a central particle. Powder Technol. **62**, 35–40 (1990)
78. Müller, W.: Energiebedarf beim Homogenisieren im pneumatischen Mischbunker. Chem.-Ing. -Tech. **46**(7) (1974) und MS 065/74
79. Klinzing, G.E., Rizk, F., Marcus, R., Leung, L.S.: Pneumatic Conveying of Solids. Springer, Dordrecht (2010)
80. Siegel, W.: Pneumatische Förderung: Grundlagen, Auslegung, Anlagenbau, Betrieb. Vogel Buchverlag, Würzburg (1991)
81. Weber, M.: Strömungs-Fördertechnik. Krausskopf-Verlag, Mainz (1974)
82. Hilgraf, P.: Pneumatische Förderung – ein Überblick, Teil 1 und 2. ZKG Int. **46**(1), 25–29, **46**(3), 141–148 (1993)
83. Hilgraf, P.: Pneumatische Dichtstromförderung im Überblick, Teil 1 und 2. ZKG Int. **53**(12), 657–662 (2000), **54**(2), 94–105 (2001)
84. Hilgraf, P.: Minimale Fördergasgeschwindigkeiten beim pneumatischen Feststofftransport. ZKG Int. **40**(12), 610–616 (1987)
85. Hilgraf, P., Bartusch, J.: Fluctuations in the mass flow of solids in pneumatic conveying lines. Cem. Int. **17**(6), 24–33 (2019)
86. Muschelknautz, E., Wojahn, H.: Auslegung pneumatischer Förderanlagen. Chem.-Ing.-Tech. **46**(6), 233–235 (1974)
87. Hilgraf, P.: Zur Staffelung pneumatischer Förderleitungen unter besonderer Berücksichtigung der Dichtstromförderung. ZKG Int. **44**(4), 161–168 (1991)
88. Stegmaier, W.: Zur Berechnung der horizontalen pneumatischen Förderung feinkörniger Stoffe. F-h Fördern Heb. **28**(5/6), 363–366 (1978)
89. Weber, M., Dedegil, M.Y.: Datensammlung zur pneumatischen Förderung und Reibungsfunktionen. Schüttgut **5**(2),165–171 (1999)
90. Werner, D.: Einfluss der Korngrößenverteilung bei der pneumatischen Dichtstromförderung in vertikalen und horizontalen Rohren. Dissertation, Technische Hochschule Karlsruhe, Karlsruhe (1982)
91. Weidner, G.: Grundsätzliche Untersuchung über den pneumatischen Fördervorgang, insbesondere über die Verhältnisse bei Beschleunigung und Umlenkung. Forsch. Ing.-wesen **21**(5), 145–153 (1955). Dissertation, Technische Hochschule Karlsruhe
92. Schuchart, P.: Widerstandsgesetze für den pneumatischen Feststofftransport in geraden Rohren und Rohrkrümmern. Dissertation, TU Berlin, Berlin (1968)
93. Dhodapkar, S., Solt, P., Klinzing, G.E.: Understanding bends in pneumatic conveying systems. Chem. Eng., 53–60 (April 2009). www.che.com
94. Hilgraf, P.: Verschleiß in pneumatischen Förderanlagen. Schüttgut **11**(2), 86–98 (2005)

95. Hilgraf, P.: Auslegung pneumatischer Dichtstromförderungen auf der Grundlage von Förderversuchen – Untersuchungen zum Scale-up. ZKG Int. **42**(11), 585–566 (1989)
96. Muschelknautz, E., Wojahn, W.: Fördern. In: Ullmanns Enzyklopädie der technischen Chemie, Bd. 3, S. 131–184. Verlag Chemie GmbH, Weinheim (1973)
97. Bohnet, M.: Pneumatische Förderung von Schüttgütern. VDI Bildungswerk BW 2470. VDI-Verlag, Düsseldorf (1974)
98. Hilgraf, P.: Der Energiebedarf pneumatischer Förderprinzipien im Vergleich mit mechanischen Förderungen. ZKG Int. **51**(12), 660–673 (1998)
99. Hilgraf, P.: Optimale Auslegung pneumatischer Dichtstrom-Förderanlagen unter energetischen und wirtschaftlichen Gesichtspunkten. ZKG Int. **39**(8), 439–446 (1986)
100. Hilgraf, P.: Einflussgrößen bei der energetischen Optimierung pneumatischer Dichtstrom-Förderanlagen. ZKG Int. **41**(8), 374–380 (1988)
101. Hilgraf, P., Paepcke, J.: Der Eintrag von Schüttgut in pneumatische Förderstrecken mittels Schneckenschleusen. ZKG Int. **46**(7), 368–375 (1993)
102. Löffler, F., Dietrich, H., Flatt, W.: Staubabscheidung mit Schlauchfiltern und Taschenfiltern. Vieweg, Braunschweig (1984)
103. Löffler, F.: Staubabscheiden. Thieme, Stuttgart (1988)

Stichwortverzeichnis

P. Hilgraf, *Projektierung und Auslegung von Schüttgutanlagen*,
https://doi.org/10.1007/978-3-662-65384-5

D

E

F

MIX
Papier aus verantwortungsvollen Quellen
Paper from responsible sources
FSC® C105338

If you have any concerns about our products,
you can contact us on
ProductSafety@springernature.com

In case Publisher is established outside the EU,
the EU authorized representative is:
Springer Nature Customer Service Center GmbH
Europaplatz 3, 69115 Heidelberg, Germany

Printed by Libri Plureos GmbH
in Hamburg, Germany